全国监理工程师职业资格考试一本通
陈江潮　丛书主编

# 建设工程目标控制（土木建筑工程）一本通

李　娜　主编

中国建筑工业出版社

**图书在版编目（CIP）数据**

建设工程目标控制（土木建筑工程）一本通 / 李娜主编. — 北京 ：中国建筑工业出版社，2024.2

全国监理工程师职业资格考试一本通 / 陈江潮主编

ISBN 978-7-112-27888-6

Ⅰ. ①建…　Ⅱ. ①李…　Ⅲ. ①土木工程-目标管理-资格考试-自学参考资料　Ⅳ. ①TU723

中国国家版本馆 CIP 数据核字（2024）第 012572 号

本书既可以作为监理工程师的培训教材，也可以作为普通本科院校、应用型本科院校、高等职业院校、中等职业院校、职业本科院校工程管理、工程监理、工程造价等相关专业的教材，本书还可以供管理、经济类相关从业者学习阅读。

责任编辑：朱晓瑜　张智芊

文字编辑：李闻智

责任校对：芦欣甜

校对整理：张惠雯

全国监理工程师职业资格考试一本通

陈江潮　丛书主编

**建设工程目标控制（土木建筑工程）一本通**

李　娜　主编

*

中国建筑工业出版社出版、发行（北京海淀三里河路 9 号）

各地新华书店、建筑书店经销

北京鸿文瀚海文化传媒有限公司制版

北京君升印刷有限公司印刷

*

开本：787 毫米×1092 毫米　1/16　印张：26¾　字数：663 千字

2024 年 1 月第一版　　2024 年 1 月第一次印刷

定价：**75.00** 元

ISBN 978-7-112-27888-6

（42139）



电话：（010）58337283　QQ：2885381756

（地址：北京海淀三里河路 9 号中国建筑工业出版社 604 室　邮政编码：100037）

# 前　言

一、监理工程师相关规定

为确保建设工程质量，保护人民生命和财产安全，充分发挥监理工程师对施工质量、建设工期和建设资金使用等方面的监督作用，《中华人民共和国建筑法》《建设工程质量管理条例》《监理工程师职业资格制度规定》《监理工程师职业资格考试实施办法》等有关法律法规和国家职业资格制度对建设工程监理做出了相关规定。

下列建设工程必须实行监理：

(1) 国家重点建设工程；

(2) 大中型公用事业工程；

(3) 成片开发建设的住宅小区工程；

(4) 利用外国政府或者国际组织贷款、援助资金的工程；

(5) 国家规定必须实行监理的其他工程。

国家设置监理工程师准入类职业资格，纳入国家职业资格目录，凡从事工程监理活动的单位，应当配备监理工程师。

二、报名条件

凡遵守中华人民共和国宪法、法律、法规，具有良好的业务素质和道德品行，具备下列条件之一者，可以申请参加监理工程师职业资格考试：

(1) 具有各工程大类专业大学专科学历（或高等职业教育），从事工程施工、监理、设计等业务工作满 4 年；

(2) 具有工学、管理科学与工程类专业大学本科学历或学位，从事工程施工、监理、设计等业务工作满 3 年；

(3) 具有工学、管理科学与工程一级学科硕士学位或专业学位，从事工程施工、监理、设计等业务工作满 2 年；

(4) 具有工学、管理科学与工程一级学科博士学位。

在北京、上海开展提高监理工程师职业资格考试报名条件试点工作，试点专业为土木建筑工程专业，试点地区报考人员应当具有大学本科及以上学历或学位。原参加 2019 年度监理工程师职业资格考试，学历为大专及以下，且具有有效期内科目合格成绩的人员，可以在试点地区继续报名参加考试。

已取得监理工程师一种专业职业资格证书的人员，报名参加其他专业科目考试的，可免考基础科目。考试合格后，核发人力资源和社会保障部门统一印制的相应专业考试合格证明。该证明作为注册时增加执业专业类别的依据。

具备以下条件之一的，参加监理工程师职业资格考试可免考基础科目：

(1) 已取得公路水运工程监理工程师资格证书；

(2) 已取得水利工程建设监理工程师资格证书。

三、丛书介绍

《全国监理工程师职业资格考试一本通》系列丛书由当前一线监理工程师职业培训教学名师编写。针对监理工程师职业资格考试备考时间紧、记忆难、压力大的客观实际情况，依据最新版考试大纲、命题特点和考试辅导教材，集合行业、培训优势与教学、科研经验，将经过高度凝练、整合、总结的高频考点，通过简单明了的编排方式呈现出来，以满足考生高效备考的需求。

全书在编写过程中力求将复习内容抽丝剥茧，在教师多年教学和培训的基础上开发出全新体系。全书通过分析核心考点、提炼主要知识点、经典题型训练三个层次，为考生搭建系统、清晰的知识架构，对各门课程的核心考点、考题设计等进行全面的梳理和剖析，使考生能够站在系统、整体的角度学习考试内容。通过本系列丛书的学习和训练，使考生能够夯实基础，强化应试能力。此外，丛书针对主要知识点及考核要点，通过图表、口诀、对比分析等方法帮助考生快速准确掌握。本书辅以线上交流平台，通过抖音、微信群等多种学习交流平台方便考生学习交流，高效完成备考工作。

《全国监理工程师职业资格考试一本通》系列丛书的各册编写人员如下：

《建设工程监理基本理论和相关法规一本通》唐忍

《建设工程合同管理一本通》王竹梅

《建设工程目标控制（土木建筑工程）一本通》李娜

《建设工程监理案例分析（土木建筑工程）一本通》陈江潮　董宝平

本系列丛书在编写、出版过程中，得到了诸多专家学者的指点帮助，在此表示衷心感谢！由于时间仓促、水平有限，虽经仔细推敲和多次校核，书中难免出现纰漏和瑕疵，敬请广大考生、读者批评和指正。

# 目　录

## 科目一：建设工程质量控制

## 科目二：建设工程投资控制

## 科目三：建设工程进度控制

时间不停，却知晓古今；光阴不语，却洞悉一切。风景因走过而美丽，人生因奋斗而精彩。当你开始把注意力放在每一个无可复制的当下，不断沉淀自己，生活自会绽放意想不到的光彩。

# 科目一：

# 建设工程质量控制

## 考情分析

| 考点对应章节 | 2023年 | | | 2022年 | | | 2021年 | | |
|---|---|---|---|---|---|---|---|---|---|
| | 单选（道） | 多选（道） | 分值 | 单选（道） | 多选（道） | 分值 | 单选（道） | 多选（道） | 分值 |
| 建设工程质量管理制度和责任体系 | 5 | 1 | 7 | 5 | 2 | 9 | 4 | 2 | 8 |
| ISO质量管理体系及卓越绩效模式 | 3 | 3 | 9 | 3 | 3 | 9 | 3 | 2 | 7 |
| 建设工程质量的统计分析和试验检测方法 | 8 | 3 | 14 | 7 | 3 | 13 | 6 | 3 | 12 |
| 建设工程勘察设计阶段质量管理 | 1 | 1 | 3 | 2 | 1 | 4 | 3 | 1 | 5 |
| 建设工程施工质量控制和安全生产管理 | 7 | 4 | 15 | 5 | 4 | 13 | 8 | 3 | 14 |
| 建设工程施工质量验收和保修 | 6 | 3 | 12 | 6 | 2 | 10 | 5 | 3 | 11 |
| 建设工程质量缺陷及事故处理 | 1 | 1 | 3 | 3 | 1 | 5 | 2 | 2 | 6 |
| 设备采购和监造质量控制 | 1 | 0 | 1 | 1 | 0 | 1 | 1 | 0 | 1 |

# 第一章　建设工程质量管理制度和责任体系

**考纲要求**

1. 工程质量形成过程和影响因素
2. 工程质量控制原则
3. 工程质量管理制度
4. 工程参建各方质量责任和义务

## 第一节　工程质量形成过程和影响因素

本节知识点如表 1-1-1 所示。

本节知识点　　表 1-1-1

| 知识点 | 2023 年 | | 2022 年 | | 2021 年 | | 2020 年 | | 2019 年 | |
|---|---|---|---|---|---|---|---|---|---|---|
| | 单选（道） | 多选（道） | 单选（道） | 多选（道） | 单选（道） | 多选（道） | 单选（道） | 多选（道） | 单选（道） | 多选（道） |
| 建设工程质量特性 | 1 | | 1 | | 1 | | | | | |
| 工程建设阶段对质量形成的作用与影响 | | | | | | | 2 | | | |
| 影响工程质量的因素 | | | | | | | | | | |

### 知识点一　建设工程质量特性

**1. 建设工程质量的七个特性**

总结：安全可靠、经济适用、节能环保、具有较好的耐久性，如表 1-1-2 所示。

建设工程质量的七个特性　　表 1-1-2

| | |
|---|---|
| 适用性 | 即功能，是指工程满足使用目的的各种性能 |
| 耐久性 | 即寿命，是指工程在规定的条件下，满足规定功能要求的使用年限，也可以指工程竣工后的合理使用寿命期。如：民用建筑的设计使用年限分为四类（1 类 5 年，2 类 25 年，3 类 50 年，4 类 100 年）；公路工程设计年限一般按等级控制在 10～20 年 |
| 安全性 | 是指工程建成后，在使用过程中保证结构安全，保证人身和环境免受危害的程度 |
| 可靠性 | 是指工程在规定的时间和规定的条件下完成规定功能的能力。工程不仅要求在竣工验收时要达到规定的指标，而且在一定的使用时期内要保持应有的正常功能。如：工程上的防洪与抗震能力、防水隔热、恒温恒湿措施、工业生产用的管道防"跑冒滴漏"等 |
| 经济性 | 是指工程从规划、勘察、设计、施工到整个产品使用寿命周期内的成本和消耗的费用。具体表现为设计成本、施工成本、使用成本三者之和 |

续表

| 节能性 | 是指工程在设计与建造过程及使用过程中满足节能减排、降低能耗的标准和有关要求的程度 |
| --- | --- |
| 与环境的协调性 | 是指工程与其周围生态环境协调，与所在地区经济环境协调以及与周围已建工程相协调，以适应可持续发展的要求 |

**2. 建设工程质量的七个特性之间的关系**

相互依存，七个特性都是在工程中必须达到的基本要求，缺一不可。但对于不同门类、不同专业的工程，可根据所处地域、技术经济条件的差异，有不同的侧重面。

## 典型例题

**【例题 1】**建设工程在竣工验收时达到规定的指标，且在规定的使用期内保持正常功能，体现的是建设工程质量的（　　）。(2022 年真题)

A. 耐久性　　B. 安全性

C. 可靠性　　D. 经济性

**【答案】**C

**【解析】**建设工程质量的可靠性，是指工程不仅要求在竣工验收时要达到规定的指标，而且在一定的使用时期内要保持应有的正常功能。

**【例题 2】**（　　）是指工程在规定的条件下，满足规定功能要求的合理使用年限。(2021 年真题)

A. 适用性　　B. 耐久性

C. 可靠性　　D. 节能性

**【答案】**B

**【解析】**耐久性即寿命，是指工程在规定的条件下，满足规定功能要求的使用年限，也可以指工程竣工后的合理使用寿命期。

**【例题 3】**建设工程质量特性主要表现的方面有（　　）。(2017 年真题)

A. 适用性　　B. 耐久性　　C. 终检局限性　　D. 节能性

E. 质量隐蔽性

**【答案】**ABD

**【解析】**建设工程质量特性包括适用性、耐久性、安全性、可靠性、经济性、节能性、与环境的协调性。

**【例题 4】**工程建成后在使用过程中保证结构安全、保证人身和环境免受危害，是建设工程质量特性中的（　　）。(2023 年真题)

A. 适用性　　B. 耐久性

C. 安全性　　D. 可靠性

**【答案】**C

**【解析】**安全性，是指工程建成后在使用过程中保证结构安全、保证人身和环境免受危害的程度。

## 知识点二　工程建设阶段对质量形成的作用与影响

工程建设阶段对质量形成的作用与影响如表 1-1-3 所示。

工程建设阶段对质量形成的作用与影响　　表 1-1-3

| 工程建设阶段 | 对质量形成的作用 | 对质量形成的影响 |
| --- | --- | --- |
| 可行性研究 | ①论证项目可行性，对多方案比较选择最佳方案，作为项目决策和设计的依据<br>②确定工程项目的质量要求，与投资目标相协调 | 直接影响项目的决策质量和设计质量 |
| 项目决策 | ①项目的建设充分反映业主的意愿<br>②与地区环境相适应，做到投资、质量、进度三者协调统一 | 确定工程项目应达到的质量目标和水平 |
| 工程勘察、设计 | ①工程设计使得质量目标和水平具体化，为施工提供直接的依据<br>②工程设计关系到主体结构的安全可靠，关系到建设投资的综合功能是否充分体现规划意图。设计的严密性、合理性也决定了工程建设的成败，是工程安全、适用、经济与环境保护等措施得以实现的基础 | 工程设计质量是决定工程质量的关键环节 |
| 工程施工 | ①将设计意图付诸实现，是形成工程实体，建成最终产品的活动<br>②决定了设计意图能否体现；直接关系到工程的安全可靠、使用功能的保证等 | 工程施工是形成实体质量的决定性环节 |
| 工程竣工验收 | ①考核施工质量是否达到设计要求<br>②是否符合决策阶段确定的质量目标和水平<br>③通过验收确保工程项目的质量 | 保证最终产品的质量 |

## 典型例题

**【例题 1】** 工程建设活动中，形成工程实体质量的决定性环节在（　　）阶段。（2020 年真题）

A. 项目决策　　B. 工程设计　　C. 工程施工　　D. 工程竣工验收

**【答案】** C

**【解析】** 工程施工是形成实体质量的决定性环节。

**【例题 2】** 工程建设的不同阶段，对工程项目质量的形成有不同的影响，其中直接影响项目决策质量和设计质量的是（　　）。（2020 年真题）

A. 初步设计　　B. 项目可行性研究

C. 施工图设计　　D. 方案设计

**【答案】** B

**【解析】** 项目可行性研究直接影响项目的决策质量和设计质量。

## 知识点三　影响工程质量的因素

影响工程质量的因素如表 1-1-4 所示。

影响工程质量的因素　　表 1-1-4

| | |
| --- | --- |
| 人员素质 | 建筑行业实行资质管理、人员持证上岗是保证人员素质的重要管理措施 |
| 工程材料 | 构成工程实体的材料、构配件、半成品；是工程建设的物质条件，是工程质量的基础 |
| 机械设备 | 构成工程实体及配套的工艺设备和机具，如电梯、通风设备；施工过程中使用的垂直运输设备、测量仪器等 |
| 建造方法 | 工艺方法、操作方法和施工方案。采用新技术、新工艺、新方法，不断提高工艺技术水平，是保证质量稳定提高的重要因素 |
| 环境条件 | 包括工程技术环境、工程作业环境、工程管理环境、周边环境等 |

**【重点】区分环境条件：**

（1）工程技术环境：工程地质、水文、气象等；

（2）工程作业环境：施工作业面大小、防护设施、通风照明、通信条件等；

（3）工程管理环境：合同结构与管理关系的确定、组织体制与管理制度等；

（4）周边环境：工程邻近的地下管线、建筑物等。

## 典型例题

**【例题 1】**工程材料是工程建设的物质条件，是工程质量的基础，工程材料包括（　　）。

A. 建筑材料　　B. 构配件　　C. 施工机具设备　　D. 半成品

E. 各类测量仪器

**【答案】**ABD

**【解析】**工程材料包括构成工程实体的材料、构配件、半成品；是工程建设的物质条件，是工程质量的基础。

**【例题 2】**在影响工程质量的诸多因素中，环境条件对工程质量特性起到重要作用。下列因素属于工程作业环境条件的有（　　）。

A. 防护设施　　B. 水文、气象

C. 施工作业面　　D. 组织管理体系

E. 通风照明

**【答案】**ACE

**【解析】**选项 B 属于工程技术环境；选项 D 属于工程管理环境。

# 第二节　工程质量控制原则

本节知识点如表 1-1-5 所示。

**本节知识点　　表 1-1-5**

| 知识点 | 2023 年 | | 2022 年 | | 2021 年 | | 2020 年 | | 2019 年 | |
|---|---|---|---|---|---|---|---|---|---|---|
| | 单选（道） | 多选（道） | 单选（道） | 多选（道） | 单选（道） | 多选（道） | 单选（道） | 多选（道） | 单选（道） | 多选（道） |
| 工程质量控制主体 | | | | | | | | 1 | | |
| 工程质量控制的原则 | 1 | | | | 1 | | | | | |

## 知识点一　工程质量控制主体

（1）自控主体：勘察设计单位、施工单位。

（2）监控主体：政府、监理单位、建设单位。

**提示：**区分自控主体和监控主体。

## 典型例题

**【例题】**工程质量控制按其实施主体不同分为自控主体和监控主体。下列单位中属于监控主体的是（　　）。（2018 年真题）

A. 设计单位　　B. 咨询单位

C. 监理单位　　D. 施工单位

**【答案】**C

**【解析】**勘察设计单位、施工单位属于自控主体。

## 知识点二　工程质量控制的原则

（1）坚持质量第一的原则。百年大计，质量第一，该原则为基本原则。

（2）坚持以人为核心的原则，重点控制人的素质和人的行为。

（3）坚持预防为主的原则。积极主动，重点做好事先和事中控制，加强过程和中间产品的质量检查和控制。

（4）以合同为依据，坚持质量标准的原则。质量标准是评价产品质量的尺度。产品应通过质量检验并与质量标准对照，不符合质量标准要求的不合格产品必须返工处理。

（5）坚持科学、公平、守法的职业道德规范。

## 典型例题

**【例题 1】**通过对人的素质和行为进行控制，以工作质量保证工程质量的做法，体现了坚持（　　）的质量控制原则。（2021 年真题）

A. 质量第一　　B. 预防为主

C. 以人为核心　　D. 以合同为依据

**【答案】**C

**【解析】**坚持以人为核心的原则，在工程质量控制中，要以人为核心，重点控制人的素质和人的行为，充分发挥人的积极性和创造性，以人的工作质量保证工程质量。

**【例题 2】**加强过程和中间产品的质量检查与控制，体现了质量管理中坚持（　　）的质量控制原则。（2023 年真题）

A. 持续改进　　B. 预防为主

C. 以人为核心　　D. 以合同为依据

**【答案】**B

**【解析】**坚持预防为主的原则：要重点做好质量的事前控制和事中控制，以预防为主，加强过程和中间产品的质量检查和控制。

**【例题 3】**监理工程师在工程质量控制过程中应遵循的原则有（　　）。

A. 坚持以人为核心　　B. 坚持质量第一

C. 坚持旁站监理　　D. 坚持质量标准

E. 坚持科学公平

**【答案】**ABDE

# 第三节　工程质量管理制度

本节知识点如表 1-1-6 所示。

本节知识点　　表 1-1-6

| 知识点 | 2023 年 | | 2022 年 | | 2021 年 | | 2020 年 | | 2019 年 | |
|---|---|---|---|---|---|---|---|---|---|---|
| | 单选（道） | 多选（道） | 单选（道） | 多选（道） | 单选（道） | 多选（道） | 单选（道） | 多选（道） | 单选（道） | 多选（道） |
| 工程质量管理制度体系 | | | | | | | | | | |
| 工程质量管理主要制度 | 1 | | 2 | 2 | 1 | 2 | 2 | 1 | 1 | 1 |

## 知识点一　工程质量管理制度体系

政府监督管理职能包括以下几点：

（1）建立和完善工程质量管理法规；

（2）建立和落实工程质量责任制度；

（3）建设活动主体资格的管理；

（4）工程承发包管理；

（5）工程建设程序管理；

（6）工程质量监督管理。

### 典型例题

**【例题 1】**选择合适的承包单位是工程质量管理的重要环节，工程承发包管理属于（　　）的管理职能。

A. 业主　　B. 政府

C. 监理单位　　D. 施工单位

**【答案】**B

**【例题 2】**政府监督管理工程质量的职能主要体现在（　　）。

A. 建立和完善工程质量法规体系　　B. 建立和落实工程质量责任制度

C. 建设活动主体资格及承发包管理　　D. 建筑企业质量体系认证

E. 控制工程建设程序

**【答案】**ABCE

## 知识点二　工程质量管理主要制度

**1. 工程质量监督**

建设工程质量监督管理，可以由建设行政主管部门或者其他有关部门委托的建设工程质量监督机构具体实施。

建设工程质量监督机构必须经过国家有关部门考核合格后，方可实施质量监督，其采取的相关措施及管理内容如表 1-1-7 所示。

工程质量监督管理的内容及监督机构检查时采取的措施　　表 1-1-7

| | |
|---|---|
| 履行监督检查职责时，有权采取下列措施 | ①要求被检查的单位提供有关工程质量的文件和资料<br>②进入被检查单位的施工现场进行检查<br>③发现有影响工程质量的问题时，责令改正 |
| 工程质量监督管理包括的内容 | ①执行法律法规和工程建设强制性标准的情况<br>②抽查涉及工程主体结构安全和主要使用功能的工程实体质量<br>③抽查工程质量责任主体（建设、勘察、设计、施工和监理单位）和质量检测等单位的工程质量行为<br>④抽查主要建筑材料、建筑构配件的质量<br>⑤对工程竣工验收进行监督<br>⑥组织或者参与工程质量事故的调查处理<br>⑦定期对本地区工程质量状况进行统计分析<br>⑧依法对违法违规行为实施处罚 |

建设工程发生质量事故，有关单位应当在24小时内向当地建设行政主管部门和其他有关部门报告。

## 典型例题

**【例题 1】**政府主管部门在履行工程质量监督检查职责时，具有的权力有（　　）。（2022年真题）

A. 要求被检查单位提供有关工程质量文件和资料

B. 要求被检查单位采用指定的品牌材料

C. 进入被检查单位施工现场进行检查

D. 发现并责令改正影响工程质量的问题

E. 拒绝工程竣工验收报告和相关文件的备案

**【答案】**ACD

**【例题 2】**在工程施工过程中，检查施工现场工程建设各方主体的质量行为，是（　　）的主要任务。（2019年真题）

A. 建设单位　　B. 监理单位

C. 工程质量监督机构　　D. 工程质量检测机构

**【答案】**C

**【例题 3】**工程质量监督机构依法对工程质量进行强制性监督的主要任务有（　　）。

A. 检测现场所用的建筑材料质量

B. 抽查施工现场工程建设各方主体质量行为

C. 抽查工程实体质量

D. 审查施工图涉及工程建设强制性标准的内容

E. 监督工程质量验收

**【答案】**BCE

**【解析】**选项A，对用于工程的主要建筑材料、构配件的质量进行抽查；选项D，由施工图审查机构审查施工图涉及工程建设强制性标准的内容。

**2. 施工图设计文件审查**

施工图审查机构按照有关法律法规，对施工图涉及公共利益、公众安全和工程建设强制性标准的内容进行审查。

**【例题 4】** 施工图设计文件的审核是根据国家法律法规、技术标准与规范，对工程项目的结构安全和强制性标准、规范执行情况等进行的独立审查，审查工作由（ ）进行。

A. 建设行政主管部门　　B. 监理单位

C. 质量监督站　　D. 施工图审查机构

**【答案】** D

**3. 建设工程施工许可**

（1）建设单位应当自领取施工许可证之日起3个月内开工。因故不能按期开工的，应当向发证机关申请延期；延期以2次为限，每次不超过3个月。

（2）在建的建筑工程因故中止施工的，建设单位应当自中止施工之日起1个月内，向发证机关报告。

（3）建筑工程恢复施工时，应当向发证机关报告；中止施工满1年的工程恢复施工前，建设单位应当报发证机关核验施工许可证。

（4）按照国务院规定批准开工报告的建筑工程，因故不能按期开工超过6个月的，应当重新办理开工报告的批准手续。

（5）申请领取施工许可证，应具备下列条件：

① 已办理该工程用地批准手续；

② 依法应办工程规划许可证的，已取得建设工程规划许可证；

③ 需要拆迁的，拆迁进度符合施工要求；

④ 已经确定施工企业；

⑤ 有满足施工需要的资金安排、施工图纸及技术资料；

⑥ 有保证工程质量和安全的具体措施。

**【例题 5】** 建设单位应自领取施工许可证之日起（ ）内开工，否则应向发证机关申请延期。(2022 年真题)

A. 3 个月　　B. 6 个月　　C. 9 个月　　D. 1 年

**【答案】** A

**【例题 6】** 根据《中华人民共和国建筑法》，中止施工满1年的工程恢复施工前，建设单位应当进行的工作是（ ）。(2020 年真题)

A. 重新申请施工许可证　　B. 报发证机关核验施工许可证

C. 申请换发施工许可证　　D. 报发证机关延期施工许可证

**【答案】** B

**【例题 7】** 建设单位申请领取施工许可证应具备的法定条件中，包括（ ）。

A. 已经办理了建设用地申请　　B. 依法确定了建筑施工企业

C. 已经领取了房屋拆迁许可证　　D. 建设资金已经到位

**【答案】** B

**【解析】** 选项A需要用地手续被批准；选项C拆迁进度满足施工要求即可；选项D满足施工需要的资金安排，不要求资金都到位。

**【例题 8】**《中华人民共和国建筑法》规定，建设单位应当自领取施工许可证之日起（ ）个月内开工，因故不能按期开工的，应当向发证机关延期申请；延期以（ ）

次为限，每次不超过 3 个月。

A. 1；1　　B. 2；2　　C. 3；2　　D. 4；3

**【答案】** C

**4. 工程质量检测**

工程质量检测机构是具有独立法人资格的中介机构，应当依据《建设工程质量检测管理办法》（中华人民共和国建设部令第 141 号）取得相应的资质证书。

相关检测机构接受委托，依据国家有关法律法规和工程建设强制性标准，对涉及结构安全的项目以及进入施工现场的建筑材料、构配件进行取样检测。

**5. 工程竣工验收与备案**

建设单位收到建设工程竣工报告后，应当组织设计、施工、监理等单位进行验收。

建设单位自竣工验收合格之日起 15 日内，向工程所在地县级以上人民政府建设行政主管部门备案。竣工验收具备的条件及办理备案提交的文件如表 1-1-8 所示。

**竣工验收具备的条件及办理备案提交的文件**　　**表 1-1-8**

| 竣工验收具备的条件 | 办理备案提交的文件 |
|---|---|
| ①完成设计及合同约定的内容<br>②完整的技术档案和施工管理资料<br>③主要建材、构配件、设备的进场试验报告<br>④由勘察、设计、施工、监理分别签署的质量合格文件<br>⑤有施工单位签署的工程保修书 | ①备案表<br>②工程竣工验收报告<br>③规划、环保等部门出具的认可文件或准许使用文件<br>④由消防部门出具的对大型的人员密集场所和其他特殊建设工程验收合格的证明文件<br>⑤施工单位签署的工程质量保修书<br>⑥其他<br>⑦住宅工程还应当提交《住宅质量保证书》和《住宅使用说明书》 |

**【例题 9】** 根据《建设工程质量管理条例》，建设工程自竣工验收合格之日起 15 日内，（　　）应将竣工验收报告和相关文件报有关行政主管部门备案。（2022 年真题）

A. 施工单位　　B. 检测单位　　C. 监理单位　　D. 建设单位

**【答案】** D

**【例题 10】** 建设单位应当自建筑工程竣工验收合格起（　　）日内，向工程所在地县级以上人民政府建设行政主管部门备案。（2017 年真题）

A. 15　　B. 20　　C. 25　　D. 30

**【答案】** A

**【例题 11】** 工程竣工验收时，应当具备的条件有（　　）。（2019 年真题）

A. 上级部门的批准文件

B. 完整的技术档案与施工管理资料

C. 工程竣工验收备案表

D. 勘察、设计、施工、监理等单位分别签署的质量合格文件

E. 施工单位签署的工程保修书

**【答案】** BDE

**6. 工程质量保修**

（1）承包单位提交竣工验收报告时，出具质量保修书，应明确建设工程保修范围、保

修期限和保修责任等。房屋建筑工程保修期从工程竣工验收合格之日起计算。

在正常使用条件下，房屋建筑工程的最低保修期限为：

① 地基基础和主体结构工程，为设计文件规定的合理使用年限；

② 屋面防水工程、有防水要求的卫生间、房间和外墙面的防渗漏，为 5 年；

③ 供热与供冷系统，为 2 个供暖期、供冷期；

④ 电气管线、给水排水管道、设备安装和装修工程，为 2 年。

（2）保修期内的质量缺陷处理原则：建设单位或所有人通知施工单位，施工单位在约定期限内予以保修。涉及结构安全或者严重影响使用功能的紧急抢险事故，应立即到达现场抢修。

施工单位不按工程质量保修书约定保修的，建设单位可以另行委托其他单位保修，由原施工单位承担相应责任。

保修费用由质量缺陷责任方承担。

（3）下列情况不属于规定的施工单位保修范围：

① 因使用不当或者第三方造成的质量缺陷；

② 不可抗力造成的质量缺陷。

**【例题 12】**关于建设工程质量保修的说法，正确的有（　　）。（2022 年真题）

A. 房屋建筑工程保修期从工程竣工验收合格日起计算

B. 施工单位接到保修通知后，在工程质量保修书约定的时间内予以保修

C. 保修费用由施工单位承担

D. 屋面防水工程最低保修期限为 5 年

E. 因使用不当或者第三方造成的质量缺陷，施工单位予以赔偿

**【答案】**ABD

**【解析】**选项 C 错误，保修费用由质量缺陷的责任方承担；选项 E 不属于规定的施工单位保修范围。

**【例题 13】**根据《房屋建筑工程质量保修办法》，施工单位负责工程质量保修的情形有（　　）。（2020 年真题）

A. 使用不当造成的电气管线质量缺陷　　B. 施工造成的屋面防水质量缺陷

C. 安装造成的给水排水管道质量缺陷　　D. 不可抗力造成的墙面质量缺陷

E. 安装造成的供热系统质量缺陷

**【答案】**BCE

**【例题 14】**根据《建设工程质量管理条例》，在正常使用条件下，关于建设工程最低保修期限的说法，正确的有（　　）。（2018 年真题）

A. 地基基础工程为设计文件规定的合理使用年限

B. 屋面防水工程为设计文件规定的合理使用年限

C. 供热与供冷系统为 2 个供暖期、供冷期

D. 有防水要求的卫生间为 5 年

E. 电气管线和设备安装工程为 2 年

**【答案】**ACDE

**【例题 15】**政府建设主管部门建立的工程质量管理制度有（　　）。（2018 年真题）

A. 施工图设计文件审查制度　　B. 工程施工许可制度

C. 工程质量保修制度　　　　　　　　　D. 工程质量监督制度

E. 工程质量评定制度

**【答案】**ABCD

**【例题 16】**施工单位向建设单位提交工程竣工验收报告时，应向建设单位出具的文件是（　）。（2023 年真题）

A. 质量保修书　　　　　　　　　　　B. 工程质量评估报告

C. 工程竣工图　　　　　　　　　　　D. 工程竣工结算文件

**【答案】**A

**【解析】**建设工程承包单位在向建设单位提交工程竣工验收报告时，应当向建设单位出具质量保修书。

## 第四节　工程参建各方质量责任与义务

本节知识点如表 1-1-9 所示。

**本节知识点**　　　　**表 1-1-9**

| 知识点 | 2023 年 | | 2022 年 | | 2021 年 | | 2020 年 | | 2019 年 | |
|---|---|---|---|---|---|---|---|---|---|---|
| | 单选（道） | 多选（道） | 单选（道） | 多选（道） | 单选（道） | 多选（道） | 单选（道） | 多选（道） | 单选（道） | 多选（道） |
| 建设单位的质量责任和义务 | 1 | | | | | | 1 | 1 | | |
| 勘察单位的质量责任和义务 | | | 1 | | | | | | | 1 |
| 设计单位的质量责任和义务 | | | | | | | | | | |
| 施工单位的质量责任和义务 | | 1 | | | 1 | | | | | |
| 工程监理单位的质量责任和义务 | | | | | | | 1 | | | |
| 工程质量检测单位的质量责任和义务 | 1 | | 1 | | | | | | | |

### 知识点一　建设单位的质量责任和义务

（1）应当将工程发包给具有相应资质等级的单位，不得将建设工程肢解发包。

（2）应当依法对工程建设项目的勘察、设计、施工、监理以及与工程建设有关的重要设备、材料等的采购进行招标。

（3）必须向建设工程的勘察、设计、施工、工程监理等单位提供与建设工程有关的原始资料。原始资料必须真实、准确、齐全。

（4）建设工程发包时，不得迫使承包方以低于成本的价格竞标，不得任意压缩合理工期。不得明示或者暗示设计单位或者施工单位违反工程建设强制性标准，降低建设工程质量。

（5）施工图设计文件未经审查批准的，不得使用。

（6）实行监理的建设工程，应当委托具有相应资质等级的工程监理单位，也可以委托具有工程监理相应资质等级并与被监理工程的施工承包单位没有隶属关系或者其他利害关系的该工程的设计单位进行监理。

下列建设工程必须实行监理：

①国家重点建设工程；②大中型公用事业工程；③成片开发建设的住宅小区工程；④利用外国政府或者国际组织贷款、援助资金的工程；⑤国家规定必须实行监理的其他工程。

（7）在建设工程开工前，应当按照国家有关规定办理工程质量监督手续，工程质量监督手续可以与施工许可证或者开工报告合并办理。

（8）按照合同约定采购建筑材料、建筑构配件和设备的，应当保证建筑材料、建筑构配件和设备符合设计文件和合同要求。不得明示或者暗示施工单位使用不合格的建筑材料、建筑构配件和设备。

（9）涉及建筑主体和承重结构变动的装修工程，应当在施工前委托原设计单位或者具有相应资质等级的设计单位提出设计方案；没有设计方案的，不得施工。房屋建筑使用者在装修过程中，不得擅自变动房屋建筑主体和承重结构。

（10）收到建设工程竣工报告后，应当组织设计、施工、工程监理等有关单位进行竣工验收。

（11）应当严格按照国家有关档案管理的规定，及时收集、整理建设项目各环节的文件资料，建立、健全建设项目档案，并在建设工程竣工验收后，及时向建设行政主管部门或者其他有关部门移交建设项目档案。

## 典型例题

**【例题 1】**根据《建设工程质量管理条例》，在建设工程开工前，应当按照国家有关规定办理工程质量监督手续，可以与工程质量监督手续合并办理的是（　　）。（2020 年真题）

A. 施工许可证　　B. 招标备案　　C. 施工图审查　　D. 委托监理

**【答案】**A

**【解析】**在建设工程开工前，应当按照国家有关规定办理工程质量监督手续，工程质量监督手续可以与施工许可证或者开工报告合并办理。

**【例题 2】**涉及建筑承重结构变动的装修工程设计方案，应经（　　）审批后方可实施。（2017 年真题）

A. 建设单位　　B. 监理单位　　C. 设计单位　　D. 原施工图审查机构

**【答案】**D

**【解析】**涉及建筑主体和承重结构变动的装修工程，建设单位应在施工前委托原设计单位或者相应资质等级的设计单位提出设计方案，经原审查机构审批后方可施工。

**【例题 3】**根据《建设工程质量管理条例》，关于建设单位行为的说法，正确的是（　　）。（2023 年真题）

A. 将单位工程分解成若干标段，平行发包给不同施工单位

B. 向施工单位支付相应费用后可任意压缩工期

C. 将施工合同范围内的工程另行发包给承诺工期短的施工单位

D. 对于涉及建筑主体结构变动的装修工程，要求设计方案完成前不得施工

**【答案】**D

**【解析】**选项 A、C 错误，建设单位不得将工程发包给个人或不具有相应资质等级的

单位；不得将一个单位工程的施工分解成若干部分发包给不同的施工总承包或专业承包单位；不得将施工合同范围内的单位工程或分部分项工程又另行发包；不得违反合同约定，通过各种形式要求承包单位选择指定的分包单位。选项B错误，建设工程发包时，不得迫使承包方以低于成本的价格竞标，不得任意压缩合理工期。不得明示或者暗示设计单位或者施工单位违反工程建设强制性标准，降低建设工程质量。

## 知识点二　勘察单位的质量责任和义务

（1）应当依法取得相应等级的资质证书，并在其资质等级许可的范围内承揽工程。不得转包或者违法分包所承揽的工程。

（2）必须按照工程建设强制性标准进行勘察，并对其勘察的质量负责。

（3）提供的地质、测量、水文等勘察成果必须真实、准确。应当对勘察成果的真实性和准确性负责，保证勘察文件符合国家规定的深度要求，并在勘察文件上签字盖章。

（4）应当对勘察后期服务工作负责。

组织相关勘察人员及时解决工程设计和施工中与勘察工作有关的问题；组织参与施工验槽；组织勘察人员参加工程竣工验收，验收合格后在相关验收文件上签字，对城市轨道交通工程，还应参加单位工程、项目工程验收并在验收文件上签字；组织勘察人员参与相关工程质量安全事故分析，并对因勘察原因造成的质量安全事故，提出与勘察工作有关的技术处理措施。

### 典型例题

**【例题】**工程勘察单位应履行的勘察后期服务职责是（　　）。（2022年真题）

A. 审查施工设计图纸　　B. 配合桩基工程施工

C. 签署工程保修书　　D. 参与工程质量事故分析

**【答案】**D

## 知识点三　设计单位的质量责任和义务

（1）应当依法取得相应等级的资质证书，并在其资质等级许可的范围内承揽工程。

（2）必须按照工程建设强制性标准进行设计，并对其设计的质量负责。注册建筑师、注册结构工程师等注册执业人员应当在设计文件上签字，并对设计文件负责。

（3）应当根据勘察成果文件进行建设工程设计。设计文件应当符合国家规定的设计深度要求，注明工程合理使用年限。

（4）在设计文件中选用的建筑材料、建筑构配件和设备，应当注明规格、型号、性能等技术指标，其质量要求必须符合国家规定的标准。除有特殊要求的建筑材料、专用设备、工艺生产线等外，不得指定生产厂家、供应商。

（5）应当就审查合格的施工图设计文件向施工单位做出详细说明。应当在施工前就审查合格的施工图设计文件，组织设计人员向施工及监理单位做出详细说明；组织设计人员解决施工中出现的设计问题。不得在违反强制性标准或不满足设计要求的变更文件上签字。应当组织设计人员参加建筑工程竣工验收，验收合格后在相关验收文件上签字。

（6）应当参与建设工程质量事故分析，并对因设计造成的质量事故，提出相应的技术处理方案。

### 典型例题

【例题】根据《建设工程质量管理条例》，设计文件中选用的材料、构配件和设备，应当注明（　　）。(2016 年真题)

A. 生产厂　　　　B. 规格和型号

C. 供应商　　　　D. 使用年限

【答案】B

【解析】设计文件中选用的材料、构配件和设备，应当注明规格、型号、性能等技术指标，其质量必须符合国家规定的标准。

## 知识点四　施工单位的质量责任和义务

(1) 应当依法取得相应等级的资质证书，并在其资质等级许可的范围内承揽工程。不得转包或者违法分包工程。

(2) 对建设工程的施工质量负责。建设工程实行总承包的，总承包单位应当对全部建设工程量负责；建设工程勘察、设计、施工、设备采购的一项或多项实行总承包的，总承包单位应当对其承包的建设工程或者采购的设备的质量负责。

(3) 总承包单位依法将建设工程分包给其他单位的，分包单位应当按照分包合同的约定对其分包工程的质量向总承包单位负责，总承包单位与分包单位对分包工程的质量承担连带责任。

(4) 必须按照工程设计图纸和施工技术标准施工，不得擅自修改工程设计，不得偷工减料。在施工过程中发现设计文件和图纸有差错的，应当及时提出意见和建议。

(5) 必须按照工程设计要求、施工技术标准和合同约定，对建筑材料、建筑构配件、设备和商品混凝土进行检验，检验应当有书面记录和专人签字；未经检验或者检验不合格的，不得使用。

(6) 必须建立、健全施工质量的检验制度，严格工序管理，做好隐蔽工程的质量检查和记录。隐蔽工程在隐蔽前，应当通知建设单位和建设工程质量监督机构。

(7) 施工人员对涉及结构安全的试块、试件以及有关材料，应当在建设单位或者工程监理单位监督下现场取样，并送具有相应资质等级的质量检测单位进行检测。

(8) 对施工中出现质量问题的建设工程或者竣工验收不合格的建设工程，应当负责返修。

(9) 应当建立、健全教育培训制度，加强对职工的教育培训；未经教育培训或者考核不合格的人员，不得上岗作业。

### 典型例题

【例题】在工程建设中，施工单位应履行的法定质量责任和义务有（　　）。(2023 年真题)

A. 建立质量责任制，对工程的施工质量负责

B. 分包单位对其分包工程的质量向建设单位负责

C. 施工中发现设计文件图纸有差错的，应及时提出意见和建议

D. 隐蔽工程隐蔽前，应通知建设单位和工程质量监督机构

E. 对涉及结构安全的试块，应自觉进行现场取样并检测

**【答案】** ACD

**【解析】** 选项B错误，总承包单位依法将建设工程分包给其他单位的，分包单位应当按照分包合同的约定对其分包工程的质量向总承包单位负责，总承包单位与分包单位对分包工程的质量承担连带责任；选项E错误，施工人员对涉及结构安全的试块、试件以及有关材料，应当在建设单位或者工程监理单位监督下现场取样，并送具有相应资质等级的质量检测单位进行检测。

## 知识点五 工程监理单位的质量责任和义务

（1）应当依法取得相应等级的资质证书，并在其资质等级许可的范围内承担工程监理业务。不得转让工程监理业务。

（2）与被监理工程的施工承包单位以及建筑材料、建筑构配件和设备供应单位有隶属关系或者其他利害关系的，不得承担该项建设工程的监理业务。

（3）应当依照法律法规以及有关技术标准、设计文件和建设工程承包合同，代表建设单位对施工质量实施监理，并对施工质量承担监理责任。

（4）应当选派具备相应资格的总监理工程师和监理工程师进驻施工现场。未经监理工程师签字，建筑材料、建筑构配件和设备不得在工程上使用或者安装，施工单位不得进行下一道工序的施工。未经总监理工程师签字，建设单位不拨付工程款，不进行竣工验收。

（5）监理工程师应当按照工程监理规范的要求，采取旁站、巡视和平行检验等形式，对建设工程实施监理。

### 典型例题

**【例题】** 根据《建设工程质量管理条例》，未经（　　）签字，建筑材料、建筑构配件不得在工程上使用或安装。（2020年真题）

A. 建筑师　　　　B. 监理工程师

C. 建造师　　　　D. 建设单位项目负责人

**【答案】** B

**【解析】** 未经监理工程师签字，建筑材料、建筑构配件和设备不得在工程上使用或者安装，施工单位不得进行下一道工序的施工。

## 知识点六 工程质量检测单位的质量责任和义务

建设单位委托具有相应资质的检测机构进行检测。对检测结果发生争议的，由双方共同认可的检测机构复检，复检结果由提出复检的一方报当地建设主管部门备案。

（1）质量检测试样的取样应当严格执行有关工程建设标准和国家有关规定，在建设单位或者工程监理单位监督下现场取样。提供质量检测试样的单位和个人，应当对试样的真实性负责。

（2）检测报告经检测人员签字、检测机构法定代表人或者其授权的签字人签署，并加盖检测机构公章或者检测专用章后方可生效。

（3）任何单位和个人不得明示或者暗示检测机构出具虚假检测报告，不得篡改或者伪造检测报告。

（4）不得转包检测业务。检测人员不得同时受聘于两个或者两个以上的检测机构。

（5）应当对其检测数据和检测报告的真实性和准确性负责。

（6）检测报告经建设单位或者工程监理单位确认后，由施工单位归档。

## 典型例题

**【例题】**关于工程质量检测报告的确认和归档的说法，正确的是（　　）。（2023年真题）

A. 经建设单位或工程监理单位确认后，由检测单位归档

B. 经建设单位或工程监理单位确认后，由施工单位归档

C. 经质量监督机构或建设单位确认后，由工程监理单位归档

D. 经质量监督机构或建设单位确认后，由施工单位归档

**【答案】**B

**【解析】**检测报告经建设单位或者工程监理单位确认后，由施工单位归档。

## 本章精选习题

### 一、单项选择题

1. 工程满足使用目的的各种性能，这体现了建设工程质量的（　　）。

A. 适用性　　B. 耐久性

C. 安全性　　D. 可靠性

2. 建设工程必须满足特定的使用功能，并具有在规定的时间和条件下完成规定功能的能力和达到规定要求的使用年限，可用于描述这些要求的质量特性有（　　）。

A. 适用性和节能性　　B. 安全性和经济性

C. 可靠性和耐久性　　D. 经济性和可靠性

3. 任何建筑产品在适用、耐久、安全、可靠、经济以及与环境协调性方面都必须达到基本要求。但不同专业的工程，其环境条件、技术经济条件的差异使其质量特点有不同的（　　）。

A. 侧重面　　B. 选择范围

C. 内在界限　　D. 内在关系

4. 工程建设活动中，形成工程实体质量的决定性环节在（　　）阶段。

A. 工程设计　　B. 工程施工

C. 工程决策　　D. 工程竣工验收

5. 工程建设的不同阶段对工程项目质量的形成起着不同的作用和影响，决定工程质量的关键阶段是（　　）。

A. 可行性研究阶段　　B. 决策阶段

C. 设计阶段　　D. 保修阶段

6. 环境条件是指对工程质量特性起重要作用的环境因素，（　　）属于工程技术

环境。

A. 通风照明条件　　B. 工程地质

C. 施工环境作业面大小　　D. 邻近的地下管线

7. 监理工程师在工程质量控制中，应遵循质量第一、预防为主、坚持质量标准、(　　)的原则。

A. 以人为核心　　B. 提高质量效益

C. 质量进度并重　　D. 减少质量损失

8. 建设活动主体资格的管理属于(　　)的管理职能。

A. 业主　　B. 政府

C. 监理单位　　D. 施工单位

9. 某市政道路工程施工许可证的颁发日期是 2022 年 10 月 26 日，根据《中华人民共和国建筑法》，该工程应当在(　　)前开工。

A. 2022 年 11 月 26 日　　B. 2023 年 1 月 26 日

C. 2023 年 4 月 26 日　　D. 2023 年 10 月 26 日

10. 接受委托，依据国家有关法律法规和工程建设强制性标准，对涉及结构安全项目的抽样检测和对进入施工现场的建筑材料、构配件的见证取样检测的机构是(　　)。

A. 监理机构　　B. 工程质量检测机构

C. 设计单位　　D. 工程质量监督机构

11. (　　)收到建设工程竣工报告后，应当组织设计、施工、工程监理等有关单位进行竣工验收。

A. 监理单位　　B. 建设单位

C. 施工单位　　D. 质量监督机构

12. 根据《房屋建筑工程和市政基础设施工程竣工验收备案管理暂行办法》(中华人民共和国建设部令第 78 号)，工程竣工验收合格后，负责向工程所在地县级以上人民政府建设主管部门进行工程竣工验收备案的单位是(　　)。

A. 建设单位　　B. 施工单位

C. 监理单位　　D. 设计单位

13. 根据《房屋建筑工程质量保修办法》(中华人民共和国建设部令第 80 号)，房屋建筑工程质量保修期自(　　)起计算。

A. 合同签订日期　　B. 竣工验收合格之日

C. 实际竣工日期　　D. 颁发工程接收证书之日

14. 在正常使用条件下，房屋建筑主体结构工程的最低保修期为(　　)。

A. 建设单位要求的使用年限　　B. 设计文件规定的合理使用年限

C. 30 年　　D. 50 年

15. 下列质量事故中，属于建设单位责任的是(　　)。

A. 商品混凝土未经检验造成的质量事故

B. 总包和分包职责不明造成的质量事故

C. 施工中使用了禁止使用的材料造成的质量事故

D. 地下管线资料不准确造成的质量事故

16. 凡涉及建筑主体和承重结构变动的装修工程，设计方案应经（　　）审批后方可进行施工。

A. 原审查机构　　　　　　　　　B. 原设计单位
C. 质量监督机构　　　　　　　　D. 监理单位

17. 工程开工前，应由（　　）到工程质量监督站办理工程质量监督手续。

A. 施工单位　　　　　　　　　　B. 监理单位
C. 建设单位　　　　　　　　　　D. 监理单位协助建设单位

18. 工程监理单位受建设单位的委托作为质量控制的监控主体，对工程质量（　　）。

A. 与分包单位承担连带责任　　　B. 与建设单位承担连带责任
C. 承担监理责任　　　　　　　　D. 与设计单位承担连带责任

19. 涉及建筑主体变动或承重结构变动的装修工程，应由（　　）在施工前委托原设计单位提出设计方案，并经相关单位审批后方可施工。

A. 监理单位　　　　　　　　　　B. 装修施工单位
C. 工程质量监督机构　　　　　　D. 建设单位

20. 根据《中华人民共和国建筑法》和《建设工程质量管理条例》，设计单位的质量责任和义务是（　　）。

A. 按设计要求检验商品混凝土质量　B. 将施工图设计文件上报有关部门审查
C. 向施工单位提供设计原始资料　　D. 参与建设工程质量事故分析

21. 根据《建设工程质量管理条例》，设计文件应符合国家规定的设计深度要求并注明工程（　　）。

A. 材料生产厂家　　　　　　　　B. 保修期限
C. 材料供应单位　　　　　　　　D. 合理使用年限

22. 下列工作中，施工单位不得擅自开展的是（　　）。

A. 对已完成的分项工程进行自检
B. 对预拌混凝土进行检验
C. 对分包工程质量进行检查
D. 修改工程设计，纠正设计图纸差错

23. 工程质量检验机构出具的检验报告需经（　　）确认后，方可按规定归档。

A. 建设单位　　　　　　　　　　B. 施工单位
C. 设计单位　　　　　　　　　　D. 工程质量监督机构

24. 质量检测试样的取样应当严格执行有关工程建设标准和国家规定，在（　　）监督下现场取样。

A. 建设单位或监理单位　　　　　B. 质量监督机构或监理单位
C. 施工单位或监理单位　　　　　D. 材料供应单位或监理单位

25. 某工程施工过程中，监理工程师要求承包单位在工程施工之前根据施工过程质量控制的要求提交质量控制点明细表并实施质量控制，这是（　　）的原则要求。

A. 坚持质量第一　　　　　　　　B. 坚持质量标准
C. 坚持预防为主　　　　　　　　D. 坚持科学、公平、守法的职业道德规范

26. 根据《建设工程质量管理条例》，工程实施过程中未经（　　）签字，建设单位

不拨付工程款。

A. 施工单位项目负责人
B. 设计单位项目负责人
C. 总监理工程师
D. 监理单位技术负责人

**二、多项选择题**

1. 建设工程质量特性中的“与环境的协调性”是指工程与（　　）的协调。

A. 所在地区社会环境
B. 周围生态环境
C. 周围已建工程
D. 周围生活环境
E. 所在地区经济环境

2. 机械机具设备对工程质量有重要的影响，机械设备包括（　　）。

A. 建筑材料
B. 构配件
C. 施工机具设备
D. 半成品
E. 各类测量仪器

3. 下列关于工程建设各参与方质量控制地位的说法中，正确的有（　　）。

A. 工程监理单位属质量自控主体
B. 勘察设计单位属勘察设计产品质量自控主体
C. 政府质量监督部门属工程质量监控主体
D. 施工单位属工程施工质量自控主体
E. 建设单位属工程项目质量自控主体

4. 监理机构在工程质量控制中应遵循的原则包括（　　）。

A. 质量第一，坚持标准
B. 以人为核心，预防为主
C. 旁站监督，平行检测
D. 科学、公平、守法的职业道德
E. 审核文件、报告、报表

5. 国家实行建设工程质量监督管理制度，工程质量监督机构的监督管理包括（　　）。

A. 抽查工程质量责任主体和质量检测等单位的工程质量行为
B. 会同建设、监理单位检查施工承包单位的质量行为
C. 组织或者参与工程质量事故的调查处理
D. 参与工程质量验收
E. 定期对本地区工程质量状况进行统计分析

6. 工程竣工验收备案表一式两份，分别由（　　）保存。

A. 监理单位
B. 建设单位
C. 施工单位
D. 质量监督机构
E. 备案机关

7. 竣工验收应具备的条件包括（　　）。

A. 完成建设工程设计和合同约定的各项内容
B. 有完整的技术档案
C. 有施工单位签署的工程保修书
D. 有工程使用的主要建筑材料、构配件和设备的进场试验报告
E. 有建设单位签署的质量合格文件

8. 建设单位办理工程竣工验收备案应当提交（　　）。

A. 工程竣工验收备案表
B. 施工图文件审查意见
C. 施工单位签署的工程质量保修书
D. 有工程使用的主要建筑材料、构配件和设备的进场试验报告
E. 有建设单位签署的质量合格文件

9. 工程在正常使用条件下，最低保修期限为2年的是（　　）。
A. 地基基础工程　　B. 主体结构工程
C. 电气管线安装工程　　D. 装修工程
E. 屋面防水工程

10. 工程在正常使用条件下，最低保修期限为5年的是（　　）。
A. 地基基础工程　　B. 主体结构工程
C. 电气管线安装工程　　D. 卫生间防渗漏工程
E. 屋面防水工程

11. 根据《建设工程质量管理条例》，设计文件中选用的材料、构配件和设备，应当注明（　　）。
A. 生产厂家　　B. 规格和型号
C. 供应商　　D. 使用年限
E. 性能指标

12. 下列关于施工单位质量责任描述正确的有（　　）。
A. 可以将其工程转包给信任的其他施工单位
B. 不能承揽超越其资质等级业务范围以外的工程
C. 总承包单位与分包单位对分包工程的质量承担法律责任
D. 未经设计单位同意，不得擅自修改工程设计
E. 不使用未经检验和试验或检验和试验不合格的产品

13. 建设单位在工程开工前应办理（　　）等手续。
A. 施工图文件报审　　B. 招标投标申请手续
C. 工程施工许可证　　D. 工程质量监督
E. 工程备案申请手续

14. 根据《建设工程质量管理条例》，在工程项目建设监理过程中，未经监理工程师签字，（　　）。
A. 建筑材料、构配件不得在工程上使用
B. 建设单位不得进行竣工验收
C. 施工单位不得更换施工作业人员
D. 建筑设备不得在工程上安装
E. 施工单位不得进行下一道工序的施工

15. 根据《建设工程质量管理条例》，必须实行监理的工程有（　　）。
A. 国家重点建设工程　　B. 住宅区绿化工程
C. 城市道路桥梁维护工程　　D. 大中型公用事业工程
E. 成片开发建设的住宅小区工程

## 习题答案及解析

### 一、单项选择题

1.【答案】A

【解析】适用性，即功能，是指工程满足使用目的的各种性能。

2.【答案】C

【解析】可靠性对应“能力”，耐久性对应“年限”。

3.【答案】A

【解析】不同门类、不同专业的工程，根据所处地域、技术经济条件的差异，有不同的侧重面。

4.【答案】B

【解析】工程施工是形成实体质量的决定性环节。

5.【答案】C

【解析】工程设计质量是决定工程质量的关键环节。

6.【答案】B

【解析】选项A、C属于工程作业环境；选项D属于周边环境。

7.【答案】A

【解析】工程质量控制原则包括：①坚持质量第一的原则；②坚持以人为核心的原则；③坚持预防为主的原则；④以合同为依据，坚持质量标准的原则；⑤坚持科学、公平、守法的职业道德规范。

8.【答案】B

【解析】建设活动主体资格的管理属于政府的管理职能。

9.【答案】B

【解析】根据《中华人民共和国建筑法》关于建筑工程施工许可有效期限的相关规定，建设单位应当自领取施工许可证之日起3个月内开工。因故不能按期开工的，应当向发证机关申请延期。

10.【答案】B

【解析】工程质量检测机构接受委托，依据国家有关法律法规和工程建设强制性标准，对涉及结构安全的项目以及进入施工现场的建筑材料、构配件进行取样检测。

11.【答案】B

【解析】竣工验收是建设单位组织。

12.【答案】A

【解析】建设单位自竣工验收合格之日起15日内，向工程所在地县级以上地方人民政府建设行政主管部门备案。

13.【答案】B

【解析】根据《房屋建筑工程质量保修办法》（中华人民共和国建设部令第80

号)，房屋建筑工程质量保修期自竣工验收合格之日起计算。

14. **【答案】** B

**【解析】** 在正常使用条件下，建设工程的最低保修期限为：①地基基础和主体结构工程，为设计文件规定的该工程的合理使用年限；②屋面防水工程、有防水要求的卫生间、房间和外墙面的防渗漏，为 5 年；③供热与供冷系统，为 2 个供暖期、供冷期；④电气管线、给水排水管道、设备安装和装修工程，为 2 年。

15. **【答案】** D

**【解析】** 地下管线资料的提供是属于建设单位责任范围。建设单位应真实、准确、齐全地提供与建设工程有关的原始资料。

16. **【答案】** A

**【解析】** 涉及建筑主体和承重结构变动的装修工程，建设单位应当在施工前委托原设计单位或者相应资质等级的设计单位提出设计方案，经原审查机构审批后方可施工。

17. **【答案】** C

**【解析】** 在建设工程开工前，建设单位应当按照国家有关规定办理工程质量监督手续，工程质量监督手续可以与施工许可证或者开工报告合并办理。

18. **【答案】** C

**【解析】** 工程监理单位代表建设单位对工程质量实施监理，并对施工质量承担监理责任。

19. **【答案】** D

**【解析】** 涉及建筑主体和承重结构变动的装修工程，建设单位应在施工前委托原设计单位或者相应资质等级的设计单位提出设计方案；没有设计方案的，不得施工。

20. **【答案】** D

**【解析】** 设计单位应当参与建设工程质量事故分析，并对因设计造成的质量事故，提出相应的技术处理方案。选项 A，属于施工单位的质量责任和义务；选项 B、C，属于建设单位的质量责任与义务。

21. **【答案】** D

**【解析】** 设计单位提供的设计文件应当符合国家规定的设计深度要求，注明工程合理使用年限。

22. **【答案】** D

**【解析】** 施工单位必须按照工程设计图纸和施工技术标准施工，不得擅自修改工程设计，不得偷工减料。在施工过程中发现设计文件和图纸有差错的，应当及时提出意见和建议。

23. **【答案】** A

**【解析】** 检测报告经建设单位或工程监理单位确认后，由施工单位归档。

24. **【答案】** A

**【解析】** 质量检测试样的取样应当严格执行有关工程建设标准和国家规定，在建设单位或者工程监理单位监督下现场取样。

25. **【答案】** C

**【解析】** 坚持预防为主的原则：工程质量控制应该是积极主动的，应事先对影响质量的各种因素加以控制。重点做好事先和事中控制，加强过程和中间产品的质量检查和控制。

26.【答案】C

【解析】未经总监理工程师签字，建设单位不拨付工程款，不进行竣工验收。

二、多项选择题

1.【答案】BCE

【解析】与环境的协调性是指工程与其周围生态环境协调，与所在地区经济环境协调以及与周围已建工程相协调，以适应可持续发展的要求。

2.【答案】CE

【解析】选项A、B、D属于工程材料，不属于机械设备。

3.【答案】BCD

【解析】监理单位和建设单位属于监控主体。

4.【答案】ABD

【解析】监理工程师在质量控制中应遵循的原则：坚持质量第一的原则；坚持以人为核心的原则；坚持预防为主的原则；以合同为依据，坚持质量标准的原则；坚持科学、公平、守法的职业道德规范。

5.【答案】ACE

【解析】选项B，抽查工程质量责任主体和质量检测等单位的工程质量行为；选项D，对工程竣工验收进行监督。

6.【答案】BE

【解析】一份由建设单位保存，一份留备案机关存档。

7.【答案】ABCD

【解析】选项E应该由勘察、设计、施工、监理单位分别签署。

8.【答案】ABC

【解析】办理备案提交的文件：①备案表（一式两份，建设单位和备案机关各一份）；②工程竣工验收报告（包括：报建日期、施工许可证号、施工图设计文件审查意见、质量合格文件、竣工验收原始文件、市政基础设施的有关质量检测和功能性试验资料等）；③规划、公安消防、环保等部门出具的认可文件或准许使用文件；④施工单位签署的工程质量保修书；⑤其他。选项D属于竣工验收应当具备的条件。

9.【答案】CD

【解析】在正常使用条件下，建设工程的最低保修期限为：①地基基础和主体结构工程，为设计文件规定的该工程的合理使用年限；②屋面防水工程、有防水要求的卫生间、房间和外墙面的防渗漏，为5年；③供热与供冷系统，为2个供暖期、供冷期；④电气管线、给水排水管道、设备安装和装修工程，为2年。

10.【答案】DE

【解析】与“水”有关的最低保修期限是5年。

11.【答案】BE

【解析】设计文件中选用的材料、构配件和设备，应当注明规格、型号、性能等技术指标，其质量必须符合国家规定的标准。

12. **【答案】**BDE

**【解析】**施工单位不得将承接的工程转包或违法分包，故选项A错误。总承包单位与分包单位对分包工程的质量承担连带责任，故选项C错误。

13. **【答案】**ACD

**【解析】**建设单位在工程开工前，负责办理有关施工图设计文件审查、工程施工许可证和工程质量监督手续，组织设计和施工单位认真进行设计交底和图纸会审。

14. **【答案】**ADE

**【解析】**未经监理工程师签字，建筑材料、构配件和设备不得使用或安装，施工单位不得进行下一道工序的施工。未经总监理工程师签字，建设单位不得拨付工程款，不进行竣工验收。

15. **【答案】**ADE

**【解析】**下列建设工程必须实行监理：①国家重点建设工程；②大中型公用事业工程；③成片开发建设的住宅小区工程；④利用外国政府或者国际组织贷款、援助资金的工程；⑤国家规定必须实行监理的其他工程。

# 第二章　ISO 质量管理体系及卓越绩效模式

**考纲要求**

1. ISO 质量管理体系构成和质量管理原则
2. 工程监理单位质量管理体系的建立与实施
3. 卓越绩效模式

## 第一节　ISO 质量管理体系构成和质量管理原则

本节知识点如表 1-2-1 所示。

**本节知识点**　　**表 1-2-1**

| 知识点 | 2023 年 | | 2022 年 | | 2021 年 | | 2020 年 | | 2019 年 | |
|---|---|---|---|---|---|---|---|---|---|---|
| | 单选（道） | 多选（道） | 单选（道） | 多选（道） | 单选（道） | 多选（道） | 单选（道） | 多选（道） | 单选（道） | 多选（道） |
| ISO 质量管理体系的质量管理原则及特征 | 1 | | 1 | | 1 | 1 | | 1 | 1 | |

### 知识点一　ISO 质量管理体系的质量管理原则及特征

**1. 质量管理原则（七原则）**

ISO 质量管理原则及基本内容如表 1-2-2 所示。

**ISO 质量管理原则及基本内容**　　**表 1-2-2**

| 七原则 | 基本内容 |
|---|---|
| 以顾客为关注焦点，满足顾客要求，并争取超越顾客的期望 | ①确保在组织范围内树立顾客意识<br>②充分理解顾客的需求和期望<br>③保证顾客和其他受益者平衡的途径<br>④将顾客的需求转化为要求，传达要求至各个层面<br>⑤加强与顾客的沟通和联络<br>⑥测量顾客的满意程度<br>⑦利用测量结果，持续改进组织的过程和产品 |
| 领导作用，各级领导建立统一的宗旨和方向，应当创造并保持能使员工充分参与实现组织目标的内部环境和条件 | ①确定质量方针、质量目标<br>②建立组织的发展前景<br>③形成内部环境（有助于质量管理工作）<br>④确立组织结构、职责权限和相互关系<br>⑤提供所需资源（工作环境、设备、技能培训等）<br>⑥培训教育，人才资源（重视人才培养、提供培训机会）<br>⑦管理评审：评估员工，创新和改善 |

续表

| 七原则 | 基本内容 |
| --- | --- |
| 全员参与，人员是组织之本，质量管理以人为本，不断提高员工的质量 | ①让每个员工了解自身贡献的重要性及其在组织中的角色<br>②让员工识别对其活动的约束<br>③让员工以主人翁的责任感去解决各种问题<br>④创造宽松的环境，加强内部沟通和契合<br>⑤客观公正地评价员工的业绩<br>⑥使员工有机会增强其自身能力、知识、技能和经验 |
| 过程方法，将活动和资源作为一个连贯的、系统的、相关联的过程进行管理，可以更加高效地得到预期的结果 | ①应用PDCA循环<br>②过程策划<br>③明确管理的职责和权限，做到"事事有人管"；职责和权限不交叉，关键过程必须明确相应人员的职责和权限<br>④配备过程所需的资源<br>⑤重点管理能改进组织关键活动的各种因素<br>⑥评估过程风险以及对顾客、供方和其他相关方可能产生的影响和后果 |
| 改进，是组织永恒的目标 | ①需求的变化要求组织不断改进<br>②组织的目标应是实现持续改进，以求与顾客需求相适应<br>③持续改进的核心是提高有效性和效率，实现质量目标<br>④确立挑战性的改进目标<br>⑤为员工提供有关持续改进方法和手段的培训<br>⑥提供资源<br>⑦业绩进行定期评价，确定改进领域<br>⑧改进成果的认可，总结推广，肯定成果奖励 |
| 循证决策，有效决策建立在数据、信息分析和评价的客观事实基础上 | ①收集与目标有关的数据和信息<br>②数据和信息应准确可信，建立信息管理系统<br>③分析数据和信息，使用有效的方法，运用统计技术<br>④了解组织的现状和发展趋势<br>⑤权衡决策 |
| 关系管理，为了持续成功，组织需要管理与相关方（如供方）的关系 | ①权衡短期利益与长期效益，确立相关方的关系<br>②识别和建设好关键相关方的关系<br>③与关键相关方共享专有技术和资源<br>④建立清晰与开放的沟通渠道<br>⑤开展与相关方的联合改进活动 |

## 典型例题

**【例题1】**根据ISO质量管理体系中的质量管理原则，建立清晰与开放的沟通渠道，是（　　）的基本内容。（2022年真题）

A. 过程方法　　B. 持续改进　　C. 循证决策　　D. 关系管理

**【答案】**D

**【例题2】**ISO质量管理体系中，领导作用的基本内容有（　　）。（2021年真题）

A. 确定质量方针、目标　　B. 形成内部环境

C. 识别相关方关系　　D. 建立PDCA循环

E. 建立管理评审机制

**【答案】**ABE

**【解析】**选项C属于关系管理的基本内容；选项D属于过程方法的基本内容。

**【例题3】**重点管理能改进组织关键活动的各种因素，是ISO质量管理体系的质量管

理原则中（　　）的基本内容。（2021 年真题）

A. 以顾客为关注焦点　　B. 领导作用

C. 全员参与　　D. 过程方法

**【答案】** D

**【例题 4】** ISO 质量管理体系中，过程方法管理原则的基本内容是（　　）。（2023 年真题）

A. 应用 PDCA 循环　　B. 组织全员参与

C. 坚持持续改进　　D. 注重关系管理

**【答案】** A

**【解析】** 选项 B 属于全员参与原则；选项 C 属于改进原则；选项 D 属于关系管理原则。

**2. 质量管理体系的特征**

质量管理体系的特征如表 1-2-3 所示。

**质量管理体系的特征**　　**表 1-2-3**

| | |
|---|---|
| 符合性 | 质量管理体系的设计、建立应符合行业特点、组织规模、人员素质和能力 |
| 系统性 | 相互关联和相互作用的子系统所组成的复合系统。包括：组织结构、过程、资源 |
| 全面有效性 | 既能满足组织内部质量管理的要求，又能满足组织与顾客的合同要求，还能满足第二方认定、第三方认证和注册的要求 |
| 预防性 | 应能采取适当的预防措施，有一定的防止重要质量问题发生的能力 |
| 动态性 | 通过体系持续有效运行和动态管理使其最佳化。最高管理者要定期进行管理评审，改进质量管理体系 |
| 持续受控 | 应保持过程及其活动持续受控 |

**【例题 5】** ISO 质量管理体系的特征包括（　　）。

A. 符合性　　B. 持续受控　　C. 静态性　　D. 全面有效性

E. 预防性

**【答案】** ABDE

# 第二节　工程监理单位质量管理体系的建立与实施

本节知识点如表 1-2-4 所示。

**本节知识点**　　**表 1-2-4**

| 知识点 | 2013 年 | | 2022 年 | | 2021 年 | | 2020 年 | | 2019 年 | |
|---|---|---|---|---|---|---|---|---|---|---|
| | 单选（道） | 多选（道） | 单选（道） | 多选（道） | 单选（道） | 多选（道） | 单选（道） | 多选（道） | 单选（道） | 多选（道） |
| 监理企业质量管理体系的建立与实施 | 1 | 1 | 1 | | 1 | | | | 1 | 1 |
| 项目质量控制系统的建立和实施 | | 2 | | 2 | | | | 1 | | |

## 知识点一　监理企业质量管理体系的建立与实施

**1. 质量管理体系的建立**

1）策划与准备

（1）贯彻决策，统一思想；

（2）教育培训，统一认识；

（3）成立班子，明确任务；

（4）编制工作计划、环境与风险评价。

2）质量管理体系总体设计

（1）确定质量方针、目标；

（2）过程适用性评价和体系覆盖范围确定；质量管理体系的范围界定应包含：覆盖的产品或服务、主要过程、地点范围、相关方要求；

（3）组织结构调整方案。

3）编写质量管理体系文件

（1）质量管理体系文件的编制原则：符合性、确定性、相容性、可操作性、系统性、独立性；

（2）质量管理体系文件的构成：质量手册、程序文件、作业文件（表1-2-5）。

**质量管理体系文件的构成**　　**表1-2-5**

| | |
|---|---|
| 质量手册 | 监理单位内部质量管理的纲领性文件和行动准则，应阐明监理单位的质量方针和质量目标 |
| 程序文件 | 从满足监理工作需要和提高质量管理水平的角度出发，编制必要的专门程序：文件控制、质量记录控制、不合格品控制、内部审核控制、纠正措施控制和预防措施控制 |
| 作业文件 | 指导监理工作开展的技术性文件 |
| 注：质量记录 | 编写程序文件的过程中，应同时编制质量记录<br>质量记录是产品满足质量要求的程度和监理单位质量管理体系中各项质量活动结果的客观反映，一般分为以下两类：<br>①与质量管理体系有关的记录：合同评审记录、内部审核记录、管理评审记录、培训记录、文件控制记录等<br>②与监理服务"产品"有关的质量记录：旁站记录、材料设备验收记录、纠正预防措施记录、不合格品处理记录等 |

## 典型例题

**【例题1】**建立监理单位质量管理体系时，明确工程建设相关方要求属于（　　）方面的工作。（2022年真题）

A. 确定质量方针、目标　　B. 过程适用性评价

C. 确定体系覆盖范围　　D. 组织结构调整方案

**【答案】**C

**【解析】**质量管理体系的范围界定应包含覆盖的产品或服务、主要过程、地点范围、相关方要求。

**【例题2】**根据质量管理体系标准要求，监理单位质量管理体系文件由（　　）组成。（2019年真题）

A. 规范与标准　B. 设计文件与图纸　C. 质量手册　D. 程序文件

E. 作业文件

**【答案】**CDE

**【解析】**质量管理体系文件，一般分为三个层次：第一层次文件的信息为质量手册；第二层次文件的信息为程序文件；第三层次文件的信息为作业文件。

**【例题3】**下列记录中，属于监理服务"产品"的有（　　）。（2016年真题）

A. 旁站记录　　　　　　　　　　　　B. 材料设备验收记录
C. 培训记录　　　　　　　　　　　　D. 不合格品处理记录
E. 管理评审记录

**【答案】**ABD

**【解析】**选项C、E属于与质量管理体系有关的记录。

**【例题4】**监理企业编制质量管理体系文件时，应遵循（　　）原则。（2015年真题）

A. 符合性　　B. 相容性　　C. 可操作性　　D. 有效性
E. 系统性

**【答案】**ABCE

**【解析】**监理单位组织编制质量管理体系文件时应遵循以下原则：符合性、确定性、相容性、可操作性、系统性、独立性。

**【例题5】**工程监理企业质量管理体系文件中，阐述企业内部质量管理纲领性文件的是（　　）。（2023年真题）

A. 质量手册　　B. 程序文件　　C. 作业文件　　D. 质量记录

**【答案】**A

**【解析】**质量手册是监理单位内部质量管理的纲领性文件和行动准则，应阐明监理单位的质量方针和质量目标，并描述其质量管理体系的文件，它对质量管理体系做出了系统、具体而且具有纲领性的阐述。

**2. 质量管理体系的实施**

1）质量管理体系的运行、建立记录

（1）质量管理体系的工作要点如表1-2-6所示。

**质量管理体系的工作要点　　　　表1-2-6**

| | |
|---|---|
| 文件的标识与控制 | 应首先识别所有的规范标准，将国家废止的规范标准及时收回作废；对于建设单位提供的图纸应按照质量手册的相关要求进行标识；合同控制；加强信息化管理 |
| 产品质量的追踪检查 | 建立两级体系：监理单位的质量管理体系、项目监理机构的质量控制系统，严格控制服务产品质量<br>总监理工程师应检查监理规划与监理实施细则的质量控制措施是否落实、管理记录是否完整和符合规定要求等<br>坚持定期召开监理例会，为产品服务质量提供保障 |
| 物资管理 | 对建设单位财产的管理、监理过程中物品的保护以及监理设备的控制<br>完成监理合同中的监理任务后，项目总监理工程师编写监理工作总结 |

（2）质量管理体系有效运行要求如图1-2-1所示。

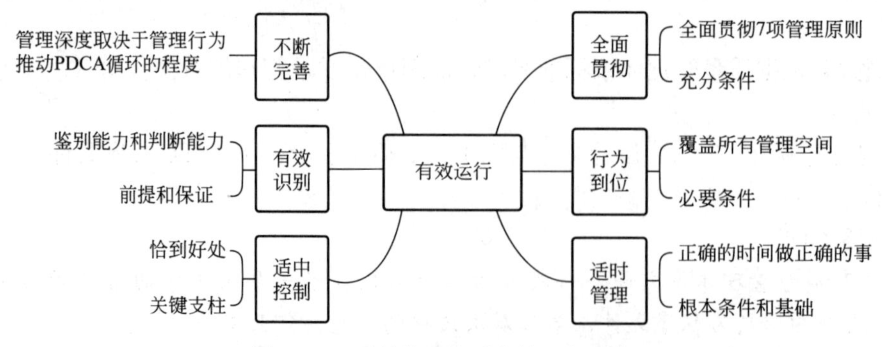


图1-2-1　质量管理体系有效运行要求

（3）纠正措施。

（4）内部审核、管理评审如表1-2-7所示。

**内部审核、管理评审** **表1-2-7**

| 分类 | 定义 |
| --- | --- |
| 内部审核 | 监理单位内部的质量保证活动。发现问题，采取纠正措施，保证质量管理体系有效运行，自我改进认证前，一般需进行2～3次 |
| 管理评审 | 管理评审是由监理单位最高管理者关于质量管理体系现状及其对质量方针和目标的适宜性、充分性和有效性所做出的正式评价 |

① 管理评审的目的：

a. 对现行的质量管理体系能否适应质量方针和质量目标做出正式的评价；

b. 对质量管理体系与组织的环境适宜性做出评价；

c. 调整质量管理体系结构，修改质量管理体系文件，使质量管理体系更加完整有效，持续改进。

② 持续改进：

进行质量管理体系评审的目的是使体系能够保持改进；持续改进是维持质量管理体系生命力的保证；要想做到持续改进，必须在工作中发现改进的机会。

**【例题6】**工程监理企业质量管理体系有效运行的表现有（　　）。（2023年真题）

A. 总体设计完美　　　　B. 通俗易懂

C. 全面贯彻与行为到位　　　　D. 适时管理与适中控制

E. 有效识别与不断完善

**【答案】**CDE

**【解析】**质量管理体系的有效运行可以概括为全面贯彻、行为到位、适时管理、适中控制、有效识别、不断完善。

**【例题7】**监理单位质量管理体系运行中，定期召开监理例会体现了（　　）的要求。（2021年真题）

A. 文件标识与控制　　　　B. 产品质量追踪检查

C. 物资管理　　　　D. 内部审核

**【答案】**B

**【解析】**产品质量的追踪检查：建立两级质量管理体系，严格控制服务产品质量；坚持定期召开监理例会。

**【例题8】**ISO质量管理体系运行中，体系要素管理到位的前提和保证是（　　）。（2019年真题）

A. 管理体系的适时管理　　　　B. 管理体系的行为到位

C. 管理体系的适中控制　　　　D. 管理体系的识别能力

**【答案】**D

**【解析】**质量管理体系要素管理到位的前提和保证是管理体系的识别能力、鉴别能力和解决能力。（分析技巧：管理的前提是识别）

**【例题9】**工程监理企业质量管理体系管理评审的目的有（　　）。（2018年真题）

A. 对现行质量目标的环境适应性做出评价

B. 发现质量管理体系持续改进的机会

C. 对现行质量管理体系能否适应质量方针做出评价

D. 修改质量管理体系文件使其更加完善有效

E. 对现行质量管理体系的环境适宜性做出评价

**【答案】**CDE

**【解析】**管理评审的目的主要包括：①对现行的质量管理体系能否适应质量方针和质量目标做出正式的评价；②对质量管理体系与组织的环境适宜性做出评价；③调整质量管理体系结构，修改质量管理体系文件，使质量管理体系更加完整有效，持续改进。

2）质量管理体系的认证

（1）认证的特征：

① 对象是某一组织的质量保证体系；

② 实行体系认证的基本依据等同采用国际通用质量保证标准的国家标准；

③ 鉴定某一组织管理体系是否可以认证的基本方法是管理体系审核；

④ 证明质量管理体系注册资格的方式是颁发体系认证证书。

（2）认证与认可的区别如表 1-2-8 所示。

**认证与认可的区别** **表 1-2-8**

| 分类 | 认证 | 认可 |
|---|---|---|
| 进行单位 | 第三方 | 授权机构 |
| 形式 | 书面保证 | 正式承认 |
| 效果 | 证明认证对象与认证所依据的标准符合性，颁发体系认证证书 | 证明认可对象具备从事特定任务的能力，取得认可证书或注册资格证书 |

（3）认证的程序：质量管理体系认证一般要经过递交申请、签订合同、体系审核、颁发证书、监督等程序。

**【例题 10】**关于质量管理体系的认证与认可的区别，下列说法错误的是（　　）。

A. 认可由第三方进行，认证是由授权的机构进行

B. 认证是书面保证，认可是正式承认

C. 认证是证明认证对象与认证所依据的标准符合性

D. 认可是证明认可对象具备从事特定任务的能力

**【答案】**A

**【解析】**选项 A 错误，认证由第三方进行，认可是由授权机构进行。

## 知识点二 项目质量控制系统的建立和实施

### 1. 项目质量控制系统的特性和构成

1）特性

（1）监理单位质量管理体系框架下建立的一次性的目标控制系统。

（2）以工程项目为对象，由项目监理机构建立。

① 监理机构的一个目标控制子系统，与“二控制”和“三管理”共同构成项目监理

机构的工作内容；

② 一个一次性的质量控制工作体系，不同于监理单位的质量管理体系；

③ 质量控制体系应通过监理规划和监理实施细则等文件做出具体的规定。

2）构成

应包括组织机构、工作制度、监理程序、监理方法和监理手段等。

## 典型例题

**【例题 1】** 项目监理机构建立工程项目质量控制系统的工作内容有（　　）。（2020 年真题）

A. 确定企业质量方针、目标　　B. 建立组织机构

C. 制定工作制度　　D. 明确监理程序

E. 编写企业质量管理体系文件

**【答案】** BCD

**【解析】** 项目质量控制系统建立和运行的主要工作：建立组织机构；制定工作制度；明确工作程序；确定工作方法和手段；项目质量控制系统的改进。

**2. 工程项目质量控制系统建立和运行的主要工作**

1）建立组织机构

项目监理机构是建立和实施项目质量控制的主体。

2）确定工作制度（9 项）

（1）施工图纸会审及设计交底制度；

（2）施工组织设计/施工方案审核、审批制度；总监理工程师在约定的时间内，组织专业监理工程师审查，提出意见后，由总监理工程师审核签认；

（3）工程开工、复工审批制度；由总监理工程师签署审查意见，并应报建设单位批准后，总监理工程师签发工程开工令；

签发工程开工令具备的条件：①设计交底和图纸会审已完成；②施工组织设计已由总监理工程师签认；③施工单位现场质量、安全生产管理体系已建立，管理及施工人员已到位，施工机械具备使用条件，主要工程材料已落实；④进场道路及水、电、通信等已满足开工要求；

（4）工程材料检验制度；

（5）工程质量检验制度；

（6）工程变更处理制度；

（7）工程质量验收制度；工程质量合格的，总监理工程师应签认单位工程竣工验收报审表；工程竣工预验收合格后，项目监理机构应编写工程质量评估报告，并应经总监理工程师和工程监理单位技术负责人审核签字后报建设单位；

（8）监理例会制度；

（9）监理工作日志制度。

**【例题 2】** 总监理工程师签发工程开工令时，该工程需具备的条件有（　　）。（2023 年真题）

A. 已完成设计交底和图纸会审

B. 已签认施工组织设计

C. 已审核分包单位资质

D. 进场道路及水、电、通信等已满足开工要求

E. 签署的工程开工报审表已获建设单位批准

**【答案】** ABDE

**【解析】** 当工程项目的主要施工准备工作已完成时，施工单位可填报《工程开工报审表》，总监理工程师组织专业监理工程师审查施工单位报送的开工报审表及相关资料；同时具备下列条件时，应由总监理工程师签署审查意见，报建设单位批准后，总监理工程师签发工程开工令：①设计交底和图纸会审已完成；②施工组织设计已由总监理工程师签认；③施工单位现场质量、安全生产管理体系已建立，管理及施工人员已到位，施工机械具备使用条件，主要工程材料已落实；④进场道路及水、电、通信等已满足开工要求。

**【例题 3】** 质量评估报告应由（　　）审核签字后报建设单位。（2022 年真题）

A. 总监理工程师

B. 总监理工程师代表

C. 监理单位技术负责人

D. 监理单位法定代表人

E. 监理单位质量部经理

**【答案】** AC

**【解析】** 工程竣工预验收合格后，项目监理机构应编写工程质量评估报告，并应经总监理工程师和工程监理单位技术负责人审核签字后报建设单位。

3）明确工作程序

监理工作应围绕影响工程质量的人、机、料、法、环五大因素和事前、事中、事后三个阶段，按规范的工作程序开展监理工作，才能有效地控制工程施工质量。

4）确定工作方法和手段

方法：直方图、排列图、因果分析图等。

手段：监理指令、旁站、巡视、平行检验和见证取样。

5）项目质量控制系统的改进

项目监理机构定期对质量控制的效果进行检查和反馈，并对系统进行评价，发现问题寻找原因并解决、改进和完善。

**【例题 4】** 项目质量控制系统运行中，监理工作的主要手段有（　　）。（2022 年真题）

A. 编制监理规划和监理实施细则

B. 签发监理指令

C. 组织召开设计交底会议

D. 旁站与巡视

E. 平行检验与见证取样

**【答案】** BDE

**【解析】** 监理工作中的主要手段为：①监理指令；②旁站；③巡视；④平行检验和见证取样。

## 第三节　卓越绩效模式

本节知识点如表 1-2-9 所示。

**本节知识点**　　　　表 1-2-9

| 知识点 | 2023 年 | | 2022 年 | | 2021 年 | | 2020 年 | | 2019 年 | |
|---|---|---|---|---|---|---|---|---|---|---|
| | 单选（道） | 多选（道） | 单选（道） | 多选（道） | 单选（道） | 多选（道） | 单选（道） | 多选（道） | 单选（道） | 多选（道） |
| 卓越绩效模式的基本特征和核心价值观 | | | | | | | 2 | | | |
| 《卓越绩效评价准则》的结构模式 | | | | | | 1 | | | | |
| 《卓越绩效评价准则》与 ISO 9000 的比较 | 1 | | 1 | 1 | 1 | | | 1 | | 1 |

## 知识点一　卓越绩效模式的基本特征和核心价值观

具体内容如表 1-2-10 所示。

**卓越绩效模式的基本特征和核心价值观**　　　　表 1-2-10

| 基本特征 | 核心价值观 |
|---|---|
| ①强调大质量观<br>②强调以顾客为中心和重视组织文化，以顾客和市场为中心应该作为组织质量管理的首要原则<br>③强调系统思考和系统整合（按照 PDCA 系统管理）<br>④强调可持续发展和社会责任<br>⑤强调质量对组织绩效的增值和贡献，其关注质量和绩效、质量管理与质量经营的系统整合，促进组织效率最大化和顾客价值最大化 | ①远见卓识的领导<br>②战略导向<br>③顾客驱动<br>④社会责任<br>⑤以人为本<br>⑥合作共赢<br>⑦重视过程与关注结果<br>⑧学习、改进与创新<br>⑨系统管理（基本方法：过程方法） |

### 典型例题

**【例题 1】**在卓越绩效模式中，为了实现质量对组织绩效的增值作用，需要关注的要素有（　　）。（2021 年真题）

A. 标准化导向　　B. 符合性评审

C. 质量管理与质量经营的系统整合　　D. 促进组织效率最大化

E. 促进顾客价值最大化

**【答案】**CDE

**【解析】**强调质量对组织绩效的增值和贡献，《卓越绩效评价准则》中的质量，是组织的一种系统运营的全面质量。其关注质量和绩效、质量管理与质量经营的系统整合，促进组织效率最大化和顾客价值最大化。

**【例题 2】**根据《卓越绩效评价准则》，卓越绩效模式的基本特征是（　　）。（2020 年真题）

A. 强调以经营为中心　　B. 强调以效益为中心

C. 强调大质量观　　D. 强调企业责任

**【答案】**C

**【例题 3】**卓越绩效模式强调以系统的观点来管理整个组织及关键过程，这种系统管理的基本方法是（　　）。（2020 年真题）

A. 反馈方法　　B. 过程方法　　C. 评价方法　　D. 监督方法

【答案】B

【解析】卓越绩效模式强调以系统的观点来管理整个组织及其关键过程，过程方法（PDCA）是系统管理的基本方法。

【例题 4】卓越绩效模式的基本特征（　　）。

A. 强调大质量观　　B. 强调以顾客为中心和重视组织文化

C. 强调可持续发展和社会责任　　D. 学习、改进与创新

E. 重视过程与关注结果

【答案】ABC

【解析】选项 D、E 属于卓越绩效模式的核心价值观。

## 知识点二 《卓越绩效评价准则》的结构模式

具体内容如表 1-2-11 所示。

《卓越绩效评价准则》的结构模式　　表 1-2-11

| | |
|---|---|
| 领导、战略、顾客与市场 | 构成了"领导作用"三角，为组织谋划长远未来，关注的是组织如何做正确的事，是驱动力 |
| 资源、过程管理、结果 | 强调如何充分调动组织中人的积极性和能动性，通过组织中的人在各个业务流程中发挥作用和过程管理的规范，高效地实现组织所追求的经营结果，关注的是组织如何正确地做事，解决的是效率和效果业绩的问题，是从动的 |
| 测量、分析与改进 | 连接两个三角的"链条"，转动着 PDCA 循环 |

### 典型例题

【例题】卓越绩效模式中，在关注组织如何做正确的事时，需要强调的组成要素有（　　）。（2022 年真题）

A. 领导作用　　B. 战略　　C. 资源　　D. 过程管理

E. 以顾客和市场为中心

【答案】ABE

【解析】选项 C、D 属于"资源、过程、结果"，关注的是组织如何正确地做事，解决的是效率和效果业绩的问题，是从动的。

## 知识点三 《卓越绩效评价准则》与 ISO 9000 的比较

**1. 相同点**

（1）基本原理和原则相同；

（2）基本理念和思维方式相同；

（3）使用方法（工具）相同。

**2. 不同点（表 1-2-12）**

《卓越绩效评价准则》与 ISO 9000 的不同点　　表 1-2-12

| | 《卓越绩效评价准则》 | ISO 9000 |
|---|---|---|
| 导向 | 战略导向 | 标准化导向 |
| 驱动力 | 市场竞争 | 市场准入 |

续表

| | 《卓越绩效评价准则》 | ISO 9000 |
|---|---|---|
| 评价方式 | 成熟度评价，过程和结果诊断 | 符合要求即可 |
| 关注点 | 更加关注结果 | 关注过程 |
| 目标 | 相关方满意 | 顾客满意 |
| 责任人 | 强调领导责任 | — |
| 对组织的要求 | 组织的社会责任 | 不违法违规 |

## 典型例题

**【例题 1】**《卓越绩效评价准则》的实质是一种（　　）评价。（2023 年真题）

A. 标准化导向　　B. 符合性　　C. 合格性　　D. 成熟度

**【答案】**D

**【解析】**“卓越绩效”模式是成熟度评价，采用目标驱动和绩效激励，对过程绩效与结果绩效进行诊断，通过对过程绩效的评价，可以了解企业处于成熟度的哪个阶段。

**【例题 2】**与卓越绩效模式相比，ISO 9000 质量管理体系的导向是（　　）。（2022 年真题）

A. 成熟度评价　　B. 标准化管理　　C. 全过程控制　　D. 战略管理

**【答案】**B

**【解析】**ISO 9000 是标准化导向，作为一个质量标准系列，企业可根据这些标准确定和建设自身所需要的有效且合适的质量管理体系。

**【例题 3】**《卓越绩效评价准则》与 ISO 9000 质量管理体系的不同点是（　　）。（2016 年真题）

A. 基本原理和原则不同　　B. 基本理念和思维方式不同

C. 关注点和目标不同　　D. 使用方法（工具）不同

**【答案】**C

**【解析】**《卓越绩效评价准则》与 ISO 9000 的不同点：①导向不同；②驱动力不同；③评价方式不同；④关注点不同；⑤目标不同；⑥责任人不同；⑦对组织的要求不同。

## 本章精选习题

### 一、单项选择题

1. 关于监理单位质量方针的说法，正确的是（　　）。

A. 质量方针应由管理者代表制定　　B. 质量方针应由技术负责人制定

C. 质量方针应由最高管理者发布　　D. 质量方针应由管理者代表发布

2. ISO 质量管理体系提出的“持续改进”质量管理原则，其核心内容是（　　）。

A. 需求的变化要求组织不断改进　　B. 确立挑战性的改进目标

C. 提高有效性和效率　　D. 全员参与

3. 质量管理应以人为本，体现的是（　　）的管理原则。

A. 以顾客为关注焦点　　B. 领导作用

C. 全员参与　　D. 持续改进

4. 质量手册是监理单位内部质量管理的（　　）文件和行动准则，应阐述监理单位的质量方针和质量目标。

A. 指导性　　B. 纲领性

C. 操作性　　D. 框架性

5. 根据 ISO 质量管理体系标准，工程质量单位应以（　　）为框架，制定具体的质量目标。

A. 质量计划　　B. 质量方针

C. 质量策划　　D. 质量要求

6. 关于质量管理体系现状及其质量方针和目标的适应性、充分性和有效性正式评价的管理评审应由企业（　　）主持。

A. 最高管理者　　B. 管理者代表

C. 经营负责人　　D. 技术负责人

7. 质量管理体系评审的目的是使体系能够（　　）。

A. 持续改进　　B. 有效识别

C. 制定方针　　D. 质量经营

8. 监理单位质量管理体系运行中，加强信息化管理体现了（　　）的要求。

A. 文件标识与控制　　B. 产品质量追踪检查

C. 物资管理　　D. 内部审核

9. 关于工程项目质量控制系统特性的说法，正确的是（　　）。

A. 工程项目质量控制系统是监理单位质量管理体系的子系统

B. 工程项目质量控制系统是一个一次性的质量控制工作体系

C. 工程项目质量控制系统是监理单位建立的质量控制工作体系

D. 工程项目质量控制系统不随项目管理机构的解体而消失

10. 总监理工程师应在约定的时间内组织（　　）审查施工单位提交的施工组织设计报审表，提出意见后，由（　　）审核签认。

A. 监理员，专业监理工程师

B. 专业监理工程师，总监理工程师

C. 总监理工程师代表，总监理工程师

D. 总监理工程师，建设单位

11. 施工单位填写的《工程开工报审表》，最终获（　　）批准后，由总监理工程师签发工程开工令。

A. 项目经理　　B. 总监理工程师

C. 建设单位　　D. 质量监督机构

12. 工程竣工预验收合格后，项目监理机构应编写（　　），并经总监理工程师和工程监理单位技术负责人审核签字后报建设单位。

A. 工程质量审核报告　　B. 工程质量评估报告

C. 工程质量验收报告　　D. 工程质量检验报告

13. 根据《卓越绩效评价准则》，采用卓越绩效模式的驱动力来自（　　）。

A. 标准化导向　　B. 市场竞争

C. 市场准入　　D. 符合性评审

14.《卓越绩效评价准则》与ISO 9000质量管理体系相同点是（　　）。

A. 驱动力　　B. 评价方式

C. 关注点　　D. 使用方法（工具）

15.《卓越绩效评价准则》的评价内容中，（　　）是连接两个三角的“链条”，推动组织的改进和创新。

A. 结果　　B. 战略

C. 顾客与市场　　D. 测量、分析和改进

**二、多项选择题**

1. 在ISO质量管理体系中，质量管理应遵循的原则有（　　）。

A. 以顾客为关注焦点　　B. 合作共赢

C. 循证决策　　D. 社会责任

E. 全员参与

2. ISO质量管理体系中，过程方法的基本内容有（　　）。

A. 让员工识别对其活动的约束

B. 形成内部环境

C. 重点管理能改进组织关键活动的各种因素

D. 应用PDCA循环

E. 权衡决策

3. 下列监理单位编制的质量记录表格中，属于监理单位监理服务“产品”有关的记录有（　　）。

A. 合同评审记录　　B. 文件控制记录

C. 材料设备验收记录　　D. 纠正预防措施记录

E. 旁站记录

4. 从满足监理工作需要和提高质量管理水平的角度出发，监理单位应编制的程序文件有（　　）。

A. 质量记录控制　　B. 纠正措施控制

C. 不合格品控制　　D. 合同评审记录

E. 内部审核控制

5. 监理工程师控制施工质量的主要手段有（　　）。

A. 监理指令　　B. 旁站监理

C. 巡视检查　　D. 平行检验和见证取样

E. 向业主报告质量信息

6.《卓越绩效评价准则》的评价内容中，（　　）是从动的。

A. 结果　　B. 战略

C. 顾客与市场　　D. 资源

E. 过程管理

7. 关于《卓越绩效评价准则》与 ISO 9000 的不同点，下列说法正确的有（　　）。

A. ISO 9000 是标准化导向，《卓越绩效评价准则》是战略导向

B. ISO 9000 来自市场竞争的驱动

C. ISO 9000 主要关注过程

D. ISO 9000 是符合性评审，《卓越绩效评价准则》是成熟度评价

E. ISO 9000 强调领导责任

8. 项目监理机构建立项目质量控制系统时，应制定的工作制度有（　　）。

A. 施工图设计文件审查制度

B. 施工组织设计审核审批制度

C. 工程计量签证制度

D. 工程材料检验制度

E. 监理例会制度

## 习题答案及解析

### 一、单项选择题

1. **【答案】**C

**【解析】**质量方针是由组织的最高管理者正式发布的该组织总的质量宗旨和方向。

2. **【答案】**C

**【解析】**持续改进的核心是提高有效性和效率，实现质量目标：组织持续改进管理的重点应关注变化或更新所产生结果的有效性和效率，唯有如此，才能保证质量目标的实现。

3. **【答案】**C

**【解析】**质量管理以人为本，体现的是全员参与的原则。

4. **【答案】**B

**【解析】**质量手册是监理单位内部质量管理的纲领性文件和行动准则，应阐明监理单位的质量方针和质量目标，并描述其质量管理体系的文件，其对质量管理体系做出了系统、具体而又纲领性的阐述。

5. **【答案】**B

**【解析】**质量方针必须通过质量目标的执行和实现才能得到落实，质量目标的建立为组织的运作提供了具体的要求，质量目标应以质量方针为框架具体展开。

6. **【答案】**A

**【解析】**管理评审是由监理单位最高管理者关于质量管理体系现状及其对质量方针和目标的适宜性、充分性和有效性所作的正式评价。

7. **【答案】**A

**【解析】**进行质量管理体系评审的目的是使体系能够持续改进。持续改进是维持质量管理体系生命力的保证。

8. **【答案】**A

**【解析】**文件的标识与控制：①法律法规及标准；②图纸按照质量手册要求标识；③合同控制、加强信息化管理。

9. **【答案】** B

**【解析】** 选项A，工程项目质量控制系统是项目监理机构的一个目标控制子系统；选项C，工程项目质量控制系统是以工程项目为对象，由项目监理机构负责建立的面向监理项目开展质量控制的工作体系；选项D，工程项目质量控制系统根据工程项目监理合同的实施而建立，随着建设工程项目监理工作的完成和项目监理机构的解体而消失。

10. **【答案】** B

**【解析】** 总监理工程师应在约定的时间内组织专业监理工程师审查施工单位提交的施工组织设计报审表，提出意见后，由总监理工程师审核签认。

11. **【答案】** C

**【解析】** 施工单位可填报《工程开工报审表》，总监理工程师组织专业监理工程师审查，总监理工程师签署审查意见，并应报建设单位批准后，总监理工程师签发工程开工令。

12. **【答案】** B

**【解析】** 工程竣工预验收合格后，项目监理机构应编写工程质量评估报告，并经总监理工程师和工程监理单位技术负责人审核签字后报建设单位。

13. **【答案】** B

**【解析】**"卓越绩效"模式来自市场竞争的驱动，通过质量奖及自我评价促进竞争力水平提高。

14. **【答案】** D

**【解析】**《卓越绩效评价准则》与ISO 9000的相同点：①基本原理和原则相同；②基本理念和思维方式相同；③使用方法工具相同。

15. **【答案】** D

**【解析】**"测量、分析和改进"是连接两个三角的"链条"，推动组织的改进和创新。

**二、多项选择题**

1. **【答案】** ACE

**【解析】** ISO质量管理体系的质量管理原则：以顾客为关注焦点；领导作用；全员参与；过程方法；改进；循证决策；关系管理。选项B、D属于卓越绩效模式的核心价值观。

2. **【答案】** CD

**【解析】** 过程方法的基本内容包括：①应用PDCA循环；②过程策划；③明确管理的职责和权限，做到"事事有人管"职责和权限不交叉，关键过程必须明确相应人员的职责和权限；④配备过程所需的资源；⑤重点管理能改进组织关键活动的各种因素；⑥评估过程风险以及对顾客、供方和其他相关方可能产生的影响和后果。

3. **【答案】** CDE

**【解析】** 监理单位在编写程序文件的过程中，应同时编制质量管理体系贯彻实施所需的各种质量记录表格。包括：与质量管理体系有关的记录，如合同评审记录、内部审核记录、管理评审记录、培训记录、文件控制记录等；与监理服务"产品"有关的质量记录，如监理旁站记录、材料设备验收记录、纠正预防措施记录、不合格品处理记录等。

4. **【答案】** ABCE

**【解析】** 基于监理产品的特殊性，从满足监理工作需要和提高质量管理水平的角度出发，监理单位应编制控制质量管理体系要求的过程和活动的文件，例如：文件控制程序、质量记录控制程序、不合格品控制程序、内部审核控制程序、纠正措施控制程序和预防措施控制程序等。

5. **【答案】** ABCD

**【解析】** 监理工作中的主要手段为：监理指令、旁站监理、巡视检查、平行检验和见证取样。

6. **【答案】** ADE

**【解析】**“资源”“过程管理”与“结果”构成了“过程和结果”三角，是从动的。

7. **【答案】** ACD

**【解析】** 选项 B，ISO 9000 来自市场准入的驱动。

8. **【答案】** BDE

**【解析】** 项目监理机构应建立如下相关制度，有效实施质量控制：①施工图纸会审及设计交底制度；②施工组织设计/施工方案审核、审批制度；③工程开工、复工审批制度；④工程材料检验制度；⑤工程质量检验制度；⑥工程变更处理制度；⑦工程质量验收制度；⑧监理例会制度；⑨监理工作日志制度。

# 第三章　建设工程质量的统计分析和试验检测方法

**考纲要求**

1. 工程质量统计分析方法
2. 工程质量主要试验检测方法

## 第一节　工程质量统计分析方法

本节知识点如表 1-3-1 所示。

**本节知识点**　　**表 1-3-1**

| 知识点 | 2023 年 | | 2022 年 | | 2021 年 | | 2020 年 | | 2019 年 | |
|---|---|---|---|---|---|---|---|---|---|---|
| | 单选（道） | 多选（道） | 单选（道） | 多选（道） | 单选（道） | 多选（道） | 单选（道） | 多选（道） | 单选（道） | 多选（道） |
| 工程质量统计及抽样检验的基本原理和方法 | 1 | 1 | | | 2 | | 4 | | 2 | |
| 工程质量统计分析方法 | 3 | 1 | 3 | 1 | 2 | 1 | 2 | | 2 | |

### 知识点一　工程质量统计及抽样检验的基本原理和方法

**1. 质量数据的特征值**

相关计算方法如表 1-3-2 所示。

**相关计算方法**　　**表 1-3-2**

| | | |
|---|---|---|
| 集中趋势 | 算数平均数 | 是数据的分布中心，对数据的代表性好 |
| | 中位数 | 当样本数为奇数时，数列居中的一位数即为中位数；当样本数为偶数时，取居中两个数的平均值作为中位数 |
| 离散趋势 | 极差 | 数据中最大值与最小值之差。数值仅受两个极端值的影响，损失的质量信息多，不能反映中间数据的分布和波动规律，仅适用于小样本 |
| | 标准偏差 | 标准差值小说明分布集中程度高，离散程度小，均值对总体的代表性好 |
| | 变异系数 | 又称离散系数，是用标准差除以算术平均数得到的相对数。变异系数小，说明分布集中程度高，离散程度小，均值对总体的代表性好 |

**典型例题**

**【例题 1】**在工程质量统计分析中，用来描述数据离散趋势的特征值是（　　）。（2021 年真题）

A. 平均数与标准偏差　　B. 中位数与变异系数

C. 标准偏差与变异系数　　D. 中位数与标准偏差

**【答案】**C

**【例题 2】**关于样本中位数的说法，正确的是（　　）。（2019 年真题）

A. 样本数为偶数时，中位数是数值大小排序后居中两数的平均值

B. 中位数反映了样本数据的分散状况

C. 中位数反映了中间数据的分布

D. 样本中位数是样本极差值的平均值

**【答案】**A

**【解析】**选项 B，中位数是描述数据集中趋势的特征值；选项 C、D，样本中位数是将样本数据按数值大小有序排列后，位置居中的数值。

**【例题 3】**某组混凝土试块的抗压强度见表 1-3-3，表中试块强度的极差为（　　）MPa。（2015 年真题）

**某组混凝土试块的抗压强度　　表 1-3-3**

| 序号 | 1 | 2 | 3 | 4 | 5 | 6 |
|---|---|---|---|---|---|---|
| 强度(MPa) | 39.60 | 40.10 | 39.80 | 39.80 | 40.00 | 39.80 |

A. 0.50　　B. 0.40　　C. 0.20　　D. 0.10

**【答案】**A

**【解析】**极差是数据中最大值与最小值之差，故本题中的极差=40.10−39.6=0.50MPa。

**2. 质量数据的分布特征**

（1）质量数据分布的规律性：正态分布最重要、最常见、应用最广泛。

（2）质量数据波动的原因如表 1-3-4 所示。

**质量数据波动的原因　　表 1-3-4**

| | |
|---|---|
| 偶然原因（正常） | 4M1E 因素的微小变化(4M1E 是指影响质量的人、机、料、法、环等因素)<br>随机发生的特点，是不可避免且难以测量和控制的，或者是在经济上不值得被消除的。其大量存在，但对质量影响小 |
| 系统原因（异常） | 当影响质量的 4M1E 因素发生了较大变化，如工人未遵守操作规程、机械设备发生故障或过度磨损、原材料质量规格有显著差异情况，没有及时排除，导致生产过程不正常 |

**【例题 4】**正常情况下，混凝土强度检测数据服从（　　）分布。（2022 年真题）

A. 三角形　　B. 梯形　　C. 正态　　D. 随机

**【答案】**C

**【例题 5】**工程质量特征值的正常波动是由（　　）引起的。（2020 年真题）

A. 单一性原因　　B. 必然性原因　　C. 系统性原因　　D. 偶然性原因

**【答案】**D

**【例题 6】**实际生产中，质量数据波动的偶然性原因的特点有（　　）。

A. 不可避免、难以测量和控制　　B. 大量存在但对质量的影响很小

C. 质量数据离散过大　　D. 原材料质量规格有显著差异

E. 经济上不值得被消除

**【答案】** ABE

**3. 抽样检验及检验批**

采用抽样检验的原因如表 1-3-5 所示。

**采用抽样检验的原因**　　**表 1-3-5**

| | |
|---|---|
| 采用抽样检验的原因 | ①破坏性检验，不能采取全数检验方式<br>②全数检验有时需要花费很大成本，在经济上不一定划算<br>③检验需要时间，全数检验有时在时间上不允许<br>④即使全数检验，也不一定 100%合格<br>⑤抽样检验抽取样品不受检验人员主观意愿的支配，被抽中的概率相同。样本分布比较均匀，有充分的代表性。可用于破坏性或生产过程的质量监控 |

**【例题 7】** 关于全数检验和抽样检验的说法，正确的是（　　）。（2023 年真题）

A. 只有全数检验在时间上不允许时，才采用抽样检验

B. 只有全数检验在经济上不允许时，才采用抽样检验

C. 能够进行全数检验的，就不要采用抽样检验

D. 破坏性检验，不能采用全数检验

**【答案】** D

**【解析】** 见表 1-3-5 第①条。

**4. 抽样检验方法**

抽样检验常用的方法及适用条件如表 1-3-6 所示。

**抽样检验的常用方法及适用条件**　　**表 1-3-6**

| 方法 | 适用 | 举例 |
|---|---|---|
| 简单随机抽样<br>纯随机抽样<br>完全随机抽样 | 用于原材料、构配件的进货检验；分项工程、分部工程、单位工程完工后检验 | 对全部个体编号，通过抽签、摇号确定中选号码 |
| 系统随机抽样<br>机械随机抽样 | 将总体中的抽样单元按某种次序排列，在规定的范围内随机抽取一个或一组初始单元，然后按照一套规则确定其他样本单元 | 流水作业每生产 100 件产品抽出 1 件产品做样品，直至抽出 $n$ 件组成样本 |
| 分层随机抽样 | 样品在总体中分布均匀，更具代表性，适用于总体比较复杂的情况 | 浇筑混凝土质量，按生产班组分组，或按浇筑时间分组，每组内抽取 |
| 多阶段抽样 | 总体大，很难一次抽样完成预定的目标 | 分批次的钢筋、混凝土的抽样检测 |

**【例题 8】** 将样本总体中的抽样单元按某种次序排列，在规定范围内随机抽取一组初始单元，然后按一套规则确定其他样本单元的抽样方法称为（　　）。（2022 年真题）

A. 简单随机抽样　　B. 系统随机抽样　　C. 分层随机抽样　　D. 多阶段抽样

**【答案】** B

**【例题 9】** 某工程材料多批次进场，为保证抽样检验中样品分布均匀，随机抽样应采取（　　）抽样方法。（2015 年真题）

A. 等距　　B. 多阶段　　C. 分层　　D. 一次性

**【答案】** B

**5. 抽样检验的分类及抽样方案**

1）分类及方案

抽样检验通常分为计量型和计数型（表 1-3-7）。

**抽样检验的分类及方案** **表 1-3-7**

| | |
|---|---|
| 计量型 | 连续型变量，可以测量出小数点以下的数值，称作计量值数据，如重量、强度、几何尺寸、标高、位移等 |
| 计数型 | 不能连续取值，只能以整数来描述的数据，称作计数值数据，如焊点的不良数、不合格品数、缺陷数等<br>抽样方案：一次抽样检验、二次抽样检验、多次抽样检验 |

（1）一次抽样检验（共三个参数）：

其流程如图 1-3-1 所示。

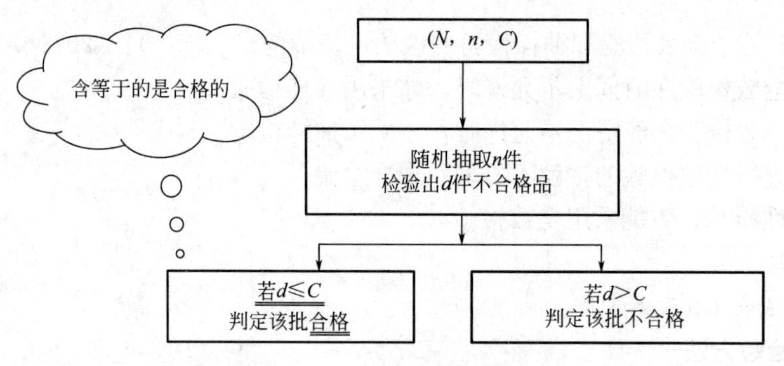


图 1-3-1　一次抽样检验流程图

图中：$N$——批量；

$n$——抽取的样本数；

$C$——合格判定数；

$d$——不合格品数。

（2）二次抽样检验（共五个参数）：

其流程如图 1-3-2 所示。

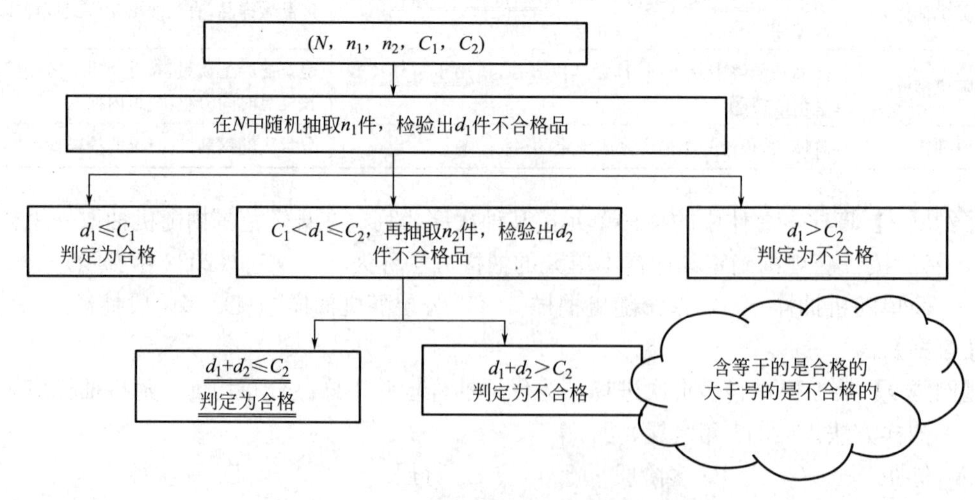


图 1-3-2　二次抽样检验流程图

图中：$N$——批量；

$n_1$——第一次抽取的样本数；

$n_2$——第二次抽取的样本数；

$C_1$——第一次抽取样本时的不合格判定数；

$C_2$——第二次抽取样本时的不合格判定数。

**【例题 10】** 某产品质量检验采用计数型二次抽样检验方案，已知：$N=1000$，$n_1=40$，$n_2=60$，$C_1=1$，$C_2=4$；经二次抽样检验：$d_1=2$，$d_2=3$，则正确的结论是（　　）。(2020 年真题)

A. 经第一次抽样检验即可判定该批产品质量合格

B. 经第一次抽样检验即可判定该批产品质量不合格

C. 经第二次抽样检验即可判定该批产品质量合格

D. 经第二次抽样检验即可判定该批产品质量不合格

**【答案】** D

**【解析】** 从题干可以看出，$C_1<d_1\leqslant C_2$，需要二次抽样。$d_1+d_2>C_2$，因此，经第二次抽样检验可判定为不合格。

**【例题 11】** 关于抽样检验的说法，正确的是（　　）。(2019 年真题)

A. 计量抽样检验是对单位产品的质量采取计数抽样的方法

B. 一次抽样检验涉及三个参数，二次抽样检验涉及五个参数

C. 一次抽样检验和二次抽样检验均为计量抽样检验

D. 一次抽样检验和二次抽样检验均涉及三个参数，即批量、样本数和合格判定数

**【答案】** B

**【解析】** 选项 A，计量抽样和计数抽样不同；选项 C，计数抽样检验方案又可分为：一次抽样检验、二次抽样检验、多次抽样检验等；选项 D，一次抽样检验涉及三个参数，而二次抽样检验则包括五个参数。

**【例题 12】** 根据抽样检验分类方法，属于计量型抽样检验的质量特性有（　　）。(2016 年真题)

A. 几何尺寸　　B. 焊点不合格数　　C. 标高　　D. 裂缝条数

E. 强度

**【答案】** ACE

**【解析】** 选项 B、D 属于计数型抽样检验的质量特性。

2）抽样检验风险

分为第一类风险和第二类风险（表 1-3-8）。

**抽样检验的风险　　表 1-3-8**

| 风险类别 | 内容 |
|---|---|
| 第一类风险 | 弃真错误<br>合格批被判为不合格批，概率为 $\alpha$<br>对生产方或供货方不利，生产方或供货方存在风险 |
| 第二类风险 | 存伪错误<br>不合格批被判为合格批，概率为 $\beta$<br>对用户不利，称为用户风险 |
| 主控项目：$\alpha$、$\beta$ 均不宜超过 5%<br>一般项目：$\alpha$ 不宜超过 5%，$\beta$ 不宜超过 10% | |

【例题 13】根据《建筑工程施工质量验收统一标准》GB 50300—2013，关于二次抽样检验的说法。正确的是（　　）。(2023 年真题)

A. $\alpha$ 和 $\beta$ 分别代表使用方风险和生产方风险

B. $\alpha$ 和 $\beta$ 分别代表弃真错误和存伪错误

C. 主控项目对应于合格质量水平的 $\alpha$ 和 $\beta$ 不宜超过 5%

D. 一般项目对应于合格质量水平的 $\alpha$ 不宜超过 5%

E. 主控项目对应于合格质量水平的 $\alpha$ 和 $\beta$ 不宜超过 10%

【答案】BCD

【解析】选项 A 错误，$\alpha$ 和 $\beta$ 分别代表生产方和使用方风险；选项 E 错误，主控项目对应于合格质量水平的 $\alpha$ 和 $\beta$ 不宜超过 5%。

## 知识点二 工程质量统计分析方法

**1. 调查表法（统计调查分析法）**

**2. 分层法（分类法）**

分层法又叫分类法，是将调查收集的原始数据，根据不同的目的和要求，按某一性质进行分组、整理的分析方法。

### 典型例题

【例题 1】工程质量统计分析方法中，根据不同的目的和要求将调查收集的原始数据，按某一性质进行分组、整理，分析产品存在的质量问题和影响因素的方法是（　　）。(2017 年真题)

A. 调查表法　　B. 分层法　　C. 排列图法　　D. 控制图法

【答案】B

**3. 排列图法**

利用排列图寻找影响质量主次因素的有效方法，如表 1-3-9 所示。

**排列图法的具体应用**　　**表 1-3-9**

| 影响因素分类 | 应用 |
| --- | --- |
| ①累计频率在 0～80%，主要因素<br>②累计频率在 80%～90%，次要因素<br>③累计频率在 90%～100%，一般因素 | ①按不合格点的内容分类，分析质量问题的薄弱环节<br>②按生产作业分类，找出生产不合格品最多的关键过程<br>③按生产班组或单位分类，分析比较各单位的技术、管理水平<br>④将采取提高措施的前后的排列图对比，分析措施是否有效<br>⑤用于成本费用分析、安全问题分析等 |

【例题 2】某工程质量检查项目及其不合格点数统计如表 1-3-10 所示，根据排列图法，影响该工程质量的主要因素有（　　）个。(2023 年真题)

**表 1-3-10**

| 检查项目 | a | b | c | d | e | f | g | h |
| --- | --- | --- | --- | --- | --- | --- | --- | --- |
| 不合格点数 | 1 | 8 | 4 | 45 | 15 | 75 | 1 | 1 |

A. 1　　B. 2　　C. 3　　D. 4

【答案】B

【解析】如表 1-3-11 所示，将不合格点数按照由高到低排序，再计算频率和累计频数。累计频率在 0～80%的区间内的为主要因素，即项目 f、d，故为 2 个。

不合格点项目频数、频率统计表　　表 1-3-11

| 序号 | 项目 | 频数 | 频率(%) | 累计频率(%) |
|---|---|---|---|---|
| 1 | f | 75 | 50.0 | 50.0 |
| 2 | d | 45 | 30.0 | 80.0 |
| 3 | e | 15 | 10.0 | 90.0 |
| 4 | b | 8 | 5.3 | 95.3 |
| 5 | c | 4 | 2.7 | 98.0 |
| 6 | a、g、h | 3 | 2.0 | 100.0 |
| 合计 | — | 150 | 100 | — |

**【例题 3】**在采用排列图法分析工程质量问题时，按累计频率划分进行质量影响因素分类，次要因素对应的累计频率区间为（　　）。(2019 年真题)

A. 70%～80%　　B. 80%～90%　　C. 80%～100%　　D. 90%～100%

**【答案】**B

**【例题 4】**在质量管理中，应用排列图法可以分析（　　）。

A. 造成质量问题的薄弱环节　　B. 各生产班组的技术水平差异

C. 产品质量的受控状态　　D. 提高质量措施的有效性

E. 生产过程的质量能力

**【答案】**ABD

**4. 因果分析法**

(1) 定义：分析质量问题（结果）与其产生原因之间关系的有效工具，也可称为特性要因图、树枝图或鱼刺图。因果分析图的基本形式如图 1-3-3 所示。

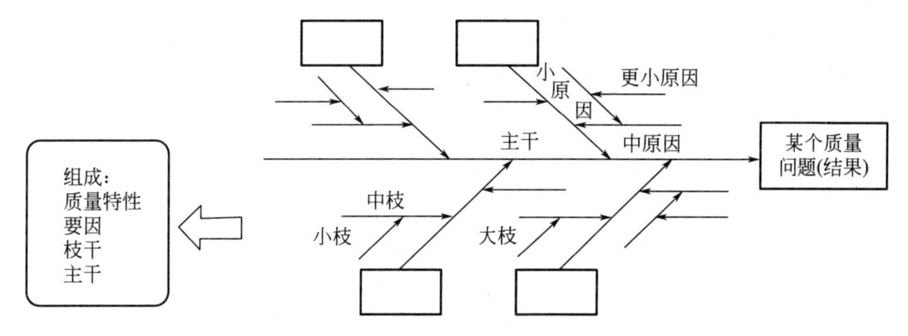


图 1-3-3　因果分析图的基本形式

(2) 绘制和使用因果分析图时应注意的问题：①集思广益；②制定对策。

**【例题 5】**在常用的工程质量控制的统计方法中，可以用来系统整理分析某个质量问题及其产生原因之间关系的方法是（　　）。

A. 相关图法　　B. 树枝图法　　C. 排列图法　　D. 直方图法

**【答案】**B

【解析】选项A显示两种数据之间的关系；选项C寻找主次因素；选项D描述质量分布状态。

【例题6】在下列质量控制的统计分析方法中，需要听取各方意见，集思广益，相互启发的是（　　）。

A. 排列图法　　B. 因果分析图法　　C. 直方图法　　D. 控制图法

【答案】B

**5. 直方图法**

（1）定义：将收集到的质量数据进行分组整理，绘制成频数分布直方图，用以描述质量分布状态的分析方法，又称质量分布图法。

（2）用途：

① 通过对直方图进行观察与分析，可了解产品质量的波动情况，掌握质量特性的分布规律，以便对质量状况进行分析判断；

② 可通过计算质量数据特征值，估算施工生产过程总体的不合格品率，评价过程能力等。

（3）观察直方图的形状，判断质量分布状态：

① 正常的直方图：中间高、两侧低，左右接近对称；

② 非正常的有五种类型，如表1-3-12所示。

**直方图的五种非正常类型**　　**表1-3-12**

| 类型 | 原因 |
|---|---|
| 折齿型 | 分组组数不当，组距确定不当 |
| 左（右）缓坡型 | 操作中对上限或下限控制太严格 |
| 孤岛型 | 原材料发生变化，临时他人顶班 |
| 双峰型 | 两种不同方法或两组工人生产，两方数据混淆产生 |
| 绝壁型 | 数据收集不正常，去掉下限以下的数据，存在人为因素 |

【例题7】工程质量统计分析方法中，将收集到的产品质量数据进行分组整理，通过绘制频数分布图形，用以分析判断产品质量波动情况和实际生产过程能力的方法称为（　　）。（2022年真题）

A. 排列图法　　B. 因果分析图法　　C. 相关图法　　D. 直方图法

【答案】D

【例题8】进行工程质量统计分析时，因分组的组数不当绘制的直方图可能会形成（　　）直方图。（2021年真题）

A. 折齿型　　B. 孤岛型　　C. 双峰型　　D. 绝壁型

【答案】A

【解析】折齿型是由于分组组数不当或者组距确定不当出现的直方图。

【例题9】采用直方图法分析工程质量状况时，将两种不同工艺方法产生的数据混在一起，可能绘制出（　　）方图。（2023年真题）

A. 孤岛型　　B. 双峰型　　C. 折齿型　　D. 绝壁型

【答案】B

【解析】双峰型，是由于用两种不同方法或两台设备或两组工人进行生产，然后把两方面数据混在一起整理产生的。

**【例题 10】** 采用直方图法进行工程质量统计分析时，可以实现的目的有（　　）。（2017 年真题）

A. 掌握质量特性的分布规律　　B. 寻找影响质量的主次因素

C. 调查收集质量特性原始数据　　D. 估算施工过程总体不合格品率

E. 评价实际生产过程能力

**【答案】** ADE

**【解析】** 选项 B 属于排列图的用途；选项 C 属于分层法的用途。

**6. 控制图（管理图）法**

（1）定义：在直角坐标系内绘制有控制界限，描述生产过程中产品质量波动状态的图形。利用控制图区分质量波动原因，判明生产过程是否处于稳定状态的方法称为控制图法（图 1-3-4）。

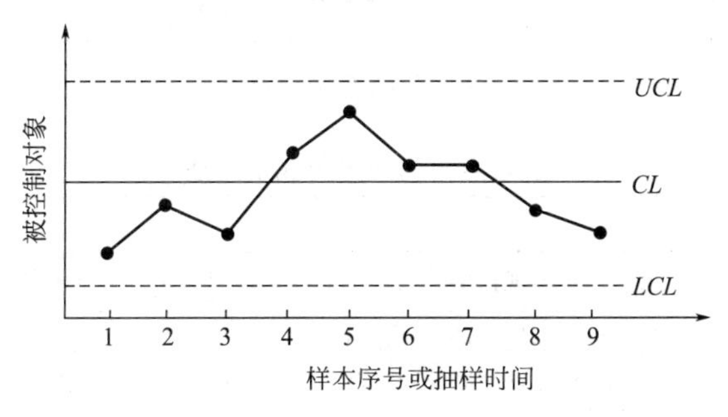


图 1-3-4　控制图基本形式

（2）控制图的用途（动态分析法）：

① 过程分析，即分析生产过程是否稳定；

② 过程控制，控制生产过程质量状态。

（3）控制图的观察与分析：

绘制控制图的目的：分析判断生产过程是否处于稳定状态。

处于稳定状态必须同时满足的两个条件：

① 质量点几乎全部落在控制界线内，是指应符合下述三个要求：

a. 连续 25 点以上处于控制界限内（25-0）；

b. 连续 35 点中仅有 1 点超出控制界限（35-1）；

c. 连续 100 点中不多于 2 点超出控制界限（100-2）。

② 质量点排列没有缺陷，是指质量点的排列是随机的，而没有出现异常现象。

有异常现象的质量点排列示意图如图 1-3-5 所示，相关描述如表 1-3-13 所示。

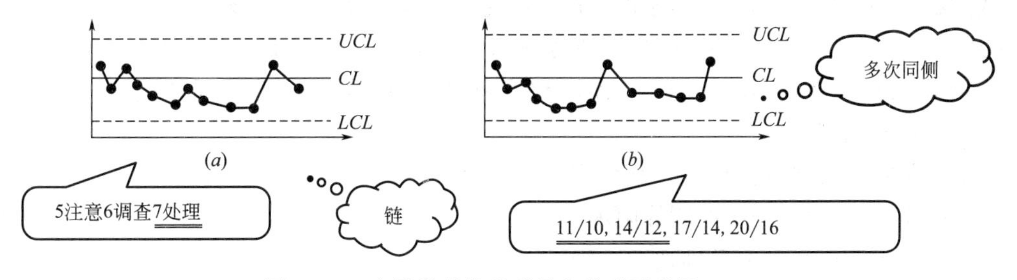


图 1-3-5　有异常现象的质量点排列示意图（一）

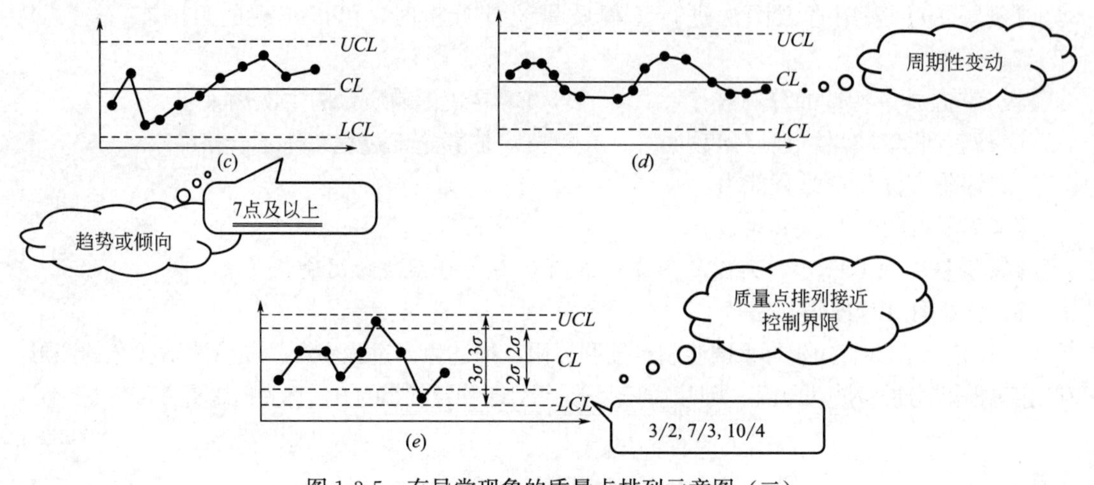


图 1-3-5　有异常现象的质量点排列示意图（二）

**质量点排列缺陷形式及描述**　　**表 1-3-13**

| 缺陷形式 | 描述 |
| --- | --- |
| 链[图 1-3-5(*a*)] | 指质量点连续出现在中心线一侧的现象。出现 7 点链，应判定工序异常，需采取处理措施 |
| 多次同侧[图 1-3-5(*b*)] | 指质量点在中心线一侧多次出现的现象，或称偏离。在连续 11 点中有 10 点在同侧；在连续 14 点中有 12 点在同侧；在连续 17 点中有 14 点在同侧；在连续 20 点中 16 点在同侧 |
| 趋势或倾向[图 1-3-5(*c*)] | 是指质量点连续上升或连续下降的现象。连续 7 点或 7 点以上上升或下降排列，就应判定生产过程有异常因素影响，要立即采取措施 |
| 周期性变动[图 1-3-5(*d*)] | 指质量点的排列呈现周期性变化的现象 |
| 质量点排列接近控制界限[图 1-3-5(*e*)] | 连续 3 点至少有 2 点接近控制界限；连续 7 点至少有 3 点接近控制界限；连续 10 点至少有 4 点接近控制界限 |

**【例题 11】**采用控制图法分析工序质量状况时，可判定为生产状态异常的情形有（　　）。(2023 年真题)

A. 连续 2 点至少有 1 点接近控制界限

B. 连续 3 点至少有 2 点接近控制界限

C. 连续 7 点至少有 3 点接近控制界限

D. 连续 10 点至少有 4 点接近控制界限

E. 连续 20 点至少有 5 点接近控制界限

**【答案】**BCD

**【解析】**如属下列情况的，判定为异常：连续 3 点至少有 2 点接近控制界限；连续 7 点至少有 3 点接近控制界限；连续 10 点至少有 4 点接近控制界限。

**【例题 12】**采用控制图进行工程质量分析时，表明工程质量属于正常情形的有（　　）。(2022 年真题)

A. 质量点在控制界限内的排列呈周期性变化

B. 连续 25 点以上处于控制界限内

C. 连续 7 点以上呈上升排列

D. 连续 35 点中有 1 点超出控制界限

E. 连续 100 点中有不多于 2 点超出控制界限

【答案】BDE

【例题 13】工程质量统计分析中，应用控制图分析判断生产过程是否处于稳定状态时，可判断生产过程为异常的情形有（　　）。（2018 年真题）

A. 质量点几乎全部落在控制界限内　　B. 中心线一侧出现 7 点链

C. 中心线两侧有 5 点连续上升　　D. 质量点排列显示周期性变化

E. 连续 11 点中有 10 点在同侧

【答案】BDE

【解析】选项 B，出现 7 点链，应判定工序异常，需采取处理措施；选项 D，质量点的排列显示周期性变化的现象，这样即使所有质量点都在控制界限内，也应认为生产过程为异常；选项 E，在连续 11 点中有 10 点在同侧说明生产过程已出现异常。

**7. 相关图（散布图）法**

在质量控制中用来显示两种质量数据之间关系的图形（图 1-3-6）。

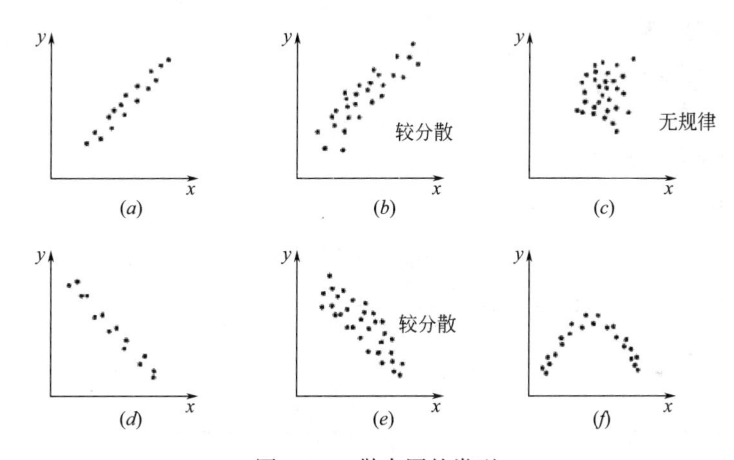


图 1-3-6　散布图的类型

（*a*）正相关；（*b*）弱正相关；（*c*）不相关；（*d*）负相关；（*e*）弱负相关；（*f*）非线性相关

【例题 14】工程质量统计分析相关图中，散布点形成由左至右向下分布的较分散的直线带，表明反映产品质量特征的变量之间存在（　　）关系。（2021 年真题）

A. 不相关　　B. 正相关

C. 弱正相关　　D. 弱负相关

【答案】D

【解析】弱负相关，散布点形成由左至右向下分布的较分散的直线带。

【例题 15】工程质量统计分析方法中，用来显示两种质量数据之间关系的是（　　）。（2016 年真题）

A. 因果分析图法　　B. 相关图法

C. 直方图法　　D. 控制图法

【答案】B

【解析】相关图又称散布图，在质量控制中用来显示两种质量数据之间关系的图形。

# 第二节　工程质量主要试验检测方法

本节知识点如表 1-3-14 所示。

**本节知识点**　　　　**表 1-3-14**

| 知识点 | 2023 年 | | 2022 年 | | 2021 年 | | 2020 年 | | 2019 年 | |
|---|---|---|---|---|---|---|---|---|---|---|
| | 单选（道） | 多选（道） | 单选（道） | 多选（道） | 单选（道） | 多选（道） | 单选（道） | 多选（道） | 单选（道） | 多选（道） |
| 基本材料性能检验 | 2 | 1 | 3 | 2 | 2 | | 3 | | 2 | 2 |
| 实体检测 | 2 | | 1 | | | 2 | | 2 | 1 | |

## 知识点一　基本材料性能检验

**1. 混凝土结构材料**

1）钢筋、钢丝及钢绞线

钢材进场时，抽取试件做力学性能和重量偏差检验。

（1）检验与试验的内容：

具体内容如表 1-3-15 所示。

**钢材检验与试验的内容**　　　　**表 1-3-15**

| 检验内容 | 产品出厂合格证、出厂检验报告、进场复检报告 |
|---|---|
| 主要力学试验 | ①拉力试验(屈服强度、抗拉强度、伸长率)<br>②弯曲性能试验(冷弯试验、反复弯曲试验)<br>③必要时,还需进行化学分析 |

### 典型例题

**【例题 1】**项目监理机构对进场用于工程的钢材，应查验的质量证明文件有（　　）。(2022 年真题)

A. 使用说明　　　　B. 产品出厂合格证

C. 出厂检验报告　　　　D. 进场复检报告

E. 生产许可证

**【答案】**BCD

**【解析】**钢材进场时，检验内容应包括产品出厂合格证、出厂检验报告、进场复检报告。

**【例题 2】**根据《混凝土结构工程施工质量验收规范》GB 50204—2015，钢筋运到施工现场后，应进行的主要力学性能试验是（　　）。(2020 年真题)

A. 抗拉强度和抗剪强度试验　　　　B. 冷弯试验和耐高温试验

C. 屈服强度和疲劳强度试验　　　　D. 拉力试验和弯曲性能试验

**【答案】**D

**【例题 3】**下列钢筋力学性能指标中，属于拉力试验检验指标的有（　　）。(2018 年真题)

A. 屈服强度　　B. 伸长率　　C. 抗拉强度　　D. 可焊性能
E. 弯曲性能

**【答案】** ABC

**【解析】** 主要力学试验包括：拉力试验（屈服强度、抗拉强度、伸长率）；弯曲性能（冷弯试验、反复弯曲试验）。必要时，还需进行化学分析。

（2）进场检验项目：

① 钢筋（表 1-3-16）。

**钢筋进场检验项目　　表 1-3-16**

| 复检项目 | 检验要求 | 检查数量 | 检查方法 |
|---|---|---|---|
| 物理及力学性能 | 应按国家现行标准的规定抽取试件做屈服强度、抗拉强度、伸长率、弯曲性能和重量偏差检验，检验结果应符合相应标准的规定 | 按进场批次和产品的抽样检验方案确定 | 检查质量证明文件和抽样检验报告 |
| 抗震钢筋伸长率 | 抗拉强度实测值与屈服强度实测值的比值不应小于 1.25；屈服强度实测值与屈服强度标准值的比值不应大于 1.30；最大力下总伸长率不应小于 9% | 按进场的批次和产品的抽样检验方案确定 | 检查抽样检验报告 |
| 钢筋表面检查 | 钢筋应平直、无损伤，表面不得有裂纹、油污、颗粒状或片状老锈 | 全数检查 | 表面探测与观察 |
| 质量与尺寸偏差 | 成型钢筋的外观质量和尺寸偏差应符合现行国家标准 | 同一厂家、同一类型的成型钢筋，不超过 30t 为一批，每批随机抽取 3 个成型钢筋 | 观察，尺量 |

② 钢丝、钢绞线、热处理及预应力螺纹钢筋（表 1-3-17）。

**钢丝、钢绞线、热处理及预应力螺纹钢筋进场检验项目　　表 1-3-17**

| 材料种类 | 复检方法及内容 |
|---|---|
| 钢丝 | ①每批钢丝应由同一钢号、同一规格、同一生产工艺的钢丝组成，并不得大于 3t<br>②钢丝的外观应逐盘检查<br>③力学性能的抽样检验。应从经外观检查合格的每批钢丝中任选总盘数的 5%（不少于 6 盘）取样送检<br>④屈服强度和松弛试验应由厂方提供质量证明书或试验报告单 |
| 钢绞线 | ①每批钢绞线应由同一钢号、同一规格、同一生产工艺的钢绞线组成，并不得大于 60t<br>②钢绞线应逐盘进行表面质量、直径偏差和捻距的外观检查<br>③力学性能的抽样检验。应从每批钢绞线中任选 3 盘取样送检。在选定的各盘端部正常部位截取 1 根试样，进行拉力（整根钢绞线的最大负荷、屈服负荷、伸长率）试验<br>④屈服强度和松弛试验应由厂方提供质量证明书或试验报告单 |
| 热处理钢筋 | ①每批热处理钢筋应由同一外形截面尺寸、同一热处理工艺和同一炉罐号的钢筋组成，并不得大于 6t<br>②钢筋表面不得有肉眼可见的裂纹、结疤和折叠，表面允许有凸块，但不得超过横肋的高度；表面不得沾有油污<br>③力学性能的抽样检验。应从每批钢筋中任选总盘数的 10%（不少于 6 盘）取样送检<br>④松弛性能可根据需方要求，由厂（供）方提供试验报告单 |
| 预应力螺纹钢筋 | 每批钢筋均应按规定进行化学成分、拉伸试验、松弛试验、疲劳试验、表面检查和重量偏差等项目的检验 |

**【例题 4】** 对同一厂家、同一类型且未超过 30t 的一批成型钢筋，检验外观质量与尺寸偏差时所采取的抽样方法和抽取数量是（　　）。（2020 年真题）

A. 随机抽取 3 个成型钢筋试体　　B. 随机抽取 2 个成型钢筋试体

C. 随机抽取 1 个成型钢筋试体　　D. 全数检查所有成型钢筋

**【答案】**A

**【解析】**同一厂家、同一类型的成型钢筋，不超过 30t 为一批，每批随机抽取 3 个成型的钢筋。

**【例题 5】**关于钢绞线进场复检的说法，正确的是（　　）。(2019 年真题)

A. 同一规格的钢绞线每批不得大于 6t

B. 检验试验必须进行现场抽样

C. 力学性能的抽样检验需进行反复弯曲试验

D. 抽样检验时，应从每批钢绞线中任选 3 盘取样送检

**【答案】**D

**【解析】**选项 A 错误，每批钢绞线应由同一钢号、同一规格、同一生产工艺的钢绞线组成，并不得大于 60t；选项 B 错误，屈服强度和松弛试验应由厂方提供质量证明书或试验报告单；选项 C 错误、选项 D 正确，力学性能的抽样检验，应从每批钢绞线中任选 3 盘取样送检，在选定的各盘端部正常部位截取 1 根试样，进行拉力（整根钢绞线的最大负荷、屈服负荷、伸长率）试验。

2）混凝土材料

(1) 普通混凝土拌合物性能试验：混凝土拌合物稠度是表征混凝土拌合物流动性的指标，可用坍落度、维勃稠度或扩展度表示。

(2) 普通混凝土力学性能试验：立方体抗压强度试验方法：试块尺寸为 150mm×150mm×150mm。其他试验要求如表 1-3-18、表 1-3-19 所示。

**试件测值关系与测定结果要求　　表 1-3-18**

| 三个试件测值关系 | 抗压强度测定结果 |
|---|---|
| 一般情况 | 三个试件测值的算术平均值作为强度值 |
| (最大值－中间值)＞15％×中间值或(中间值－最小值)＞15％×中间值 | 中间值为抗压强度值 |
| 两个测值与中间值的差均超过中间值的 15％ | 该组试件的试验结果无效 |

**不同混凝土强度等级下的试验要求　　表 1-3-19**

| | |
|---|---|
| 混凝土强度等级＜C60 时 | 非标准试件的换算系数：立方体尺寸 200mm 的系数为 1.05；立方体尺寸 100mm 的系数为 0.95 |
| 混凝土强度等级≥C60 时 | 宜采用标准试件 |

**【例题 6】**经试验测得一组 3 块 200mm×200mm×200mm 混凝土试件的立方体抗压强度分别为 42.5MPa、45.8MPa 和 52.8MPa，则该组混凝土试件抗压强度是（　　）MPa。(2023 年真题)

A. 45.8　　B. 47.0　　C. 48.1　　D. 49.4

**【答案】**C

**【解析】** 中间值的15%=45.8×15%=6.87，最大值－中间值=52.8－45.8=7>6.87，中间值－最小值=45.8－42.5=3.3<6.87，中间值为抗压强度值，但本题试件尺寸为200mm的立方体，需考虑1.05的系数，故该组试件的抗压强度值=45.8×1.05=48.1MPa。

**【例题7】** 一组混凝土立方体抗压强度试件测量值分别为42.3MPa、47.6MPa、54.9MPa时，该组试件的试验结果是（　　）。(2021年真题)

A. 47.6MPa　　B. 48.3MPa　　C. 51.3MPa　　D. 无效

**【答案】** A

**【解析】** 先计算中间值的15%，47.6×15%=7.14，54.9－47.6=7.3>7.14，47.6－42.3=5.3<7.14，中间值为抗压强度值。

**【例题8】** 用来表征混凝土拌合物流动性的指标是（　　）。(2020年真题)

A. 徐变量　　B. 凝结时间

C. 稠度　　D. 弹性模量

**【答案】** C

**2. 钢结构工程材料**

钢材材料检验：

(1) 检验内容及方法：

订货方应通过对质量证明书与钢材上标记的检查，进行钢材品种、牌号、化学成分、力学性能及工艺性能的合格确认和验收。

(2) 进场检验项目：

下列进场钢材，应由订货方进行钢材化学成分、力学性能及工艺性能的抽样检验。

① 国外进口钢材；

② 钢材混批；

③ 板厚≥40mm，且设计有$Z$向性能要求的厚板；

④ 建筑结构安全等级为一级，或复杂超高层、大跨度钢结构中主要受力构件所采用的钢材；

⑤ 设计有检验要求的钢材；

⑥ 对质量有疑义的钢材。

**【例题9】** 原材料进场应进行抽样复检的钢材有（　　）。

A. 国外进口材料

B. 钢材混批

C. 板厚≥30mm，且设计有$Z$向性能要求的厚板

D. 建筑结构安全等级为二级，大跨度结构中主要受力构件所采用的钢材

E. 设计有检验要求的钢材

**【答案】** ABE

**3. 砌体结构材料**

(1) 砌筑砂浆材料：

砌筑砂浆强度试验采用立方体抗压强度试验方法，且应满足下列要求：

① 同一验收批砂浆试块强度平均值应大于或等于设计强度等级值的1.10倍；

② 同一验收批砂浆试块抗压强度的最小一组平均值应大于或等于设计强度等级值的85%。

（2）砌块材料：应有产品合格证书、产品性能型式检验报告，应按标准规定抽取试件进行抗压、弯曲、抗拉等力学性能试验。

**【例题 10】**采用立方体试块抗压强度试验方法检测砌筑砂浆强度时，试块强度验收应符合的规定是（　　）。（2023 年真题）

A. 同一验收批试块强度平均值与设计强度等级值的比值≥1.10

B. 同一验收批试块强度最小一组平均值与设计强度等级值的比值≥1.10

C. 同一验收批试块强度平均值与设计强度等级值的比值≥1.05

D. 同一验收批试块强度最小一组平均值与设计强度等级值的比值≥1.05

**【答案】**A

**【解析】**①同一验收批砂浆试块强度平均值应大于或等于设计强度等级值的 1.10 倍；②同一验收批砂浆试块抗压强度的最小一组平均值应大于或等于设计强度等级值的 85%。

**4. 地基基础工程试验**

相关试验要求如表 1-3-20 所示。

**地基基础工程相关试验要求**　　　　**表 1-3-20**

| | |
|---|---|
| 地基土的物理性质试验 | 测定：含水率、密度、压实度及各种力学性能 |
| 地基土承载力试验 | 用承压板现场试验确定地基土的承载力<br>地基土荷载试验要点：<br>①试验基坑宽度不应小于承压板宽度或直径的 3 倍<br>②加荷分级不应少于 8 级。最大加载量不应小于设计要求的 2 倍<br>③当出现下列情况时，即可终止加载：<br>a. 承压板周围的土明显地侧向挤出<br>b. 沉降 $S$ 急骤增大，荷载-沉降（$P$-$S$）曲线出现陡降段<br>c. 在某一荷载下，24 小时内沉降速率不能达到稳定<br>d. 沉降量与承压板宽度或直径之比大于或等于 0.06<br>当满足本条前三种情况之一时，其对应的前一级荷载定为极限荷载<br>④同一土层参加统计的试验点不应少于 3 点，当试验实测值的极差不超过其平均值的 30% 时，取此平均值作为地基承载力特征值 |
| 桩基承载力试验 | 单桩静承载力试验，试桩数不宜少于总桩数的 1%，并不应少于 3 根；工程总桩数 50 根以下的，不少于 2 根 |
| | 单桩动测试验：试桩数不宜少于总桩数的 5%，且不应少于 5 根<br>高应变动测法：采用随机采样的方式抽检。抽检比例按照现行相关国家规范规定 |

**提示：**掌握表格中的数字。

**【例题 11】**采用承压板现场试验方法检测地基土的承载力时，应满足的要求有（　　）。

A. 试验基坑深度宽度不应小于承压板宽度的 3 倍

B. 试验基坑深度不应大于 1.2m

C. 同一土层参加统计的试验点不应少于 3 点

D. 加荷分级不应小于 8 级

E. 最大加载量不应小于设计要求的 2 倍

**【答案】**ACDE

【解析】选项 B 错误，试验基坑宽度不应小于承压板宽度或直径的 3 倍。

【例题 12】在地质条件相近，桩型和施工条件相同情形下，采用单桩高应变动测法检测桩基础时，检测数量不宜少于总桩数的（　　），且不应少于 5 根。(2022 年真题)

A. 1%　　B. 2%　　C. 3%　　D. 5%

【答案】D

【解析】检测数量：在地质条件相近、桩型和施工条件相同时，不宜少于总桩数的 5%，且不应少于 5 根。

【例题 13】进行桩基工程单桩静承载力试验时，在同一条件下试桩数不宜少于总桩数的（　　），并不应少于 3 根。(2021 年真题)

A. 1%　　B. 2%　　C. 3%　　D. 5%

【答案】A

【解析】单桩静承载力试验，试验数量在同一条件下，试桩数不宜少于总桩数的 1%，并不应少于 3 根；工程总桩数 50 根以下的，不少于 2 根。

## 知识点二　实体检测

### 1. 混凝土结构实体检测

常用方法如表 1-3-21 所示。

**混凝土结构实体检测方法**　　**表 1-3-21**

| | |
|---|---|
| 混凝土强度 | 回弹法、超声回弹综合法、钻芯法或后装拔出法等 |
| 现浇混凝土板厚度 | 超声波对测法 |

## 典型例题

【例题 1】下列检测方法中，属于实体混凝土构件抗压强度检测方法的有（　　）。(2020 年真题)

A. 贯入法　　B. 回弹法　　C. 钻芯法　　D. 后装拔出法

E. 静载试验法

【答案】BCD

### 2. 钢结构实体检测

相关检测要求如表 1-3-22 所示。

**钢结构实体检测要求**　　**表 1-3-22**

| | |
|---|---|
| 连接检测 | 焊缝外观检测采用目测方式，裂纹的检查应辅以 5 倍放大镜并在合适的光照条件下进行，必要时可采用磁粉探伤或渗透探伤 |
| 焊缝质量检测 | ①一级焊缝应 100%检验<br>②二级焊缝应进行抽验，抽验比例不小于 20%<br>③三级焊缝应根据设计要求进行相关的检测，一般情况下可不进行无损检测 |

【例题 2】钢结构工程一级焊缝应按照其数量（　　）的比例进行探伤检测。(2022 年真题)

A. 100%　　B. 90%　　C. 70%　　D. 50%

【答案】A

**3. 砌体结构实体检测**

常用方法如表 1-3-23 所示。

**砌体结构实体检测方法** **表 1-3-23**

| 检测项目 | 方法 |
| --- | --- |
| 砌筑块材 | 取样法、回弹法、取样结合回弹的方法和钻芯的方法等 |
| 砌筑砂浆 | 推出法、筒压法、砂浆片剪切法、点荷法和回弹法等 |
| 砌体 | 原位轴压法、扁顶法、切制抗压试件法和原位单剪法等 |

【例题 3】进行砌体结构实体质量检测时，需要进行的强度检测有（　　）。（2021 年真题）

A. 砌筑块材强度　　B. 砌筑砂浆强度

C. 砌体结构变形　　D. 砌块材料强度

E. 砌体强度

【答案】ABE

【例题 4】下列检测方法中，属于砌体结构抗压强度现场检测方法的有（　　）。（2020 年真题）

A. 回弹法　　B. 轴压法　　C. 扁顶法　　D. 吊坠法

E. 剪切法

【答案】BC

**4. 地基基础实体检测**

检测项目与方法如表 1-3-24 所示。

**检测项目与方法** **表 1-3-24**

<table>
<tr><th></th><th>检测项目</th><th>方法</th></tr>
<tr><td rowspan="2">地基检测</td><td>地基土层分类、分布及物理性质</td><td>勘探法（标准贯入试验、静/动力触探试验、旁压试验等）、物探法（瞬态面波测试、地质雷达测试）</td></tr>
<tr><td>地基承载力</td><td>静荷载试验、原型静荷载试验等</td></tr>
<tr><td rowspan="4">基础检测与变形监测</td><td>基础的形式、尺寸与埋深</td><td>现场开挖法</td></tr>
<tr><td>基础材料强度</td><td>钻芯法、回弹法、超声回弹综合法和后装拔出法</td></tr>
<tr><td>钢筋配置与锈蚀</td><td>雷达法、电磁感应法、钻孔和剔凿法等</td></tr>
<tr><td>基础损伤</td><td>现场开挖，尺量检查；裂缝观察与分析、超声波测深度法等</td></tr>
<tr><td rowspan="5">桩基检测</td><td>基桩承载力</td><td>静载荷试验法、原位静荷载试验法等</td></tr>
<tr><td>桩身完整性</td><td>低应变法、钻芯法</td></tr>
<tr><td>桩长</td><td>旁孔投射法、钻芯法</td></tr>
<tr><td>钢筋笼长度</td><td>磁测桩法</td></tr>
<tr><td>桩身混凝土强度、桩端持力层和桩底沉渣厚度</td><td>钻芯法</td></tr>
</table>

**【例题 5】**混凝土灌注桩桩长及桩身完整性宜采用的方法是（　　）。(2023 年真题)

A. 高应变法　　B. 低应变法　　C. 钻芯法　　D. 回弹法

**【答案】**C

**【解析】**混凝土灌注桩桩身完整性可用低应变法、钻芯法。桩长检测方法有旁孔投射法、钻芯法。

## 本章精选习题

### 一、单项选择题

1. 工程质量统计分析中，用来描述样本数据集中趋势的特征值的是（　　）。

A. 算数平均数和标准偏差　　B. 中位数和变异系数

C. 算数平均数和中位数　　D. 中位数和标准偏差

2. 根据数据统计规律，进行材料强度检测随机抽样的样本容量较大时，其工程质量特性数据均值服从的分布是（　　）。

A. 二项分布　　B. 正态分布

C. 泊松分布　　D. 非正态分布

3. 对总体中的全部个体进行编号，然后抽签、摇号确定中选号码，相应的个体即为样品。这种抽样方法称为（　　）。

A. 完全随机抽样　　B. 分层抽样

C. 机械随机抽样　　D. 多阶段抽样

4. 根据抽样检验分类方法，属于计数型抽样检验的质量特性有（　　）。

A. 几何尺寸　　B. 重量

C. 标高　　D. 裂缝条数

5. 在制定检验批的抽样方案时，应考虑合理分配生产方风险和使用方风险，对于一般项目两类风险的合理控制范围是（　　）。

A. $\alpha<5\%$，$\beta<5\%$　　B. $\alpha<5\%$，$\beta<10\%$

C. $\alpha<5\%$　　D. $\alpha<1\%$，$\beta<15\%$

6. 由不同班组生产的同一种产品组成一个批，在这种情况下，考虑各班组生产的产品质量可能有波动，为了取得有代表性的样本，应采用（　　）检验方法。

A. 分层随机抽样　　B. 系统随机抽样

C. 完全随机抽样　　D. 多阶段抽样

7. 计数标准型一次抽样方案为（$N$、$n$、$C$），其中 $N$ 为送检批的大小，$n$ 为抽检样本大小，$C$ 为合格判定数。当从 $n$ 中查出有 $d$ 个不合格品时，若（　　），应判该送检批合格。

A. $d>C+1$　　B. $d=C+1$

C. $d\leqslant C$　　D. $d>C$

8. 下列统计分析方法中，可用来了解产品质量波动情况，掌握产品质量特性分布规律的是（　　）。

A. 因果分析图法　　B. 直方图法

C. 相关图法　　D. 排列图法

9. 在质量控制的统计分析方法中，最能形象、直观、定量反映影响质量的主次因素的是（　　）。

A. 排列图　　B. 因果分析图

C. 直方图　　D. 控制图

10. 在质量管理排列图中，对应于累计频率曲线0～80%部分的，属于（　　）影响因素。

A. 一般　　B. 主要

C. 次要　　D. 其他

11. （　　）的直方图，是由于数据收集不正常，可能有意识地去掉下限以下的数据，或是在检测过程中存在某种人为因素所造成。

A. 折齿型　　B. 孤岛型

C. 双峰型　　D. 绝壁型

12. 采用直方图法分析工程质量时，出现孤岛型直方图的原因是（　　）。

A. 组数或组距确定不当　　B. 不同设备生产的数据混合

C. 原材料发生变化　　D. 人为去掉上限下限数据

13. 在工程质量统计分析时，应用控制图观察分析生产状态，应判定为工序异常的是（　　）。

A. 连续7点链　　B. 质量点连续6点下降

C. 质量点在连续11点中有6点连续同侧　　D. 质量点连续5点上升

14. 采用相关图法分析工程质量时，散布点形成由左向右向下的一条直线带，说明两变量之间的关系为（　　）。

A. 负相关　　B. 不相关

C. 正相关　　D. 弱正相关

15. 工程质量控制中，采用控制图法的目的有（　　）。

A. 找出薄弱环节　　B. 进行过程控制

C. 评价过程能力　　D. 掌握质量分布规律

16. 采用相关图法分析工程质量时，散布点形成一团或平行于$x$轴的直线带，说明两变量之间的关系为（　　）。

A. 负相关　　B. 不相关

C. 正相关　　D. 弱正相关

17. 工程施工过程中，某组混凝土标准试件的立方体抗压强度测值分别为30.5MPa、36.0MPa、41.7MPa，则该组试件的试验结果为（　　）MPa。

A. 41.5　　B. 39.3

C. 36.0　　D. 试验结果无效

18. 用非标准试件200mm×200mm×200mm检测强度等级小于C60的混凝土构件时，测得的强度值尺寸换算系数为（　　）。

A. 1.05　　B. 1.10　　C. 0.95　　D. 0.90

19. 根据《建筑砂浆基本性能试验方法标准》JGJ/T 70—2009，同一验收批砂浆试块抗压强度的最小一组平均值应大于或等于设计强度等级值的（　　）倍。

A. 1.05　　B. 1.10

C. 1.15　　D. 0.85

20. 进行单桩静承载力试验，总桩数为 200 根，试桩数不宜少于（　　）根。

A. 1　　B. 2

C. 3　　D. 4

21. 下列方法中，不属于混凝土结构实体强度检测方法的是（　　）。

A. 超声回弹综合法　　B. 取芯法

C. 回弹仪法　　D. 超声波对测法

22. 关于钢丝进场复检的说法，正确的是（　　）。

A. 同一规格的钢丝每批不得大于 6t

B. 钢丝的外观应抽样检查

C. 力学性能的抽样检验

D. 应从经外观检查合格的每批钢丝中任选总盘数的 5%（不少于 3 盘）取样送检

23. 对由热轧钢筋制成的成型钢筋，当有施工单位或监理单位的代表驻厂监督生产过程，并提供原材钢筋力学性能第三方检验报告时，可仅进行重量偏差检验。同一厂家、同一类型、同一钢筋来源的成型钢筋，不超过 30t 为一批，每批中每种钢筋牌号、规格均应至少抽取（　　）个钢筋试件。

A. 1　　B. 2

C. 3　　D. 6

24. 混凝土（　　）的大小，用坍落度或维勃稠度指标表示。

A. 流动性　　B. 黏聚性

C. 保水性　　D. 均匀性

25. 桩基工程单桩动测试验中，高应变动测法在地质条件相近、桩型和施工条件相同时，桩的检测数量不宜少于总桩数的（　　），且不应少于（　　）根。

A. 1%，5　　B. 5%，5

C. 5%，2　　D. 3%，3

26. 砌体结构实体检测中，属于砌体结构强度检测的内容是（　　）。

A. 混凝土构造柱强度检测　　B. 砌筑砂浆强度检测

C. 楼板混凝土强度检测　　D. 预制构件承载力试验

27. 采用承压板现场试验确定地基土承载力时，荷载最大加载量不应小于设计要求的（　　）倍。

A. 1.2　　B. 1.5　　C. 2　　D. 3

**二、多项选择题**

1. 工程质量会受到各种因素的影响，下列属于系统性因素的有（　　）。

A. 使用不同厂家生产的规格型号相同的材料

B. 机械设备过度磨损

C. 设计中的安全系数过小

D. 施工虽然按规程进行，但规程已更改

E. 施工方法不当

2. 虽然只有采用全数检验，才有可能得到100%的合格品，但由于（　　）原因，还必须采用抽样检验。

A. 破坏性检验　　B. 检验费用高，产品本身价值低

C. 时间不允许　　D. 检验样品数量少

E. 即使进行全数检验，也不一定能保证100%的合格品

3. 采用排列图法分析工程质量影响因素时，可将影响因素分为（　　）。

A. 偶然因素　　B. 主要因素

C. 系统因素　　D. 次要因素

E. 一般因素

4. 当质量控制图同时满足（　　）时，可认为生产过程基本处于稳定状态。

A. 质量点多次同侧

B. 质量点分布出现链

C. 控制界限内的质量点排列没有缺陷

D. 质量点全部落在控制界限之内

E. 质量点有趋势或倾向

5. 对于有抗震设防要求的钢筋混凝土结构，其纵向受力钢筋的延性应符合（　　）的规定。

A. 钢筋的抗拉强度实测值与屈服强度实测值的比值不应小于1.25

B. 钢筋的抗拉强度实测值与屈服强度实测值的比值不应大于1.30

C. 钢筋的屈服强度实测值与强度标准值的比值不应大于1.30

D. 钢筋的最大力下总伸长率不应小于9%

E. 钢筋断后伸长率不应大于5%

6. 在钢材进场时，应按相关标准进行检验，检验的主要内容包括（　　）。

A. 产品合格证　　B. 运输通行证

C. 出厂检验报告　　D. 货物单据

E. 进场复检报告

7. 钢结构工程的焊缝质量无损检测，应满足的要求有（　　）。

A. 一级焊缝应100%检验

B. 特殊焊缝应进行不小于85%比例的抽检

C. 四级焊缝应进行不小于60%比例的抽检

D. 二级焊缝应进行不小于20%比例的抽检

E. 一般情况下，三级焊缝可不进行抽检

8. 砌筑砂浆强度检测的方法有（　　）。

A. 推出法　　B. 扁顶法　　C. 筒压法　　D. 钻芯法

E. 点荷法

9. 砌筑块材强度检测的方法有（　　）。

A. 取样法　　B. 回弹法

C. 原位轴压法　　D. 钻芯法

E. 原位单剪法

## 习题答案及解析

### 一、单项选择题

1.【答案】C

【解析】描述数据分布集中趋势的特征值是算术平均数、中位数。

2.【答案】B

【解析】如果是随机抽取的样本，无论其来自的总体是何种分布，在样本容量较大时，其样本均值也将服从或近似服从正态分布。

3.【答案】A

【解析】简单随机抽样又称纯随机抽样、完全随机抽样，是指排除人的主观因素，直接从包含 $N$ 个抽样单元的总体中按不放回抽样抽取 $n$ 个单元。

4.【答案】D

【解析】计数型：不能连续取值的，而只能以 0 或 1、2、3 等整数来描述的这类数据，称作计数值数据，如焊点的不良数、不合格品数、缺陷数等。

5.【答案】B

【解析】主控项目，其 $\alpha$、$\beta$ 均不宜超过 5%；一般项目，$\alpha$ 不宜超过 5%，$\beta$ 不宜超过 10%。

6.【答案】A

【解析】分层随机抽样是将总体分割成互不重叠的子总体（层），在每层中独立地按给定的样本量进行简单随机抽样。例如：由不同班组生产的同一种产品组成一个批，在这种情况下，考虑各班组生产的产品质量可能有波动，为了取得有代表性的样本，可将整批产品分成若干层。

7.【答案】C

【解析】计数标准型一次抽样方案为（$N$、$n$、$C$），其中 $N$ 为送检批的大小，$n$ 为抽检样本大小，$C$ 为合格判定数。当从 $n$ 中查出有 $d$ 个不合格品时，则当 $d \leqslant C$ 时，判定为合格批，接受该检验批；$d > C$ 时，判定为不合格批，拒绝该检验批。

8.【答案】B

【解析】通过对直方图进行观察与分析，可了解产品质量的波动情况，掌握质量特性的分布规律，以便对质量状况进行分析判断。

9.【答案】A

【解析】排列图是寻找影响主次因素的一种有效的方法。因果分析图能寻找影响质量的主要因素，但是不能定量；直方图、控制图虽能定量分析，但不能反映影响质量的主次因素。

10.【答案】B

【解析】排列图在实际应用中，通常按累计频率划分为 0～80%、80%～90%、90%～100%三部分，与其对应的影响因素分别为 A、B、C 三类。A 类为主要因素，B 类为次要因素，C 类为一般因素。

11.【答案】D

【解析】绝壁型是由于数据收集不正常，可能有意识地去掉下限以下的数据，或是在检测过程中存在某种人为因素所造成的非正常形状的直方图。

12.【答案】C

【解析】孤岛型是原材料发生变化，或者临时他人顶班作业造成的。

13.【答案】A

【解析】出现 7 点链，应判定工序异常，需采取处理措施。

14.【答案】A

【解析】负相关，散布点形成由左向右向下的一条直线带。说明 $x$ 对 $y$ 的影响与正相关恰恰相反。

15.【答案】B

【解析】控制图的用途主要有两个：①过程分析；②过程控制。选项 A 属于排列图的作用；选项 C、D 属于直方图的作用。

16.【答案】B

【解析】不相关：散布点形成一团或平行于 $x$ 轴的直线带。

17.【答案】D

【解析】中间值为 36MPa，36×15%＝5.4MPa。中间值－最小值＝36－30.5＝5.5MPa＞5.4MPa；最大值－中间值＝41.7－36＝5.7MPa＞5.4MPa，试验结果无效。

18.【答案】A

【解析】混凝土强度等级小于 C60 时，用非标准试件测得的强度值均应乘以尺寸换算系数，其值对 200mm×200mm×200mm 的试件为 1.05，对 100mm×100mm×100mm 的试件为 0.95%。

19.【答案】D

【解析】砌筑砂浆强度试验采用立方体抗压强度试验方法，且应满足下列要求：①同一验收批砂浆试块强度平均值应大于或等于设计强度等级值的 1.10 倍；②同一验收批砂浆试块抗压强度的最小一组平均值应大于或等于设计强度等级值的 85%。

20.【答案】C

【解析】试桩数不宜少于总桩数的 1%，并不应少于 3 根，工程总桩数 50 根以下的，不少于 2 根。

21.【答案】D

【解析】结构或构件混凝土抗压强度的检测，可采用回弹法、超声回弹综合法、钻芯法或后装拔出法等方法。

22.【答案】C

【解析】选项 A，同一规格的钢丝每批不得大于 3t；选项 B，钢丝的外观应逐盘检查；选项 D，力学性能的抽样检验应从经外观检查合格的每批钢丝中任选且盘数的 5%（不少于 6 盘）取样送检。

23.【答案】A

【解析】对由热轧钢筋制成的成型钢筋，当有施工单位或监理单位的代表驻厂监督生产过程，并提供原材钢筋力学性能第三方检验报告时，可仅进行重量偏差检验。同一厂家、同一类型、同一钢筋来源的成型钢筋，不超过30t为一批，每批中每种钢筋牌号、规格均应至少抽取1个钢筋试件，总数不应少于3个。检验方法一致。

24. **【答案】** A

**【解析】** 混凝土拌合物稠度是表征混凝土拌合物流动性的指标，可用坍落度、维勃稠度或扩展度表示。

25. **【答案】** B

**【解析】** 检测数量：在地质条件相近、桩型和施工条件相同时，不宜少于总桩数的5%，且不应少于5根。

26. **【答案】** B

**【解析】** 砌体结构的强度检测可分为砌筑块材强度、砌筑砂浆强度、砌体强度等项目，各项目的检测方法操作应遵守相关检测技术标准。

27. **【答案】** C

**【解析】** 地基土荷载试验要点：加荷分级不应少于8级。最大加载量不应小于设计要求的两倍。

**二、多项选择题**

1. **【答案】** BCDE

**【解析】** 当影响质量的4M1E因素发生了较大变化，如工人未遵守操作规程、机械设备发生故障或过度磨损、原材料质量规格有显著差异等情况发生时，没有及时排除，生产过程则不正常，产品质量数据就会离散过大或与质量标准有较大偏离，表现为异常波动，产生次品、废品。这就是产生质量问题的系统性原因或异常原因。

2. **【答案】** ABCE

**【解析】** 采用抽样检验的原因：①破坏性检验，不能采取全数检验方式；②全数检验有时需要花很大成本，在经济上不一定划算；③检验需要时间，全数检验有时时间不允许；④即使全数检验，也不一定100%合格；⑤抽样检验抽取样品不受检验人员主观意愿的支配，被抽中的概率相同。样本分布比较均匀，有充分的代表性。

3. **【答案】** BDE

**【解析】** 排列图在实际应用中，通常按累计频率划分为0～80%、80%～90%、90%～100%三部分，与其对应的影响因素分别为A、B、C三类。A类为主要因素，B类为次要因素，C类为一般因素。

4. **【答案】** CD

**【解析】** 当控制图同时满足以下两个条件：一是质量点几乎全部落在控制界限之内；二是控制界限内的质量点排列没有缺陷，就可以认为生产过程基本上处于稳定状态。

5. **【答案】** ACD

**【解析】** 抗震钢筋伸长率检验要求：抗拉强度实测值与屈服强度实测值的比值不应小于1.25；屈服强度实测值与屈服强度标准值的比值不应大于1.30；最大力下总伸长率不应小于9%。

6. **【答案】** ACE

**【解析】** 钢筋、钢丝及钢绞线检验内容：产品出厂合格证、出厂检验报告、进场复检报告。

7.【答案】ADE

【解析】①一级焊缝应100%检验，其合格等级不应低于现行国家标准《焊缝无损检测　超声检测　技术、检测等级和评定》GB/T 11345—2013中B级检验的Ⅱ级要求；②二级焊缝应进行抽验，抽验比例不小于20%，其合格等级不应低于现行国家标准《焊缝无损检测　超声检测　技术、检测等级和评定》GB/T 11345—2013和行业标准的相关规定；③三级焊缝应根据设计要求进行相关检测，一般情况下可不进行无损检测。

8.【答案】ACE

【解析】砌筑砂浆强度检测的方法包括推出法、筒压法、砂浆片剪切法、点荷法和回弹法等。

9.【答案】ABD

【解析】砌筑块材强度检测方法包括取样法、回弹法、取样结合回弹的方法和钻芯的方法等。

# 第四章　建设工程勘察设计阶段质量管理

**考纲要求**

1. 工程勘察阶段质量管理
2. 初步设计、施工图设计阶段质量管理

## 第一节　工程勘察阶段质量管理

本节知识点如表 1-4-1 所示。

**本节知识点**　　**表 1-4-1**

| 知识点 | 2023 年 | | 2022 年 | | 2021 年 | | 2020 年 | | 2019 年 | |
|---|---|---|---|---|---|---|---|---|---|---|
| | 单选（道） | 多选（道） | 单选（道） | 多选（道） | 单选（道） | 多选（道） | 单选（道） | 多选（道） | 单选（道） | 多选（道） |
| 工程勘察各阶段工作要求 | | | | | 1 | | | | | |
| 工程勘察质量管理主要工作（监理单位） | | | | | | | 1 | | | |
| 工程勘察成果审查要点 | | | | | | | | 1 | 1 | |

### 知识点一　工程勘察各阶段工作要求

具体内容如表 1-4-2 所示。

**工程勘察各阶段工作要求**　　**表 1-4-2**

| 可行性研究勘察 | 选址勘察，是否适宜工程建设 |
|---|---|
| 初步勘察 | 稳定性的岩土工程评价，确定总平面布置、地基基础方案等，满足初步设计或扩大初步设计的要求 |
| 详细勘察 | 对基础设计、地基基础处理与加固、不良地质现象的防治工程等具体方案做出岩土工程计算与评价，满足施工图设计的要求 |
| 预可行性及施工勘察 | 地质条件复杂或有特殊施工要求的重要工程 |

### 典型例题

**【例题】** 提供工程地质条件各项技术参数并满足施工图设计要求，是（　　）勘察阶段的主要任务。（2021 年真题）

A. 可行性研究　　B. 选址　　C. 初步　　D. 详细

**【答案】** D

## 知识点二 工程勘察质量管理主要工作（监理单位）

具体内容如表 1-4-3 所示。

工程勘察质量管理的主要工作 表 1-4-3

| | |
|---|---|
| 勘察前 | 协助建设单位：编制勘察任务书、选择勘察单位、签订勘察合同<br>审查：勘察方案 |
| 勘察中 | 检查：现场及试验主要岗位操作人员资格，设备、仪器计量检定情况；督促勘察单位完成工作内容，审核勘察费用支付申请表，以及签发勘察费用支付证书，并应报建设单位<br>检查勘察方案的执行情况，现场检查重要点位的勘探与测试 |
| 勘察后 | 审查勘察成果报告；提交勘察成果评估报告，参与勘察成果验收<br>勘察成果评估报告包括：勘察工作概况；勘察报告编制深度，与勘察标准的符合情况；勘察任务书的完成情况；存在问题及建议；评估结论 |

## 知识点三 工程勘察成果审查要点

监理机构对勘察成果的审查是勘察阶段质量控制最重要的工作。

### 典型例题

**【例题 1】** 在工程勘察阶段，监理单位可进行的工作是（　　）。(2020 年真题)

A. 协助建设单位编制勘察任务书　　B. 编写《勘察方案》

C. 参与建设工程质量事故分析　　D. 编写《勘察细则》

**【答案】** A

**【解析】** 选项 B、D 均为勘察单位的工作；选项 C 是在施工阶段的监理工作。

**【例题 2】** 项目监理机构对工程勘察成果进行技术性审查时，审查的主要内容有（　　）。(2020 年真题)

A. 勘察场地的工程地质条件　　B. 勘察场地的基坑设计方案

C. 勘察场地存在的地质问题　　D. 边坡工程的设计准则

E. 岩土工程施工的指导性意见

**【答案】** ACDE

**【解析】** 技术性审查的内容主要包括：①是否提出勘察场地的工程地质条件和存在的地质问题；②是否结合工程设计、施工条件，以及地基处理、开挖、支护、降水等工程的具体要求，进行技术论证和评价，提出岩土工程问题及解决问题的决策性具体建议；③是否提出基础、边坡等工程的设计准则和岩土工程施工的指导性意见，为设计、施工提供依据，服务于工程建设全过程；④是否满足勘察任务书和相应设计阶段的要求，即针对不同勘察阶段，对工程勘察报告的深度和内容进行检查。选项 B 属于设计工作。

**【例题 3】** 监理单位在工程勘察阶段提供相关服务时，向建设单位提交的工程勘察成果评估报告中应包括的内容有（　　）。(2018 年真题)

A. 勘察报告编制深度　　B. 勘察任务书的完成情况

C. 与勘察标准的符合情况　　D. 勘察人员资格和业绩情况

E. 勘察工作概况

**【答案】** ABCE

# 第二节　初步设计、施工图设计阶段质量管理

本节知识点如表 1-4-4 所示。

**本节知识点**　　　　**表 1-4-4**

| 知识点 | 2023 年 | | 2022 年 | | 2021 年 | | 2020 年 | | 2019 年 | |
|---|---|---|---|---|---|---|---|---|---|---|
| | 单选（道） | 多选（道） | 单选（道） | 多选（道） | 单选（道） | 多选（道） | 单选（道） | 多选（道） | 单选（道） | 多选（道） |
| 设计的阶段划分 | 1 | | | | 1 | | 1 | | | |
| 初步设计和技术设计文件的深度要求 | | | 1 | | | | | | | |
| 初步设计、施工图设计质量管理 | | 1 | 1 | 1 | 1 | 1 | | | 1 | 1 |

## 知识点一　设计的阶段划分

设计的阶段划分如图 1-4-1 所示。

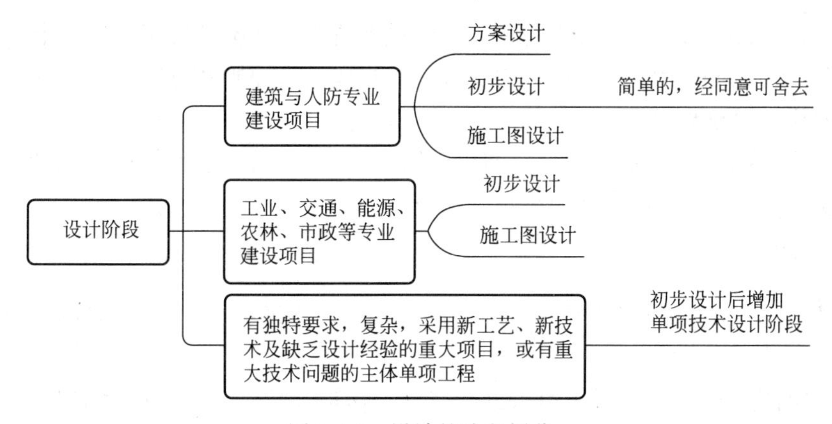


图 1-4-1　设计的阶段划分

### 典型例题

**【例题 1】** 下列专业工程中，通常需要进行方案设计的是（　　）。(2023 年真题)

A. 公路工程　　B. 能源工程　　C. 市政道路工程　　D. 建筑与人防工程

**【答案】** D

**【解析】** 建筑与人防专业建设项目，一般分为方案设计、初步设计和施工图设计三个阶段。选项 A、B、C，需要进行初步设计、施工图设计。

**【例题 2】** 为解决重大技术问题，在（　　）之后可增加技术设计。(2021 年真题)

A. 方案设计　　B. 初步设计　　C. 扩初设计　　D. 施工图设计

**【答案】** B

**【例题 3】** 关于设计阶段划分的说法，正确的是（　　）。(2020 年真题)

A. 民用建筑项目，应分为方案设计、施工图设计和施工设计三个阶段

B. 能源建设项目，按合同约定可以不做初步设计，直接进行施工图设计

C. 工业建设项目，一般分为初步设计和施工图设计两个阶段

D. 简单的民用建筑项目，初步设计之后应增加单项技术设计阶段

**【答案】** C

**【解析】** 选项A，建筑专业建设项目，一般分为方案设计、初步设计和施工图设计三个阶段；选项B，能源建设项目一般分为初步设计和施工图设计两个阶段；选项D，有独特要求的项目，或复杂的、采用新工艺、新技术又缺乏设计经验的重大项目，或有重大技术问题的主体单项工程，在初步设计之后可增加单项技术设计阶段。

## 知识点二　初步设计和技术设计文件的深度要求

**1. 初步设计深度应满足的基本要求**

（1）择优推荐设计方案；

（2）项目单项工程齐全，工程量误差应在允许范围以内；

（3）主要设备和材料明细表，要满足订货要求；

（4）项目总概算应控制在可行性研究报告估算投资额的±10%以内；

（5）满足施工图设计的要求；

（6）满足土地征用、工程总承包招标、建设准备和生产准备等工作的要求；

（7）满足经核准的可行性研究报告所确定的主要设计原则和方案。

**2. 技术设计深度要求**

设计深度和范围，基本上与初步设计一致。技术设计是初步设计的补充和深化，一般不再进行报批，由建设单位直接组织审查、审批。

### 典型例题

**【例题】** 主要设备和材料明细表要满足订货要求，这是对（　　）的深度要求。（2022年真题）

A. 施工图设计　　B. 施工组织设计　　C. 初步设计　　D. 方案设计

**【答案】** C

## 知识点三　初步设计、施工图设计质量管理

**1. 初步设计和施工图设计质量管理的内容**

其具体内容介绍如表1-4-5所示。

**初步设计、施工图设计质量管理的内容　　表1-4-5**

| 初步设计 | 施工图设计 |
|---|---|
| ①设计单位选择<br>②起草设计任务书<br>③起草设计合同<br>④质量管理的组织：<br>a. 协助建设单位组织对新材料、新工艺、新技术、新设备（以下简称“四新”）应用的专项技术论证与调研<br>b. 协助建设单位组织专家对设计成果进行评审<br>c. 协助建设单位向政府有关部门报审有关工程设计文件，并应根据审批意见督促设计单位完善设计成果<br>⑤设计成果审查 | ①施工图设计的协调管理：<br>a. 协助建设单位审查设计单位提出的“四新”在相关部门的备案情况，必要时应协助建设单位组织专家评审<br>b. 协助建设单位建立设计过程的联席会议制度，组织设计单位各专业主要设计人员定期或不定期开展设计讨论<br>c. 协助建设单位开展深化设计管理。应组织深化设计单位与原设计单位充分协商沟通，出具深化设计图纸，由原设计单位审核会签<br>②工程监理单位可受建设单位委托，开展施工图设计的评审 |

**2. 设计成果审查**

其审查内容及要求如表 1-4-6 所示。

**设计成果审查内容及要求**　　　　**表 1-4-6**

| | | |
|---|---|---|
| 设计方案评审 | 总体方案 | 重点审核设计依据、设计规模、产品方案、设备配套、占地面积等的可靠性、合理性、经济性、先进性和协调性 |
| | 专业设计方案 | 重点审核专业设计方案的设计参数、设计标准、设备选型和结构造型、功能和使用价值 |
| | 设计方案审核 | 要结合投资概算资料进行技术经济比较和多方案论证，确保工程质量、投资和进度目标的实现 |
| 初步设计评审 | 重点审查总平面布置、工艺流程、施工进度能否实现；总平面布置是否充分考虑方向、风向、采光、通风等要素；设计方案是否全面，经济评价是否合理 | |
| 施工图设计评审 | 使用功能是否满足质量目标和标准，设计文件是否齐全、完整，设计深度是否符合规定 | |

**3. 初步设计评估报告包含的内容**

（1）设计工作概况；

（2）设计深度与设计标准的符合情况；

（3）设计任务书的完成情况；

（4）有关部门审查意见的落实情况；

（5）存在的问题及建议。

## 典型例题

**【例题 1】**建设单位委托专业设计单位进行二次深化设计绘制的图纸，应由（　　）审核签认。（2022 年真题）

A. 建设单位　　B. 管理单位　　C. 原设计单位　　D. 勘察单位

**【答案】**C

**【解析】**对于二次深化设计，应组织深化设计单位与原设计单位充分协商沟通，出具深化设计图纸，由原设计单位审核会签，以确认深化设计符合总体设计要求，并对相关的配套专业设计能否满足深化图纸的要求予以确认。

**【例题 2】**项目监理机构提交的初步设计评估报告中，应对（　　）做出评审意见。（2022 年真题）

A. 设计深度满足要求情况　　B. 设计标准的符合情况

C. 设计任务书完成情况　　D. 能否照图施工的情况

E. 有关部门审查意见的落实情况

**【答案】**ABCE

**【例题 3】**初步设计阶段，项目监理机构开展质量管理相关服务的工作内容有（　　）。（2021 年真题）

A. 协助起草设计任务书　　B. 协助组织专项技术论证

C. 协助组织设计成果审查　　D. 协助项目设计报审

E. 协助起草设计文件

**【答案】**ABCD

**【例题 4】**工程监理单位协助建设单位组织设计方案评审时，对总体方案评审的重点是

（　　）。（2016年真题）

A. 设计规模　　B. 施工进度　　C. 设计深度　　D. 材料选型

**【答案】** A

**【例题5】** 工程监理单位协助建设单位组织设计方案评审时，对专业设计方案评审的重点是（　　）。（2018年真题）

A. 设计参数和设计标准　　B. 施工进度和工艺流程

C. 设计深度是否符合规定　　D. 设备配套和占地面积

**【答案】** A

**【例题6】** 工程监理单位承担施工图设计的协调管理服务，应完成的工作有（　　）。（2023年真题）

A. 明确施工图设计的深度要求

B. 审查新材料、新工艺、新技术、新设备在相关部门的备案情况

C. 建立设计过程的联席会议制度

D. 开展深化设计管理

E. 开展施工图审查

**【答案】** BCD

**【解析】** 施工图设计阶段，工程监理单位承担设计阶段相关服务的，应做好下列工作：①协助建设单位审查设计单位提出的新材料、新工艺、新技术、新设备（以下简称"四新"）在相关部门的备案情况；②协助建设单位建立设计过程的联席会议制度；③协助建设单位开展深化设计管理。选项A、E不是监理单位的工作。

**【例题7】** 工程设计阶段，监理单位协助建设单位组织施工图设计评审时，审查的重点是（　　）。（2019年真题）

A. 设计深度是否符合规定　　B. 施工进度能否实现

C. 经济评价是否合理　　D. 设计标准是否符合预定要求

**【答案】** A

**4. 审查机构应当对施工图审查的内容**

（1）是否符合工程建设强制性标准；

（2）地基基础和主体结构的安全性；

（3）消防安全性；

（4）人防工程（不含人防指挥工程）防护安全性；

（5）是否符合民用建筑节能强制性标准，对执行绿色建筑标准的项目，还应当审查是否符合绿色建筑标准；

（6）勘察设计企业和注册执业人员以及相关人员是否按规定在施工图上加盖相应的图章和签字；

（7）施工图审查的内容还应包括技防设计审查。

**关键词提示：** 强制性标准、安全性、签字盖章。

**【例题8】** 审查机构施工图审查的主要内容包括（　　）。

A. 消防安全性
B. 地基基础和主体结构的安全性
C. 是否符合民用建筑节能强制性标准
D. 勘察设计企业及相关人员是否按规定在施工图上加盖相应的图章和签字
E. 是否符合经济合理性要求
【答案】ABCD

## 本章精选习题

### 一、单项选择题

1. 项目监理机构在工程勘察阶段控制质量，最重要的工作是审查（　　）。
A. 勘察方案　　B. 勘察任务书　　C. 勘察合同　　D. 勘察成果

2. 对场地内建筑地段的稳定性做出岩土工程评价，并为确定建筑总平面布置、主要建筑物地基基础方案进行论证，满足初步设计或扩大初步设计的要求，是（　　）勘察阶段的主要任务。
A. 可行性研究　　B. 选址　　C. 初步　　D. 详细

3. 不属于勘察阶段监理工作内容的是（　　）。
A. 审查勘察单位的勘察方案
B. 签订工程勘察合同
C. 检查勘察单位执行勘察方案的情况
D. 协助建设单位编制工程勘察任务书

4. 在工程勘察阶段，监理单位应审查勘察单位提交的勘察成果报告后，向建设单位提交（　　）。
A. 监理勘察规划　　B. 监理勘察方案
C. 勘察成果评估报告　　D. 勘察成果修改报告

5. 监理工程师审查勘察单位提交的勘察成果报告后，应向建设单位提交勘察成果评估报告，不包括（　　）。
A. 勘察工作概况　　B. 勘察报告编制深度
C. 与勘察方案的符合情况　　D. 勘察任务书的完成情况

6. 关于设计阶段划分的说法，正确的是（　　）。
A. 简单的民用建筑项目，设计可分为初步设计和施工图设计
B. 能源建设项目，按合同约定可以不做初步设计，直接进行施工图设计
C. 工业建设项目，一般分为初步设计和施工图设计两个阶段
D. 简单的民用建筑项目，初步设计之后应增加单项技术设计阶段

7. 技术设计是初步设计的补充和深化，一般不再进行报批，由（　　）直接组织审查、审批。
A. 设计单位　　B. 监理单位
C. 施工图审查机构　　D. 建设单位

8. 设计单位在设计阶段起草的设计任务书，是（　　）意图的体现。

A. 建设单位　　B. 施工单位　　C. 设计单位　　D. 监理单位

9. 重点审核设计方案的设计参数、设计标准、设备选型和结构造型、功能和使用价值，属于设计方案评审的（　　）。

A. 总体方案评审　　B. 专业设计方案评审

C. 设计方案审核　　D. 施工图设计评审

10. 评审工程初步设计成果时，重点评审的是（　　）。

A. 总平面布置是否充分考虑方向、风向、采光等要素

B. 设计参数、设计标准、功能和使用价值

C. 设计依据、设计规模

D. 使用功能是否满足质量目标和标准

11. 项目监理机构实施设计阶段相关服务时，属于施工图设计协调管理工作的是（　　）。

A. 协助审查施工图是否符合工程建设强制性标准

B. 协助审查施工图中的消防安全性

C. 协助建设单位建立设计过程的联席会议制度

D. 协助设计单位审查“四新”的审定备案情况

**二、多项选择题**

1. 建筑与人防专业建设项目，设计阶段一般分为（　　）。

A. 方案设计　　B. 初步设计　　C. 施工图设计　　D. 技术设计

E. 总体设计

2. 施工图设计评审的重点包括（　　）。

A. 使用功能是否满足质量目标和标准

B. 设计方案是否全面

C. 设计文件是否齐全、完整

D. 专业设计方案的设计参数、设计标准

E. 设计深度是否符合规定

3. 承担工程设计相关服务的监理单位，应审查设计单位提交的设计成果，并提出评估报告，报告的主要内容包括（　　）。

A. 设计工作概况　　B. 设计深度与设计方案的符合情况

C. 设计任务书的完成情况　　D. 有关部门的备案情况

E. 有关部门审查意见的落实情况

4. 施工图设计的质量管理，工程监理单位承担设计阶段相关服务的，应做好（　　）工作。

A. 协助建设单位审查设计单位提出的“四新”在相关部门的备案情况

B. 协助建设单位建立设计过程的联席会议制度

C. 独立开展深化设计管理

D. 组织专家进行“四新”的论证

E. 工程监理单位可受建设单位委托，开展施工图设计的评审

5. 施工图审查机构对施工图设计文件审查的内容有（　　）。

A. 是否符合工程建设强制性标准　　B. 是否符合民用建筑节能强制性标准

C. 消防安全性　　　　　　　　　　　D. 技防设计审查

E. 审查设计单位的资质

6. 施工图设计阶段，项目监理机构开展质量管理相关服务的工作内容有（　　）。

A. 协助审查设计单位提出的“四新”在相关部门的备案情况

B. 协助建设单位组织专家对设计成果进行评审

C. 协助建设单位组织对“四新”应用的专项技术论证与调研

D. 协助开展深化设计管理

E. 可协助建设单位开展施工图审查的送审工作

## 习题答案及解析

### 一、单项选择题

1. **【答案】**D

**【解析】**项目监理机构对勘察成果的审查是勘察阶段质量控制最重要的工作。

2. **【答案】**C

**【解析】**工程勘察各阶段工作要求：①可行性研究勘察、选址勘察，是否适宜工程建设；②初步勘察，稳定性的岩土工程评价，确定总平面布置、地基基础方案等，满足初步设计或扩大初步设计的要求；③详细勘察，对基础设计、地基基础处理与加固、不良地质现象的防治工程等具体方案做出岩土工程计算与评价，满足施工图设计的要求；④预可行性及施工勘察，地质条件复杂或有特殊施工要求的重要工程。

3. **【答案】**B

**【解析】**选项B错误，监理单位应该协助建设单位签订勘察合同。

4. **【答案】**C

**【解析】**工程监理单位审查勘察单位提交的勘察成果报告，必要时对于各阶段的勘察成果报告组织专家论证或专家审查，并向建设单位提交勘察成果评估报告，同时应参与勘察成果验收。

5. **【答案】**C

**【解析】**勘察成果评估报告包括：勘察工作概况；勘察报告编制深度，与勘察标准的符合情况；勘察任务书的完成情况；存在问题及建议；评估结论。

6. **【答案】**C

**【解析】**选项A，简单的民用建筑项目，设计可分为方案设计和施工图设计；选项B，能源建设项目一般分为初步设计和施工图设计两个阶段；选项D，对于技术要求简单的民用建筑工程，经有关主管部门同意，并在合同中有约定不做初步设计的，可在方案设计审批后直接进行施工图设计。

7. **【答案】**D

**【解析】**技术设计是初步设计的补充和深化，一般不再进行报批，由建设单位直接组织审查、审批。

8. **【答案】**A

**【解析】**设计任务书是设计依据之一，是建设单位意图的体现。

9. **【答案】**B

**【解析】**专业设计方案评审。重点审核专业设计方案的设计参数、设计标准、设备选型和结构造型、功能和使用价值等。

10. **【答案】**A

**【解析】**选项B、C属于设计方案评审的内容；选项D属于施工图设计评审的内容。

11. **【答案】**C

**【解析】**审查施工图是否符合工程建设强制性标准、消防安全性，属于施工图审查机构审查的内容，所以选项A、B错误。协助建设单位审查设计单位提出的“四新”在相关部门的备案情况，选项D协助“设计单位”的说法错误。

**二、多项选择题**

1. **【答案】**ABC

**【解析】**建筑与人防专业建设项目，一般分为方案设计、初步设计和施工图设计三个阶段；工业、交通、能源、农林、市政等专业建设项目，一般分为初步设计和施工图设计两个阶段。

2. **【答案】**ACE

**【解析】**施工图设计评审的重点是：使用功能是否满足质量目标和标准，设计文件是否齐全、完整，设计深度是否符合规定。

3. **【答案】**ACE

**【解析】**评估报告应包括下列主要内容：①设计工作概况；②设计深度与设计标准的符合情况；③设计任务书的完成情况；④有关部门审查意见的落实情况；⑤存在的问题及建议。

4. **【答案】**ABE

**【解析】**工程监理单位承担设计阶段相关服务的，应做好下列工作：①协助建设单位审查设计单位提出的“四新”在相关部门的备案情况；②协助建设单位建立设计过程的联席会议制度，组织设计单位各专业主要设计人员定期或不定期开展设计讨论，共同研究和探讨设计过程中出现的矛盾，集思广益，根据项目的具体特性和处于主导地位的专业要求进行综合分析，提出解决的方法；③协助建设单位开展深化设计管理。工程监理单位可受建设单位委托，开展施工图设计的评审。选项C、D应是协助建设单位展开的工作内容。

5. **【答案】**ABCD

**【解析】**审查机构应当对施工图审查下列内容：①是否符合工程建设强制性标准；②地基基础和主体结构的安全性；③消防安全性；④人防工程（不含人防指挥工程）防护安全性；⑤是否符合民用建筑节能强制性标准，对执行绿色建筑标准的项目，还应当审查是否符合绿色建筑标准；⑥勘察设计企业和注册执业人员以及相关人员是否按规定在施工图上加盖相应的图章和签字；⑦法律法规、规章规定必须审查的其他内容。施工图审查的内容还应包括技防设计审查。

6. **【答案】**ADE

**【解析】**选项B、C属于初步设计阶段协助建设单位开展的相关工作。

# 第五章　建设工程施工质量控制和安全生产管理

**考纲要求**

1. 施工质量控制的依据和工作程序
2. 施工准备阶段的质量控制
3. 施工过程的质量控制
4. 安全生产的监理行为和现场控制
5. 危险性较大的分部分项工程施工安全管理

## 第一节　施工质量控制的依据和工作程序

本节知识点如表 1-5-1 所示。

**本节知识点**　　**表 1-5-1**

| 知识点 | 2023年 | | 2022年 | | 2021年 | | 2020年 | | 2019年 | |
|---|---|---|---|---|---|---|---|---|---|---|
| | 单选（道） | 多选（道） | 单选（道） | 多选（道） | 单选（道） | 多选（道） | 单选（道） | 多选（道） | 单选（道） | 多选（道） |
| 施工质量控制的依据（监理机构） | | | | | | | | | | 1 |

### 知识点一　施工质量控制的依据（监理机构）

具体内容如表 1-5-2 所示。

**施工质量控制的依据**　　**表 1-5-2**

| | |
|---|---|
| 工程合同文件 | 监理合同、施工合同、材料设备采购合同等 |
| 工程勘察设计文件 | 工程测量、工程地质和水文地质勘察等 |
| 有关质量管理方面的法律法规、部门规章与规范性文件 | 《中华人民共和国建筑法》《建设工程质量管理条例》等 |
| 工程建设标准 | ①工程项目施工质量验收标准<br>②有关工程材料、半成品和构配件质量控制方面的专门技术法规性依据<br>③控制施工作业活动质量的技术规程，如电焊操作规程、砌体操作规程、混凝土施工操作规程等，作业过程中应遵照执行 |

采用新工艺、新技术、新材料的工程，制定相应的质量标准和施工工艺规程，满足的条件：事先应进行试验，并应有权威性技术部门的技术鉴定书及有关的质量数据、指标。

如采用的新工艺、新技术、新材料不符合现行强制性标准规定，应当由拟采用单位提请建设单位组织专题技术论证，报批准标准的建设行政主管部门或者国务院有关主管部门审定。

专业监理工程师应审查施工单位报送的新材料、新工艺、新技术、新设备的质量认证材料和相关验收标准的适用性，必要时，应要求施工单位组织专题论证，审查合格后报总监理工程师签认。

**提示**：注意区分建设单位和施工单位组织专题论证的情形。

### 典型例题

【例题 1】工程采用新工艺、新技术、新材料时，应满足的要求包括（　　）。（2019 年真题）

A. 完成了相应试验并有相关质量指标　　B. 有权威性的技术鉴定书

C. 制定了质量标准和工艺规程　　D. 符合现行强制性标准规定

E. 有类似工程的应用

【答案】ABC

【解析】采用新工艺、新技术、新材料的工程，事先应进行试验，并应有权威性技术部门的技术鉴定书及有关的质量数据、指标，在此基础上制定相应的质量标准和施工工艺规程，以此作为判断与控制质量的依据。

【例题 2】项目监理机构对工程施工质量实施控制的主要依据有（　　）。（2017 年真题）

A. 工程合同文件　　B. 工程变更设计文件

C. 施工现场质量管理制度　　D. 工程材料试验的技术标准

E. 工程施工质量验收标准

【答案】ABDE

【解析】项目监理机构对工程施工质量控制的依据有工程合同文件，工程勘察设计文件，有关质量管理方面的法律法规、部门规章与规范性文件，工程建设标准。

## 第二节　施工准备阶段的质量控制

本节知识点如表 1-5-3 所示。

本节知识点　　表 1-5-3

| 知识点 | 2023 年 | | 2022 年 | | 2021 年 | | 2020 年 | | 2019 年 | |
|---|---|---|---|---|---|---|---|---|---|---|
| | 单选（道） | 多选（道） | 单选（道） | 多选（道） | 单选（道） | 多选（道） | 单选（道） | 多选（道） | 单选（道） | 多选（道） |
| 图纸会审与设计交底 | | | | 1 | | | | | | |
| 施工组织设计和施工方案的审查 | 1 | | 1 | 1 | 1 | 1 | | | 2 | |
| 现场施工准备的质量控制 | 1 | 1 | | | | | | 1 | 2 | 1 |

## 知识点一　图纸会审与设计交底

相关要求如表 1-5-4 所示。

图纸会审与设计交底　　表 1-5-4

| | 图纸会审 | 设计交底 |
|---|---|---|
| 时间 | 收到合格的施工图设计文件后，设计交底前进行 | 施工图完成并通过审查后，施工前进行 |
| 人员 | 建设单位组织监理，施工单位进行图纸会审 | 设计单位向建设、施工、监理单位进行图纸的全面设计交底 |
| 组织 | 建设单位组织监理协助 | |
| 会议纪要整理 | 施工单位整理，与会方会签，即成为施工和监理的依据 | 设计方会同建设方将会议意见集中并形成会议纪要 |

**1. 图纸会审的目的**

总监理工程师组织监理人员熟悉设计文件，这是事前质量控制的重要工作，目的：

（1）通过熟悉图纸，了解设计意图和工程设计特点、工程关键部位的质量要求；

（2）发现图纸差错，将图纸中的质量隐患消灭在萌芽之中。

**2. 监理人员应重点熟悉的内容**

（1）设计的主导思想与设计构思；

（2）采用的设计规范、专业设计说明及设计文件对材料、构配件和设备的要求；

（3）采用的新材料、新工艺、新技术、新设备的要求；

（4）对施工技术的要求以及涉及工程质量、施工安全应特别注意的事项。

**总结：**思想、要求、注意事项。

**3. 施工图设计交底有利于进一步贯彻设计意图和修改图纸中的“错、漏、碰、缺”；帮助施工单位和监理单位加深对施工图设计文件的理解，掌握关键工程部位的质量要求，确保工程质量**

### 典型例题

**【例题 1】**总监理工程师组织监理人员参加图纸会审的目的有（　　）。（2022 年真题）

A. 了解设计意图　　B. 发现图纸中的差错

C. 检查设计深度是否达到要求　　D. 熟悉设计文件对主要工程材料的要求

E. 审查消防设计是否符合设计规范要求

**【答案】**AB

**【例题 2】**管理人员参加施工图设计交流会，有利于（　　）。（2022 年真题）

A. 了解工程材料的来源有无保证　　B. 掌握关键工程部位的质量要求

C. 了解建设单位的建设意图　　D. 了解设计方法

**【答案】**B

**【例题 3】**工程开工前，应由（　　）组织召开工程设计技术交底会议。（2018 年真题）

A. 设计单位　　B. 施工单位　　C. 建设单位　　D. 监理单位

【答案】C

【例题 4】总监理工程师组织监理人员熟悉工程设计文件，监理人员重点熟悉（　　）。

A. 人员的业务范围

B. 采用新材料、新工艺、新技术、新设备的要求

C. 对施工技术的要求以及涉及工程质量、施工安全应特别注意的事项

D. 设计的主导思想与设计构思

E. 施工图会审发现的图纸差错

【答案】BCD

【解析】关键词为"思想、要求、注意事项"。

## 知识点二 施工组织设计和施工方案的审查

**1. 施工组织设计和施工方案审查的基本内容**

1）基本内容

基本内容如表 1-5-5 所示。

**施工组织设计和施工方案审查的基本内容　　表 1-5-5**

| 施工组织设计 | 施工方案 |
|---|---|
| ①编审程序应符合相关规定<br>②施工组织设计的基本内容是否完整，应包括编制依据、工程概况、施工部署、施工进度计划等<br>③工程进度、质量、安全、环境保护、造价等方面应符合施工合同要求<br>④资金、劳动力、材料、设备等资源供应计划应满足工程施工需要，施工方法及技术措施应可行与可靠<br>⑤施工总平面布置应科学合理 | ①编审程序应符合相关规定<br>②工程质量保证措施应符合有关标准 |

项目监理机构还应审查施工组织设计中的生产安全事故应急预案，重点审查应急组织体系、相关人员职责、预警预防制度、应急救援措施。

2）审查的程序要求

（1）施工单位编制的施工组织设计经施工单位技术负责人审核签认后，与施工组织设计报审表一并报送项目监理机构。

（2）总监理工程师组织专业监理工程师审查，专业监理工程师在报审表上签署审查意见后，总监理工程师审核批准。

### 典型例题

【例题 1】关于施工组织设计报审的说法，正确的有（　　）。（2022 年真题）

A. 施工单位的技术负责人应审查并签认

B. 总监理工程师应及时组织各专业监理工程师审查

C. 专业监理工程师应签署意见

D. 总监理工程师签署意见后应报建设单位审批

E. 总监理工程师签署意见之前应征求监理单位技术负责人意见

【答案】ABC

【例题 2】项目监理机构对施工组织设计的审查内容有（　　）。（2021 年真题）

A. 施工总平面布置　　B. 施工进度安排

C. 施工方案　　D. 生产安全事故应急预案

E. 分包单位的类似工程业绩

**【答案】** ABD

**【解析】** 选项A、B属于施工组织设计审查的基本内容。项目监理机构还应审查施工组织设计中的生产安全事故应急预案，重点审查应急组织体系、相关人员职责、预警预防制度、应急救援措施。

**【例题3】** 根据《建设工程监理规范》GB/T 50319—2013，下列工程资料中，需要由建设单位签署审批意见的是（　　）。(2019年真题)

A. 监理规划

B. 施工组织设计

C. 工程暂停令

D. 超过一定规模的危险性较大的分部分项工程专项施工方案

**【答案】** D

**【解析】** 超过一定规模的危险性较大的分部分项工程专项方案需要由建设单位审批。

**2. 施工方案程序性和内容性审查**

(1) 程序性审查重点：核对审批人是否为施工单位技术负责人。

(2) 内容性审查重点：①是否具有针对性、指导性、可操作性；②现场施工管理机构是否建立完善的质保体系，是否明确质量要求和标准，是否健全质保体系组织机构及岗位职责，是否配备了质量管理人员；③是否建立了质量管理制度和管理程序；④质保措施是否符合规范、标准，特别是强制性标准。

(3) 施工方案审查的主要依据：①施工合同、监理合同文件；②批准的建设项目文件和勘察设计文件；③相关法律法规、规范、规程、标准图集；④其他工程基础资料、工程场地周边环境资料。

**提示：** 注意区分审查内容和依据。

**【例题4】** 总监理工程师组织专业监理工程师对施工方案内容进行审查时，应重点审查（　　）。(2022年真题)

A. 施工方案编制人资格是否符合要求　　B. 施工方案是否有针对性和可操作性

C. 施工方案审批人资格是否符合要求　　D. 工程概况是否全面

**【答案】** B

**【例题5】** 总监理工程师应组织专业监理工程师审查施工单位报审的施工方案，施工方案审查应包括的基本内容有（　　）。(2015年真题)

A. 编审程序应符合相关规定　　B. 建设工程施工合同文件

C. 工程基础资料　　D. 工程质量保证措施应符合有关标准

E. 经批准的建设工程项目文件

**【答案】** AD

**【解析】** 选项B、C、E属于施工方案审查的主要依据。

## 知识点三 现场施工准备的质量控制

**1. 施工现场质量管理检查**

工程开工前，项目监理机构应审查施工单位现场的质量管理组织机构、管理制度及专职管理人员和特种作业人员的资格。

**2. 分包单位资质的审核确认**

审核内容及审批要求如表 1-5-6 所示。

**审核内容及审批要求** **表 1-5-6**

| 审核的内容 | ①营业执照、企业资质证书；②安全生产许可文件；③类似工程业绩；④专职管理人员和特种作业人员的资格 |
|---|---|
| 审查与审批 | 专业监理工程师提出审查意见，应由总监理工程师审批并签署意见 |

### 典型例题

**【例题 1】** 分包工程开工前，项目监理机构应审核施工单位报送的《分包单位资格报审表》及有关资料，对分包单位资格审核的基本内容包括（ ）。（2019 年真题）

A. 分包单位资质及其业绩

B. 分包单位专职管理人员和特种作业人员资格证书

C. 安全生产许可文件

D. 施工单位对分包单位的管理制度

E. 分包单位施工规划

**【答案】** ABC

**【解析】** 分包单位资格审核应包括的基本内容：①营业执照、企业资质等级证书；②安全生产许可文件；③类似工程业绩；④专职管理人员和特种作业人员的资格。

**【例题 2】** 分包单位资格报审表中的审核意见应由（ ）签署。（2017 年真题）

A. 建设单位项目负责人　　B. 施工单位项目负责人

C. 专业监理工程师　　D. 总监理工程师

**【答案】** D

**【解析】** 分包工程开工前，项目监理机构应审核施工单位报送的分包单位资格报审表及有关资料，专业监理工程师进行审核并提出审查意见，符合要求后，应由总监理工程师审批并签署意见。

**3. 查验施工控制测量结果**

具体要求如表 1-5-7 所示。

**查验施工控制测量结果的要求** **表 1-5-7**

| 审查、签认 | 专业监理工程师 |
|---|---|
| 检查、复核 | ①施工单位测量人员的资格证书及测量设备检定证书<br>②施工平面控制网、高程控制网和临时水准点的测量成果及控制桩的保护措施 |
| 审查 | 施工单位的测量依据、测量人员资格和测量成果是否符合规范及标准要求，符合要求的，予以签认 |

**【例题 3】** 下列施工控制测量成果检查工作中，属于专业监理工程师应检查、复核内容

的是（　　）。（2023 年真题）

A. 查验测量设备的检定证书　　B. 查验模板的平整度

C. 检查边坡位移测量报告　　D. 检查承台施工后的轴线偏差

【答案】A

【例题 4】项目监理机构审查施工单位报送的施工控制测量成果报验表及相关资料时，应重点审查（　　）是否符合标准及规范的要求。

A. 测量依据　B. 测量管理制度　C. 测量人员资格　D. 测量手段

E. 测量成果

【答案】ACE

**4. 施工试验室的检查**

具体要求如表 1-5-8 所示。

**施工试验室的检查要求　　表 1-5-8**

| 审查 | 专业监理工程师 |
|---|---|
| 检查 | ①试验室的资质等级及试验范围；②法定计量部门对试验设备出具的计量检定证明；③试验室管理制度；④试验人员资格证书 |

【例题 5】项目监理机构对施工单位提供的试验室进行检查的内容有（　　）。（2016 年真题）

A. 试验室的资质等级　　B. 试验室的试验范围

C. 试验室的性质和规模　　D. 试验室的管理制度

E. 试验人员的资格证书

【答案】ABDE

**5. 工程材料、构配件、设备的质量控制要点**

（1）主要材料，按设计文件要求采购订货，满足有关标准和设计要求。

（2）现场配置材料，施工单位应进行级配设计与配合比试验，合格后使用。

（3）进口材料、构配件和设备。专业监理工程师要求施工单位报送进口商检证明文件，会同建设单位、施工单位、供货单位等人员进行联合检查验收。联合检查施工单位提出，监理机构组织，建设单位主持。

（4）新材料、新设备，还应核查相关部门的鉴定证书或工程应用证明材料、实地考察报告或专题论证材料。

（5）材料、（半）成品、构配件进场时，专业监理工程师检查尺寸、规格、型号、产品标志、包装等外观质量，判定是否符合设计、规范、合同等要求。

（6）设备验收前，设备安装单位提交设备验收方案：验收方法、质量标准、验收的依据，专业监理工程师审查同意后实施。

（7）进场的设备，专业监理工程师会同安装、供货单位进行开箱检验。

（8）建设单位采购的主要设备，由建设、施工、监理机构进行开箱检查，三方在开箱记录上签字。

（9）质量合格的材料、构配件进场后，间隔一段时间再使用的，专业监理工程师对存放、保管及使用期限实行监控。对已进场经检验不合格的材料、构配件、设备，应要求施工单位限期将其撤出施工现场。

**【例题 6】** 用于工程的进口设备进场后，应由（　　）组织相关单位进行联合检查验收。（2018 年真题）

A. 建设单位　　B. 项目监理机构　　C. 施工单位　　D. 设备供应单位

**【答案】** B

**【解析】** 联合检查验收：施工单位提出，监理机构组织，建设单位主持。

**【例题 7】** 项目监理机构对进场工程原材料外观质量进行检查的主要内容有（　　）。（2018 年真题）

A. 外观尺寸　　B. 规格　　C. 型号　　D. 产品标志

E. 工艺性能

**【答案】** ABCD

**【解析】** 选项 E 不属于外观质量。

**6. 工程开工条件审查与开工令的签发**

具体内容如表 1-5-9 所示。

**工程开工条件审查与开工令的签发要求**　　**表 1-5-9**

| | |
|---|---|
| 审查、审批 | ①专业监理工程师审查开工报审表<br>②总监理工程师签署审查意见<br>③报建设单位批准后，总监理工程师签发开工令<br>④总监理工程师应在开工日期 7 天前向施工单位发出工程开工令，工期自工程开工令载明的开工日期起计算 |
| 签发开工令的条件 | ①设计交底和图纸会审已完成<br>②施工组织设计已由总监理工程师签认<br>③施工单位现场质量、安全生产管理体系已建立，管理及施工人员已到位，施工机械具备使用条件，主要工程材料已落实<br>④进场道路及水、电、通信等已满足开工要求 |

**【例题 8】** 工程施工工期应自（　　）中载明的开工日期起计算。（2019 年真题）

A. 工程开工报审表　　B. 施工组织设计报审表

C. 施工控制测量成果报验表　　D. 工程开工令

**【答案】** D

**【例题 9】** 工程开工报审表及相关资料经总监理工程师签认并报送（　　）批准后，总监理工程师方可签发工程开工令。（2018 年真题）

A. 监理单位　　B. 建设单位

C. 施工单位　　D. 工程质量监督机构

**【答案】** B

本节重要知识点总结如表 1-5-10 所示。

**本节重要知识点总结**　　**表 1-5-10**

| | 施工单位 | 监理机构 | 建设单位 |
|---|---|---|---|
| 施工组织设计或（专项）施工方案报审表 | 项目经理签字 | 专业监理工程师签字<br>总监理工程师签字、盖章 | 超过一定规模的危险性较大的分部分项工程专项方案<br>建设单位代表签字 |

续表

| | 施工单位 | 监理机构 | 建设单位 |
|---|---|---|---|
| 分包单位资质报审表 | 项目经理签字 | 专业监理工程师签字<br>总监理工程师签字 | |
| 施工控制测量成果报验表 | 项目技术负责人签字 | 专业监理工程师签字 | |
| 试验室报审报验表 | 项目经理或项目技术负责人签字 | 专业监理工程师签字 | |
| 工程材料构配件或设备报审表 | 项目经理签字 | 专业监理工程师签字 | |
| 工程开工令 | | 总监理工程师签字、盖章 | |

**【例题 10】**根据《建设工程监理规范》GB/T 50319—2013，下列施工单位报审表中，需由总监理工程师签字并加盖执业印章的是（　　）。（2020 年真题）

A. 工程复工报审表　　B. 监理通知回复单

C. 分部工程报验表　　D. 施工组织设计报审表

**【答案】**D

**【解析】**选项 A、B、C，总监理工程师仅签字，不盖章。

**【例题 11】**下列报审、报验表中，只需由专业监理工程师签署审查意见的有（　　）。（2016 年真题）

A. 分部工程报验表　　B. 单位工程竣工验收报审表

C. 施工控制测量成果报验表　　D. 工程材料、构配件、设备报审表

E. 分包单位资格报审表

**【答案】**CD

**【解析】**选项 A、B、E 均需由总监理工程师审批并签署意见。

## 第三节　施工过程的质量控制

本节知识点如表 1-5-11 所示。

**本节知识点**　　**表 1-5-11**

| 知识点 | 2023 年 | | 2022 年 | | 2021 年 | | 2020 年 | | 2019 年 | |
|---|---|---|---|---|---|---|---|---|---|---|
| | 单选（道） | 多选（道） | 单选（道） | 多选（道） | 单选（道） | 多选（道） | 单选（道） | 多选（道） | 单选（道） | 多选（道） |
| 巡视与旁站 | 1 | 1 | 1 | | 1 | | | | 1 | |
| 见证取样与平行检验 | | | 1 | | 2 | | | | | |
| 工程实体质量控制 | 2 | | | | 1 | | 1 | | | |
| 混凝土制备质量控制 | 2 | | | | | | | | | |
| 装配式建筑 PC 构件施工质量控制 | | 2 | | 1 | | 1 | | | | |

续表

| 知识点 | 2023年 | | 2022年 | | 2021年 | | 2020年 | | 2019年 | |
|---|---|---|---|---|---|---|---|---|---|---|
| | 单选（道） | 多选（道） | 单选（道） | 多选（道） | 单选（道） | 多选（道） | 单选（道） | 多选（道） | 单选（道） | 多选（道） |
| 监理通知单、工程暂停令、工程复工令的签发 | | | | | 1 | | | | | 1 |
| 质量记录资料的管理 | | | | | | | | | | |

## 知识点一 巡视与旁站

其定义与内容如表1-5-12所示。

**巡视与旁站的定义与内容** **表1-5-12**

| 巡视 | 旁站 |
|---|---|
| 定义：对施工现场进行的定期或不定期的检查活动 | 定义：对工程的关键部位或关键工序的施工质量进行的监督活动<br>确定依据：根据工程特点和施工单位报送的施工组织设计确定，编制监理规划时，应明确旁站的部位和要求 |
| 巡视检查的内容：<br>①是否按图、标准、施工组织设计、方案施工<br>②使用的材料、构配件和设备是否合格<br>③现场管理人员是否到位（特别是质量管理）和履职情况<br>④特种作业人员是否持证上岗 | 旁站人员的主要职责：<br>①检查施工单位现场质检人员到岗、特殊工种持证上岗；材料、机械的准备情况<br>②监督关键部位、关键工序的施工情况及强制性标准的执行情况<br>③核查进场材料、构配件、设备和商品混凝土的质量检验报告，监督检验情况（施工单位自行检验和第三方的复检）<br>④做好旁站记录，保存旁站监理原始资料 |

### 典型例题

**【例题1】** 检查施工质量管理人员是否到位，特种作业人员是否持证上岗，属于项目监理机构（　　）的工作内容。（2023年真题）

A. 验收　　B. 巡视　　C. 旁站　　D. 平行检验

**【答案】** B

**【例题2】** 项目监理机构在主体结构工程施工阶段进行巡视的内容有（　　）。（2023年真题）

A. 检查钢筋连接方式是否符合设计要求

B. 查看模板拆除是否符合已审批的施工方案

C. 审查装配式预制构件的吊装方案

D. 监督钢筋在梁柱节点的安装质量

E. 检查基坑坑边的荷载是否在允许范围内

**【答案】** ABD

**【解析】** 巡视是对工程施工质量进行巡视，包括施工单位是否按照工程设计文件、工程建设标准和批准的施工组织设计、（专项）施工方案施工进行施工，而不是对方案本身进行审查。选项C审查吊装方案，不属于施工阶段的工作；选项E检查基坑，非“主体结构”。

**【例题3】**根据《建设工程监理规范》GB/T 50319—2013，项目监理机构应根据工程特点和（　　），确定旁站的关键部位和关键工序。（2019年真题）

A. 监理规划　　B. 监理细则

C. 施工单位报送的施工组织设计　　D. 监理合同

**【答案】**C

**【解析】**项目监理机构应根据工程特点和施工单位报送的施工组织设计，确定旁站的关键部位和关键工序。编制监理规划时，应明确旁站的部位和要求。

**【例题4】**项目监理机构对关键部位的施工质量进行旁站时，主要职责有（　　）。（2018年真题）

A. 检查施工单位现场质检人员到岗情况

B. 现场监督关键部位的施工方案执行情况

C. 现场监督关键部位的工程建设强制性标准执行情况

D. 现场监督施工单位技术交底

E. 核查进场材料采购管理制度

**【答案】**ABC

**【解析】**选项D，属于巡视；选项E，属于施工现场质量管理检查。

## 知识点二　见证取样与平行检验

### 1. 见证取样

项目监理机构对施工单位进行的涉及结构安全的试块、试件及工程材料现场取样、封样、送检工作的监督活动，具体内容与要求如表1-5-13所示。

**见证取样的具体内容与要求**　　**表1-5-13**

| | |
|---|---|
| 检测机构 | ①施工前，施工单位和监理机构共同考察确定<br>②施工单位提出试验室，专业监理工程师实地考察<br>③一般是与施工单位没有隶属关系的第三方<br>④具有相应资质，试验项目满足工程需要，出具的报告对外具有法定效果 |
| 监理机构 | ①将试验室报质量监督机构备案<br>②将负责的监理人员报质量监督机构备案 |
| 施工单位 | ①制定检测试验计划（报送监理机构），配备取样人员（试验室人员或专职质检人员），负责现场取样<br>②见证取样前，通知监理人员（具有材料、试验等方面的专业知识，并经培训考核合格，且要取得见证人员培训合格证书），在监督下取样，按规范要求取样<br>③取样后，进行标识、封志，监理人员和取样人员签字 |
| 实施见证取样的要求 | ①试验室出具的报告：一式两份，施工单位和监理机构保存，作为归档材料，是工序产品质量评定的重要依据<br>②见证取样的频率，国家或地方主管部门有规定的，执行相关规定；施工承包合同中如有明确规定的，执行合同的规定<br>③见证取样和送检的资料必须真实、完整、符合相应规定 |

## 典型例题

**【例题 1】**关于见证取样及相关人员的说法，正确的是（　　）。（2022 年真题）

A. 现场取样应依据经过批准的施工组织设计进行

B. 负责取样的施工人员和负责见证取样的监理人员向该质量监督机构备案

C. 取样完成后，负责见证取样的监理人员应将试样封装，并进行标识、封志和签字

D. 见证取样人员应具有材料、试验等方面的专业知识，并经培训考核合格

**【答案】**D

**【解析】**选项 A 错误，质量检测试样的取样应当严格执行有关工程建设标准和国家有关规定，在建设单位或者工程监理单位监督下现场取样；选项 B 错误，项目监理机构要将选定的试验室报送负责本项目的质量监督机构备案，同时要将项目监理机构中负责见证取样的监理人员在该质量监督机构备案；选项 C 错误，完成取样后，施工单位取样人员应在试样或其包装上进行标识、封志。

**【例题 2】**关于见证取样工作的说法，正确的是（　　）。（2021 年真题）

A. 见证取样项目和数量应按施工单位编制的检测试验计划执行

B. 选定的检测机构应在工程质量监督机构备案

C. 施工单位取样人员不能由专职质检人员担任

D. 负责见证取样的监理人员应有资格证书

**【答案】**B

**【解析】**选项 A 错误，取样应在见证人员旁站下进行，取样数量及方法应按相关技术标准、规范、规程的规定抽取；选项 C 错误，施工单位从事取样的人员一般应由试验室人员或专职质检人员担任；选项 D 错误，负责见证取样的监理人员要具有材料、试验等方面的专业知识，并经培训考核合格，且要取得见证人员培训合格证书。

**2. 平行检验**

施工单位自检的同时，监理机构按有关规定、建设工程监理合同约定对同一检验项目进行检测试验活动。

依据：工程特点、专业要求，以及建设工程监理合同约定，对施工质量进行平行检验。

要求：检验项目、数量、频率和费用符合监理合同约定。

不合格处理：签发监理通知单，施工单位在指定的时间内整改并重新报验。

**【例题 3】**项目监理机构实施平行检验的项目、数量、频率和费用应按（　　）执行。（2021 年真题）

A. 相关法规　　B. 质量检测管理办法

C. 合同约定　　D. 施工方案

**【答案】**C

**【解析】**平行检验的项目、数量、频率和费用等应符合建设工程监理合同的约定。

**【例题 4】**建设单位要求监理单位进行平行检验的，双方应在监理合同中明确的内容有（　　）。（2020 年真题）

A. 检验项目　　B. 检验数量　　C. 检验结果　　D. 检验频率

E. 检验效率

**【答案】** ABD

**【解析】** 平行检验的项目、数量、频率和费用等应符合建设工程监理合同的约定。

## 知识点三 工程实体质量控制

主要内容如表 1-5-14 所示。

**工程实体质量控制的主要内容** 表 1-5-14

| | |
|---|---|
| 地基基础工程 | 验槽应在基坑或基槽开挖至设计标高后进行，对留置保护土层时其厚度不应超过 100mm，槽底应为无扰动的原状土 |
| 钢筋工程 | ①确定细部做法并在技术交底中明确<br>②清除钢筋上的污染物和施工缝处的浮浆。施工缝浇筑混凝土，应清除浮浆、松动石子、软弱混凝土层<br>③预留钢筋的位置应符合设计要求，预留钢筋的中心线位置允许偏差为 5mm 内。对伸出混凝土体外预留钢筋，可绑一道临时横筋固定预留筋间距，混凝土浇筑完后立即对预留筋进行修整<br>④保证钢筋位置的措施到位。混凝土浇筑前应对钢筋间隔件的安放质量进行检查，钢筋间隔件安放方向应与被间隔钢筋的排放方式一致；钢筋间隔件安放位置、安放的保护层厚度偏差应符合规程规定<br>⑤钢筋连接符合设计和规范要求。焊接连接接头试件应从工程实体中截取；闪光对焊、电弧焊、气压焊焊接接头以及预埋件钢筋埋弧焊 T 形接头，应分批进行外观质量检查和力学性能检验<br>⑥箍筋、拉筋弯钩符合设计和规范要求。箍筋的末端应按设计要求做弯钩；对一般结构构件，箍筋弯钩的弯折角度不应小于 90°；对有抗震设防专门要求的结构构件，箍筋弯钩的弯折角度不应小于 135°；圆形箍筋两末端均应做不小于 135°的弯钩。拉筋的末端应按设计要求做弯钩，并符合规范要求<br>⑦钢筋保护层厚度符合设计和规范要求。受力钢筋保护层厚度的合格点率应达到 90%及以上 |
| 混凝土工程 | ①模板板面应清理干净并涂刷隔离剂<br>②现浇结构模板安装的表面平整度偏差为 5mm，预制构件模板安装的表面平整度偏差为 3mm<br>③模板的各连接部位应连接紧密。竹木模板面不得翘曲、变形、破损。框架梁的支模顺序不得影响梁筋绑扎<br>④楼板后浇带的模板支撑体系按规定单独设置<br>⑤严禁在混凝土中加水。严禁将洒落的混凝土浇筑到混凝土结构中<br>⑥柱、墙混凝土设计强度高于梁、板混凝土设计强度等级时，应在交界区域采取分隔措施，分隔位置应在低强度等级的构件中，且距高强度构件边缘不应小于 500mm<br>⑦现浇结构的外观质量不应有严重缺陷；预制构件的外观质量不应有严重缺陷和一般缺陷<br>⑧混凝土构件的尺寸符合设计和规范要求<br>⑨后浇带、施工缝的接槎处应处理到位。为确保质量，后浇带、施工缝可采用提高一级强度等级的混凝土浇筑，为使后浇带处的混凝土与两侧的混凝土紧密结合，应采用减少混凝土收缩的技术措施；有防水要求的大体积底板与侧墙相连接的施工缝，应采取钢板止水带处理措施<br>⑩后浇带的混凝土按设计和规范要求的时间进行浇筑。浇筑时间，应事先在施工方案中确定<br>⑪按规定设置施工现场试验室。混凝土试块应及时进行标识。同条件试块应按规定在施工现场养护<br>⑫楼板上的堆载不得超过楼板结构设计承载能力。不得把模板、预制构件等集中堆放在楼层上 |
| 钢结构工程 | ①焊工应当持证上岗，在其合格证规定的范围内施焊<br>②一、二级焊缝应进行焊缝内部缺陷检验。采用超声波探伤，不能对缺陷做出判断时，应采用射线探伤，一级探伤比例为 100%，二级探伤比例为 20%<br>③钢结构防火涂料的粘结强度、抗压强度应符合设计和规范要求。每使用 100t 或不足 100t 薄涂型防火涂料应抽检一次粘结强度；每使用 500t 或不足 500t 厚涂型防火涂料应抽检一次粘结强度和抗压强度<br>④超薄型钢结构防火涂料涂层：厚度≤3mm<br>薄型钢结构防火涂料涂层：3mm＜厚度≤7mm<br>厚型钢结构防火涂料涂层：7mm＜厚度≤45mm<br>厚涂型防火涂料的涂层厚度，80%及以上面积应符合有关耐火极限的设计要求，且最薄处厚度不应低于设计要求的 85% |

续表

| | |
|---|---|
| 装配式混凝土工程 | 预制构件的粗糙面或键槽符合设计要求。预制构件与后浇混凝土、灌浆料、坐浆材料的结合面应设置粗糙面、键槽，粗糙面的面积不宜小于结合面的80%，预制板的粗糙面凹凸深度不应小于4mm，预制梁端、预制柱端、预制墙端的粗糙面凹凸深度不应小于6mm；预制柱的底部应设置键槽且宜设置粗糙面；键槽应均匀布置，键槽深度一般在30mm左右 |
| 防水工程 | ①严禁在防水混凝土拌合物中加水。防水混凝土拌合物在运输后如出现离析，必须进行二次搅拌；当坍落度损失后不能满足施工要求时，应加入原水胶比的水泥浆或掺加同品种的减水剂进行搅拌，严禁直接加水<br>②中埋式止水带埋设位置符合设计和规范要求。埋设位置应准确，其中间空心圆环与变形线的中心线应重合，转弯处应做成圆弧形，顶板、底板内止水带应安装成盆状，接头宜采用热压焊接<br>③水泥砂浆防水层各层之间应粘结牢固。防水层平均厚度应符合设计要求，最小厚度不得小于设计厚度的85%<br>④有淋浴设施的墙面的防水高度符合设计要求。浴室墙面的防水层不得低于1800mm |

## 典型例题

**【例题1】**关于后浇带施工要求的说法，正确的是（　　）。（2023年真题）

A. 后浇带两侧混凝土浇筑60天后即可浇筑后浇带混凝土

B. 后浇带处的模板及支撑应与相邻模板及支撑同时安装

C. 所有后浇带处都应设置止水带

D. 后浇带处混凝土应采取减少混凝土收缩的措施

**【答案】**D

**【解析】**选项A错误，后浇带的混凝土按设计和规范要求的时间进行浇筑。浇筑时间，应事先在施工方案中确定。选项B错误，楼板后浇带的模板支撑体系按规定单独设置。选项C错误，有防水要求的大体积底板与侧墙相连接的施工缝，应采取钢板止水带处理措施。选项D正确，为使后浇带处的混凝土与两侧的混凝土紧密结合，应采用减少混凝土收缩的技术措施。

**【例题2】**根据《工程质量安全手册（试行）》，关于混凝土分项工程施工的说法，正确的是（　　）。（2021年真题）

A. 泵送混凝土的坍落度小于14cm时，可以少量加水

B. 楼板后浇带的模板支撑体系应按规定单独设置

C. 混凝土应在终凝时间内浇筑完毕

D. 混凝土振捣棒每次插入振动的时间不少于15s

**【答案】**B

**【解析】**楼板后浇带的模板支撑体系按规定单独设置。选项A错误，严禁在混凝土中加水。泵送混凝土坍落度不符合要求，泵送前要用足够的水泥浆来润滑管壁。选项C错误，混凝土一般应在初凝时间内浇筑完毕。选项D错误，混凝土振捣棒每次插入振捣的时间为10～30s。（注：选项C、D超出教材范围）

**【例题3】**关于钢筋混凝土工程施工的说法，正确的是（　　）。（2020年真题）

A. 施工缝浇筑混凝土时，不应清除表面的浮浆

B. 焊接连接接头试件应从试焊试验件中截取

C. 圆形箍筋两端均应做成不大于45°的弯钩

D. 受力钢筋保护层厚度的合格点率应达到90%及以上

**【答案】**D

**【解析】**选项A，施工缝浇筑混凝土，应清除浮浆、松动石子、软弱混凝土层；选项B，焊接连接接头试件应从工程实体中截取；选项C，圆形箍筋两末端均应做不小于135°的弯钩。

## 知识点四 混凝土制备质量控制

项目监理机构应履行对施工单位的混凝土制备站或商品混凝土制备的质量进行控制。

对装配式混凝土构件等有特别要求的混凝土制备，应实施驻厂（场）监理。

应重点抓好：①进场材料合格性验收审查；②混凝土配合比审查；③制备生产记录检查；④见证取样；⑤检验报告审核等工作。

**1. 生产原材料的检查**

1）水泥合格性验收审查

（1）水泥进场时，必须附有水泥生产厂的质量证明书。

（2）水泥的强度、安定性、凝结时间和细度，应分别按相应标准规定进行检验。

（3）钢筋混凝土结构、预应力混凝土结构中严禁使用含有氯化物的水泥。

2）审查方法

检查水泥产品合格证、水泥厂出厂检验报告和制备厂进场复检报告。

**2. 混凝土生产质量控制**

（1）制备厂搅拌混凝土的检查。混凝土搅拌设备应准确计量各种配料用量，生产数据应形成记录并能实时查询，驻厂监理不定期进行检查，形成检查记录台账。

（2）采用混凝土搅拌运输车运输混凝土进入工地后对坍落度进行检查。不能满足施工要求时严禁加水，可在运输车罐内加入适量的与原配合比相同成分的减水剂。减水剂掺入后搅拌运输车应快速进行搅拌，搅拌的时间应由试验确定。

（3）制作PC混凝土构件强度试块时，尚应检验其坍落度、黏聚性、保水性及拌合物密度，并以此结果作为代表这一配合比混凝土拌合物的性能。用于检查结构构件混凝土强度的试件，应在混凝土的浇筑地点随机抽取。

### 典型例题

**【例题1】**在搅拌运输车运输过程中，混凝土坍落度损失过大时，可采取的措施是（　　）。（2023年真题）

A. 在运输车罐内适量加水快速搅拌

B. 在运输车罐内加入高效减水剂

C. 在运输车罐内适量加入与原配合比相同成分的减水剂

D. 在原混凝土强度等级的基础上降一级使用

**【答案】**C

**【解析】**采用混凝土搅拌运输车运输混凝土进入工地后对坍落度检查。不能满足施工要求时严禁加水，可在运输车罐内加入适量的与原配合比相同成分的减水剂。

【例题 2】用于检查结构构件混凝土强度的同条件养护试块，取样地点和方式正确的是（　　）。（2023 年真题）

A. 搅拌站随机抽取　　B. 搅拌运输车进入工地时随机抽取

C. 浇筑地点随机抽取　　D. 工地试验室制备取样

【答案】C

【解析】用于检查结构构件混凝土强度的试件，应在混凝土的浇筑地点随机抽取。

【例题 3】项目监理机构应履行对施工单位的混凝土制备站或商品混凝土制备的质量进行控制，应重点抓好（　　）工作。

A. 进场材料合格性验收审查　　B. 混凝土配合比审查

C. 制备生产记录检查　　D. 见证取样和检验报告审核

E. 生产人员的资格检查

【答案】ABCD

【解析】应重点抓好：①进场材料合格性验收审查；②混凝土配合比审查；③制备生产记录检查；④见证取样；⑤检验报告审核等工作。

## 知识点五　装配式建筑 PC 构件施工质量控制

具体控制内容如表 1-5-15 所示。

**装配式建筑 PC 构件施工质量控制内容　　表 1-5-15**

| | |
|---|---|
| 生产准备阶段 | ①项目监理机构应参与建设单位组织的图纸深化设计会审<br>②生产方案的审查。预制构件生产前项目监理机构应审查生产方案<br>③参与生产工艺技术交底会<br>④生产原材料质量控制<br>⑤构件见证检验包括：a. 混凝土强度试块取样检验；b. 钢筋取样检验；c. 钢筋套筒取样检验；d. 拉结件取样检验；e. 预埋件取样检验；f. 保温材料取样检验 |
| 生产阶段 | 除工程概况、检测鉴定内容和依据外，重点审查各项检测指标与鉴定结论是否满足设计及规范要求，包括：外观质量；尺寸偏差；钢筋保护层厚度；混凝土抗压强度；放射性核素限量 |
| 构件存放、运输与吊装 | ①构件存放与运输：<br>a. 墙板构件采用竖向方式存放，其他构件一般采用水平存放方式<br>b. PC 构件的运输应编制专项运输方案，报项目监理机构批准后执行<br>②构件吊装：<br>a. 项目监理机构应审核施工单位编制的吊装方案，提出审查意见，经总监理工程师签认后实施<br>b. 构件吊装前，项目专业监理工程师应对吊装准备工作进行检查，并形成书面记录<br>c. 楼板面测量放线时，项目监理机构应进行旁站，并对放样的细部尺寸构件安装标高进行测量放线<br>d. 构件（外挂板、预制柱、叠合板等）吊装时，项目监理机构应对吊装施工进行旁站监理<br>e. 项目监理机构应检查构件与构件之间的拼缝、构件与现浇构件之间的接缝，及其处理效果<br>f. PC 构件灌浆时，项目监理机构应对钢筋套筒灌浆连接、钢筋浆锚搭接灌浆作业实施旁站监理<br>g. 项目监理机构应对装配式支撑方案进行审查，对支撑体系的搭设进行巡视检查 |

### 典型例题

【例题 1】项目监理机构应对 PC 构件生产原材料见证检验包括（　　）。（2023 年真题）

A. 混凝土强度试块取样检验　　B. 钢筋取样检验

C. 钢筋套筒型式检验　　D. 拉结件取样检验

E. 保温材料取样检验

**【答案】** ABDE

**【解析】** 选项C不属于原材料见证检验，钢筋套筒型式检验通常由第三方检验机构或认证机构进行，检验报告是钢筋套筒产品取得生产许可或销售许可的重要依据。

**【例题2】** 项目监理机构应对装配式建筑工程施工作业实施旁站的有（　　）。（2022年真题）

A. 构件吊装施工　　B. 钢筋浆锚搭接灌浆作业

C. 预制构件的模板安装　　D. 预制构件装车运输

E. 预制构件的养护

**【答案】** AB

**【解析】** 选项C、D、E属于预制构件生产、运输过程中，非施工作业旁站部位。

**【例题3】** 项目监理机构对混凝土预制构件型式检验报告的审核内容有（　　）。（2021年真题）

A. 运输路线　　B. 外观质量

C. 尺寸偏差　　D. 卸车条件

E. 混凝土抗压强度

**【答案】** BCE

**【解析】** 选项A、D属于运输方案的内容。

## 知识点六　监理通知单、工程暂停令、工程复工令的签发

具体要求如表1-5-16所示。

**监理通知单、工程暂停令、工程复工令的签发要求　　表1-5-16**

| | 签发人 | 情形 |
|---|---|---|
| 监理通知单 | 专业监理工程师或总监理工程师 | ①施工存在质量问题<br>②采用不适当的施工工艺，施工不当，造成质量不合格 |
| 工程暂停令 | 总监理工程师签发，事先征得建设单位同意 | ①建设单位要求暂停且工程需要暂停（总监理工程师判断）<br>②未经批准擅自施工或拒绝监理机构管理（视情况）<br>③未按审查通过的设计文件施工<br>④违反工程建设强制性标准<br>⑤存在重大质量、安全事故隐患或发生质量、安全事故的 |
| 工程复工令 | 总监理工程师签署审批意见，并报建设单位批准后签发工程复工令 | 施工单位提出复工申请表 |

不同文件的签发人总结如表1-5-17所示。

**不同文件的签发人总结　　表1-5-17**

| | |
|---|---|
| 监理通知单 | 总监理工程师/专业监理工程师 |
| 监理通知回复单 | 项目经理；总监理工程师/专业监理工程师 |
| 工程暂停令 | 总监理工程师（签字＋执业印章） |

续表

| 工程复工报审表 | 项目经理；总监理工程师；建设单位代表审批意见 |
| --- | --- |
| 工程复工令 | 总监理工程师(签字＋执业印章) |

## 典型例题

**【例题 1】** 在工程施工中，总监理工程师应及时签发工程暂停令的情形有（　　）。（2019 年真题）

A. 建设单位要求暂停施工经论证没必要暂停的

B. 施工单位未按审查通过的工程设计文件施工的

C. 施工单位拒绝项目监理机构管理的

D. 施工单位违反工程建设强制性标准的

E. 施工单位存在重大质量、安全事故隐患的

**【答案】** BDE

**【解析】** 选项 A，不需要签发工程暂停令；选项 C，不是必须签发，应视情况而定。

**【例题 2】** 下列报审、报验表中，需要建设单位签署审批意见的是（　　）。（2016 年真题）

A. 分包单位资格报审表　　B. 施工进度计划报审表

C. 分项工程报验表　　D. 工程复工报审表

**【答案】** D

**【解析】** 工程复工报审表需建设单位签署审批意见。

## 知识点七　质量记录资料的管理

具体内容如表 1-5-18 所示。

**质量记录资料的管理**　　**表 1-5-18**

| 施工现场质量管理检查记录资料 | 工程材料质量记录 | 施工过程作业活动质量记录资料 |
| --- | --- | --- |
| ①现场质量管理制度，质量责任制度<br>②主要专业工种操作上岗证书<br>③分包资质及总承包对分包单位的管理制度<br>④施工图审查核对资料，地质勘察资料<br>⑤施工组织设计、施工方案及审批记录<br>⑥施工技术标准<br>⑦工程质量检验制度<br>⑧混凝土搅拌站及计量设置<br>⑨现场材料、设备存放与管理等 | ①材料、构配件、设备的质量证明资料<br>②各种试验检验报告<br>③各种合格证<br>④设备进场维修记录或设备进场运行检验记录 | ①施工或安装过程可按分项、分部、单位工程建立相应的质量记录资料<br>②质量记录资料中包含有关图纸的图号、设计要求<br>③质量自检资料<br>④监理机构的验收资料<br>⑤各工序作业的原始施工记录<br>⑥检测及试验报告<br>⑦材料、设备质量资料的编号，存放档案卷号<br>⑧还应包括不合格项的报告、通知以及处理及检查验收资料等 |

## 典型例题

**【例题】** 监理单位实施工程质量控制活动的质量记录资料有（　　）。（2017 年真题）

A. 施工现场质量管理检查记录　　B. 施工图设计文件审查记录

C. 施工过程作业活动质量记录　　D. 工程材料质量记录

E. 工程有关合同文件评审记录

【答案】ACD

# 第四节 安全生产的监理行为和现场控制

本节知识点如表 1-5-19 所示。

**本节知识点** **表 1-5-19**

| 知识点 | 2023 年 | | 2022 年 | | 2021 年 | | 2020 年 | | 2019 年 | |
|---|---|---|---|---|---|---|---|---|---|---|
| | 单选（道） | 多选（道） | 单选（道） | 多选（道） | 单选（道） | 多选（道） | 单选（道） | 多选（道） | 单选（道） | 多选（道） |
| 安全生产的监理行为 | | | | | | | | | | |
| 安全生产的现场控制 | | | 1 | | 1 | | | | | |

## 知识点一 安全生产的监理行为

**1. 施工阶段监理单位安全生产的监理行为准则**

（1）应当建立并完善危险性较大的分部分项工程管理责任制，落实安全管理责任，严格按照相关规定实施危险性较大的分部分项工程清单管理、专项施工方案编制及论证、现场安全管理等制度；

（2）监理单位法定代表人和项目总监理工程师应当加强工程项目安全生产管理，依法对安全生产事故和隐患承担相应责任。

**2. 安全生产的监理行为要求**

（1）按规定编制监理规划和安全监理实施细则；

（2）按规定审查施工组织设计中的安全技术措施或者专项施工方案。

## 知识点二 安全生产的现场控制

**1. 基坑工程**

（1）基坑支护及开挖应符合规范、设计及专项施工方案的要求；

（2）基坑坡顶地面应无明显裂缝，基坑周边建筑物应无明显变形。

**2. 脚手架工程**

（1）扣件应按规定进行抽样复试；脚手架上严禁集中荷载；

（2）对于高处作业吊篮的使用，各限位装置应齐全有效，安全锁必须在有效的标定期限内，吊篮内作业人员不应超过 2 人；安全绳的设置和使用、吊篮悬挂机构前支架设置均应符合规范及专项施工方案要求；吊篮配重件重量和数量应符合说明书及专项施工方案要求。

### 典型例题

**【例题 1】**根据《工程质量安全手册（试行）》，对脚手架工程要求正确的有（　　）。（2022 年真题）

A. 扣件应按规定进行全数复试
B. 脚手架上严禁集中荷载
C. 高处作业的吊篮限位装置应齐全有效
D. 高处作业的吊篮内作业人员不应超过 3 人
E. 操作平台的使用应符合规范及专项施工方案要求

**【答案】** BCE

**【例题 2】** 根据《工程质量安全手册（试行）》，高处作业吊篮内作业人员不应超过（　　）。（2021 年真题）

A. 1 人　　　　B. 2 人
C. 3 人　　　　D. 专项施工方案所确定的人数

**【答案】** B

## 第五节　危险性较大的分部分项工程施工安全管理

危险性较大的分部分项工程，为表述方便，下文统一使用简称“危大工程”一词。本节知识点如表 1-5-20 所示。

**本节知识点**　　**表 1-5-20**

| 知识点 | 2023 年 | | 2022 年 | | 2021 年 | | 2020 年 | | 2019 年 | |
|---|---|---|---|---|---|---|---|---|---|---|
| | 单选（道） | 多选（道） | 单选（道） | 多选（道） | 单选（道） | 多选（道） | 单选（道） | 多选（道） | 单选（道） | 多选（道） |
| 危大工程范围 | | | | | 1 | | | 1 | | |
| 专项施工方案 | | | 1 | | | | 1 | | | |
| 现场安全管理 | | | | 1 | | 1 | | | | |

### 知识点一　危大工程范围

具体内容如表 1-5-21 所示。

**危大工程范围**　　**表 1-5-21**

| | 危险性较大 | 超过一定规模危险性较大 |
|---|---|---|
| 基坑工程 | 开挖深度≥3m<br>未超过 3m，但施工环境复杂或影响邻建 | 开挖深度≥5m |
| 模板工程及支撑体系 | 各类工具式模板工程，包括：滑模、爬模、飞模、隧道模等工程<br>混凝土模板支撑工程：搭设高度≥5m，或搭设跨度≥10m，或施工总荷载≥10kN/m$^2$ 及以上，或集中线荷载≥15kN/m，或高度大于支撑水平投影宽度且相对独立无联系构件的混凝土模板支撑工程 | 各类工具式模板工程，包括：滑模、爬模、飞模、隧道模等工程<br>混凝土模板支撑工程：搭设高度≥8m，或搭设跨度≥18m，或施工总荷载≥15kN/m$^2$，或集中线荷载≥20kN/m<br>承重支撑体系：用于钢结构安装等满堂支撑体系，承受单点集中荷载≥7kN |
| 起重吊装及起重机械安装拆卸工程 | 采用非常规起重设备、方法，且单件起吊重量≥10kN 的起重吊装工程；采用起重机械进行安装的工程；起重机械安装和拆卸工程 | 采用非常规起重设备、方法，且单件起吊重量≥100kN 的起重吊装工程<br>起重量≥300kN，或搭设总高度≥200m，或搭设基础标高≥200m 的起重机械安装和拆卸工程 |

续表

| | 危险性较大 | 超过一定规模危险性较大 |
|---|---|---|
| 脚手架工程 | 搭设高度24m及以上的落地式钢管脚手架工程<br>附着式升降、悬挑式脚手架工程；高处作业吊篮；卸料平台、操作平台工程；异型脚手架工程 | 搭设高度≥50m的落地式钢管脚手架工程<br>提升高度≥150m的附着式升降脚手架工程或附着式升降操作平台工程<br>分段架体搭设高度≥20m的悬挑式脚手架工程 |
| 其他 | 拆除工程、暗挖工程等 | 施工高度≥50m的建筑幕墙安装工程<br>跨度≥36m的钢结构安装工程，或跨度≥60m的网架和索膜结构安装工程<br>开挖深度≥16m的人工挖孔桩工程<br>水下作业工程<br>重量≥1000kN的大型结构整体顶升、平移、转体等施工工艺<br>采用新技术、新工艺、新材料、新设备可能影响工程施工安全，尚无国家、行业及地方技术标准的分部分项工程 |

## 典型例题

**【例题1】**根据《危险性较大的分部分项工程安全管理规定》，下列工程中，属于超过一定规模的危险性较大的分部分项工程的是（　　）。（2022年真题）

A. 开挖深度18m的人工挖孔桩工程

B. 跨度25m的钢结构安装工程

C. 施工高度30m的建筑幕墙安装工程

D. 重量800kN的结构整体顶升工程

**【答案】**A

**【例题2】**根据《危险性较大的分部分项工程安全管理规定》，施工单位应编制专项施工方案，并组织专家论证的是（　　）工程。（2021年真题）

A. 开挖深度为4.5m的基坑　　B. 45m高的脚手架

C. 悬挂高度为100m的高处作业吊篮　　D. 20m高的悬挑脚手架

**【答案】**D

**【解析】**对于超过一定规模的危险性较大的分部分项工程，施工单位应当组织召开专家论证会对专项施工方案进行论证。选项A、B、C属于危险性较大的分部分项工程范围。

## 知识点二　专项施工方案

具体内容如表1-5-22所示。

**专项施工方案**　　**表1-5-22**

| 编制 | 施工单位编制。实行施工总承包的，由总包单位编制；实行分包的，可由分包单位编制 |
|---|---|
| 签字、盖章 | 施工单位：技术负责人审核签字，加盖单位公章<br>实行分包并由分包单位编制的专项施工方案：总包单位技术负责人及分包单位技术负责人共同审核签字，加盖单位公章<br>监理机构：总监理工程师审查签字、加盖执业印章后方可实施 |

续表

| | |
|---|---|
| 论证审查 | 对于超过一定规模的危大工程，施工单位应当组织召开专家论证会对专项施工方案进行论证<br>专家论证前专项施工方案应当通过施工单位审核和总监理工程师审查 |

【例题】某混凝土工程总高度为80m，拟采用滑模技术施工，根据《危险性较大的分部分项工程安全管理规定》，施工单位编制的专项施工方案的正确处理方式是（　　）。（2022年真题）

A. 报送项目监理机构审批同意后方可实施

B. 经施工单位技术负责人审核和总监理工程师审查后，组织专家论证

C. 组织专家论证通过后，报送项目监理机构审查

D. 经总监理工程师审查同意后，报送监理单位技术负责人审批

【答案】B

【解析】对于超过一定规模的危大工程，施工单位应当组织召开专家论证会对专项施工方案进行论证。实行施工总承包的，由施工总承包单位组织召开专家论证会。专家论证前专项施工方案应当通过施工单位审核和总监理工程师审查。

## 知识点三　现场安全管理

具体内容如表1-5-23所示。

现场安全管理　　表1-5-23

| | |
|---|---|
| 施工单位 | ①公告危大工程名称、施工时间和具体责任人员，并在危险区域设置安全警示标志<br>②专项施工方案实施前，编制人员或者项目技术负责人应当向施工现场管理人员进行方案交底。施工现场管理人员应当向作业人员进行安全技术交底，并由双方和项目专职安全生产管理人员共同签字确认<br>③严格按照专项施工方案组织施工，不得擅自修改专项施工方案<br>④对危大工程施工作业人员进行登记，项目负责人应当在施工现场履职<br>⑤应当将专项施工方案及审核、专家论证、交底、现场检查、验收及整改等相关资料纳入档案管理 |
| 监理单位 | ①结合危大工程专项方案编制监理实施细则，实施专项巡视检查<br>②发现施工单位未按照专项施工方案施工的，应当要求其进行整改；情节严重的，应当要求其暂停施工，并及时报告建设单位。施工单位拒不整改或者不停止施工的，应当及时报告建设单位和工程所在地住房和城乡建设主管部门<br>③应当将监理实施细则、专项施工方案审查、专项巡视检查、验收及整改等相关资料纳入档案管理 |
| 监测单位 | ①对于按照规定需要进行第三方监测的危大工程，建设单位应当委托具有相应勘察资质的单位进行监测<br>②监测单位应当编制监测方案<br>③监测方案由监测单位技术负责人审核签字并加盖单位公章，报送监理单位后方可实施<br>④监测单位及时向建设单位报送监测成果，并对监测成果负责；发现异常时，及时向建设、设计、施工、监理单位报告，建设单位应当立即组织相关单位采取处置措施 |
| 危大工程的验收 | ①施工单位、监理单位应当组织相关人员进行验收<br>②验收合格的，经施工单位项目技术负责人及总监理工程师签字确认后，方可进入下一道工序 |
| 危大工程应急处置 | 危大工程应急抢险结束后，建设单位应当组织勘察、设计、施工、监理等单位制定工程恢复方案，并对应急抢险工作进行后评估 |

## 典型例题

**【例题1】** 对危险性较大的分部分项工程资料，项目监理机构应纳入档案管理的有（ ）。(2021年真题)

A. 专项施工方案审查文件　　B. 监理实施细则

C. 专项巡视检查资料　　D. 工程验收及整改资料

E. 工程技术交底记录

**【答案】** ABCD

**【解析】** 应当将监理实施细则、专项施工方案审查、专项巡视检查、验收及整改等相关资料纳入档案管理。

**【例题2】** 深基坑工程事故应急抢险结束后，建设单位应当组织（ ）制定工程恢复方案。(2022年真题)

A. 设计单位　　B. 勘察单位　　C. 检测单位　　D. 监理单位

E. 施工单位

**【答案】** ABDE

**【例题3】** 根据《危险性较大的分部分项工程安全管理规定》，建设单位在申请办理安全监督手续时，应提交的资料是（ ）。

A. 危大工程重点部位表　　B. 危大工程清单

C. 危大工程重点环节表　　D. 危大工程实施方案

**【答案】** B

**【解析】** 本题考查的是建设单位的前期保障工作。在申请办理安全监督手续时，建设单位应当提交危大工程清单及其安全管理措施等资料。

## 本章精选习题

### 一、单项选择题

1. 根据《建设工程监理规范》GB/T 50319—2013，工程施工采用新技术、新工艺时，应由（ ）组织必要的专题论证。

A. 施工单位　　B. 监理单位

C. 建设单位　　D. 设计单位

2. 工程建设中拟采用的新技术、新工艺、新材料，不符合现行强制性标准规定的，应当由（ ）组织专题技术论证，并报批准标准的建设行政主管部门或者国务院有关主管部门审定。

A. 施工单位　　B. 建设单位

C. 设计单位　　D. 监理单位

3. 工程中采用新工艺、新材料的，应有（ ）及有关质量数据、指标，在此基础上制定有关的质量标准和施工工艺规程，以此作为判断与控制质量的依据。

A. 施工单位组织的专家论证意见　　B. 权威性技术部门的技术鉴定书

C. 设计单位组织的专家论证意见　　　　D. 建设单位组织的专家论证意见

4. 新材料不符合强制性标准规定，应当由（　　）提请建设单位组织专题技术论证。

A. 建设行政主管部门　　　　B. 拟采用单位

C. 监理单位　　　　D. 设计单位

5. 图纸会审通常由（　　）来主持。

A. 设计单位　　　　B. 监理单位

C. 施工单位　　　　D. 建设单位

6. 施工图设计交底的目的是设计单位向施工单位和监理单位进行（　　）和说明。

A. 设计图纸的交接　　　　B. 施工和监理任务的部署

C. 质量目标的分解落实　　　　D. 设计意图的传达

7. 图纸会审的会议纪要应由（　　）负责整理，与会各方会签。

A. 监理单位　　　　B. 建设单位

C. 施工单位　　　　D. 设计单位

8. 施工单位编制的施工组织设计应经施工单位（　　）审核签认后，方可报送项目监理机构审查。

A. 法定代表人　　　　B. 技术负责人

C. 项目负责人　　　　D. 项目技术负责人

9. 项目监理机构对施工方案的审查内容是（　　）。

A. 施工总平面布置　　　　B. 计算书及相关图纸

C. 资金、劳动力等资源供应计划　　　　D. 施工预算

10. 通常情况下，施工方案应由（　　）组织编制，经施工单位相关负责人签字后提交项目监理机构。

A. 项目经理　　　　B. 施工单位项目技术负责人

C. 施工方案编制人　　　　D. 施工单位技术负责人

11. 对于超过一定规模的危险性较大的分部分项工程专项方案，需由（　　）审批。

A. 专业监理工程师　　　　B. 总监理工程师

C. 施工单位技术负责人　　　　D. 建设单位

12. 分包工程开工前，项目监理机构审核施工单位报送的分包单位资格报审表，（　　）进行审核并提出审查意见。

A. 项目经理　　　　B. 专业监理工程师

C. 建设单位　　　　D. 总监理工程师

13. 项目监理机构收到施工单位报送的施工控制测量成果报验表后，应由（　　）签署审查意见。

A. 总监理工程师　　　　B. 监理单位技术负责人

C. 专业监理工程师　　　　D. 监理员

14. 项目监理机构收到施工单位报送的试验室报审表及有关资料后，应由（　　）进行审查，并提出具体审查意见。

A. 总监理工程师　　　　B. 专业监理工程师

C. 监理员　　　　D. 总监理工程师代表

15. 下列文件中，不属于工程材料质量证明文件的是（　　）。

A. 材料供货合同　　B. 出厂合格证

C. 质量检验报告　　D. 性能检测报告

16. 对于进口材料、构配件和设备，联合检查由（　　）提出申请，（　　）组织，（　　）主持。

A. 施工单位，监理机构，建设单位　　B. 建设单位，施工单位，总监理工程师

C. 监理单位，施工单位，建设单位　　D. 供货单位，监理机构，施工单位

17. 根据《建设工程监理规范》GB/T 50319—2013，下列施工单位报审表中，需要总监理工程师签字并加盖执业印章的是（　　）。

A. 监理通知回复单　　B. 施工组织设计报审表

C. 分部工程报验表　　D. 工程复工报审表

18. 房屋建筑内装修饰面材料的样板应经过（　　）和项目监理机构共同确认。

A. 设计单位　　B. 建设单位

C. 装修单位　　D. 施工总承包单位

19. 根据《建筑施工特种作业人员管理规定》，必须持证上岗的工种是（　　）。

A. 混凝土工　　B. 木工

C. 建筑架子工　　D. 在吊篮上作业的抹灰工

20. 承包单位提出的见证取样送检的试验室，专业监理工程师应（　　）。

A. 提出担保要求　　B. 进行实地考察

C. 提供试验计划　　D. 规定试验设备

21. 项目监理机构根据有关规定和（　　），可对施工质量进行平行检验。

A. 施工组织设计的要求　　B. 设计图纸的要求

C. 监理合同的约定　　D. 施工合同的约定

22. 根据《混凝土结构工程施工规范》GB 50666—2011，某工程柱、墙混凝土设计强度比梁、板混凝土设计高两个等级，应在交界区域采取分隔措施，分隔位置应在低强度等级的构件中，且距高强度等级构件边缘不应小于（　　）。

A. 0.5m　　B. 1.0m　　C. 1.2m　　D. 1.5m

23. 对装配式混凝土构件等有特别要求的混凝土制备，应实施（　　）。

A. 见证取样　　B. 抽样检测

C. 巡视检查　　D. 驻厂（场）监理

24. 监理人员发现可能造成质量事故的重大隐患或已发生质量事故的，（　　）应签发工程暂停令。

A. 总监理工程师　　B. 专业监理工程师

C. 建设单位　　D. 施工方项目经理

25. 施工中出现需要加固的质量缺陷时，项目监理机构应审查施工单位提交的（　　）。

A. 按设计规范编制的加固处理方案

B. 经该项目设计单位认可的加固处理方案

C. 经有相应设计资质的设计单位认可的加固处理方案

D. 经建设单位认可的加固处理方案

26. 下列报审、报验表中，需要建设单位签署审批意见的是（　　）。

A. 分包单位资格报审表　　B. 施工进度计划报审表

C. 分项工程报验表　　D. 工程复工报审表

27. 监理资料的管理应由（　　）负责，并指定专人具体实施。

A. 监理人员　　B. 专业监理工程师

C. 总监理工程师　　D. 总监理工程师代表

28. 根据《危险性较大的分部分项工程安全管理规定》，针对超过一定规模的危险性较大的分部分项工程专项施工方案，负责组织召开专家论证会的单位是（　　）。

A. 建设单位　　B. 施工单位

C. 监理单位　　D. 工程质量监督机构

29. 监测单位应当编制监测方案，监测方案由监测单位技术负责人审核签字并加盖单位公章，报送（　　）后方可实施。

A. 建设单位　　B. 监理单位

C. 质量监督机构　　D. 质量检测机构

30. 对于按照规定需要验收的危大工程，施工单位、监理单位应当组织相关人员进行验收。验收合格的，经（　　）及总监理工程师签字确认后，方可进入下一道工序。

A. 施工单位项目技术负责人　　B. 建设单位项目负责人

C. 施工单位项目经理　　D. 专业监理工程师

31. 在现场安全管理工作中，监理单位应当结合危大工程专项施工方案编制（　　），并对危大工程施工实施专项巡视检查。

A. 监理规划　　B. 监理实施细则

C. 监理大纲　　D. 监理专项施工方案

32. 薄型防火涂料涂层厚度为（　　）mm。

A. $X \leqslant 3$　　B. $3 < X \leqslant 7$

C. $X \leqslant 5$　　D. $5 < X \leqslant 7$

33. 根据《混凝土结构工程施工质量验收规范》GB 50204—2015，水泥合格性验收审查的方法中，不包括（　　）。

A. 水泥产品合格证　　B. 水泥生产厂的质量证明书

C. 制备厂进场复检报告　　D. 水泥厂出厂检验报告

**二、多项选择题**

1. 监理工程师审查施工单位施工组织设计时，应审查的内容和质量控制要点包括（　　）。

A. 编审程序应符合相关规定　　B. 施工组织设计的基本内容是否完整

C. 有利于施工成本的降低　　D. 技术措施应可行可靠

E. 施工总平面布置应科学合理

2. 总监理工程师应组织专业监理工程师审查施工单位报审的施工方案，施工方案审查应包括的基本内容有（　　）。

A. 编审程序应符合相关规定　　B. 建设工程施工合同文件

C. 工程基础资料　　D. 工程质量保证措施应符合有关标准

E. 经批准的建设工程项目文件

3. 分包工程开工前，专业监理工程师对分包单位资格审核应包括的基本内容有（　　）。

A. 营业执照、企业资质等级证书　B. 安全生产许可证

C. 分包合同的支付方式是否合理　D. 专职管理人员和特种作业人员的资格

E. 类似工程业绩

4. 项目监理机构审查施工单位报送的施工控制测量成果报验表及相关资料时，应重点审查（　　）是否符合标准及规范的要求。

A. 测量依据　B. 测量管理制度

C. 测量人员资格　D. 测量成果

E. 测量方案

5. 进口材料、构配件和设备，专业监理工程师应要求施工单位报送进口商检证明文件，并会同（　　）等相关单位进行联合检查验收。

A. 建设单位　B. 施工单位

C. 质量监督机构　D. 国家商检部门

E. 供货单位

6. 关于工程材料见证取样的说法，正确的有（　　）。

A. 检测试验室应具有相应资质

B. 见证取样监理人员应经培训考核合格

C. 项目监理机构应将见证人员报送质量监督机构备案

D. 项目监理机构应按规定制定检测试验计划

E. 实施取样前施工单位应通知见证人员现场见证

7. 当工程具备（　　）条件时，应由总监理工程师签署审查意见，并应报建设单位批准后，总监理工程师签发工程开工令。

A. 设计交底与图纸会审已完成

B. 拆迁进度满足施工要求

C. 进场道路及水、电、通信等已满足开工要求

D. 施工单位现场质量、安全生产管理体系已建立

E. 管理及施工人员已到位，主要工程材料已落实

8. 根据国务院《建设工程安全生产管理条例》与住房和城乡建设部发布的《工程质量安全手册（试行）》，监理单位（　　）应当加强工程项目安全生产管理，依法对安全生产事故和隐患承担相应责任。

A. 总监理工程师　B. 技术负责人

C. 专业监理工程师　D. 法定代表人

E. 负责安全控制的监理工程师

9. 根据《危险性较大的分部分项工程安全管理规定》，属于超过一定规模的危险性较大的分部分项工程有（　　）。

A. 开挖深度 6m 的深基坑工程

B. 搭设高度 30m 的落地式钢管脚手架工程

C. 搭设跨度 20m 的混凝土模板支撑工程

D. 开挖深度 16m 的人工挖孔桩工程

E. 提升高度 50m 的附着式升降平台工程

10. 对于施工单位未经批准擅自施工或出现（　　）情况时，总监理工程师应签发工程暂停令。

A. 未按审查通过的工程设计文件施工

B. 拒绝项目监理机构管理的

C. 建设单位要求暂停施工的

D. 违反工程建设强制性标准的

E. 存在较大质量、安全事故隐患的

11. 施工现场质量管理检查记录资料包括（　　）。

A. 各种试验检验报告　　B. 施工单位现场质量管理制度

C. 工程质量检验制度　　D. 现场材料、设备存放与管理资料

E. 项目监理机构的验收资料

12. 项目监理机构应对装配式建筑工程施工作业实施旁站的有（　　）。

A. 构件吊装施工　　B. 钢筋浆锚搭接灌浆作业

C. 预制构件的模板安装　　D. 预制构件装车运输

E. 预制构件的养护

13. 根据《建设工程监理规范》GB/T 50319—2013，项目监理机构针对工程施工质量进行巡视的内容有（　　）。

A. 按设计文件、工程建设标准施工的情况

B. 工程施工质量专题会议召开情况

C. 使用工程材料、构配件的合格情况

D. 特种作业人员持证上岗情况

E. 施工现场管理人员到位情况

14. 混凝土制备过程中，对于进场水泥的（　　），应分别按相应规定进行检验。

A. 安定性　　B. 凝结时间

C. 强度　　D. 坍落度

E. 胶砂强度

15. 项目监理机构在装配式结构施工过程中，应当旁站的关键工序有（　　）。

A. 钢筋套筒的选择　　B. 钢筋套筒连接的灌浆

C. 装配式构件支撑体系的搭设　　D. 预制构件的吊装

E. 现浇混凝土施工

## 习题答案及解析

### 一、单项选择题

1. **【答案】** A

**【解析】** 专业监理工程师应审查施工单位报送的新材料、新工艺、新技术、新设备

的质量认证材料和相关验收标准的适用性，必要时，应要求施工单位组织专题论证，审查合格后报总监理工程师签认。

2. **【答案】**B

**【解析】**工程建设中拟采用的新技术、新工艺、新材料，不符合现行强制性标准规定的，应当由拟采用单位提请建设单位组织专题技术论证，报批准标准的建设行政主管部门或者国务院有关主管部门审定。

3. **【答案】**B

**【解析】**凡采用新工艺、新技术、新材料的工程，事先应进行试验，并应有权威性技术部门的技术鉴定书及有关的质量数据、指标，在此基础上制定相应的质量标准和施工工艺规程，以此作为判断与控制质量的依据。

4. **【答案】**B

**【解析】**如采用的新工艺、新技术、新材料不符合规定，应当由拟采用单位提请建设单位组织专题技术论证，报批准标准的建设行政主管部门或者国务院有关主管部门审定。

5. **【答案】**D

**【解析】**监理人员应熟悉工程设计文件，并应参加建设单位主持的图纸会审会议，建设单位应及时主持召开图纸会审会议，组织项目监理机构、施工单位等相关人员进行图纸会审，并整理成会审问题清单，由建设单位在设计交底前约定的时间内提交设计单位。

6. **【答案】**D

**【解析】**施工图设计交底有利于进一步贯彻设计意图和修改图纸中的“错、漏、碰、缺”；帮助施工单位和监理单位加深对施工图设计文件的理解，掌握关键工程部位的质量要求，确保工程质量。

7. **【答案】**C

**【解析】**图纸会审由施工单位整理会议纪要，与会各方会签。

8. **【答案】**B

**【解析】**施工单位编制的施工组织设计经施工单位技术负责人审核签认后，报送项目监理机构。

9. **【答案】**B

**【解析】**审查施工方案的基本内容是否完整，包括：①工程概况，如分部分项工程概况、施工平面布置、施工要求和技术保证条件；②编制依据，如相关法律法规、标准、规范及图纸（国标图集）、施工组织设计等；③施工安排，如包括施工顺序及施工流水段的确定、施工进度计划、材料与设备计划；④施工工艺技术，如技术参数、工艺流程、施工方法、检验标准等；⑤施工保障措施，如组织保障、技术措施、应急预案、监测监控等；⑥计算书及相关图纸。

10. **【答案】**B

**【解析】**施工方案由项目技术负责人组织编制，并经施工单位技术负责人审批签字后提交项目监理机构。监理机构重点核对审批人是否是施工单位技术负责人。

11. **【答案】**D

**【解析】**一般情况下，由总监理工程师审核批准。建设单位仅审批超过一定规模的危险性较大的分部分项工程专项方案。

12.【答案】B

【解析】专业监理工程师审核并提出审查意见，总监理工程师审批并签署意见，总监理工程师签署意见前需征求建设单位意见。

13.【答案】C

【解析】项目监理机构收到施工单位报送的施工控制测量成果报验表后，应由专业监理工程师签署审查意见。

14.【答案】B

【解析】项目监理机构收到施工单位报送的试验室报审表及有关资料后，总监理工程师应组织专业监理工程师对施工试验室审查。专业监理工程师是具体的审查人，由其提出审查意见。

15.【答案】A

【解析】用于工程的材料、构配件、设备的质量证明文件包括出厂合格证、质量检验报告、性能检测报告以及施工单位的质量抽检报告等。

16.【答案】A

【解析】联合检查由施工单位提出申请，项目监理机构组织，建设单位主持。

17.【答案】B

【解析】选项A，监理通知回复单，项目监理机构盖章，总监理工程师或专业监理工程师签字；选项C，分部工程报验表，项目监理机构盖章，总监理工程师签字；选项D，工程复工报审表，项目监理机构盖章，总监理工程师签字。

18.【答案】B

【解析】下列项目必须设立样板：①材料、设备的型号、订货必须验收样板，并经建设单位和项目监理机构确认；②现场成品、半成品加工前，必须先做样板，根据样板质量的标准进行后续大批量的加工和验收；③结构施工时每道工序的第一板块，应作为样板，并经过项目监理机构、设计代表和施工项目部的三方验收后，方可大面积施工；④在装修工程开始前，要先做出样板间，样板间应达到竣工验收的标准，并经建设单位、项目监理机构、设计代表和施工项目部四方验收合格后，方可正式施工。

19.【答案】C

【解析】根据《建筑施工特种作业人员管理规定》，对于建筑电工、建筑架子工、建筑起重司索信号工、建筑起重机械司机、建筑起重机械安装拆卸工、高处作业吊篮安装拆卸工、焊接切割操作工以及经省级以上人民政府建设主管部门认定的其他特种作业人员，必须持施工特种作业人员操作证上岗。

20.【答案】B

【解析】对于施工单位提出的试验室，监理工程师要进行实地考察。

21.【答案】C

【解析】项目监理机构根据有关规定和监理合同的约定，可对施工质量进行平行检验。

22.【答案】A

【解析】柱、墙混凝土设计强度高于梁、板混凝土设计强度等级时，应在交界区域采取分隔措施，分隔位置应在低强度等级的构件中，且距高强度构件边缘不应小于500mm。

23.【答案】D

【解析】对装配式混凝土构件等有特别要求的混凝土制备，应实施驻厂（场）监理。

24.【答案】A

【解析】开工、复工、工程暂停令都是由总监理工程师签发的。

25.【答案】B

【解析】对需要返工处理或加固补强的质量缺陷，项目监理机构应要求施工单位报送经设计等相关单位认可的处理方案，并应对质量缺陷的处理过程进行跟踪检查，同时应对处理结果进行验收。

26.【答案】D

【解析】工程复工报审表需由建设单位签署审批意见。

27.【答案】C

【解析】监理资料的管理应由总监理工程师负责，并指定专人具体实施。

28.【答案】B

【解析】对于超过一定规模的危大工程，施工单位应当组织召开专家论证会对专项施工方案进行论证。

29.【答案】B

【解析】监测方案由监测单位技术负责人审核签字并加盖单位公章，报送监理单位后方可实施。

30.【答案】A

【解析】对于按照规定需要验收的危大工程，施工单位、监理单位应当组织相关人员进行验收。验收合格的，经施工单位项目技术负责人及总监理工程师签字确认后，方可进入下一道工序。

31.【答案】B

【解析】应当结合危大工程专项施工方案编制监理实施细则，并对危大工程施工实施专项巡视检查。

32.【答案】B

【解析】超薄型钢结构防火涂料涂层厚度≤3mm，薄型钢结构防火涂料涂层厚度＞3mm且≤7mm，厚型钢结构防火涂料涂层厚度＞7mm且≤45mm；厚涂型防火涂料的涂层厚度，80％及以上面积应符合有关耐火极限的设计要求，且最薄处厚度不应低于设计要求的85％。

33.【答案】B

【解析】水泥合格性验收审查的方法为：检查水泥产品合格证、水泥厂出厂检验报告和制备厂进场复检报告。

## 二、多项选择题

1.【答案】ABDE

【解析】审查的基本内容：①编审程序应符合相关规定；②施工组织设计的基本内容是否完整，应包括编制依据、工程概况、施工部署、施工进度计划等；③工程进度、质量、安全、环境保护、造价等方面应符合施工合同要求；④资金、劳动力、材料、设备等资源供应计划应满足工程施工需要，施工方法及技术措施应可行与可靠；⑤施工总平面布置应科学合理。

2. **【答案】**AD

**【解析】**施工方案审查应包括的基本内容：①编审程序应符合相关规定；②工程质量保证措施应符合有关标准。选项B、C、E，属于施工方案审查的主要依据。

3. **【答案】**ABDE

**【解析】**分包单位资格审核应包括的基本内容：①营业执照、企业资质等级证书；②安全生产许可文件；③类似工程业绩；④专职管理人员和特种作业人员的资格。

4. **【答案】**ACD

**【解析】**专业监理工程师应审查施工单位的测量依据、测量人员资格和测量成果是否符合规范及标准要求，符合要求的，予以签认。

5. **【答案】**ABE

**【解析】**进口材料、构配件和设备，施工单位报送进口商检证明文件，专业监理工程师会同建设、施工、供货等单位进行联合验收。

6. **【答案】**ABCE

**【解析】**选项D，应为施工单位制定检测试验计划。

7. **【答案】**ACDE

**【解析】**总监理工程师签署审查意见报建设单位批准后，总监理工程师签发开工令。满足以下条件：①设计交底和图纸会审已完成；②施工组织设计已由总监理工程师签认；③施工单位现场质量、安全生产管理体系已建立，管理及施工人员已到位，施工机械具备使用条件，主要工程材料已落实；④进场道路及水、电、通信等已满足开工要求。

8. **【答案】**AD

**【解析】**监理单位法定代表人和项目总监理工程师应当加强工程项目安全生产管理，依法对安全生产事故和隐患承担相应责任。

9. **【答案】**ACD

**【解析】**选项A，深度≥5m的基坑（槽）的土方开挖、支护、降水工程；选项B，搭设高度≥50m的落地式钢管脚手架工程；选项C，混凝土模板支撑工程：搭设高度≥8m，或搭设跨度≥18m；选项D，开挖深度≥16m的人工挖孔桩工程；选项E，提升高度≥150m的附着式升降脚手架工程或附着式升降操作平台工程。

10. **【答案】**AD

**【解析】**项目监理机构发现下列情形之一时，总监理工程师应及时签发工程暂停令：①建设单位要求暂停施工且工程需要暂停施工的；②施工单位未经批准擅自施工或拒绝项目监理机构管理的；③施工单位未按审查通过的工程设计文件施工的；④施工单位违反工程建设强制性标准的；⑤施工存在重大质量、安全事故隐患或发生质量、安全事故的。对于建设单位要求停工的，总监理工程师经过独立判断，认为有必要暂停施工的，可签发工程暂停令；认为没有必要暂停施工的，不应签发工程暂停令。施工单位拒绝执行项目监理机构的要求和指令时，总监理工程师应视情况签发工程暂停令。选项B，视情况；选项C，监理判断是否有必要；选项E，重大隐患。

11.【答案】BCD

【解析】施工现场质量管理检查记录资料主要包括：施工单位现场质量管理制度，质量责任制度；主要专业工种操作上岗证书；分包单位资质及总承包施工单位对分包单位的管理制度；施工图审查核对资料（记录），地质勘察资料；施工组织设计、施工方案及审批记录；施工技术标准；工程质量检验制度；混凝土搅拌站（级配填料拌合站）及计量设置；现场材料、设备存放与管理等。选项A属于工程材料质量记录；选项E属于施工过程作业活动质量记录资料。

12.【答案】AB

【解析】构件（外挂板、外墙板、内墙板、隔墙板、预制柱、叠合梁、叠合板、楼梯）吊装时，项目监理机构应对吊装施工进行旁站监理。PC构件灌浆时，项目监理机构应对钢筋套筒灌浆连接、钢筋浆锚搭接灌浆作业实施旁站监理。楼板面测量放线时，项目监理机构应进行旁站，并对放样的细部尺寸构件安装标高进行测量放线。

13.【答案】ACDE

【解析】巡视应包括下列主要内容：①施工单位是否按工程设计文件、工程建设标准和批准的施工组织设计、（专项）施工方案施工；②使用的工程材料、构配件和设备是否合格；③施工现场管理人员，特别是施工质量管理人员是否到位；④特种作业人员是否持证上岗。

14.【答案】ABC

【解析】水泥的强度、安定性、凝结时间和细度，应分别按相应标准规定进行检验。

15.【答案】BD

【解析】PC构件吊装：①楼板面测量放线时，项目监理机构应进行旁站，并对放样的细部尺寸构件安装标高进行测量放线；②构件（外挂板、预制柱、叠合板等）吊装时，项目监理机构应对吊装施工进行旁站监理；③PC构件灌浆时，项目监理机构应对钢筋套筒灌浆连接、钢筋浆锚搭接灌浆作业实施旁站监理。

# 第六章　建设工程施工质量验收和保修

**考纲要求**

1. 建筑工程施工质量验收
2. 城市轨道交通工程施工质量验收
3. 工程质量保修管理

## 第一节　建筑工程施工质量验收

本节知识点如表 1-6-1 所示。

**本节知识点**　　　　**表 1-6-1**

| 知识点 | 2023 年 | | 2022 年 | | 2021 年 | | 2020 年 | | 2019 年 | |
|---|---|---|---|---|---|---|---|---|---|---|
| | 单选（道） | 多选（道） | 单选（道） | 多选（道） | 单选（道） | 多选（道） | 单选（道） | 多选（道） | 单选（道） | 多选（道） |
| 建筑工程施工质量验收层次划分原则 | 1 | 1 | 1 | 1 | | 1 | | 1 | 1 | 1 |
| 建筑工程施工质量验收基本规定 | 1 | | | | | | | | 1 | |
| 建筑工程施工质量验收程序和合格规定 | 2 | 2 | 3 | 1 | 3 | 2 | 2 | 1 | 4 | 2 |
| 建筑工程质量验收时不符合要求的处理 | 1 | | | | | | | | | |

### 知识点一　建筑工程施工质量验收层次划分原则

具体内容如表 1-6-2 所示。

**建筑工程施工质量验收层次划分原则**　　　　**表 1-6-2**

| 单位工程 | 独立施工条件、独立使用功能的建筑物或构筑物<br>规模大的可划分为子单位工程 | 一栋教学楼、办公楼、广播电视塔 |
|---|---|---|
| 分部工程 | 按专业性质、工程部位确定<br>较大或复杂的可划分为子分部工程（材料种类、施工特点、施工程序、专业系统及类别）<br>地基与基础分部工程划分为地基、基础、基坑支护、地下水控制、土方、边坡、地下防水等子分部工程<br>主体结构分部工程划分为混凝土结构、砌体结构、钢结构、钢管混凝土结构、型钢混凝土结构、铝合金结构、木结构等子分部工程<br>建筑装饰装修分部工程划分为建筑地面、抹灰、外墙防水、门窗、吊顶、轻质隔墙、饰面板、饰面砖、幕墙、涂饰、裱糊与软包、细部等子分部工程 | 建筑工程：<br>部位：地基与基础、主体结构、建筑屋面<br>性质：建筑电气、建筑智能化、通风空调、电梯、建筑节能 |

续表

| | | |
|---|---|---|
| 分项工程 | 按主要工种、材料、施工工艺、设备类别等进行划分 | 材料：模板工程、钢筋工程、混凝土工程等<br>施工工艺：预应力、现浇结构、装配式结构 |
| 检验批 | 最小的验收单位<br>根据施工、质量控制和专业验收的需要，按工程量、楼层、施工段、变形缝等进行划分 | 多层及高层建筑的分项工程，可按楼层或施工段划分检验批。单层建筑物可按变形缝划分检验批；地基与基础的分项工程一般划分为一个检验批 |

室外工程的层次划分如表1-6-3所示。

**室外工程的层次划分　　表1-6-3**

| 单位工程 | 子单位工程 | 分部工程 |
|---|---|---|
| 室外设施 | 道路 | 路基、基层、面层、广场与停车场、人行道、人行地道、挡土墙、附属构筑物 |
| | 边坡 | 土石方、挡土墙、支护 |
| 附属建筑及室外环境 | 附属建筑 | 车棚、围墙、大门、挡土墙 |
| | 室外环境 | 建筑小品、亭台、水景、连廊、花坛、场坪绿化、景观桥 |

## 典型例题

**【例题1】**关于建筑工程施工质量验收层次划分的说法，正确的是（　　）。（2023年真题）

A. 隐蔽工程是分部工程的组成部分

B. 检验批由分项工程组成

C. 分部工程是按专业性质和工程部位划分的

D. 检验批质量验收项目均为主控项目

**【答案】**C

**【解析】**分部工程是单位工程的组成部分，分项工程是分部工程的组成部分，检验批是分项工程的组成部分，所以选项A、B错误。检验批的质量应按主控项目和一般项目验收，所以选项D错误。

**【答案】**C

**【例题2】**当分部工程规模较大或较复杂时，可按（　　）将分部工程划分为若干个子分部工程。（2021年真题）

A. 材料种类　B. 施工特点　C. 工程部位　D. 专业系统

E. 质量要求

**【答案】**ABD

**【例题3】**分项工程可按（　　）进行划分。（2022年真题）

A. 材料　B. 使用功能　C. 主要工种　D. 设备类别

E. 施工工艺

**【答案】**ACDE

**【例题4】**对于复杂的建筑工程主体结构分部工程，可划分为（　　）等子分部工程。（2023年真题）

A. 混凝土结构　　　　　　　　　　B. 填充墙砌体结构

C. 钢结构　　　　　　　　　　　　D. 钢管混凝土结构

E. 铝合金结构

**【答案】** ACDE

**【解析】** 建筑工程的主体结构分部工程划分为混凝土结构、砌体结构、钢结构、钢管混凝土结构、型钢混凝土结构、铝合金结构、木结构等子分部工程。选项B属于分项工程。

**【例题5】** 根据《建筑工程施工质量验收统一标准》GB 50300—2013，室外工程中所包括的分部工程有（　　）。（2020年真题）

A. 挡土墙　　B. 广场与停车场　　C. 边坡　　D. 人行地道

E. 路基

**【答案】** ABDE

**【解析】** 选项C属于室外工程的子单位工程。

## 知识点二　建筑工程施工质量验收基本规定

（1）施工现场应具有：①健全的质量管理体系；②施工技术标准；③施工质量检验制度；④综合施工质量水平评定考核制度。

（2）每道施工工序完成后，经施工单位自检符合规定后，才能进行下道工序施工。对于项目监理机构提出检查要求的重要工序，应经专业监理工程师检查认可，才能进行下道工序施工。

（3）符合下列条件之一时，可按相关专业验收规范的规定适当调整抽样复检、试验数量，调整后的抽样复检、试验方案应由施工单位编制，并报项目监理机构审核确认：①同一项目，施工单位负责多个单位工程，使用同一厂家的同品种、规格、批次的材料、构配件、设备；②同一施工单位在现场加工的成品、半成品、构配件用于同一项目中的多个单位工程；③同一项目中，针对同一抽样对象已有检验成果可以重复利用。

（4）当专业验收规范对验收项目未做出相应规定时，应由建设单位组织监理、设计、施工等相关单位制定专项验收要求。涉及安全、节能、环境保护等项目的专项验收要求应由建设单位组织专家论证。

专项验收要求应符合设计意图，包括分项工程及检验批的划分、抽样方案、验收方法、判定指标等内容。

（5）工程的观感质量应由验收人员现场检查，并应共同确认。

### 典型例题

**【例题1】** 根据《建筑工程施工质量验收统一标准》GB 50300—2013，关于工序验收的说法，正确的是（　　）。（2023年真题）

A. 每道工序完成后，需经建设单位检查合格方可进行下道工序施工

B. 每道工序完成后，施工单位应当报项目监理机构进行验收

C. 监理单位提出检查要求的工序，应经项目监理机构检查认可方可进行下道工序施工

D. 只有分项工程的最后一道工序需要项目监理机构参加验收

**【答案】** C

**【解析】** 每道施工工序完成后，经施工单位自检符合规定后，才能进行下道工序施工。

对于项目监理机构提出检查要求的重要工序，应经专业监理工程师检查认可，才能进行下道工序施工。

**【例题 2】** 根据《建筑工程施工质量验收统一标准》GB 50300—2013，验收规范对工程验收项目未做出相应规定的，应由（　　）组织相关单位制定专项验收要求。(2017 年真题)

A. 建设单位　B. 设计单位　C. 施工单位　D. 项目监理机构

**【答案】** A

## 知识点三　建筑工程施工质量验收程序和合格规定

具体内容如表 1-6-4 所示。

**建筑工程施工质量验收程序和合格规定**　　**表 1-6-4**

| | 质量验收符合的规定 | 验收记录 | |
|---|---|---|---|
| | | 组织者 | 进行者 |
| 检验批 | ①主控项目经抽样检验均应合格(否决权)<br>②一般项目的质量经抽样检验合格<br>③具有完整的施工操作依据、质量验收记录 | 专业监理工程师 | 施工单位<br>项目专业质量检查员、专业工长 |
| 分项工程 | ①检验批均应验收合格<br>②检验批的质量验收记录应完整 | | 施工单位<br>项目专业技术负责人 |
| 分部工程 | ①分项工程的质量均应验收合格<br>②质量控制资料应完整<br>③有关安全、节能、环境保护和主要使用功能的抽样结果符合相应规定<br>④观感质量应符合要求 | 总监理工程师 | 施工单位<br>项目负责人和项目技术负责人 |
| 单位工程 | ①分部工程质量均应验收合格<br>②质量控制资料应完整<br>③分部工程有关安全、节能、环境保护和主要使用功能的检验资料应完整<br>④主要使用功能的抽查结果符合验收规范规定<br>⑤观感质量应符合要求 | 预验收：总监理工程师<br>验收：建设单位项目负责人 | 预验收：专业监理工程师<br>验收：设计、勘察、监理、施工单位等项目负责人 |
| 验收结论 | ①验收记录由施工单位填写<br>②验收结论由监理单位填写<br>③综合验收结论经各方共同商定，由建设单位填写 | | |

## 典型例题

**【例题 1】** 单位工程竣工验收由（　　）组织相关单位进行。(2023 年真题)

A. 建设单位项目负责人　　B. 总监理工程师

C. 设计单位项目负责人　　D. 施工单位项目负责人

**【答案】** A

**【例题 2】** 根据《建设工程监理规范》GB/T 50319—2013，工程竣工预验收应由（　　）组织实施。(2022 年真题)

A. 建设单位项目负责人　　B. 总监理工程师

C. 总监理工程师代表　　D. 施工单位项目经理

**【答案】**B

**【例题3】**分项工程质量合格的条件是（　　）。（2021年真题）

A. 主控项目全部合格，一般项目合格率为80%

B. 主控项目全部合格，一般项目经抽样检验合格

C. 所含的检验批质量均验收合格，且其验收资料齐全完整

D. 所含的检验批质量均验收合格，且其观感质量符合要求

**【答案】**C

**【例题4】**工程施工过程中，检验批现场验收检查的原始记录应由（　　）共同签署。（2019年真题）

A. 建设单位项目负责人　　B. 施工单位项目技术负责人

C. 施工单位专业质量检查员　　D. 专业监理工程师

E. 施工单位专业工长

**【答案】**CDE

**【例题5】**根据《建筑工程施工质量验收统一标准》GB 50300—2013，单位工程质量竣工验收记录表中的综合验收结论由（　　）填写。（2017年真题）

A. 施工单位　B. 监理单位　C. 建设单位　D. 总监理工程师

**【答案】**C

**【解析】**单位工程质量验收记录中，验收记录由施工单位填写，验收结论由监理单位填写。综合验收结论经参加验收各方共同商定，由建设单位填写。

**1. 检验批质量验收**

主控项目是指建筑工程中对安全、节能、环境保护和主要使用功能起决定性作用的检验项目。

钢筋安装时的主控项目为：受力钢筋的品种、级别、规格和数量必须符合设计要求。

钢筋连接的一般项目为：钢筋的接头宜设置在受力较小处；同一纵向受力钢筋不宜设置两个或两个以上接头；接头末端至钢筋弯起点的距离不应小于钢筋直径的10倍。

**2. 隐蔽工程质量验收**

专业监理工程师对施工单位所报资料审查，组织人员到现场实体检查、验收，同时留有照片、影像等资料。

对于装配式混凝土结构连接部位及叠合构件浇筑混凝土之前，应进行隐蔽工程验收。

隐蔽工程验收主要内容包括：混凝土粗糙面的质量，键槽的尺寸、数量、位置；钢筋的牌号、规格、数量、位置、间距，箍筋弯钩的弯折角度及平直段长度；钢筋的连接方式、接头位置、接头数量、接头面积百分率、搭接长度、锚固方式及锚固长度；预埋件、预留管线的规格、数量、位置；预制混凝土构件接缝处防水、防火等构造做法；保温及其节点施工；其他隐蔽项目；隐蔽项目施工过程记录照片。

**【例题6】**装配式混凝土结构连接部位浇筑混凝土之前应进行的工作是（　　）。（2022年真题）

A. 施工方案论证　　B. 隐蔽工程验收

C. 施工工艺试验　　D. 平行检验

**【答案】**B

**【解析】**对于装配式混凝土结构连接部位及叠合构件浇筑混凝土之前，应进行隐蔽工程验收。

**【例题 7】**建筑工程检验批质量验收中的主控项目是指对（　　）起决定性作用的检验项目。（2015 年真题）

A. 节能　　B. 安全　　C. 环境保护　　D. 质量评价

E. 主要使用功能

**【答案】**ABCE

**3. 分部工程质量验收**

（1）涉及安全、环保分部工程质量验收：

① 地基与基础：勘察、设计单位项目负责人和施工单位技术、质量部门负责人参加；

② 主体结构、节能：设计单位项目负责人和施工单位技术、质量部门负责人参加。

（2）涉及安全、节能、环境保护和主要使用功能的地基与基础、主体结构和设备安装等分部工程应进行有关的见证检验或抽样检验。

（3）观感质量验收：综合给出“好”“一般”“差”的质量评价结果。对于“差”的检查点应进行返修处理。

（4）《建设工程质量管理条例》规定，建设工程竣工验收应当具备下列条件：

① 完成建设工程设计和合同约定的各项内容；

② 有完整的技术档案和施工管理资料；

③ 有工程使用的主要建筑材料、建筑构配件和设备的进场试验报告；

④ 有勘察、设计、施工、工程监理等单位分别签署的质量合格文件；

⑤ 有施工单位签署的工程保修书。

**【例题 8】**总监理工程师组织主体结构分部工程验收时，应参加验收的人员有（　　）。（2021 年真题）

A. 设计单位项目负责人　　B. 勘察单位项目负责人

C. 施工单位技术质量部门负责人　　D. 施工单位项目负责人

E. 建设单位项目负责人

**【答案】**ACD

**【解析】**设计单位项目负责人和施工单位技术、质量部门负责人应参加主体结构、节能分部工程的验收。

**【例题 9】**项目监理机构应在（　　）后编制工程质量评估报告。（2021 年真题）

A. 单位工程完工　　B. 竣工验收交付使用

C. 竣工预验收合格　　D. 竣工验收

**【答案】**C

**【例题 10】**根据《建设工程质量管理条例》，建设工程竣工验收应当具备的条件有（　　）。（2020 年真题）

A. 完成建设工程合同约定的各项内容 B. 有完整的技术档案和施工管理资料

C. 有建设单位签署的质量合格文件 D. 有监理单位提供的巡视记录文件

E. 有施工单位签署的工程保修书

**【答案】**ABE

**【例题 11】** 分部工程观感质量验收由相关验收人协商确定，综合给出（　　）的质量评价结果。（2015 年真题）

A. 合格　　B. 不合格　　C. 好　　D. 一般

E. 差

**【答案】** CDE

**4. 单位工程质量检查记录**

（1）单位工程质量控制资料核查记录；

（2）单位工程安全和功能检验资料核查及主要功能抽查记录；

（3）单位工程观感质量检查记录。

**结论签字：** 施工单位项目负责人、总监理工程师。

**提示：** 掌握三类记录包含的内容。

**【例题 12】** 单位工程安全和功能检验资料核查及主要功能抽查记录表中所包含的安全和功能检查项目有（　　）。（2022 年真题）

A. 通风空调系统试运行记录　　B. 绝缘电阻测试记录

C. 排水干管通球试验记录　　D. 各结构层梁、板、柱静载试验报告

E. 建筑物沉降观测记录

**【答案】** ABCE

**【解析】** 选项 A、B、C、E 均属于单位工程安全和功能检验资料核查及主要功能抽查记录表的内容；选项 D 属于质量控制资料核查记录。

**【例题 13】** 单位工程竣工验收时需要核查的安全和功能检验资料中，属于"建筑与结构"部分的项目有（　　）。（2021 年真题）

A. 桩基承载力检测报告　　B. 节能保温测试记录

C. 给水管道通水试验记录　　D. 沉降观测测量记录

E. 混凝土强度试验报告

**【答案】** ABDE

**【解析】** 选项 C 属于给水排水与供暖部分。

## 知识点四　建筑工程质量验收时不符合要求的处理

（1）经返工或返修的检验批，应重新进行验收。

（2）经有资质的检测机构检测鉴定能够达到设计要求的检验批，应予以验收。

（3）经有资质的检测机构检测鉴定达不到设计要求，但经原设计单位核算认可能够满足安全和使用功能的检验批，可予以验收。

（4）经返修或加固处理的分项、分部工程，满足安全及使用功能要求时，可按技术处理方案和协商文件的要求予以验收。

（5）经返修或加固处理仍不能满足安全或重要使用要求的分部工程及单位工程，严禁验收。

（6）工程质量控制资料应齐全完整。当部分资料缺失时，应委托有资质的检测机构按有关标准进行相应的实体检验或抽样试验。

## 典型例题

**【例题】** 某结构梁的混凝土强度设计等级为C30，其试块强度为35MPa，试验取芯强度评定为26MPa。该结构混凝土验收合格的条件是（　　）。（2023年真题）

A. 经项目监理机构确认，试块强度符合验收要求

B. 经建设单位组织专家论证，确定符合验收要求

C. 经监理单位计算复核，满足设计要求

D. 经原设计单位验算，满足结构安全和使用功能

**【答案】** D

# 第二节 城市轨道交通工程施工质量验收

本节知识点如表1-6-5所示。

**本节知识点** **表1-6-5**

| 知识点 | 2023年 | | 2022年 | | 2021年 | | 2020年 | | 2019年 | |
|---|---|---|---|---|---|---|---|---|---|---|
| | 单选（道） | 多选（道） | 单选（道） | 多选（道） | 单选（道） | 多选（道） | 单选（道） | 多选（道） | 单选（道） | 多选（道） |
| 单位工程验收 | | | | | | | | | | |
| 项目工程验收 | 1 | | 1 | | | | | | | |
| 竣工验收 | | | | | 1 | | | | | |

城市轨道交通工程施工质量验收阶段划分如表1-6-6所示。

**城市轨道交通工程施工质量验收阶段划分** **表1-6-6**

| 阶段划分 | 时间 |
|---|---|
| 单位工程验收 | 单位工程验收是指在单位工程完工后 |
| 项目工程验收 | 指各项单位工程验收后、试运行之前，建设单位应组织不载客试运行，试运行三个月，并通过全部专项验收后，方可组织竣工验收 |
| 竣工验收 | 指项目工程验收合格后、试运营之前。竣工验收合格后，城市轨道交通建设工程方可履行相关试运营手续 |

## 典型例题

**【例题1】** 轨道交通建设项目的工程验收在（　　）进行。（2022年真题）

A. 所有单位工程验收后，试运营之前

B. 所有单位工程验收后，试运行之前

C. 所有专项验收后，试运营之前

D. 所有专项验收后，试运行之前

**【答案】** B

**【例题2】** 为了确认建设项目是否达到设计目标及标准要求，城市轨道交通建设工程竣工验收应在（　　）后进行。（2021年真题）

A. 试运行三个月，并通过全部专项验收
B. 试运行三个月，并通过主要专项验收
C. 试运营三个月，并通过全部单位工程验收
D. 试运营三个月，并通过全部专项验收
【答案】A

## 第三节　工程质量保修管理

本节知识点如表 1-6-7 所示。

**本节知识点**　　**表 1-6-7**

| 知识点 | 2023 年 | | 2022 年 | | 2021 年 | | 2020 年 | | 2019 年 | |
|---|---|---|---|---|---|---|---|---|---|---|
| | 单选（道） | 多选（道） | 单选（道） | 多选（道） | 单选（道） | 多选（道） | 单选（道） | 多选（道） | 单选（道） | 多选（道） |
| 工程保修的相关规定 | | | 1 | | 1 | | | | | |
| 工程保修阶段的主要工作 | | | | | | | | | | |

### 知识点一　工程保修的相关规定

关于质量保证金应满足以下规定：

（1）用以保证承包人在缺陷责任期内对建设工程出现的缺陷进行维修的资金。

（2）缺陷责任期一般为 1 年，最长不超过 2 年。

（3）保证金总预留比例不得高于工程价款结算总额的 3%。以银行保函替代预留保证金的，保函金额不得高于工程价款结算总额的 3%。

（4）若在工程项目竣工前，承包人已经缴纳履约保证金的，发包人不得同时预留工程质量保证金；采用工程质量保证担保、工程质量保险等其他保证方式的，发包人也不得再预留质量保证金。

### 知识点二　工程保修阶段的主要工作

（1）定期回访；
（2）协调联系；
（3）界定责任；
（4）督促维修；
（5）检查验收。

### 典型例题

**【例题 1】**工程质量保证金是用以保证（　　）内施工单位对工程缺陷进行维修的资金。（2021 年真题）

A. 工程投入使用 3 年　　　　B. 工程投入使用 5 年

C. 施工合同约定的缺陷责任期　　D. 设计使用年限

**【答案】**C

**【例题 2】**工程保修阶段，工程监理单位应完成的工作包括（　　）。

A. 定期回访　B. 协调联系　　C. 界定责任　　D. 督促维修

E. 提出保修方案

**【答案】**ABCD

## 本章精选习题

### 一、单项选择题

1. 工程施工质量验收的最小单位是（　　）。

A. 检验批　　B. 单位工程

C. 工序　　D. 分项工程

2. 工程施工前，检验批的划分方案应由（　　）审核。

A. 施工单位　　B. 建设单位

C. 项目监理机构　　D. 设计单位

3. 根据《建筑工程施工质量验收统一标准》GB 50300—2013，负责组织分项工程验收的人员是（　　）。

A. 专业监理工程师　　B. 施工单位项目技术负责人

C. 建设单位现场负责人　　D. 总监理工程师

4. 关于项目监理机构对检验批验收的说法，正确的是（　　）。

A. 检验批施工完成后就可以验收

B. 检验批应在隐蔽工程隐蔽后验收

C. 检验批应在分项工程验收后验收

D. 检验批在施工单位自检合格并报验后可以验收

5. 根据《建筑工程施工质量验收统一标准》GB 50300—2013，符合专业验收规范规定适当调整试验数量的实施方案，需报（　　）审核确认。

A. 建设单位　　B. 施工单位

C. 项目监理机构　　D. 设计单位

6. 隐蔽工程为检验批时，隐蔽工程验收应由（　　）组织进行验收。

A. 专业监理工程师　　B. 总监理工程师

C. 施工单位项目负责人　　D. 建设单位项目负责人

7. 根据《建筑工程施工质量验收统一标准》GB 50300—2013，电梯工程质量验收应由（　　）组织。

A. 安装单位技术负责人　　B. 总监理工程师

C. 施工单位项目负责人　　D. 专业监理工程师

8. 经项目监理机构对竣工资料及工程实体预验收合格后，由总监理工程师签署工程竣工报验单并向建设单位提交（　　）。

A. 监理总结报告　　　　　　　　　B. 质量评估报告

C. 监理验收报告　　　　　　　　　D. 质量检验报告

9. 按《建筑工程施工质量验收统一标准》GB 50300—2013 的规定，依专业性质、工程部位来划分的工程属于（　　）。

A. 单位工程　　　　　　　　　　　B. 分部工程

C. 分项工程　　　　　　　　　　　D. 子分部工程

10. 当专业验收规范对工程中的验收项目未做出相应规定时，应由（　　）组织相关单位制定专项验收要求。涉及安全、节能、环境保护等项目的专项验收要求应由（　　）组织专家论证。

A. 监理单位，建设单位　　　　　　B. 建设单位，建设单位

C. 施工单位，监理单位　　　　　　D. 设计单位，监理单位

11. 工程验收时，检验批的质量验收记录中的验收结论应由（　　）签字。

A. 专业质检员　　　　　　　　　　B. 施工单位技术负责人

C. 专业监理工程师　　　　　　　　D. 建设单位项目负责人

12. 关于工程质量保证金，下列说法中正确的是（　　）。

A. 质量保证金总预留比例不得高于签约合同价的 3%

B. 已经缴纳履约保证金的，不得同时预留质量保证金

C. 采用工程质量保证担保的，预留质保金不得高于合同价的 2%

D. 质量保证金的返还期限一般为 2 年

13. 城市轨道交通建设工程自项目工程验收合格之日起可投入不载客试运行，试运行时间不应少于（　　）。

A. 一个月　　　　　　　　　　　　B. 三个月

C. 六个月　　　　　　　　　　　　D. 一年

14. （　　）是指各项单位工程验收后、试运行之前，确认建设项目工程是否达到设计文件及标准要求，是否满足城市轨道交通试运行要求的验收。

A. 单位工程验收　　　　　　　　　B. 专项验收

C. 项目工程验收　　　　　　　　　D. 竣工验收

15. 城市轨道交通建设工程自（　　）合格之日可投入不载客试运行。

A. 单位工程验收　　　　　　　　　B. 竣工验收

C. 项目工程验收　　　　　　　　　D. 竣工预验收

16. 关于钢筋连接的一般项目，下列说法正确的是（　　）。

A. 纵向受力钢筋的连接方式应符合设计要求

B. 应按规定抽取钢筋机械连接接头、焊接接头试件作力学性能检验，其质量应符合有关规程的规定

C. 钢筋安装中钢筋弯起点位置偏差不超过 10mm

D. 接头末端至钢筋弯起点的距离不应小于钢筋直径的 10 倍

17. 工程施工质量验收时，经加固处理的分部工程，根据技术处理方案要求予以验收的前提是（　　）。

A. 不影响安全和使用功能　　　　　B. 不造成永久性影响

C. 不改变结构外形尺寸　　　　　D. 不影响基本使用功能

**二、多项选择题**

1. 检验批可根据施工、质量控制和专业验收的需要，按（　　）进行划分。

A. 工程量　　　　　B. 施工段

C. 楼层　　　　　D. 施工特点

E. 变形缝

2. 根据《建筑工程施工质量验收统一标准》GB 50300—2013，分项工程可按（　　）划分。

A. 施工工艺　　　　　B. 设备类别

C. 专业性质　　　　　D. 施工程序

E. 主要工种

3. 根据《建筑工程施工质量验收统一标准》GB 50300—2013，分部工程可按（　　）划分。

A. 施工工艺　　　　　B. 工程部位

C. 工程量　　　　　D. 专业性质

E. 施工段

4. 根据《建筑工程施工质量验收统一标准》GB 50300—2013，检验批质量验收合格的条件有（　　）。

A. 主控项目的质量经抽样检验均合格

B. 一般项目的质量经抽样检验合格

C. 具有完整的施工操作依据

D. 观感质量符合要求

E. 具有完整的质量验收记录

5. 在建设工程质量验收时，室外工程可根据专业类别和工程规模划分单位（子单位）工程，室外工程的子单位包括（　　）。

A. 附属建筑　　　　　B. 智能工程

C. 道路工程　　　　　D. 边坡工程

E. 室外环境

6. 按《建筑工程施工质量验收统一标准》GB 50300—2013 的规定，建筑工程施工质量验收中子分部是按（　　）划分的。

A. 工程量　　　　　B. 专业系统及类别

C. 施工工艺　　　　　D. 设备类别

E. 施工程序

7. 施工质量验收层次的划分中，安装工程的检验批可按（　　）来划分。

A. 设计系统　　　　　B. 安装工艺

C. 主要工种　　　　　D. 楼层

E. 设备组别

8. 当专业验收规范对工程中的验收项目未做出相应规定时，应由建设单位组织监理、设计、施工单位制定专项验收要求，专项验收要求应符合设计意图，包括的内容有（　　）。

A. 抽样方案　　　　　B. 验收方法

C. 验收标准　　　　　　　　　　D. 判定指标

E. 分项工程及检验批的划分

9. 建筑工程施工质量验收层次中的分部工程包括（　　）。

A. 钢筋工程　　　　　　　　　　B. 装配式结构

C. 现浇结构　　　　　　　　　　D. 建筑节能

E. 地基与基础工程

10. 建筑工程施工质量验收的要求包括（　　）。

A. 工程观感质量应由验收人员现场检查，并应共同确认

B. 参加工程施工质量验收的各方人员应具备相应的资格

C. 施工单位自行检查评定合格

D. 分项工程的质量中主控项目和一般项目验收合格

E. 对涉及结构安全、节能、环境保护等的重要分部工程应在验收前按规定进行见证检验

11. 建筑工程检验批质量验收中的主控项目是指对（　　）起决定性作用的检验项目。

A. 节能　　　　　　　　　　　　B. 安全

C. 环境保护　　　　　　　　　　D. 质量评价

E. 主要使用功能

12. 地基与基础分部工程质量验收的参加者有（　　）。

A. 施工单位项目负责人　　　　　B. 建设单位负责人

C. 勘察单位项目负责人　　　　　D. 设计单位项目负责人

E. 施工单位项目技术负责人

13. 根据《建筑工程施工质量验收统一标准》GB 50300—2013，分项工程质量验收合格的条件有（　　）。

A. 主控项目的质量均应检验合格　　B. 一般项目的质量均应检验合格

C. 所含检验批的质量应验收合格　　D. 所含检验批的质量验收记录应完整

E. 观感质量应符合相应要求

14. 单位工程质量验收合格条件有（　　）。

A. 所含主要分部工程的质量验收合格

B. 分部工程有关安全、节能、环境保护和主要使用功能的检验资料应完整

C. 主要使用功能的抽查结果符合验收规范规定

D. 观感质量符合要求

E. 所含检验批的质量验收记录应完整

15. 在单位工程质量竣工验收时，要检查建筑与结构工程安全和功能检测资料，核查的重点包括主要功能检查记录中的（　　）。

A. 屋面淋水试验检查记录　　　　B. 隐蔽工程验收记录

C. 地下室渗漏水检测记录　　　　D. 新材料新工艺施工记录

E. 建筑物沉降观测测量记录

16. 城市轨道交通建设工程验收分为（　　）阶段。

A. 分部工程验收　　　　　　　　B. 项目工程验收

C. 单位工程验收　　　　　　　　D. 竣工验收

E. 整体验收

17. 在装配式混凝土结构连接部位及叠合构件浇筑混凝土之前，应进行隐蔽工程验收的内容有（　　）。

A. 混凝土粗糙面的质量　　　　　B. 键槽的尺寸、数量、位置

C. 钢筋的牌号、规格、数量、位置 D. 与预制件之间的防水、防火等构造做法

E. 构件出厂合格证

18. 根据《建筑工程施工质量验收统一标准》GB 50300—2013，建筑电气专业的安全和功能检查项目有（　　）。

A. 照明通电试运行记录　　　　　B. 绝缘电阻测试记录

C. 应急电源装置应急持续供电记录 D. 导线连接测试记录

E. 等电位连接测试记录

## 习题答案及解析

### 一、单项选择题

1. **【答案】** A

**【解析】** 检验批是工程施工质量验收的最小单位。

2. **【答案】** C

**【解析】** 施工前，应由施工单位制定分项工程和检验批的划分方案，并由项目监理机构审核。

3. **【答案】** A

**【解析】** 分项工程应由专业监理工程师组织施工单位项目专业技术负责人等进行验收。

4. **【答案】** D

**【解析】** 验收前，施工单位应对施工完成的检验批进行自检，对存在的问题自行整改处理，合格后填写检验批报审、报验表及检验批质量验收记录，并将相关资料报送项目监理机构申请验收。

5. **【答案】** C

**【解析】** 按相关专业验收规范的规定适当调整抽样复检、试验数量，调整后的抽样复检、试验方案应由施工单位编制，并报项目监理机构审核确认。

6. **【答案】** A

**【解析】** 检验批的质量验收由专业监理工程师组织。

7. **【答案】** B

**【解析】** 电梯工程属于分部工程，分部工程应由总监理工程师组织进行验收。

8. **【答案】** B

**【解析】** 总监理工程师应签认单位工程竣工验收的相关资料，项目监理机构应编写工程质量评估报告，并应经总监理工程师和工程监理单位技术负责人签字后报建设单位。

9.【答案】B

【解析】分部工程的划分应按专业性质、工程部位确定。

10.【答案】B

【解析】当专业验收规范对验收项目未做出相应规定时，应由建设单位组织监理、设计、施工等相关单位制定专项验收要求。涉及安全、节能、环境保护等项目的专项验收要求应由建设单位组织专家论证。专项验收要求应符合设计意图，包括分项工程及检验批的划分、抽样方案、验收方法、判定指标等内容。

11.【答案】C

【解析】检验批验收结论由监理单位的专业监理工程师签署。

12.【答案】B

【解析】选项A，不得高于结算价的3%；选项C，采用工程质量保证担保的，不得再预留质量保证金；选项D，质量保证金的返还期限一般是1年，最长不超过2年。根据相关规定，若在工程项目竣工前，承包人已经缴纳履约保证金的，发包人不得同时预留工程质量保证金。

13.【答案】B

【解析】城市轨道交通建设工程自项目工程验收合格之日起可投入不载客试运行，试运行时间不应少于三个月。

14.【答案】C

【解析】项目工程验收是指各项单位工程验收后、试运行之前，确认建设项目工程是否达到设计文件及标准要求，是否满足城市轨道交通试运行要求的验收。

15.【答案】C

【解析】本题考查的是项目工程验收。城市轨道交通建设工程自项目工程验收合格之日起可投入不载客试运行，试运行时间不应少于3个月。

16.【答案】D

【解析】钢筋连接的一般项目为：钢筋的接头宜设置在受力较小处；同一纵向受力钢筋不宜设置两个或两个以上接头；接头末端至钢筋弯起点的距离不应小于钢筋直径的10倍。

17.【答案】A

【解析】经返修或加固处理的分项、分部工程，满足安全及使用功能要求时，可按技术处理方案和协商文件的要求予以验收。

二、多项选择题

1.【答案】ABCE

【解析】检验批可根据施工、质量控制和专业验收的需要，按工程量、楼层、施工段、变形缝进行划分。选项D属于子分部工程划分的要求。子分部工程不按材料种类、施工特点、施工程序、专业系统及类别进行划分。

2.【答案】ABE

【解析】分项工程可按主要工种、材料、施工工艺、设备类别进行划分。

3.【答案】BD

【解析】分部工程应按下列原则划分：①可按专业性质、工程部位确定；②当分部工程较大或较复杂时，可按材料种类、施工特点、施工程序、专业系统及类别将分部工程划分为若干子分部工程。

4.【答案】ABCE

【解析】检验批质量验收合格应符合下列规定：①主控项目的质量经抽样检验均应合格；②一般项目的质量经抽样检验合格；③具有完整的施工操作依据、质量验收记录。

5.【答案】ACDE

【解析】室外工程包括子单位工程包括：道路、边坡、附属建筑、室外环境。

6.【答案】BE

【解析】选项A是检验批的划分标准；选项C、D属于分项工程。子分部工程按材料种类、施工特点、施工程序、专业系统及类别进行划分。

7.【答案】AE

【解析】安装工程一般按一个设计系统或设备组别划分为一个检验批。

8.【答案】ABDE

【解析】专项验收要求应符合设计意图，包括分项工程及检验批的划分、抽样方案、验收方法、判定指标等内容。

9.【答案】DE

【解析】如建筑工程划分为地基与基础、主体结构、建筑装饰装修、屋面、建筑给水排水及供暖、通风与空调、建筑电气、智能建筑、建筑节能、电梯十个分部工程。

10.【答案】ABC

【解析】建筑工程施工质量应按下列要求进行验收：①工程施工质量验收均应在施工单位自检合格的基础上进行；②参加工程施工质量验收的各方人员应具备相应的资格；③检验批的质量应按主控项目和一般项目验收；④对涉及结构安全、节能、环境保护和主要使用功能的试块、试件及材料，应在进场时或施工中按规定进行见证检验；⑤隐蔽工程在隐蔽前应由施工单位通知项目监理机构进行验收，并应形成验收文件，验收合格后方可继续施工；⑥对涉及结构安全、节能、环境保护等的重要分部工程应在验收前按规定进行抽样检验；⑦工程的观感质量应由验收人员现场检查，并应共同确认。

11.【答案】ABCE

【解析】主控项目是指建筑工程中对安全、节能、环境保护和主要使用功能起决定性作用的检验项目。

12.【答案】ACDE

【解析】地基与基础分部工程的验收应由施工、勘察、设计单位项目负责人和总监理工程师参加并签字。

13.【答案】CD

【解析】分项工程质量验收合格的规定：①所含检验批的质量均应验收合格；②所含检验批的质量验收记录应完整。

14.【答案】BCD

【解析】单位工程质量验收合格应符合下列规定：①所含分部工程的质量均应验收合格；②质量控制资料应完整；③所含分部工程中有关安全、节能、环境保护和主要使用功能的检验资料应完整；④主要使用功能的抽查结果应符合相关专业质量验收规范的规定；⑤观感质量应符合要求。

15.【答案】ACE

【解析】选项A、C、E属于功能；选项B、D属于质量控制资料核查记录。

16.【答案】BCD

【解析】城市轨道交通建设工程验收分为单位工程验收、项目工程验收、竣工验收三个阶段。

17.【答案】ABCD

【解析】对于装配式混凝土结构连接部位及叠合构件浇筑混凝土之前，应进行隐蔽工程验收。隐蔽工程验收主要内容包括：混凝土粗糙面的质量，键槽的尺寸、数量、位置；钢筋的牌号、规格、数量、位置、间距，箍筋弯钩的弯折角度及平直段长度；钢筋的连接方式、接头位置、接头数量、接头面积百分率、搭接长度、锚固方式及锚固长度；预埋件、预留管线的规格、数量、位置；预制混凝土构件接缝处防水、防火等构造做法；保温及其节点施工；其他隐蔽项目；隐蔽项目施工过程记录照片。

18.【答案】ABC

【解析】本题考查的是单位工程安全和功能检验资料核查及主要功能抽查记录（表1-6-8）。

**练习题18表** **表1-6-8**

| 内容 | 安全和功能检查项目 |
|---|---|
| 建筑电气 | 建筑照明通电试运行记录 |
| | 灯具固定装置及悬吊装置的载荷强度试验记录 |
| | 绝缘电阻测试记录 |
| | 剩余电流作保护器测试记录 |
| | 应急电源装置应急持续供电记录 |
| | 接地电阻测试记录 |
| | 接地故障回路阻抗测试记录 |

# 第七章　建设工程质量缺陷及事故处理

**考纲要求**

1. 工程质量缺陷及处理
2. 工程质量事故等级划分及处理

## 第一节　工程质量缺陷及处理

本节知识点如表 1-7-1 所示。

**本节知识点**　　表 1-7-1

| 知识点 | 2023 年 | | 2022 年 | | 2021 年 | | 2020 年 | | 2019 年 | |
|---|---|---|---|---|---|---|---|---|---|---|
| | 单选（道） | 多选（道） | 单选（道） | 多选（道） | 单选（道） | 多选（道） | 单选（道） | 多选（道） | 单选（道） | 多选（道） |
| 工程质量缺陷的成因 | | | | | | | 1 | | 1 | |
| 工程质量缺陷的处理 | | | | | | | | | | |

### 知识点一　工程质量缺陷的成因

具体内容如表 1-7-2 所示。

**常见工程质量缺陷的成因**　　表 1-7-2

| | |
|---|---|
| 违背基本建设程序 | 未搞清地质情况就仓促开工；边设计、边施工；无图施工；不经竣工验收就交付使用等 |
| 违反法律法规 | 无证设计；无证施工；越级设计；越级施工；转包、挂靠；工程招标投标中的不公平竞争；超常的低价中标；非法分包；擅自修改设计等 |
| 地质勘察数据失真 | 未认真进行地质勘察或勘探时钻孔深度、间距、范围不符合规定要求；地质勘察报告不详细、不准确等 |
| 设计差错 | 盲目套用图纸；采用不正确的结构方案；计算简图与实际受力情况不符；荷载取值过小；内力分析有误；沉降缝或变形缝设置不当；悬挑结构未进行抗倾覆验算；以及计算错误等 |
| 施工与管理不到位 | 不按图施工或未经设计单位同意擅自修改设计，如将铰接做成刚接，将简支梁做成连续梁等；施工组织管理紊乱，不熟悉图纸，盲目施工；施工方案考虑不周，施工顺序颠倒；图纸未经会审等 |
| 操作工人素质差 | 工人流动性大；缺乏培训；操作技能差；质量意识和安全意识差 |
| 使用不合格的原材料、构配件和设备 | 钢筋物理力学性能不良导致钢筋混凝土结构破坏；骨料中碱活性物质导致碱骨料反应使混凝土产生破坏；水泥安定性不合格会造成混凝土爆裂 |

续表

| | |
|---|---|
| 自然环境因素 | 空气温度、湿度、暴雨、大风、洪水、雷电、日晒和浪潮等 |
| 盲目施工 | 盲目压缩工期，不尊重质量、进度、造价的内在规律 |
| 使用不当 | 装修中未经核算就任意加层；任意拆除承重结构；任意开槽、打洞、削弱承重结构截面等 |

**提示：**注意区分违背基本建设程序和违反法律法规，区分设计差错和施工单位不按图施工。

## 典型例题

**【例题 1】**水泥安定性不合格会造成的质量缺陷是（　　）。（2020 年真题）

A. 混凝土蜂窝麻面　　B. 混凝土不密实

C. 混凝土碱骨料反应　　D. 混凝土爆裂

**【答案】**D

**【解析】**水泥安定性不合格会造成混凝土爆裂。选项 A，配合比不当或和易性差会导致混凝土蜂窝麻面；选项 B，混凝土不密实会导致混凝土蜂窝麻面；选项 C，混凝土碱骨料反应会导致混凝土膨胀、开裂。

**【例题 2】**下列可能导致工程质量缺陷的因素中，属于违背基本建设程序的是（　　）。（2018 年真题）

A. 未按有关施工规范施工　　B. 计算简图与实际受力情况不符

C. 图纸技术交底不清　　D. 不经竣工验收就交付使用

**【答案】**D

**【解析】**违背基本建设程序包括：未搞清地质情况就仓促开工；边设计、边施工；无图施工；不经竣工验收就交付使用等。

## 知识点二 工程质量缺陷的处理

通常分为以下几点：

（1）发生质量缺陷；

（2）监理机构签发监理通知单，要求施工单位予以修复；

（3）施工单位调查，分析原因，提出经设计等相关单位认可的处理方案；

（4）监理单位审查质量缺陷处理方案，并签署意见；

（5）施工单位实施处理，监理单位跟踪检查，对结果验收；

（6）监理单位调查缺陷原因并确定责任归属，对非施工单位原因造成的工程质量缺陷，工程监理单位核实施工单位申报的修复工程费用，签认工程款支付证书，并报建设单位；

（7）处理记录整理归档。

## 典型例题

**【例题 1】**项目监理机构发现工程施工存在质量缺陷后，应发出（　　），要求施工单

位进行处理。（2017 年真题）

A. 工程暂停令　　B. 监理通知单

C. 工作联系单　　D. 监理报告

**【答案】** B

**【解析】** 项目监理机构发现工程施工存在质量缺陷后，应发出监理通知单，要求施工单位进行处理。

**【例题 2】** 发生工程质量缺陷后，（　　）进行质量缺陷调查，分析质量缺陷产生的原因，并提出经（　　）认可的处理方案。

A. 监理机构，建设单位　　B. 施工单位，建设单位

C. 施工单位，设计单位　　D. 监理机构，设计单位

**【答案】** C

**【解析】** 发生工程质量缺陷后，施工单位进行质量缺陷调查，分析质量缺陷产生的原因，并提出经设计单位认可的处理方案。

## 第二节　工程质量事故等级划分及处理

本节知识点如表 1-7-3 所示。

**本节知识点**　　**表 1-7-3**

| 知识点 | 2023 年 | | 2022 年 | | 2021 年 | | 2020 年 | | 2019 年 | |
|---|---|---|---|---|---|---|---|---|---|---|
| | 单选（道） | 多选（道） | 单选（道） | 多选（道） | 单选（道） | 多选（道） | 单选（道） | 多选（道） | 单选（道） | 多选（道） |
| 工程质量事故等级划分 | 1 | | 1 | | | | 1 | | 1 | |
| 工程质量事故处理 | | 1 | 2 | 1 | 2 | 2 | 2 | 1 | 2 | 2 |

### 知识点一　工程质量事故等级划分

《关于做好房屋建筑和市政基础设施工程质量事故报告和调查处理工作的通知》（建质〔2010〕111 号）按事故造成的人员伤亡或者直接经济损失将工程质量事故分为四类，如表 1-7-4 所示。

**工程质量事故等级划分**　　**表 1-7-4**

| 质量事故 | 人员伤亡 | | 直接经济损失 |
|---|---|---|---|
| | 死亡 | 重伤 | |
| 特别重大事故 | ≥30 人 | ≥100 人 | ≥1 亿元 |
| 重大事故 | 10（含）～30 人 | 50（含）～100 人 | 5000 万（含）～1 亿元 |
| 较大事故 | 3（含）～10 人 | 10（含）～50 人 | 1000 万（含）～5000 万元 |
| 一般事故 | <3 人 | <10 人 | 100 万（含）～1000 万元 |

## 典型例题

**【例题 1】**某工程施工过程中发生质量事故，造成 3 人死亡，6000 万元直接经济损失，则该质量事故等级属于（　　）。(2022 年真题)

A. 一般事故　　B. 较大事故

C. 重大事故　　D. 特别重大事故

**【答案】**C

**【例题 2】**工程发生质量安全事故，造成 2 人死亡，3800 万元直接经济损失，则该事故等级是（　　）。(2020 年真题)

A. 一般事故　　B. 较大事故

C. 重大事故　　D. 特别重大事故

**【答案】**B

## 知识点二　工程质量事故处理

**1. 工程质量事故处理的依据**

(1) 相关的法律法规。

(2) 有关合同及合同文件。

(3) 质量事故的实况资料：

① 施工单位的质量事故调查报告；

② 项目监理机构所掌握的质量事故相关资料。

(4) 有关的工程技术文件、资料和档案：

① 设计文件；

② 与施工有关的技术文件、档案和资料。

## 典型例题

**【例题 1】**下列文件资料中，属于质量事故实况资料的有（　　）。

A. 有关合同文件　　B. 有关设计文件

C. 施工方案与施工计划　　D. 施工单位质量事故调查报告

E. 项目监理机构掌握的质量事故相关资料

**【答案】**DE

**2. 工程质量事故处理程序**

(1) 发生工程质量事故。要求施工单位保护现场，采取措施防止事故扩大；事故单位迅速按类别和等级向主管部门报告。

(2) 总监理工程师征得建设单位同意后，签发工程暂停令。

① 监理机构要求施工单位进行质量事故调查，提出调查报告和经设计等相关单位认可的处理方案；

② 由事故调查组调查处理的，项目监理机构应积极配合，客观提供相应证据；

③ 技术处理方案，施工单位提出，原设计单位同意签认，报建设单位批准。对于涉及结构安全和加固的重大技术处理方案，一般由原设计单位提出；必要时，应要求相关单

位组织专家论证。

（3）监理机构审查事故调查报告和处理方案并签署意见。

（4）施工单位实施处理，监理机构跟踪检查，验收处理结果。

（5）建设单位批准后，总监理工程师签发工程复工令。

（6）项目监理机构向建设单位提交质量事故书面报告。

（7）处理记录整理归档。

调查报告和书面报告应包括的内容如表 1-7-5 所示。

**调查报告及书面报告应包括的内容　　表 1-7-5**

| 调查报告<br>由施工单位提交 | 书面报告<br>由监理单位提交 |
| --- | --- |
| ①发生的时间、地点、工程部位<br>②发生的简要经过，造成损失状况，伤亡人数和直接经济损失的初步估计<br>③发展变化的情况（是否继续扩大，是否已稳定，是否已采取应急措施等）<br>④事故原因的初步判断<br>⑤质量事故调查中收集的有关数据和资料<br>⑥涉及人员和主要责任者的情况 | ①工程及各参建单位名称<br>②发生的时间、地点、工程部位<br>③发生的简要经过、造成工程损伤状况、伤亡人数和直接经济损失的初步估计<br>④发生原因的初步判断<br>⑤发生后采取的措施及处理方案<br>⑥处理的过程及结果 |

**提示：**区分调查报告和书面报告的内容。

**【例题 2】**建设工程发生施工质量事故后，施工单位应提交质量事故调查报告，其中在质量事故发展情况中应明确的内容是（　　）。（2022 年真题）

A. 事故范围是否继续扩大　　B. 是否发生直接经济损失

C. 应急措施是否直接有效　　D. 是否发生人员伤亡

**【答案】**A

**【例题 3】**建设工程施工事故发生后，施工单位提交的质量事故调查报告应包括的内容有（　　）。（2022 年真题）

A. 事故发生的简要经过　　B. 事故原因的初步判断

C. 事故责任范围的初步界定　　D. 事故主要责任者情况

E. 事故等级的初步推定

**【答案】**ABD

**【例题 4】**监理单位向建设单位提交的质量事故处理报告中应包括的内容有（　　）。（2021 年真题）

A. 质量事故的工程部位　　B. 事故发生的原因

C. 事故的责任人及其责任　　D. 事故处理的过程

E. 事故处理的结果

**【答案】**ABDE

**【例题 5】**工程质量事故调查组处理质量事故时，项目监理机构的正确做法是（　　）。（2017 年真题）

A. 积极配合，客观提供相应证据

B. 积极配合，参与质量事故调查

C. 积极配合，会同施工单位提供有利证据

D. 回避质量事故调查

**【答案】** A

**【解析】** 工程质量事故调查组处理质量事故时，项目监理机构应积极配合，客观提供相应证据。

**3. 工程质量事故处理的基本方法**

（1）事故处理的基本要求是：安全可靠，不留隐患；满足建筑物的功能和使用要求；技术可行，经济合理。

（2）工程质量事故处理方案类型如表 1-7-6 所示。

**工程质量事故处理方案类型** **表 1-7-6**

| 类型 | 适用情况 | 举例 |
|---|---|---|
| 修补处理 | 未达到规范、标准或设计要求，存在一定缺陷，修补或更换配件、设备后还可达到要求，又不影响使用功能和外观要求 | 封闭保护、复位纠偏、结构补强、表面处理等<br>混凝土表面裂缝，根据受力情况，仅作表面封闭处理；某些蜂窝、麻面进行剔凿、抹灰等 |
| 返工处理 | 未达到标准和要求，存在的严重质量缺陷，对结构和安全影响重大，且又无法修补 | 如：防洪堤坝填筑压实后，压实土的干密度未达到规定值，重新填筑。严重的质量缺陷加固补强、修补费用比原造价高的 |
| 不作处理 | 经分析、论证、法定检测单位鉴定和设计等单位认可，对工程或结构使用及安全影响不大 | ①不影响结构安全和正常使用<br>②有些质量缺陷，经过后续工序可弥补<br>③经法定检测单位鉴定合格<br>④出现的质量缺陷，经检测鉴定达不到要求，但原设计单位核算满足结构安全和使用要求 |

**【例题 6】** 某工程的混凝土构件尺寸偏差不符合验收规范要求，经原设计单位验算，得出的结论是该构件能够满足结构安全和使用功能要求，则该混凝土构件的处理方式是（　　）。（2016 年真题）

A. 返工处理　　　　B. 不作处理

C. 试验检测　　　　D. 限制使用

**【答案】** B

**【例题 7】** 工程施工过程中，质量事故处理的基本要求有（　　）。（2019 年真题）

A. 安全可靠，不留隐患　　　　B. 满足工程的功能和使用要求

C. 技术可行，经济合理　　　　D. 满足建设单位的要求

E. 造型美观，节能环保

**【答案】** ABC

**【解析】** 基本要求：安全可靠，不留隐患；满足建筑物的功能和使用要求；技术可行，经济合理。

（3）工程质量事故处理方案的辅助方法如表 1-7-7 所示（选最适用的）。

工程质量事故处理方案的辅助方法　　表 1-7-7

| 方法 | 适用情况 |
| --- | --- |
| 试验验证 | 存在严重质量缺陷的项目，采取常规试验以外的试验方法进一步验证，确定缺陷的严重程度 |
| 定期观测 | 质量缺陷的状态可能尚未达到稳定仍会继续发展，进行一段时间的观测再作决定 |
| 专家论证 | 涉及的技术领域广，问题复杂难以决策，可提请专家论证 |
| 方案比较 | 比较常用的方法 |

**【例题 8】** 对涉及技术领域广泛、问题复杂、仅依据合同约定难以决策的工程质量缺陷，应选用的辅助决策方法是（　　）。（2020 年真题）

A. 专家论证法　　B. 方案比较法

C. 试验验证法　　D. 定期观测法

**【答案】** A

**【例题 9】** 为确保涉及结构使用安全质量事故的处理效果，需由项目监理机构组织进行的工作是（　　）。（2018 年真题）

A. 检验鉴定　　B. 定期观测

C. 专家论证　　D. 定期评估

**【答案】** A

**【解析】** 为确保工程质量事故的处理效果，凡涉及结构承载力等使用安全和其他重要性能的处理工作，常需做必要的试验和检验鉴定工作。

**4. 工程质量事故处理的鉴定验收**

为确保工程质量事故的处理效果，凡涉及结构承载力等使用安全和其他重要性能的处理工作，常需做必要的试验和检验鉴定工作。常见的检验工作有：

（1）混凝土钻芯取样，用于检查密实性和裂缝修补效果，或检测实际强度；

（2）结构荷载试验，确定其实际承载力；

（3）超声波检测焊接或结构内部质量；

（4）池、罐、箱柜工程的渗漏检验等。

检测鉴定必须委托具有资质的法定检测单位进行。

**【例题 10】** 混凝土钻芯取样试验可用来检验的混凝土特性有（　　）。（2023 年真题）

A. 密实性　　B. 裂缝修补效果

C. 抗压强度　　D. 耐久性

E. 与钢筋的握裹性能

**【答案】** ABC

## 本章精选习题

### 一、单项选择题

1. 某基础工程由于“献礼”要求而缩短了工期，未搞清地质情况就仓促开工，致使回填土工程质量不合格，其应为（　　）所致。

A. 违背建设程序的原因　　　　　　B. 施工与管理不到位的原因
C. 地质勘察失真的原因　　　　　　D. 片面追求进度的原因

2. 发生工程质量缺陷后，施工单位按监理机构审查合格的处理方案实施处理，监理机构对处理过程进行（　　），对处理结果进行验收。

A. 旁站监理　　　　　　B. 巡视检查
C. 平行检验　　　　　　D. 跟踪检查

3. 工程施工过程中发生质量事故造成 8 人死亡、50 人重伤、6000 万元直接经济损失，该事故属于（　　）事故。

A. 一般　　　　　　B. 较大
C. 重大　　　　　　D. 特别重大

4. 工程施工过程中，造成直接经济损失 900 万元的工程质量事故属于（　　）事故。

A. 特别重大　　　　　　B. 重大
C. 较大　　　　　　D. 一般

5. 对需要返工处理的质量事故，项目监理机构应要求施工单位报送（　　）和经设计等相关单位认可的处理方案，并对质量事故的处理过程进行跟踪检查。

A. 质量事故调查报告　　　　　　B. 检测单位的鉴定意见
C. 质量事故状况观测记录　　　　D. 质量事故处理依据

6. 工程质量事故发生后，总监理工程师应采取的做法是（　　）。

A. 立即组织抢险
B. 立即征得建设单位同意后签发工程暂停令
C. 立即进行事故调查
D. 立即要求施工单位查清原因和责任人

7. 因施工原因发生工程质量事故后，质量事故技术处理方案一般应经（　　）签认，并报建设单位批准。

A. 事故调查组建议的单位　　　　B. 施工单位
C. 法定检测单位　　　　　　　　D. 原设计单位

8. 为确保涉及结构使用安全质量事故的处理效果，需由项目监理机构组织进行的工作是（　　）。

A. 检验鉴定　　　　　　B. 定期观测
C. 专家论证　　　　　　D. 定期评估

9. 工程质量事故处理后，对于涉及结构承载力的结构构件，需要进行（　　）试验，确定其实际承载力。

A. 结构内部质量检验　　　　B. 钻芯取样
C. 渗漏检验　　　　　　　　D. 结构荷载

**二、多项选择题**

1. 下列可能导致工程出现质量缺陷的情况中，常见的违反法律法规的事件包括（　　）。

A. 边设计边施工　　　　B. 无图施工
C. 无证施工　　　　　　D. 越级施工

E. 技术交底不清

2. 下列可能导致工程质量缺陷的因素中，属于施工与管理不到位的有（　　）。

A. 采用不正确的结构方案　　B. 未经设计单位同意擅自修改设计

C. 技术交底不清　　D. 施工方案考虑不周全

E. 图纸未经会审

3. 工程施工过程中，处理质量事故的依据有（　　）。

A. 相关法律法规　　B. 有关合同文件

C. 质量事故实况资料　　D. 有关工程定额

E. 有关工程设计文件

4. 工程施工过程中，质量事故处理方案的辅助决策方法有（　　）。

A. 试验验证　　B. 定期观测

C. 方案比较　　D. 专家论证

E. 检查验收

5. 工程质量事故发生后，总监理工程师签发《工程暂停令》的同时，应要求（　　）。

A. 采取必要措施防止事故扩大

B. 保护好事故现场

C. 事故调查组进行调查

D. 事故发生单位按规定要求向主管部门上报

E. 提交技术处理方案

## 习题答案及解析

### 一、单项选择题

1. **【答案】** A

**【解析】** 基本建设程序是工程项目建设过程及其客观规律的反映，不严格遵守将为工程带来一定影响，如：未搞清地质情况就仓促开工；边设计、边施工；无图施工；不经竣工验收就交付使用等。

2. **【答案】** D

**【解析】** 施工单位按审查认可的处理方案实施修复处理，工程监理单位对处理过程进行跟踪检查，对处理结果进行验收。

3. **【答案】** C

**【解析】** 重大事故，是指造成 10 人以上 30 人以下死亡，或者 50 人以上 100 人以下重伤，或者 5000 万元以上 1 亿元以下直接经济损失的事故。

4. **【答案】** D

**【解析】** 一般事故，是指造成 3 人以下死亡，或者 10 人以下重伤，或者 100 万元以上 1000 万元以下直接经济损失的事故。

5. **【答案】** A

【解析】事故发生后，施工单位写出调查报告，提交项目监理机构和建设单位。

6.【答案】B

【解析】工程质量事故发生后，总监理工程师应采取的做法是征得建设单位同意后，签发工程暂停令。

7.【答案】D

【解析】因施工原因发生工程质量事故后，质量事故技术处理方案一般应经原设计单位签认，并报建设单位批准。

8.【答案】A

【解析】为确保工程质量事故的处理效果，凡涉及结构承载力等使用安全和其他重要性能的处理工作，常需做必要的试验和检验鉴定工作。

9.【答案】D

【解析】为确保工程质量事故的处理效果，凡涉及结构承载力等使用安全和其他重要性能的处理工作，常需做必要的试验和检验鉴定工作。常见的检验工作有：①混凝土钻芯取样，用于检查密实性和裂缝修补效果，或检测实际强度；②结构荷载试验，确定其实际承载力；③超声波检测焊接或结构内部质量；④池、罐、箱柜工程的渗漏检验等。

二、多项选择题

1.【答案】CD

【解析】违反法律法规的行为：无证设计；无证施工；越级设计；越级施工；转包、挂靠；工程招标投标中的不公平竞争；超常的低价中标；非法分包；擅自修改设计等。选项A、B属于违背基本建设程序；选项E属于施工与管理不到位。

2.【答案】BCDE

【解析】施工与管理不到位的情况包括：施工组织管理紊乱，不熟悉图纸，盲目施工；施工方案考虑不周，施工顺序颠倒；图纸未经会审，仓促施工；技术交底不清，违章作业；疏于检查、验收等。选项A，属于设计差错。

3.【答案】ABCE

【解析】工程质量事故处理的依据包括：①相关法律法规；②有关合同及合同文件；③质量事故的实况资料；④有关的工程技术文件、资料和档案。

4.【答案】ABCD

【解析】工程质量事故处理方案的辅助决策方法包括：①试验验证；②定期观测；③专家论证；④方案比较。

5.【答案】ABD

【解析】工程质量事故发生后，总监理工程师应签发《工程暂停令》，要求暂停质量事故部位和与其有关部位的施工，要求施工单位采取必要的措施，防止事故扩大并保护好现场。同时，要求质量事故发生单位迅速按类别和等级向相应的主管部门上报。

# 第八章　设备采购和监造质量控制

考纲要求

1. 设备采购质量控制
2. 设备监造质量控制

## 第一节　设备采购质量控制

本节知识点如表1-8-1所示。

**本节知识点**　　**表1-8-1**

| 知识点 | 2023年 | | 2022年 | | 2021年 | | 2020年 | | 2019年 | |
|---|---|---|---|---|---|---|---|---|---|---|
| | 单选（道） | 多选（道） | 单选（道） | 多选（道） | 单选（道） | 多选（道） | 单选（道） | 多选（道） | 单选（道） | 多选（道） |
| 市场采购设备质量控制 | | | | | | | | | | |
| 向生产厂家订购设备质量控制 | | | | | | | | | | |
| 招标采购设备的质量控制 | | | | | | | | | | |

### 知识点一　市场采购设备质量控制

适用：标准设备采购。

**1. 设备采购方案（表1-8-2）**

**设备采购方案**　　**表1-8-2**

| 采购者 | 采购方案编制与审查 | 最终批准 |
|---|---|---|
| 建设单位 | 监理机构协助编制 | 建设单位 |
| 总包单位或设备安装单位 | 采购者编制，监理机构审查 | |

**2. 市场采购设备的质量控制要点**

项目监理机构对设备采购方案的审查应包含以下内容：

（1）采购的基本原则、范围和内容；

（2）依据的图纸、规范和标准、质量标准、检查及验收程序；

（3）质量文件要求；

（4）保证设备质量的具体措施。

## 典型例题

【例题 1】采购设备时，根据设计文件要求编制的设备采购方案应由（　　）批准后方可实施。（2018 年真题）

A. 施工单位　　B. 设计单位

C. 项目监理机构　　D. 建设单位

【答案】D

【例题 2】监理单位对总包单位提交的设备采购方案进行审查的内容有（　　）。（2017 年真题）

A. 采购内容和范围　　B. 设备质量标准

C. 设备供货厂商资质　　D. 设备检查及验收程序

E. 保证设备质量的措施

【答案】ABDE

## 知识点二　向生产厂家订购设备质量控制

首要环节：选择一个合格的供货厂商。

## 知识点三　招标采购设备的质量控制

适用：大型、复杂、关键设备和成套设备及生产线设备的采购。

监理单位应该当好建设单位的参谋和帮手，把好技术标准、质量标准的审查关，具体内容包括：

（1）掌握设计对设备提出的要求，协助建设单位起草招标文件、做好资格预审。

（2）参加供货制造商或投标单位的考察，提出建议，与建设和相关单位做出考察结论。

（3）协助建设单位进行综合比较，对设备的各方面做出评价。

（4）协助建设单位进行合同谈判，协助建设单位签订设备采购合同。

（5）协助建设单位向中标单位或设备供货厂商移交必要技术文件。

## 典型例题

【例题 1】建设单位通过招标采购设备，监理机构质量控制的工作内容有（　　）。

A. 协助建设单位起草招标文件

B. 参加对设备供货制造厂商或投标单位的考察

C. 参与议标的工作

D. 协助建设单位进行综合比较和确定中标单位

E. 协助建设单位向中标单位移交必要的技术文件

【答案】ABE

【解析】选项 C，监理不参与议标工作；选项 D，应为协助确定中标单位，不是确定中标单位。

【例题 2】关于设备采购的质量控制，以下说法正确的有（　　）。

A. 成套设备及生产线设备采购，宜采用招标采购的方式

B. 总包单位采购，采购方案由监理工程师编写报建设单位批准

C. 市场采购设备，一般用于标准设备的采购

D. 建设单位采购，监理工程师要协助编制设备采购方案

E. 向厂家订购设备，质量控制工作的首要环节是选择一个合格的供货厂商

**【答案】** ACDE

**【解析】** 设备招标采购一般用于大型、复杂、关键设备和成套设备及生产线设备的采购。由总包单位或安装单位采购的设备，采购前要向监理工程师提交设备采购方案，经审查同意后方可实施。市场采购一般用于标准设备的采购上。建设单位直接采购，监理工程师要协助编制设备采购方案，总包单位或设备安装单位采购，监理工程师要对总承包单位或安装单位编制的采购方案进行审查。选择一个合格的供货厂商，是向厂家订购设备质量控制工作的首要环节。

## 第二节　设备监造质量控制

本节知识点如表 1-8-3 所示。

**本节知识点　　表 1-8-3**

| 知识点 | 2023 年 | | 2022 年 | | 2021 年 | | 2020 年 | | 2019 年 | |
|---|---|---|---|---|---|---|---|---|---|---|
| | 单选（道） | 多选（道） | 单选（道） | 多选（道） | 单选（道） | 多选（道） | 单选（道） | 多选（道） | 单选（道） | 多选（道） |
| 设备制造的质量控制方式 | 1 | | | | | | | | 1 | |
| 设备制造的质量控制内容 | | | 1 | | 1 | | 1 | 1 | | 1 |
| 设备运输与交接的质量控制 | | | | | | | | | | |

### 知识点一　设备制造的质量控制方式

其特点及适用范围如表 1-8-4 所示。

**设备制造的质量控制方式的特点及适用范围　　表 1-8-4**

| 方式 | 特点及适用范围 |
|---|---|
| 驻厂监造 | 特点：全过程质量监控<br>适用：特别重要的设备 |
| 巡回监控 | 特点：定期或不定期到达制造现场<br>适用：制造周期长的设备 |
| 定点监控 | 适用：大部分设备<br>质量控制点的设置：<br>①特殊或关键工序处；②薄弱环节；③易产生质量缺陷的工艺过程 |

### 典型例题

**【例题 1】** 设备制造质量控制中，通过设置设备质量控制点实现设备制造过程质量控制的工作方式是（　　）。（2023 年真题）

A. 驻厂监控　　　　B. 巡回监控

C. 定点监控　　D. 定时监控

【答案】C

【例题 2】对于特别重要的设备制造过程，项目监理机构可采取（　）的方式实施质量控制。（2017 年真题）

A. 巡回监控　　B. 定点监控

C. 设置质量控制点监控　　D. 驻厂监造

【答案】D

【解析】特别重要设备，应该采用驻厂监造。

## 知识点二　设备制造的质量控制内容

**1. 设备制造的质量**

控制内容如表 1-8-5 所示。

**设备制造的质量控制内容　　表 1-8-5**

| 制造前 | 制造过程 |
|---|---|
| ①熟悉图纸、合同，掌握标准规范，明确质量要求<br>②明确设备制造过程的要求及质量标准<br>③审查设备制造的工艺方案<br>④对设备制造分包单位进行审查<br>⑤对检验计划和检验要求进行审查<br>⑥对生产人员上岗资格进行检查<br>⑦对用料进行检查 | ①加工作业条件的控制<br>②工序产品的检查与控制<br>③不合格零件的处置<br>④设计变更<br>⑤零件、半成品、制成品的保护 |

### 典型例题

【例题 1】项目监理机构在设备制造过程中的质量控制工作是（　）。（2021 年真题）

A. 审查工艺方案　　B. 检查生产人员上岗资格

C. 控制加工作业条件　　D. 检查设备出厂包装质量

【答案】C

【例题 2】监理单位在设备制造前质量控制的内容有（　）。（2020 年真题）

A. 审查设备制造工艺方案　　B. 审查坯料质量证明文件

C. 控制加工作业条件　　D. 检查生产人员上岗资格

E. 处理设计变更

【答案】ABD

【解析】选项 C、E 均为设备制造过程的质量控制中，监理的质量控制工作。

**2. 设备装配和整机性能检测**

总监理工程师应组织专业监理工程师参加，具体监督内容如表 1-8-6 所示。

**设备性能检测及装配过程的监督　　表 1-8-6**

| | |
|---|---|
| 设备装配过程的监督 | 监理机构监督装配过程，检查配合面的配合质量、零部件的定位质量及其连接质量等，符合要求后予以签认 |
| 监督设备的调整试车和整机性能检测 | 出厂前进行，监理机构审查达到条件后批准 |

**3. 质量记录资料**

具体内容如表 1-8-7 所示。

**质量记录资料的具体内容　　　　表 1-8-7**

| 质量记录资料 | 具体内容 |
|---|---|
| 设备制造单位质量管理检查资料 | 各类制度；试验、检测仪器设备质量证明资料；人员上岗证书等 |
| 设备制造依据及工艺资料 | 技术标准、图纸审查记录、图纸、制造资料等 |
| 设备制造材料的质量记录 | 进场合格资料、性能检测复检报告、外购零部件的质量证明资料 |
| 零部件加工检查验收资料 | 工序交接检查验收记录、整机性能检测、设计变更记录、不合格零配件处理返修记录 |

**【例题 3】**设备制造过程中，项目监理机构控制设备装配质量的工作内容是（　　）。（2022 年真题）

A. 复核设备制造图纸　　B. 检查零部件定位质量

C. 审查设备制造分包单位资格　　D. 审查零部件运输方案

**【答案】**B

**【例题 4】**项目监理机构进行设备监造时，设备制造过程质量记录资料包括的内容有（　　）。（2019 年真题）

A. 设备制造单位质量管理检查资料　　B. 设备订货合同

C. 设备制造依据及工艺资料　　D. 设备制造原材料，构配件的质量记录

E. 制造过程的检查验收记录

**【答案】**ACDE

## 知识点三　设备运输与交接的质量控制

**1. 出厂前的检查**

监理机构应检查设备制造单位对待运设备采取的防护和包装措施，检查是否符合相关要求，文件、附件是否齐全。总监理工程师签认同意后出厂。

**2. 设备运输的质量控制**

运输前，制造单位做好包装工作和制定合理的运输方案。

项目监理机构要对设备包装质量进行检查，并审查设备运输方案，具体要求如表 1-8-8 所示。

**包装要求及审查内容　　　　表 1-8-8**

| 包装的基本要求 | 运输方案的审查 |
|---|---|
| ①采取防湿、防潮等保护措施，确保设备安全运达<br>②按照标准和合同进行包装，满足验箱机构检验<br>③运输前对放置形式、装卸起重位置进行标识<br>④运输前核对相关随机文件、装箱单和附件等资料 | ①审查设备运输方案，特别是大型、关键设备的运输，包括运输前的准备工作，如运输时间、运输方式、人员安排、起重和加固方案<br>②对承运单位的审查，包括考察其承运实力、技术水平、运输条件及服务、信誉等<br>③必要时，应审查办理海关、保险业务的情况<br>④审查运货台账、运输状态报告的准备情况<br>⑤运输安全措施 |

### 3. 设备交货地点的检查与清点

除现场接货准备工作的检查外，设备交货的检查和清点内容包括：

（1）审查制定的开箱检验方案，以及检查措施的落实情况；

（2）按合同规定，在开箱前确定是否需要由设备制造单位、订货单位、建设单位、设计单位等单位代表参加；

（3）参加设备交货的清点，并做好必要的检查。

## 典型例题

**【例题】**监造的设备从制造厂运往安装现场前，项目监理机构应检查（　　），并审查设备运输方案。

A. 运输安全措施　　B. 设备包装质量

C. 海关及保险手续　　D. 起重和加固方案

**【答案】**B

**【解析】**为保证设备的质量，制造单位在设备运输前应做好包装工作并制定合理的运输方案。项目监理机构要对设备包装质量进行检查，并审查设备运输方案。选项A、C、D属于运输方案审查的内容。

## 本章精选习题

### 一、单项选择题

1. 厂家设备制造的质量监控，可采用驻厂监造、巡回监控和（　　）方式。

A. 设置质量控制点　　B. 定点监控

C. 定期监控　　D. 旁站监控

2. 建设单位负责采购设备时，控制质量的首要环节是（　　）。

A. 编制设备监造方案　　B. 选择合格的供货厂商

C. 确定主要技术参数　　D. 选择适宜的运输方式

3. 大型、复杂、关键设备和成套设备，一般采用（　　）订货方式。

A. 市场采购　　B. 指定厂家

C. 招标采购　　D. 委托采购

4. 对制造周期长的设备，项目监理机构可采取（　　）的方式实施设备质量控制。

A. 目标监控　　B. 巡回监控

C. 定点监控　　D. 设置质量控制点监控

5. 设备制造前，监理单位的质量控制工作是（　　）。

A. 审查设备制造分包单位　　B. 检查工序产品质量

C. 处理不合格零件　　D. 控制加工作业条件

6. 向厂家订货的设备在制造过程中如需对设备的设计提出修改，应由原设计单位进行设计变更，并由（　　）审核设计变更文件和处理相关事宜。

A. 原设计负责人　　B. 建设单位代表

C. 总监理工程师　　　　D. 采购方负责人

7. 按合同规定，设备制造厂申请出厂前的试车或整机性能检测，（　）组织（　）参加，符合要求后予以签认。

A. 建设单位，总监理工程师　　　　B. 总监理工程师，专业监理工程师

C. 建设单位，设计单位　　　　D. 专业监理工程师，监理员

**二、多项选择题**

1. 监理工程师在对设备制造的质量控制中，设备制造过程中的质量控制有（　）。

A. 对加工作业条件的控制　　　　B. 对工序产品的检查与控制

C. 对生产人员上岗资格的审查　　　　D. 对不合格零件的处置

E. 零件、半成品、制成品的保护

2. 质量记录资料是设备制造过程质量情况的记录，包括（　）。

A. 设备制造单位质量管理检查资料　　　　B. 设备进场验收资料

C. 设备制造材料的质量记录　　　　D. 设备制造依据及工艺资料

E. 零部件加工检查验收资料

3. 项目监理机构审查施工单位提交的设备采购方案时，需要审查的内容有（　）。

A. 采购的基本原则　　　　B. 依据的质量标准

C. 检查及验收程序　　　　D. 依据的设计图纸

E. 采购合同条款

## 习题答案及解析

**一、单项选择题**

1. **【答案】** B

**【解析】** 厂家设备制造的质量监控，可采用驻厂监造、巡回监控和定点监控方式。

2. **【答案】** B

**【解析】** 选择一个合格的供货厂商，是向生产厂家订购设备质量控制工作的首要环节。

3. **【答案】** C

**【解析】** 设备招标采购一般用于大型、复杂、关键设备和成套设备及生产线设备的采购。

4. **【答案】** B

**【解析】** 对某些设备（如制造周期长的设备），则可采用巡回监控的方式。

5. **【答案】** A

**【解析】** 选项B、C、D均为设备制造过程的质量控制中，监理的质量控制工作。

6. **【答案】** C

**【解析】** 对于设计变更，应该由总监理工程师审核。

7. **【答案】** B

**【解析】** 按设计要求及合同规定，如设备需进行出厂前的试车或整机性能检测，项目监理机构应在接到制造厂的申请后进行审查，符合要求后应予以签认。此时，总监理工程师

应组织专业监理工程师参加设备的调整试车和整机性能检测，记录数据，验证设备是否达到合同规定的技术质量要求、是否符合设计和设备制造规程的规定，符合要求后应予以签认。

## 二、多项选择题

1. **【答案】** ABDE

**【解析】** 设备制造过程的质量控制包括：①对加工作业条件的控制；②对工序产品的检查与控制；③对不合格零件的处置；④对设计变更的处理；⑤对零件、半成品、制成品的保护。选项C属于设备制造前的质量控制。

2. **【答案】** ACDE

**【解析】** 本题考查的是设备制造的质量控制内容。质量记录资料包括：①设备制造单位质量管理检查资料；②设备制造依据及工艺资料；③设备制造材料的质量记录；④零部件加工检查验收资料。

3. **【答案】** ABCD

**【解析】** 项目监理机构对设备采购方案的审查应包含：采购的基本原则、范围和内容，依据的图纸、规范和标准、质量标准、检查及验收程序，质量文件要求，保证设备质量的具体措施。

希望在备考的这段日子里，我们都能扬起风帆，划破苍穹，迎风起航，无惧所有！我们无法计算出成功的路上，有多少荆棘密布。但，既然选择了远方，便只顾风雨兼程！

# 科目二：

# 建设工程投资控制

## 考情分析

| 考点对应章节 | 2023年 | | | 2022年 | | | 2021年 | | |
|---|---|---|---|---|---|---|---|---|---|
| | 单选(道) | 多选(道) | 分值 | 单选(道) | 多选(道) | 分值 | 单选(道) | 多选(道) | 分值 |
| 建设工程投资控制概述 | 2 | 1 | 4 | 2 | 1 | 4 | 2 | 1 | 4 |
| 建设工程投资构成 | 5 | 1 | 7 | 4 | 2 | 8 | 4 | 2 | 8 |
| 建设工程项目投资与融资 | 2 | 1 | 4 | 2 | 1 | 4 | 2 | 1 | 4 |
| 建设工程决策阶段投资控制 | 5 | 2 | 9 | 4 | 2 | 8 | 4 | 2 | 8 |
| 建设工程设计阶段投资控制 | 3 | 1 | 5 | 4 | 1 | 6 | 4 | 1 | 6 |
| 建设工程招标阶段投资控制 | 1 | 3 | 7 | 3 | 2 | 7 | 3 | 2 | 7 |
| 建设工程施工阶段投资控制 | 6 | 3 | 12 | 5 | 3 | 11 | 5 | 3 | 11 |

# 第一章　建设工程投资控制概述

**考纲要求**

1. 建设工程项目投资的概念和特点
2. 建设工程投资控制原理
3. 建设工程投资控制的主要任务

## 第一节　建设工程项目投资的概念和特点

本节知识点如表 2-1-1 所示。

**本节知识点**　　**表 2-1-1**

<table>
<tr><th rowspan="2">知识点</th><th colspan="2">2023 年</th><th colspan="2">2022 年</th><th colspan="2">2021 年</th><th colspan="2">2020 年</th><th colspan="2">2019 年</th></tr>
<tr><th>单选（道）</th><th>多选（道）</th><th>单选（道）</th><th>多选（道）</th><th>单选（道）</th><th>多选（道）</th><th>单选（道）</th><th>多选（道）</th><th>单选（道）</th><th>多选（道）</th></tr>
<tr><td>建设工程项目投资的概念</td><td>1</td><td></td><td>1</td><td></td><td>1</td><td></td><td>1</td><td></td><td></td><td></td></tr>
<tr><td>建设工程项目投资的特点</td><td></td><td></td><td></td><td></td><td></td><td></td><td></td><td></td><td>1</td><td></td></tr>
</table>

### 知识点一　建设工程项目投资的概念

具体内容如表 2-1-2 所示。

**建设工程项目投资的概念**　　**表 2-1-2**

<table>
<tr><td rowspan="9">建设项目总投资</td><td rowspan="8">固定资产投资＝工程造价</td><td rowspan="7">建设投资</td><td rowspan="2">工程费用</td><td>设备及工(器)具购置费</td><td rowspan="6">静态投资部分</td></tr>
<tr><td>建筑安装工程费</td></tr>
<tr><td rowspan="3">工程建设其他费</td><td>建设用地费</td></tr>
<tr><td>与项目建设有关的其他费</td></tr>
<tr><td>与未来生产经营有关的其他费</td></tr>
<tr><td rowspan="2">预备费</td><td>基本预备费</td></tr>
<tr><td>涨价预备费</td><td rowspan="2">动态投资部分</td></tr>
<tr><td colspan="3">建设期利息</td></tr>
<tr><td>流动资产投资</td><td colspan="4">流动资金</td></tr>
</table>

**提示：**区分静态投资部分和动态投资部分的组成。

涨价预备费：国家新批准的税费、汇率、利率变动以及建设期价格变动引起的固定资产投资增加额。

## 典型例题

**【例题 1】**某项目的建筑安装工程费 3000 万元，设备及工（器）具购置费 2000 万元，工程建设其他费用 1000 万元，建设期利息 500 万元，基本预备费 300 万元，则该项目的静态投资为（　　）万元。（2022 年真题）

A. 5800　　B. 6300　　C. 6500　　D. 6800

**【答案】**B

**【解析】**该项目的静态投资＝3000＋2000＋1000＋300＝6300 万元。

**【例题 2】**某生产性项目的建设投资 2000 万元，建设期利息 300 万元，流动资金 500 万元，则该项目的固定资产投资为（　　）万元。（2021 年真题）

A. 2000　　B. 2300　　C. 2500　　D. 2800

**【答案】**B

**【解析】**固定资产投资＝建设投资＋建设期利息＝2000＋300＝2300 万元。

**【例题 3】**某项目的设备及工器具购置费 6000 万元，建筑安装工程费 5000 万元，工程建设其他费 3600 万元，基本预备费 450 万元。涨价预备费 610 万元，建设期利息 650 万元，流动资金 900 万元，则该项目的动态投资部分为（　　）万元。（2023 年真题）

A. 2160　　B. 1260　　C. 1060　　D. 610

**【答案】**B

**【解析】**动态投资部分＝涨价预备费＋建设期利息＝610＋650＝1260 万元。

## 知识点二　建设工程项目投资的特点

（1）建设工程项目投资数额巨大。

（2）建设工程项目投资差异明显。

（3）建设工程项目投资需单独计算。

（4）建设工程项目确定依据复杂（图 2-1-1）。

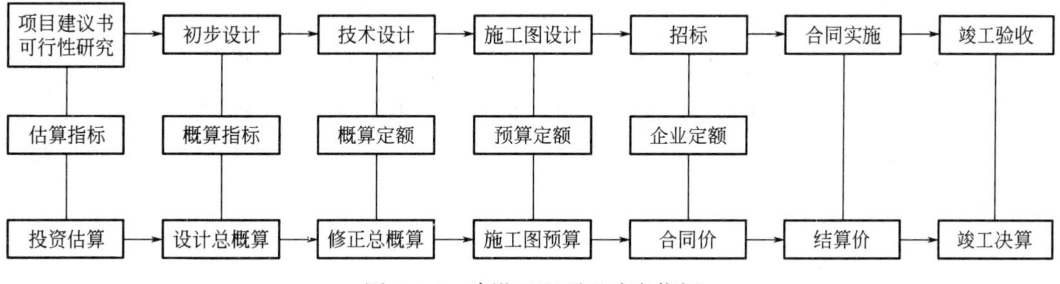


图 2-1-1　建设工程项目确定依据

（5）建设工程项目确定层次繁多。需分别计算分部分项工程投资、单位工程投资、单项工程投资，最后才能汇总形成建设工程项目投资。单项工程是指具有独立的设计文件，竣工后可独立发挥生产能力或工程效益的工程。

（6）建设工程项目需动态跟踪调整。

### 典型例题

**【例题 1】**某新建学校项目由教学楼、行政楼等构成，按建设工程项目的划分层次，行政楼属于（　　）。（2019 年真题）

A. 专业工程　　B. 单项工程　　C. 单位工程　　D. 分项工程

**【答案】**B

**【解析】**在建设工程项目中凡是具有独立的设计文件，竣工后可以独立发挥生产能力或工程效益的工程为单项工程。

**【例题 2】**建设工程项目初步设计，一般依据（　　）编制相应的经济文件。（2016 年真题）

A. 估算指标　　B. 概算指标　　C. 概算定额　　D. 预算定额

**【答案】**B

**【解析】**初步设计，一般依据概算指标编制相应的经济文件。

## 第二节　建设工程投资控制原理

本节知识点如表 2-1-3 所示。

本节知识点　　表 2-1-3

| 知识点 | 2023 年 | | 2022 年 | | 2021 年 | | 2020 年 | | 2019 年 | |
|---|---|---|---|---|---|---|---|---|---|---|
| | 单选（道） | 多选（道） | 单选（道） | 多选（道） | 单选（道） | 多选（道） | 单选（道） | 多选（道） | 单选（道） | 多选（道） |
| 投资控制的目标 | | | | | 1 | | | | | |
| 投资控制的措施 | 1 | | 1 | | | | | | | |

### 知识点一　投资控制的目标

（1）造价形成过程：投资估算→设计概算→施工图预算。

（2）投资估算应是建设工程设计方案选择和进行初步设计的投资控制目标。

（3）设计概算应是进行技术设计和施工图设计的投资控制目标。

（4）施工图预算或建筑安装工程承包合同价则应是施工阶段投资控制的目标。

（5）各个阶段目标相互制约，相互补充，前者控制后者，后者补充前者，共同组成建设工程投资控制的目标系统。

### 典型例题

**【例题】**选择建设工程设计方案和进行初步设计时，应以（　　）作为投资控制的目标。（2021 年真题）

A. 投资估算　　B. 设计概算

C. 施工图预算　　D. 施工预算

**【答案】**A

【解析】投资估算应是建设工程设计方案选择和进行初步设计的投资控制目标。

## 知识点二　投资控制的措施

项目监理机构施工阶段投资控制的措施如表 2-1-4 所示。

项目监理机构施工阶段投资控制的措施　　表 2-1-4

| | |
|---|---|
| 组织措施 | ①落实施工跟踪的人员、任务分工和职能分工<br>②编制投资控制工作计划和详细的工作流程图 |
| 技术措施 | ①严格控制设计变更<br>②继续寻找通过设计挖潜节约投资的可能性<br>③审核施工组织设计，对主要施工方案进行技术经济分析 |
| 合同措施 | ①做好工程施工记录，保存各种文件图纸，特别是注有实际施工变更情况的图纸，注意积累素材，为正确处理可能发生的索赔提供依据。参与处理索赔事宜<br>②参与合同修改、补充工作，着重考虑其对投资控制的影响 |
| 经济措施 | ①编制资金使用计划，确定、分解投资控制目标。对工程项目造价目标进行风险分析，并制定防范性对策<br>②进行工程计量<br>③复核工程付款账单，签发付款证书<br>④定期进行投资实际支出值与计划目标值的比较；发现偏差，分析产生偏差的原因，采取纠偏措施<br>⑤协商确定工程变更的价款。审核竣工结算<br>⑥对工程施工过程中的投资支出做好分析与预测，经常或定期向建设单位提交项目投资控制及其存在问题的报告 |

### 典型例题

【例题 1】下列建设工程投资控制措施中，属于技术措施的是（　　）。(2022 年真题)

A. 明确各管理部门投资控制职责　　B. 安排专人负责投资控制

C. 组织设计方案评审和优化　　D. 在合同中订立成本节超奖罚条款

【答案】C

【解析】选项 A 属于组织措施；选项 B 属于组织措施；选项 C 属于技术措施；选项 D 属于经济措施。

【例题 2】项目监理机构施工阶段投资控制采取的措施中，属于经济措施的是（　　）。(2018 年真题)

A. 控制设计变更　　B. 编制资金使用计划

C. 编制投资控制工作计划　　D. 优化设计节约投资

【答案】B

【解析】选项 A、D 属于技术措施；选项 C 属于组织措施。

# 第三节　建设工程投资控制的主要任务

本节知识点如表 2-1-5 所示。

**本节知识点**　　**表 2-1-5**

| 知识点 | 2023 年 | | 2022 年 | | 2021 年 | | 2020 年 | | 2019 年 | |
|---|---|---|---|---|---|---|---|---|---|---|
| | 单选（道） | 多选（道） | 单选（道） | 多选（道） | 单选（道） | 多选（道） | 单选（道） | 多选（道） | 单选（道） | 多选（道） |
| 我国项目监理机构在建设工程投资控制中的主要工作 | | 1 | | 1 | | 1 | | 1 | | 1 |

## 知识点一　我国项目监理机构在建设工程投资控制中的主要工作

**1. 施工阶段投资控制的主要工作**

1）进行工程计量和付款签证

（1）专业监理工程师对施工单位在工程款支付报审表中提交的工程量和支付金额进行复核，确定实际完成的工程量，提出到期应支付给施工单位的金额，并提出相应的支持性材料；

（2）总监理工程师对专业监理工程师的审查意见进行审核，签认后报建设单位审批；

（3）总监理工程师根据建设单位审批意见，向施工单位签发工程款支付证书。

2）对完成工程量进行偏差分析

3）审核竣工结算款

（1）专业监理工程师审查施工单位提交的竣工结算款支付申请，提出审查意见；

（2）总监理工程师对专业监理工程师的审查意见进行审核，签认后报建设单位审批，同时抄送施工单位，并就工程竣工结算事宜与建设单位、施工单位协商；达成一致意见的，根据建设单位审批意见向施工单位签发竣工结算款支付证书；不能达成一致意见的，应按合同约定处理。

4）处理施工单位提出的工程变更费用

（1）总监理工程师组织专业监理工程师对工程变更费用及工期影响做出评估；

（2）总监理工程师组织建设单位、施工单位共同协商确定工程变更费用及工期变化，会签工程变更单；

（3）项目监理机构可在工程变更实施前与建设单位、施工单位等协商确定工程变更的计价原则、计价方法或价款；

（4）建设单位与施工单位未能就工程变更费用达成协议时，项目监理机构可提出一个暂定价格并经建设单位同意，作为临时支付工程款的依据。工程变更款项最终结算时，应以建设单位与施工单位达成的协议为依据。

5）处理费用索赔

**总结：**施工阶段的任务：计量、付款、审核结算、变更、索赔。

**2. 相关服务阶段投资控制的主要工作**

（1）决策阶段；

（2）工程勘察设计阶段；

（3）工程保修阶段。

提示：掌握施工阶段的任务，相关服务阶段的任务通过排除法应对。

## 典型例题

**【例题 1】**项目监理机构在施工阶段进行投资控制的主要工作有（　　）。（2022 年真题）

A. 组织专家对设计成果进行评审　　B. 审查施工图预算

C. 进行工程计量和付款签证　　D. 审查工程结算报告及保修费用

E. 处理工程变更费用和索赔费用

**【答案】**CE

**【解析】**选项 A、B 属于设计阶段投资控制的工作；选项 D 的审查保修费用属于保修阶段。

**【例题 2】**项目监理机构处理施工单位提出的工程变更费用时，正确的做法有（　　）。（2021 年真题）

A. 自主评估工程变更费用

B. 组织建设单位、施工单位协商确定工程变更费用

C. 根据工程变更引起的费用和工期变化变更施工合同

D. 变更实施前，与建设单位、施工单位协商确定工程变更的计价原则、方法

E. 建设单位与施工单位未能就工程变更费用达成协议时，自主确定一个价格作为最终结算的依据

**【答案】**BD

**【解析】**选项 A，总监理工程师组织专业监理工程师评估，与双方协商；选项 C，与双方协商处理；选项 E，提出一个建设单位同意的暂定价格，作为临时支付的依据。

## 本章精选习题

### 一、单项选择题

1. 下列费用中，属于静态投资的是（　　）。

A. 建设期利息　　B. 工程建设其他费

C. 涨价预备费　　D. 汇率变动增加的费用

2. 某项目，建筑安装工程费 3000 万元，设备工（器）具购置费 4000 万元，工程建设其他费用 600 万元，建设期利息 200 万元，铺底流动资金 160 万元，建设期间主要税种的税额 45 万元，则该项目的静态投资为（　　）万元。

A. 7000　　B. 7600

C. 7700　　D. 7805

3. 某建设项目，建筑安装工程费为40000万元，设备工（器）具费为5000万元，建设期利息为1800万元，工程建设其他费用为4000万元，建设期预备费为9700万元（其中基本预备费为4900万元），项目的铺底流动资金为600万元。则该项目的动态投资部分的金额为（　　）万元。

A. 600　　B. 6600

C. 11500　　D. 59900

4. 下列建设工程项目费用中，属于建筑工程费的是（　　）。

A. 研究试验费　　B. 工程保险费

C. 供水、供电管线安装费　　D. 室外管道铺设费

5. 建设工程项目施工图设计一般依据（　　）编制相应的经济文件。

A. 估算指标　　B. 概算指标

C. 概算定额　　D. 预算定额

6. 下列项目监理机构施工阶段投资控制的措施中，属于技术措施的是（　　）。

A. 审核承包人编制的施工组织设计

B. 复核工程付款账单，签发付款证书

C. 审核竣工结算

D. 编制施工阶段投资控制工作计划

**二、多项选择题**

1. 项目监理机构在施工阶段投资控制的主要工作有（　　）。

A. 进行工程计量　　B. 对完成工程量进行偏差分析

C. 审核竣工结算款　　D. 审核竣工决算款

E. 处理费用索赔

2. 下列工作中，属于工程监理单位提供相关服务的工作内容有（　　）。

A. 审查设计单位提出的设计概算

B. 审查设计单位提出的新材料备案情况

C. 处理施工单位提出的工程变更费用

D. 处理施工单位提出的费用索赔

E. 调查使用单位提出的工程质量缺陷的原因

## 习题答案及解析

**一、单项选择题**

1. **【答案】** B

**【解析】** 固定资产投资可分为静态投资部分和动态投资部分。静态投资部分由建筑安装工程费、设备及工器具购置费、工程建设其他费和基本预备费构成。动态投资部分包括涨价预备费和建设期利息。选项D属于涨价预备费。

2. **【答案】** B

**【解析】** 该项目的静态投资（部分）＝3000＋4000＋600＝7600万元。

3.【答案】B

【解析】动态投资部分的金额＝（9700－4900）＋1800＝6600万元。

4.【答案】D

【解析】建筑工程费是指建设工程涉及范围内的建筑物、构筑物、场地平整、道路、室外管道铺设、大型土石方工程费用等。

5.【答案】D

【解析】施工图设计的依据是预算定额。

6.【答案】A

【解析】选项B、C属于经济措施；选项D属于组织措施。

**二、多项选择题**

1.【答案】ABCE

【解析】选项D，决算由建设单位负责。

2.【答案】ABE

【解析】选项C、D属于施工阶段投资控制的主要工作。

# 第二章 建设工程投资构成

**考纲要求**

1. 建设工程投资构成概述
2. 建筑安装工程费用的组成和计算
3. 设备、工器具购置费用组成和计算
4. 工程建设其他费用、预备费、建设期利息、铺底流动资金组成和计算

## 第一节 建设工程投资构成概述

本节知识点如表 2-2-1 所示。

**本节知识点** **表 2-2-1**

| 知识点 | 2023 年 | | 2022 年 | | 2021 年 | | 2020 年 | | 2019 年 | |
|---|---|---|---|---|---|---|---|---|---|---|
| | 单选（道） | 多选（道） | 单选（道） | 多选（道） | 单选（道） | 多选（道） | 单选（道） | 多选（道） | 单选（道） | 多选（道） |
| 我国现行建设工程投资构成 | | | | | | | 1 | | | |

### 知识点一 我国现行建设工程投资构成

具体内容如表 2-2-2 所示。

**我国现行建设工程投资构成** **表 2-2-2**

<table>
<tr><td rowspan="9">建设项目总投资</td><td rowspan="8">固定资产投资＝工程造价</td><td rowspan="7">建设投资</td><td rowspan="2">工程费用</td><td>设备及工(器)具购置费</td><td rowspan="6">静态投资部分</td></tr>
<tr><td>建筑安装工程费</td></tr>
<tr><td rowspan="3">工程建设其他费</td><td>建设用地费</td></tr>
<tr><td>与项目建设有关的其他费</td></tr>
<tr><td>与未来生产经营有关的其他费</td></tr>
<tr><td rowspan="2">预备费</td><td>基本预备费</td></tr>
<tr><td>涨价预备费</td><td rowspan="2">动态投资部分</td></tr>
<tr><td colspan="3">建设期利息</td></tr>
<tr><td>流动资产投资</td><td colspan="4">流动资金</td></tr>
</table>

## 典型例题

**【例题】**某建设项目，设备工（器）具购置费 1000 万元，建筑安装工程费 1500 万元，工程建设其他费 700 万元，基本预备费 160 万元，涨价预备费 200 万元，则该项目的工程费用为（　　）万元。(2020 年真题)

A. 2500　　　　B. 3200　　　　C. 3360　　　　D. 3560

**【答案】**A

**【解析】**工程费用＝设备及工器具购置费＋建筑安装工程费＝1000＋1500＝2500 万元。

# 第二节　建筑安装工程费用的组成和计算

本节知识点如表 2-2-3 所示。

**本节知识点**　　　　**表 2-2-3**

| 知识点 | 2023 年 | | 2022 年 | | 2021 年 | | 2020 年 | | 2019 年 | |
|---|---|---|---|---|---|---|---|---|---|---|
| | 单选（道） | 多选（道） | 单选（道） | 多选（道） | 单选（道） | 多选（道） | 单选（道） | 多选（道） | 单选（道） | 多选（道） |
| 按费用构成要素划分的建筑安装工程费用项目组成 | 1 | | 2 | 1 | 1 | | 1 | | 2 | 2 |
| 按造价形成划分的建筑安装工程费用项目组成 | 1 | | | 1 | | 1 | | 1 | | |
| 建筑安装工程费用计算方法 | 1 | | 1 | | 1 | | 1 | | 1 | |

## 知识点一　按费用构成要素划分的建筑安装工程费用项目组成

按费用构成要素划分的建筑安装工程费用组成如图 2-2-1 所示。

**1. 人工费**

(1) 计时工资或计件工资。

(2) 奖金：超额劳动、增收节支，如节约奖、劳动竞赛奖。

(3) 津贴补贴：流动施工、特殊地区施工、高温（寒）作业临时施工、高空津贴、物价补贴等。

(4) 加班加点工资。

(5) 特殊情况下支付的工资：工伤、产假、婚丧假、生育假、事假、停工学习、执行国家或社会义务等。

**2. 材料费**

材料费单价包括：材料原价、材料运杂费、运输损耗费、采购及保管费。

**3. 施工机具使用费**

(1) 施工机械台班单价包括：折旧费、检修费、维护费、安拆费及场外运费、人工费、燃料动力费、税费。

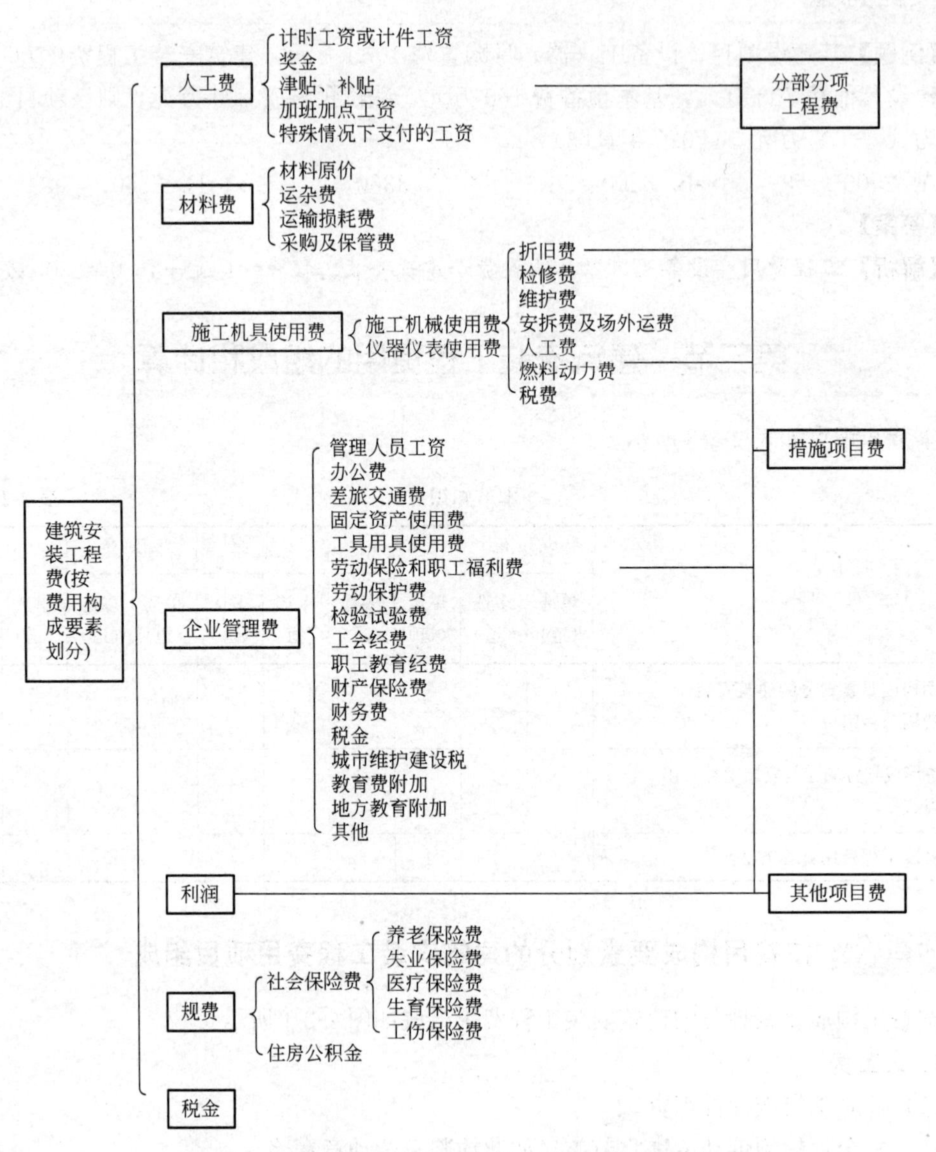


图 2-2-1　建筑安装工程费用组成（按费用构成要素划分）

（2）仪器仪表使用费是指工程施工所需使用的仪器仪表的摊销及维修费用。

**4. 企业管理费**

其组成如图 2-2-1 所示，着重记忆检验试验费、财务费的概念。

（1）检验试验费是指施工企业按照有关标准规定，对建筑以及材料、构件和建筑安装物进行一般鉴定、检查所发生的费用，包括自设试验室进行试验所耗用的材料等费用。不包括新结构、新材料的试验费，对构件做破坏性试验及其他特殊要求检验试验的费用和建设单位委托检测机构进行检测的费用，对此类检测发生的费用，由建设单位在工程建设其他费用中列支。但对施工企业提供的具有合格证明的材料进行检测不合格的，该检测费用由施工企业支付。

（2）财务费是指筹集资金或提供预付款担保、履约担保、职工工资支付担保所发生的各种费用。

（3）税率（表2-2-4）。

税率 表2-2-4

<table>
<tr><td rowspan="3">城市维护建设税</td><td>纳税人所在地在市区的</td><td>7%</td></tr>
<tr><td>纳税人所在地在县城、镇的</td><td>5%</td></tr>
<tr><td>纳税人所在地不在市区、县城或镇的</td><td>1%</td></tr>
<tr><td>教育费附加</td><td rowspan="2">计税依据：实际缴纳的增值税和消费税</td><td>3%</td></tr>
<tr><td>地方教育附加</td><td>2%</td></tr>
</table>

## 典型例题

**【例题1】**下列费用中，属于建筑安装工程费中人工费的是（ ）。（2022年真题）

A. 职工福利费 B. 高空作业津贴 C. 养老保险费 D. 工伤保险费

**【答案】**B

**【例题2】**施工企业按照有关标准规定，对建筑及材料、构件和建筑安装物进行一般鉴定、检查所发生的费用属于建筑安装工程费中的（ ）。（2022年真题）

A. 材料费 B. 规费 C. 企业管理费 D. 仪器仪表使用费

**【答案】**C

**【例题3】**按费用构成要素划分，下列费用中，属于建筑安装工程费用中企业管理费的是（ ）。（2021年真题）

A. 工伤保险费 B. 养老保险费 C. 劳动保护费 D. 流动施工津贴

**【答案】**C

**【解析】**选项A、B属于规费；选项D属于人工费。

**【例题4】**下列费用中，属于建筑安装工程施工机具使用费的有（ ）。（2019年真题）

A. 施工机械临时故障排除所需的费用

B. 机上司机的人工费

C. 财产保险费

D. 仪器仪表使用费

E. 施工机械检修费

**【答案】**ABDE

**【解析】**选项C属于企业管理费。

**【例题5】**纳税人所在地在县城、镇的，城市维护建设投资税率为（ ）。（2023年真题）

A. 1% B. 3% C. 5% D. 7%

**【答案】**C

**【解析】**城市维护建设税税率如下：纳税人所在地在市区的，税率为7%；纳税人所在地在县城、镇的，税率为5%；纳税人所在地不在市区、县城或者镇的，税率为1%。

## 知识点二 按造价形成划分的建筑安装工程费用项目组成

按造价形成划分的建筑安装工程费用组成如图 2-2-2 所示。

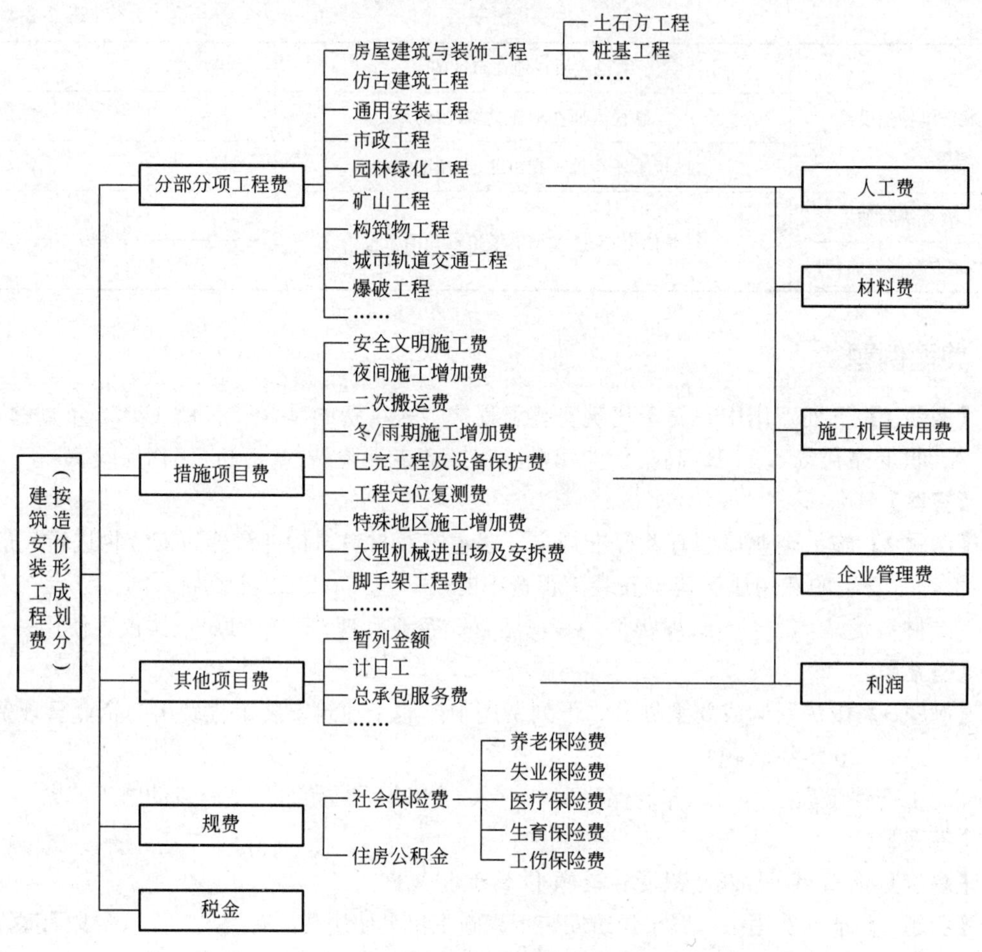


图 2-2-2 建筑安装工程费用组成（按造价形成划分）

（1）安全文明施工费包括：环境保护费、文明施工费、安全施工费、临时设施费、建筑工人实名制管理费。

（2）其他项目费（表 2-2-5）。

**其他项目费** **表 2-2-5**

| | |
|---|---|
| 暂列金额 | 建设单位在工程量清单中暂定并包括在工程合同价款中的一笔款项。用于施工合同签订时尚未确定或者不可预见的所需材料、工程设备、服务的采购，施工中可能发生的工程变更、合同约定调整因素出现时的工程价款调整以及发生的索赔、现场签证确认等的费用 |
| 计日工 | 施工企业完成建设单位提出的施工图纸以外的零星项目或工作所需的费用 |
| 总承包服务费 | 总承包人为配合、协调建设单位进行的专业工程发包，对建设单位自行采购的材料、工程设备等进行保管以及管理、竣工资料等服务所需的费用 |

## 典型例题

**【例题 1】** 施工合同签订时尚未确定或者不可预见的所需材料、工程设备、服务的采购、施工中可能发生的工程变更、合同约定调整因素出现时的工程价款调整等费用应列入（　　）。(2023 年真题)

A. 暂列金额　　B. 总承包服务费

C. 计日工　　D. 措施项目费

**【答案】** A

**【例题 2】** 下列费用中，属于建筑安装工程安全文明施工费的有（　　）。（2022 年真题）

A. 环境保护费　　B. 医疗保险费

C. 施工单位临时设施费　　D. 建筑工人实名制管理费

E. 已完工程及设备保护费

**【答案】** ACD

**【解析】** 安全文明施工费包括：①环境保护费；②文明施工费；③安全施工费；④临时设施费；⑤建筑工人实名制管理费。

## 知识点三　建筑安装工程费用计算方法

具体内容如表 2-2-6 所示。

建筑安装工程费用计算方法　　表 2-2-6

| | |
|---|---|
| 人工费 | 人工费＝Σ(工日消耗量×日工资单价) |
| 材料费 | 材料单价＝[(材料原价＋运杂费)×(1＋运输损耗率)]×(1＋采购保管费率) |
| 施工机具使用 | 施工机械台班单价＝台班折旧费＋台班检修费＋台班维护费＋台班安拆费及场外运费＋台班人工费＋台班燃料动力费＋台班车船税费<br>台班折旧费＝$\frac{机械预算价格\times(1-残值率)}{耐用总台班}$ |
| 税金 | 一般计税，增值税销项税额＝税前造价×9%，税前造价需扣除进项税<br>简易计税，应纳增值税额＝税前造价×3%，税前造价不需扣除进项税 |

## 典型例题

**【例题 1】** 某项目分部分项工程费 3000 万元，措施项目费 90 万元，其中安全文明施工费 60 万元，其他项目费 80 万元，规费 40.5 万元，以上费用均不含增值税进项税额。则该项目的增值税销项税额为（　　）万元。(2022 年真题)

A. 96.315　　B. 283.545　　C. 288.945　　D. 321.050

**【答案】** C

**【解析】** 销项税额＝(3000＋90＋80＋40.5)×9%＝288.945 万元。

**【例题 2】** 某材料的出厂价为 2000 元/t，运杂费为 90 元/t，运输损耗率为 1%，采购保管费率为 2%，则该材料的预算单价为（　　）元/t。(2021 年真题)

A. 2150.40　　B. 2151.30　　C. 2152.20　　D. 2153.12

**【答案】** D

**【解析】** 材料单价＝［（材料原价＋运杂费）×（1＋运输损耗率）］×［1＋采购保管费率］＝（2000＋90）×（1＋1％）×（1＋2％）＝2153.12 元/t。

**【例题 3】** 当采用一般计税方法计算计入建筑安装工程造价的增值税销项税额时，增值税的税率为（　　）。（2020 年真题）

A. 3％　　B. 6％　　C. 9％　　D. 13％

**【答案】** C

**【解析】** 当采用一般计税方法时，建筑业增值税税率为 9％。

建筑安装工程计价公式如下：

（1）分部分项工程费：

分部分项工程费＝Σ（分部分项工程量×综合单价）。

综合单价包括人工费、材料费、施工机具使用费、企业管理费和利润，以及一定范围的风险费用。

（2）措施项目费：

具体内容如表 2-2-7 所示。

**措施项目费**　　　　**表 2-2-7**

| | |
|---|---|
| 总价措施项目费 | 安全文明施工费<br>夜间施工增加费<br>二次搬运费<br>冬/雨期施工增加费<br>已完工程及设备保护费 |
| 单价措施项目费 | 大型机械设备进出场及安拆费<br>脚手架工程费 |

（3）其他项目费：

暂列金额：建设单位掌握使用，扣除合同价款调整后，如有余额，归建设单位。

计日工：由建设单位和施工企业按施工过程中的签证计价。

总承包服务费：总承包服务费由建设单位在最高投标限价根据总包服务范围和有关计价规定编制，施工企业投标时自主报价，施工过程中按签约合同价执行。

**【例题 4】** 下列费用中，属于建筑安装工程措施项目费的有（　　）。（2021 年真题）

A. 建筑工人实名制管理费　　B. 大型机械进出场及安拆费

C. 建筑材料鉴定、检查费　　D. 工程定位复测费

E. 施工单位临时设施费

**【答案】** ABDE

**【解析】** 选项 C，一般的鉴定、检查费属于企业管理费中的检验试验费。

**【例题 5】** 某综合办公楼项目，建筑分部分项工程费为 4500 万元，安装分部分项工程费为 2500 万元，装饰装修分部分项工程费为 3000 万元。人工费占分部分项工程费的 30％；措施项目费以分部分项工程费为计算基础，措施项目费费率为 5％；其他项目费

合计1200万元；规费以人工费为计费基础，规费费率为15%；增值税税率为9%。以上费用均不含增值税进项税额，则该项目的建筑安装工程费为（　　）万元。（2023年真题）

A. 11700.0　　B. 12150.0

C. 13203.0　　D. 13243.5

【答案】D

【解析】分部分项工程费＝4500＋2500＋3000＝10000万元；措施项目费＝10000×5%＝500万元；其他项目费＝1200万元；规费＝10000×30%×15%＝450万元；税金＝(10000＋500＋1200＋450)×9%＝1093.5万元。合计＝10000＋500＋1200＋450＋1093.5＝13243.5万元。

## 第三节　设备、工器具购置费用组成和计算

本节知识点如表2-2-8所示。

本节知识点　　表2-2-8

| 知识点 | 2023年 | | 2022年 | | 2021年 | | 2020年 | | 2019年 | |
|---|---|---|---|---|---|---|---|---|---|---|
| | 单选（道） | 多选（道） | 单选（道） | 多选（道） | 单选（道） | 多选（道） | 单选（道） | 多选（道） | 单选（道） | 多选（道） |
| 设备购置费组成和计算 | 1 | | 1 | | 1 | | 1 | | 1 | |

### 知识点一　设备购置费组成和计算

设备购置费由设备原价或进口设备抵岸价和设备运杂费共同构成。

设备原价：

（1）国内采购原价：出厂价格。

（2）进口设备的原价＝抵岸价＝到岸价＋进口从属费用（银行财务费、外贸手续费、关税、消费税、增值税），计算方法如表2-2-9所示。

不同价格的计算方法汇总　　表2-2-9

| | |
|---|---|
| 到岸价 | 到岸价＝离岸价＋国际运费＋国外运输保险费 |
| 国外运输保险费 | 运输保险费$=\dfrac{\text{原币货价(FOB)}+\text{国际运费}}{1-\text{保险费率}}\times$保险费率<br>运输保险费＝到岸价×保险费费率 |
| 关税 | 关税＝到岸价×关税税率 |
| 进口环节增值税 | 增值税＝增值税的计税价格×增值税税率＝(到岸价＋关税＋消费税)×增值税税率 |

典型例题

【例题1】某进口设备按人民币计算，离岸价为100万元，到岸价为112万元，增值税

税率为13%，进口关税税率为5%。则该进口设备的关税为（　）万元。（2022年真题）

A. 5.000　　B. 5.600

C. 5.650　　D. 6.328

**【答案】**B

**【解析】**进口关税＝到岸价×人民币外汇牌价×进口关税率＝112×5%＝5.6万元。

**【例题2】**某进口设备，装运港船上交货价（FOB）为70万美元，到岸价（CIF）为78万美元，关税税率为10%，增值税税率为13%，美元汇率为：1美元＝6.9元人民币，则该进口设备的增值税为人民币（　）万元。（2023年真题）

A. 62.7900　　B. 69.9660

C. 76.2450　　D. 76.9626

**【答案】**D

**【解析】**进口设备的增值税＝（到岸价＋关税＋消费税）×增值税率＝（78×6.9）×（1＋10%）×13%＝76.9626万元。

**【例题3】**某进口设备，按人民币计算的离岸价为2000万元，国外运费160万元，国外运输保险费9万元，银行财务费8万元。则该设备进口关税的计算基数是（　）万元。（2017年真题）

A. 2000　　B. 2160

C. 2169　　D. 2177

**【答案】**C

**【解析】**关税计算基础是到岸价，到岸价＝2000＋160＋9＝2169万元。

## 第四节　工程建设其他费用、预备费、建设期利息、铺底流动资金组成和计算

本节知识点如表2-2-10所示。

本节知识点　　表2-2-10

| 知识点 | 2023年 | | 2022年 | | 2021年 | | 2020年 | | 2019年 | |
|---|---|---|---|---|---|---|---|---|---|---|
| | 单选（道） | 多选（道） | 单选（道） | 多选（道） | 单选（道） | 多选（道） | 单选（道） | 多选（道） | 单选（道） | 多选（道） |
| 工程建设其他费用 | | 1 | | | | 1 | | 1 | | 1 |
| 预备费 | | | | | | | | | | |
| 建设期利息 | 1 | | | | 1 | | | | 1 | |
| 铺底流动资金 | | | | | | | | | | |

### 知识点一　工程建设其他费用

**1. 建设用地费**

具体内容如表2-2-11所示。

建设用地费　　表 2-2-11

| 农用土地征用费 | 取得国有土地使用费 |
|---|---|
| ①土地补偿费(地)<br>②安置补助费(人)<br>③农民村民住宅、其他地上附着物和青苗的补偿费(物) | ①土地使用权出让金<br>②城市建设配套费<br>③拆迁补偿与临时安置补助费 |

## 典型例题

**【例题 1】** 取得国有土地使用费包括（　　）。(2019 年真题)

A. 土地使用权出让金　　B. 青苗补偿费

C. 城市建设配套费　　D. 拆迁补偿费

E. 临时安置补助费

**【答案】** ACDE

**【解析】** 取得国有土地使用费包括：土地使用权出让金、城市建设配套费、拆迁补偿与临时安置补助费等。选项 B 属于农用土地征用费。

**2. 与项目建设有关的其他费用**

(1) 建设单位管理费：

建设单位开办费：所需办公设备、生活家具、用具、交通工具等购置费用。

建设单位经费：工作人员的基本工资、工资性津贴、职工福利费、劳动保护费、劳动保险费、办公费、差旅交通费、工会经费、工程咨询费、法律顾问费、审计费、工程招标费、业务招待费、排污费、竣工交付使用清理及竣工验收费等。

(2) 可行性研究费。

(3) 研究试验费：

为建设工程提供或验证设计参数、数据资料等进行必要的研究试验以及设计规定在施工中进行的试验、验证所需费用，包括自行或委托其他部门研究试验所需的人工费、材料费、试验设备及仪器使用费，支付的科技成果、先进技术的一次性技术转让费。

(4) 勘察设计费。

(5) 专项评价费（评价、评估、专项验收费）。

(6) 临时设施费：

建设期间建设单位所需临时设施的搭设、维修、摊销费用或租赁费用。

临时设施费＝建筑安装工程费×临时设施费标准。

(7) 建设工程监理费。

(8) 工程保险费。

(9) 引进技术和进口设备其他费：

出国人员费用、来华人员费用、技术引进费、利息、担保费、检验鉴定费。

(10) 特殊设备安全监督检验费。

(11) 市政公用设施费。

**【例题 2】** 引进技术和进口设备其他费包括（　　）。(2021 年真题)

A. 外贸手续费　　B. 银行手续费

C. 国外工程技术人员的来华费用　　D. 分期和延期付款的利息

E. 进口设备检测鉴定费用

**【答案】** CDE

**【解析】** 引进技术和进口设备其他费包括出国人员费用、国外工程技术人员来华费用、技术引进费、分期或延期付款利息、担保费以及进口设备检验鉴定费用。

**3. 与未来企业生产经营有关的其他费用**

（1）联合试运转费：

对整个生产线或装置进行负荷联合试运转所发生的费用。

不包括：设备安装工程费开支的单台设备调试及无负荷联动试运转费。

（2）生产准备费。

（3）办公和生活家具购置费。

**【例题 3】** 下列费用中，属于工程建设其他费的有（　　）。（2023 年真题）

A. 工程招标费　　B. 环境影响评价费

C. 单台设备调试费　　D. 进口设备检验鉴定费

E. 生产准备费

**【答案】** ABDE

**【解析】** 选项 C 属于设备安装工程费。

**【例题 4】** 下列费用中，属于工程建设其他费用的有（　　）。（2019 年真题）

A. 进口设备检验鉴定费　　B. 施工单位临时设施费

C. 建设单位临时设施费　　D. 环境影响评价费

E. 进口设备银行手续费

**【答案】** ACD

**【解析】** 选项 B 属于建筑安装工程费；选项 E 属于设备及工器具购置费。

## 知识点二　预备费

**1. 基本预备费**

项目实施中可能发生难以预料的支出，需要预先预留的费用，又称不可预见费。主要指设计变更及施工过程中可能增加工程量的费用。

基本预备费＝（工程费用＋工程建设其他费用）×费率。

**2. 涨价预备费**

为在建设期内利率、汇率或价格等因素的变化而预留的可能增加的费用，亦称为价格变动不可预见费。

费用内容包括：①人工、设备、材料、施工机具的价差费；②建筑安装工程费及工程建设其他费用调整；③利率、汇率调整等增加的费用。

计算公式如下：

$$P=\sum_{t=1}^{n}I_t[(1+f)^m(1+f)^{0.5}(1+f)^{t-1}-1]$$

式中：$P$——涨价预备费；

$n$——建设期年份数；

$I_t$——估算静态投资额中第 $t$ 年的工程费用、工程建设其他费及基本预备费；

$f$——投资价格指数；

$m$——建设前期年限（从编制概算到开工建设，单位：年）。

### 典型例题

**【例题 1】**某工程，设备及工器具购置费为 5000 万元，建筑安装工程费为 10000 万元，工程建设其他费为 4000 万元，铺底流动资金为 6000 万元，基本预备费率为 5%。该项目估算的基本预备费为（　　）万元。

A. 500　　B. 750　　C. 950　　D. 1250

**【答案】**C

**【解析】**基本预备费＝（工程费用＋工程建设其他费用）×基本预备费率＝（5000＋10000＋4000）×5%＝950 万元。

**【例题 2】**某建设项目静态投资 20000 万元，项目建设前期年限为 1 年，建设期为 2 年，计划每年完成投资 50%，年均投资价格上涨率为 5%，该项目建设期涨价预备费为（　　）万元。

A. 1006.25　　B. 1525.00　　C. 2056.56　　D. 2601.25

**【答案】**C

**【解析】**第一年的涨价预备费＝10000×［$(1+5\%)^{1+1-0.5}-1$］＝759.30 万元，第二年的涨价预备费＝10000×［$(1+5\%)^{1+2-0.5}-1$］＝1297.26 万元，涨价预备费合计＝759.30＋1297.26＝2056.56 万元。

## 知识点三　建设期利息

项目借款在建设期内发生并计入固定资产的利息。

为了简化计算，在编制投资估算时通常假定借款均在每年的年中支用，借款第一年按半年计息，其余各年份按全年计息。

$$各年应计利息=\left(年初借款本息累计+\frac{本年借款额}{2}\right)\times 年利率。$$

### 典型例题

**【例题】**某新建项目，建设期 2 年，计划向银行借款 9000 万元，第一年借款 5000 万元，第二年借款 4000 万元，年利率为 5%，则该项目估算的建设期利息为（　　）万元。（2023 年真题）

A. 250.00　　B. 356.25

C. 481.25　　D. 712.50

**【答案】**C

**【解析】**第一年利息＝5000/2×5%＝125 万元；第二年利息＝（5000＋125＋4000/2）×5%＝356.25 万元。建设期利息合计＝125＋356.25＝481.25 万元。

## 知识点四　铺底流动资金

是指生产性建设工程为保证生产和经营正常进行，按规定应列入建设工程总投资的铺底流动资金。一般按流动资金的30%计算。

## 本章精选习题

### 一、单项选择题

1. 根据现行规定，因病假、停工学习等原因，按计时工资标准或计时工资标准的一定比例支付的工资，属于（　　）。

A. 计时工资或计件工资　　B. 特殊情况下支付的工资

C. 劳动保险和职工福利费　　D. 劳动保护费

2. 根据《建筑安装工程费用项目组成》（建标〔2013〕44号），工程施工中所使用的仪器仪表维修费应计入（　　）。

A. 施工机具使用费　　B. 工具用具使用费

C. 固定资产使用费　　D. 企业管理费

3. 按照有关标准规定，对建筑以及材料、构件和建筑安装物进行一般鉴定、检验所发生的费用在（　　）中列支。

A. 材料费　　B. 企业管理费

C. 规费　　D. 工程建设其他费用

4. 根据《建筑安装工程费用项目组成》（建标〔2013〕44号），暂列金额可用于支付（　　）。

A. 施工中发生设计变更增加的费用

B. 施工企业完成建设单位提出的施工图纸以外的零星项目

C. 因承包人原因导致隐蔽工程质量不合格的返工费用

D. 对甲供材、工程设备等进行保管费用

5. 下列费用中，属于规费的是（　　）。

A. 环境保护费　　B. 文明施工费

C. 社会保险费　　D. 安全施工费

6. 已知某政府办公楼项目，税前造价为2000万元，其中包含增值税可抵扣进项税额150万元，若采用一般计税方法，则该项目建筑安装工程造价为（　　）万元。

A. 2180.0　　B. 166.5

C. 2330.0　　D. 2016.5

7. 根据《建筑安装工程费用项目组成》（建标〔2013〕44号）的规定，计算社会保险费和住房公积金时，应当以（　　）作为计算基数。

A. 定额人工费　　B. 分部分项工程费

C. 人工费和机械费合计　　D. 定额基价

8. 根据《建筑安装工程费用项目组成》（建标〔2013〕44号）的规定，可以利用综合单价法计算的措施项目费，包括（　　）。

A. 安全文明施工费　　B. 夜间施工增加费

C. 已完工程及设备保护费　　D. 脚手架工程费

9. 某建设工程项目的造价中人工费为3000万元，材料费为6000万元，施工机具使用费为1000万元，企业管理费为400万元，利润800万元，规费300万元，各项费用均不包括含增值税可抵扣进项税额，增值税税率为9%，则该工程的最高投标限价为（　　）万元。

A. 12535　　B. 1035

C. 11500　　D. 1008

10. 某工程采购的国产标准设备，设备制造厂交货地点出厂价为50万元，设备运输包装费用为2万元，运输及装卸费用为4万元，采购与保管费用为1万元。则该设备的购置费用为（　　）万元。

A. 50　　B. 52

C. 54　　D. 57

11. 若进口设备采用装运港船上交货价，则卖方的责任有（　　）。

A. 负责租船订舱，支付运费　　B. 负责运输保险及支付保险费

C. 办理在目的港的进口手续　　D. 负责货物装船前的一切风险和费用

12. 某进口设备离岸价（FOB）为585万元，国际运费率为12%，海上保险费率为0.3%，关税税率为20%，则该设备的到岸价为（　　）万元。

A. 655.20　　B. 651.12

C. 657.17　　D. 678.56

13. 进口一套机械设备，离岸价（FOB）为40万美元，国际运费为5万美元，国外运输保险费为1.2万美元，关税税率为22%，汇率为1美元＝6.10元人民币，则该套机械设备应缴纳的进口关税为（　　）万元人民币。

A. 53.68　　B. 55.29

C. 60.39　　D. 62.00

14. 某进口设备，按人民币计算的离岸价格210万元，国外运费5万元，国外运输保险费0.9万元。进口关税税率10%，增值税税率13%，不征收消费税，则该进口设备应纳增值税税额为（　　）万元。

A. 27.300　　B. 28.067

C. 30.797　　D. 30.874

15. 进口设备的原价是指进口设备的（　　）。

A. 到岸价　　B. 抵岸价

C. 离岸价　　D. 运费在内价

16. 根据设计要求，在施工过程中对某屋架结构进行破坏性试验，以提供和验证设计数据，则该项费用应在（　　）中支出。

A. 研究试验费　　B. 临时设施费

C. 建设单位管理费　　D. 勘察设计费

17. 估算建设工程投资时，需要预留项目实施中可能发生，但难以预料的工程量增加的费用，该费用属于（　　）。

A. 建筑安装工程费　　B. 勘察设计费

C. 基本预备费　　D. 工程保险费

18. 某项目的建筑安装工程费为2000万元，设备购置费为600万元，工程建设其他费为100万元，建设期利息为60万元，铺底流动资金为160万元。若基本预备费的费率为10%，则基本预备费为（　　）万元。

A. 260　　B. 270

C. 276　　D. 292

19. 某建设项目建安工程费为1500万元，设备购置费400万元，工程建设其他费300万元。已知基本预备费费率为5%，项目建设前期年限为0.5年，建设期为2年，每年完成投资的50%，年均投资价格上涨率为7%，则该项目的第二年的涨价预备费为（　　）万元。

A. 110.00　　B. 80.85

C. 167.36　　D. 358.21

20. 某生产性建设项目，其建设投资为10000万元，流动资金为3000万元，则铺底流动资金应为（　　）万元。

A. 7000　　B. 3000

C. 900　　D. 2100

21. 某招标工程，分部分项工程费为41000万元（其中定额人工费占15%），措施项目费以分部分项工程费的2.5%计算，暂列金额800万元，规费以定额人工费为基础计算，规费费率为8%，税率为9%。以上费用均不含增值税进项税额，则该工程的最高投标限价为（　　）万元。

A. 46343.530　　B. 47143.530

C. 47215.530　　D. 47247.794

22. 设备的无负荷联动试运转费用属于建设工程总投资中的（　　）。

A. 设备及工器具购置费　　B. 建筑安装工程费

C. 工程建设其他费用　　D. 预备费

23. 某新建项目，建设期2年，计划银行贷款3000万元，第1年贷款1800万元，第2年贷款1200万元，年利率5%，则该项目估算的建设期利息为（　　）万元。

A. 90.00　　B. 167.25

C. 240.00　　D. 244.50

**二、多项选择题**

1. 下列费用中，属于建筑安装工程人工费的有（　　）。

A. 特殊地区施工津贴　　B. 劳动保护费

C. 社会保险费　　D. 职工福利费

E. 支付给个人的物价补贴

2. 下列费用中，属于建筑安装工程企业管理费的有（　　）。

A. 职工教育经费　　B. 社会保险费

C. 特殊地区施工津贴　　D. 劳动保护费

E. 夏季防暑降温费

3. 根据《建筑安装工程费用项目组成》（建标〔2013〕44号），在材料费中，应该包括（　　）。

A. 原价　　B. 运杂费
C. 检验试验费　　D. 采购及保管费
E. 运输损耗费

4. 根据《建筑安装工程费用项目组成》（建标〔2013〕44号）规定，企业管理费包括（　　）。

A. 办公费　　B. 津贴补贴
C. 财产保险费　　D. 新结构、新材料的试验费
E. 一般鉴定、检查所发生的费用

5. 根据《建筑安装工程费用项目组成》（建标〔2013〕44号）的规定，分部分项工程费、措施项目费、其他项目费中，可以包含人工费、材料费、施工机具使用费以及（　　）。

A. 企业管理费　　B. 利润
C. 规费　　D. 税金
E. 设备购置费

6. 进口设备采用装运港船上交货时，买方的责任有（　　）。

A. 承担货物装船前的一切费用　　B. 承担货物装船后的一切费用
C. 负责租船或订舱，支付费用　　D. 负责办理保险及支付保险费
E. 提供出口国有关方面签发的证件

7. 进口设备抵岸价的构成部分有（　　）。

A. 设备到岸价　　B. 外贸手续费
C. 设备运杂费　　D. 进口设备增值税
E. 进口设备检验鉴定费

8. 下述属于设备工器具购置费的有（　　）。

A. 国产设备从交货地点至工地仓库的运费
B. 进口设备银行财务费
C. 进口设备检验鉴定费
D. 进口设备仓库保管费
E. 为进口设备而出国的人员差旅费

9. 下列工程建设其他费用中，属于建设单位管理费的有（　　）。

A. 工程招标费　　B. 可行性研究费
C. 联合试运转费　　D. 竣工验收费
E. 建设工程监理费

10. 下列费用中，属于引进技术和进口设备其他费的有（　　）。

A. 单台设备调试费用　　B. 进口设备检验鉴定费用
C. 设备无负荷联动试运转费用　　D. 国外工程技术人员来华费用
E. 生产职工培训费用

11. 某项目，建设期为2年，现金来源部分为银行贷款，贷款年利率为4%，按年计息且建设期不支付利息，第一年贷款额1500万元，第二年贷款额1000万元，假设贷款在每年的年中支付，建设期贷款利息的计算，正确的有（　　）。

A. 第一年的利息为 30 万元
B. 第二年的利息为 60 万元
C. 第二年的利息为 81.2 万元
D. 第二年的利息为 82.4 万元
E. 两年的总利息为 112.4 万元

## 习题答案及解析

### 一、单项选择题

1. **【答案】** B

**【解析】** 特殊情况下支付的工资：工伤、产假、婚丧假、生育假、事假、停工学习、执行国家或社会义务等。

2. **【答案】** A

**【解析】** 根据现行规定，在建筑安装工程费用中，施工机具使用费包括施工机械使用费和仪器仪表使用费两大部分。

3. **【答案】** B

**【解析】** 检验试验费是指施工企业按照有关标准规定，对建筑以及材料、构件和建筑安装物进行一般鉴定、检查所发生的费用，包括自设试验室进行试验所耗用的材料等费用，属于企业管理费。

4. **【答案】** A

**【解析】** 暂列金额用于施工合同签订时尚未确定或者不可预见的所需材料、工程设备、服务的采购，施工中可能发生的工程变更、合同约定调整因素出现时的工程价款调整以及发生的索赔、现场签证确认等的费用。

5. **【答案】** C

**【解析】** 选项 A、B、D 属于安全文明施工费。

6. **【答案】** D

**【解析】** 建筑安装工程造价＝（2000－150）×（1＋9%）＝2016.5 万元。

7. **【答案】** A

**【解析】** 在规费中，社会保险费和住房公积金＝∑（定额人工费×社会保险费和住房公积金费率）。

8. **【答案】** D

**【解析】** 以利用综合单价法计算的措施项目费包括大型机械设备进出场及安拆费、脚手架工程费。

9. **【答案】** A

**【解析】** 税金＝（3000＋6000＋1000＋400＋800＋300）×9%＝1035 万元，最高投标限价＝ 3000＋6000＋1000＋400＋800＋300＋1035＝12535 万元。

10. **【答案】** D

**【解析】** 设备的购置费用＝50＋2＋4＋1＝57 万元。

11. **【答案】** D

**【解析】** 进口设备采用不同的交货方式，导致买卖双方的责任、风险以及费用构成等不同。装运港船上交货类，卖方负责货物装船前的一切风险和费用。

12.【答案】C

【解析】关税完税价格＝到岸价＝离岸价＋国际运费＋运输保险费；

离岸价＝585 万元；

国际运费＝585×12％＝70.2 万元；

海上运输保险费＝（585＋70.2）/（1－0.3％）×0.3％＝1.972 万元；

到岸价＝585＋70.2＋1.972＝657.17 万元。

13.【答案】D

【解析】关税＝到岸价×关税税率＝（40＋5＋1.2）×6.10×22％＝62.00 万元。

14.【答案】D

【解析】进口设备到岸价＝离岸价＋国外运费＋国外运输保险费＝210＋5＋0.9＝215.9 万元，进口设备增值税税额＝（到岸价＋进口关税＋消费税）×增值税率＝（215.9＋215.9×10％）×13％＝30.874 万元。

15.【答案】B

【解析】进口设备的原价是指进口设备的抵岸价。

16.【答案】A

【解析】无论是自行研究，还是委托研究，通过破坏性试验提供和验证的设计数据所需的费用，均属建设单位的研究试验费。注意其与企业管理费中的检验试验费的区别。

17.【答案】C

【解析】基本预备费是项目实施中可能发生难以预料的支出，需要预先预留的费用，又称不可预见费。主要指设计变更及施工过程中可能增加工程量的费用。

18.【答案】B

【解析】基本预备费＝（2000＋600＋100）×10％＝270 万元。

19.【答案】C

【解析】基本预备费＝（1500＋400＋300）×5％＝110 万元；

静态投资＝1500＋400＋300＋110＝2310 万元；

建设期第一年投资＝2310×50％＝1155 万元；

第 1 年涨价预备费＝1155×$[(1+7\%)^{0.5}\times(1+7\%)^{0.5}\times(1+7\%)^{1-1}-1]$＝80.85 万元；

建设期第二年投资＝2310×50％＝1155 万元；

第 2 年涨价预备费＝1155×$[(1+7\%)^{0.5}\times(1+7\%)^{0.5}\times(1+7\%)^{2-1}-1]$＝167.36 万元。

20.【答案】C

【解析】生产性建设项目的总投资中，应该考虑流动资金；铺底流动资金通常取全部流动资金数量的 30％。

21.【答案】C

【解析】分部分项工程费＝41000 万元；措施项目费＝41000×2.5％＝1025 万元；其他项目费＝800 万元；规费＝41000×15％×8％＝492 万元。最高投标限价＝（41000＋

1025＋800＋492）×（1＋9％）＝47215.530万元。

22.【答案】B

【解析】设备安装工程费包含单台设备调试及无负荷联动试运转费。

23.【答案】B

【解析】建设期第1年应计利息：1800/2×5％＝45（万元），第2年应计利息：（1800＋45＋1200/2）×5％＝122.25万元，建设期利息＝45＋122.25＝167.25万元。

二、多项选择题

1.【答案】AE

【解析】选项B、D属于企业管理费；选项C属于规费。

2.【答案】ADE

【解析】选项B属于规费，选项C属于人工费。

3.【答案】ABDE

【解析】材料费包括：材料原价；运杂费；运输损耗费；采购及保管费。

4.【答案】ACE

【解析】选项B属于人工费；选项D属于工程建设其他费。

5.【答案】AB

【解析】根据《建筑安装工程费用项目组成》（建标〔2013〕44号），分部分项工程费、措施项目费、其他项目费可以包含人工费、材料费、施工机具使用费、企业管理费和利润。

6.【答案】BCD

【解析】采用装运港船上交货价时，买方的责任是：负责租船或订舱，支付运费，并将船期、船名通知卖方；承担货物装船后的一切费用和风险；负责办理保险及支付保险费，办理在目的港的进口和收货手续；接受卖方提供的有关装运单据，并按合同规定支付货款。

7.【答案】ABD

【解析】进口设备抵岸价＝货价＋国外运费＋国外运输保险费＋银行财务费＋外贸手续费＋进口关税＋增值税＋消费税。

8.【答案】ABD

【解析】设备及工器具购置费用，应当包括已经达到固定资产标准的设备购置费（设备原价或进口设备抵岸价＋运杂费），以及没有达到固定资产标准的工（器）具及生产家具购置费。选项C、E，属于引进技术和进口设备其他费。

9.【答案】AD

【解析】建设单位开办费：所需办公设备、生活家具、用具、交通工具等购置费用；建设单位经费：工作人员的基本工资、工资性津贴、职工福利费、劳动保护费、劳动保险费、办公费、差旅交通费、工会经费、工程咨询费、法律顾问费、审计费、工程招标费、业务招待费、排污费、竣工交付使用清理及竣工验收费等。

10.【答案】BD

【解析】引进技术及进口设备其他费用，包括出国人员费用、国外工程技术人员来华费用、技术引进费、分期或延期付款利息、担保费以及进口设备检验鉴定费。选项

A、C属于设备安装工程费；选项E属于生产准备费。

11.【答案】AC

【解析】第一年贷款利息额＝1500/2×4%＝30万元；第二年贷款利息额＝（1000/2＋1500＋30）×4%＝81.2万元；利息总额＝81.2＋30＝111.2万元。

# 第三章　建设工程项目投资与融资

**考纲要求**

1. 项目资本金制度
2. 项目资金筹措渠道和方式
3. 资金成本
4. 项目融资特点、程序和主要方式

## 第一节　工程项目资金来源

本节知识点如表 2-3-1 所示。

**本节知识点**　　**表 2-3-1**

| 知识点 | 2023 年 | | 2022 年 | | 2021 年 | | 2020 年 | | 2019 年 | |
|---|---|---|---|---|---|---|---|---|---|---|
| | 单选（道） | 多选（道） | 单选（道） | 多选（道） | 单选（道） | 多选（道） | 单选（道） | 多选（道） | 单选（道） | 多选（道） |
| 项目资本金制度 | 1 | | 1 | | 1 | | | | | |
| 项目资金筹措渠道和方式 | | | | | | 1 | 1 | | | |
| 资金成本 | 1 | | | | | | | | | |

### 知识点一　项目资本金制度

项目资本金是指在项目总投资中由投资者认缴的出资额。投资者可按其出资的比例依法享有所有者权益，也可转让其出资，但不得以任何方式抽回。与项目资本金相关的要求如表 2-3-2 所示。

**项目资本金的来源、比例、管理**　　**表 2-3-2**

| | |
|---|---|
| 项目资本金的来源 | ①项目资本金可以用货币出资，也可以用实物、工业产权、非专利技术、土地使用权作价出资<br>②以工业产权、非专利技术作价出资的比例不得超过投资项目资本金总额的 20%，国家对采用高新技术成果有特别规定的除外 |
| 项目资本金的比例 | 计算资本金基数的总投资，是指投资项目的固定资产投资与铺底流动资金之和，具体核定时以经批准的动态概算为依据<br>①降低部分基础设施项目最低资本金比例。将港口、沿海及内河航运项目资本金最低比例由 25%降至 20%<br>②基础设施领域和其他国家鼓励发展的行业项目，可通过发行权益型、股权类金融工具筹措资本金，但不得超过项目资本金总额的 50% |

续表

| | |
|---|---|
| 项目资本金的管理 | 投资项目资本金一次认缴，并根据批准的建设进度按比例逐年到位<br>投资项目资本金只能用于项目建设，不得挪作他用，更不得抽回<br>凡资本金不落实的投资项目，一律不得开工建设 |

## 典型例题

**【例题 1】**基础设施领域项目通过发行权益型、股权类金融工具筹措的资本金，不得超过项目资本金总额的（　　）。（2022 年真题）

A. 20%　　B. 30%

C. 40%　　D. 50%

**【答案】**D

**【例题 2】**除国家对采用高新技术成果有特别规定外，固定资产投资项目资本金中以工业产权、非专利技术作价出资的比例不得超过该项目资本金总额的（　　）。（2021 年真题）

A. 10%　　B. 15%

C. 20%　　D. 50%

**【答案】**C

**【解析】**以工业产权、非专利技术作价出资的比例不得超过投资项目资本金总额的 20%，国家对采用高新技术成果有特别规定的除外。

**【例题 3】**某城市公路项目，静态投资总概算 20000 万元，动态投资总概算 21000 万元，根据相关办法规定，本项目资本金最低出资额为（　　）万元。（2023 年真题）

A. 4000　　B. 4200

C. 5000　　D. 5250

**【答案】**B

**【解析】**作为计算资本金基数的总投资，是指投资项目的固定资产投资与铺底流动资金之和，具体核定时以经批准的动态概算为依据。因此，本题答案应为 21000×20%=4200 万元。

## 知识点二　项目资金筹措渠道和方式

### 1. 项目资本金筹措渠道与方式

1）既有法人项目资本金筹措

其内、外部资金来源如表 2-3-3 所示。

内部与外部资金来源　　表 2-3-3

| 内部资金来源 | 外部资金来源 |
|---|---|
| ①企业现金<br>②未来生产经营中获得的可用于项目的资金<br>③企业资产变现<br>④企业产权转让 | ①企业增资扩股<br>②优先股<br>③国家预算内投资 |

2）新设法人项目资本金筹措

（1）在新法人设立时由发起人和投资人按项目资本金额度要求提供足额资金；

(2) 由新设法人在资本市场上进行融资来形成项目资本金。

资本金筹措形式主要有：在资本市场募集股本资金；私募或公开募集；合资合作。

## 典型例题

**【例题 1】** 既有法人可用于项目资本金的外部资金（　　）。

A. 企业在银行的存款　　B. 企业产权转让

C. 企业生产经营收入　　D. 国家预算内投资

**【答案】** D

**【解析】** 外部资金来源。包括既有法人通过在资本市场发行股票和企业增资扩股，以及一些准资本金手段，如发行优先股来获取外部投资人的权益资金投入，同时也包括接受国家预算内资金为来源的融资方式。选项 A、B、C 都是内部资金来源。

**2. 债务资金筹措的渠道与方式**

债务资金筹措方式：主要通过信贷、债券、租赁等。

1）信贷方式融资

信贷方式融资是项目负债融资的重要组成部分，是公司融资和项目融资中最基本和最简单，也是相对比重最大的债务融资形式（表 2-3-4）。

**信贷方式融资**　　**表 2-3-4**

| | |
|---|---|
| 商业银行贷款 | 期限：短期贷款（1 年内），中期贷款（1～3 年），长期贷款（3 年以上）<br>用途：固定资产贷款、流动资金贷款、房地产开发贷款 |
| 政策性银行贷款 | 中国进出口银行、中国农业发展银行 |
| 出口信贷 | 进口设备的，使用出口国的出口信贷。按借款人不同，分为买方信贷、卖方信贷和福费廷 |
| 银团贷款 | 除了贷款利率之外，借款人还要支付一些附加费用，包括管理费、安排费、代理费、承诺费和杂费等 |
| 国际金融机构贷款 | 指国际金融组织按照章程向其成员国提供的各种贷款。国际货币基金组织（用途限于弥补国际收支逆差或用于经常项目国际支付，期限 1～5 年）、世界银行（30 年）、亚洲开发银行 |

**【例题 2】** 商业银行的中期贷款是指贷款期限（　　）的贷款。（2020 年真题）

A. 1～2 年　　B. 1～3 年

C. 2～4 年　　D. 3～5 年

**【答案】** B

**【解析】** 贷款期限在 1 年以内的为短期贷款，超过 1～3 年的为中期贷款，3 年以上期限的为长期贷款。

2）债券方式融资

债券是债务人为筹集债务资金而发行的，约定在一定期限内还本付息的一种有价证券。企业债券融资是一种直接融资，其特点如表 2-3-5 所示。

**债券方式融资的特点**　　**表 2-3-5**

| | |
|---|---|
| 优点 | 筹资成本较低（比股票筹资的成本低）；保障股东控制权；发挥财务杠杆作用；便于调整资本结构（可以提前赎回） |
| 缺点 | 可能产生财务杠杆负效应；可能使企业总资金成本增大；经营灵活性降低 |

【例题 3】相比其他债务资金筹措渠道与方式，债券筹资的优点有（　　）。(2021 年真题)

A. 保障股东控制权　　B. 发挥财务杠杆作用

C. 便于调整资本结构　　D. 经营灵活性高

E. 筹资成本较低

【答案】ABCE

3）租赁方式融资

（1）经营租赁，支付租金。租赁期短于租入设备的经济寿命时。

（2）融资租赁，租赁期满，设备一般为承租人所有，低价收购。

优点：①融资租赁能迅速获得所需资产的长期使用权；②可以避免长期借款筹资等各种限制性条款，具有较强的灵活性；③融资租赁的融资与进口设备都由有经验和对市场熟悉的租赁公司承担，可以减少设备进口费，降低设备取得成本。

融资租赁的租金包括：①租赁资产的成本；②租赁资产的利息；③租赁手续费。

【例题 4】项目资本金的筹措方式有（　　）。

A. 发行股票　　B. 发行债券

C. 设备融资租赁　　D. 吸收国外资本直接投资

E. 申请国际金融组织优惠贷款

【答案】AD

【解析】选项 B、C、E 属于债务融资。

【例题 5】在公司融资和项目融资中，所占相对比重最大的债务融资方式是（　　）。

A. 发行股票　　B. 信贷融资

C. 发行债券　　D. 融资租赁

【答案】B

【解析】信贷方式融资是项目负债融资的重要组成部分，是公司融资和项目融资中最基本和最简单，也是相对比重最大的债务融资形式。

## 知识点三　资金成本

资金成本是指企业为筹集和使用资金而付出的代价（表 2-3-6、表 2-3-7）。

**资金成本及其构成**　　**表 2-3-6**

| | |
|---|---|
| 筹集成本 | 指在资金筹集过程中所支付的各项费用，一般属于一次性费用，筹资次数越多，资金筹集成本也就越大<br>包括：代理费（代理发行股票）、手续费（银行借款）、律师费、公证费等 |
| 使用成本 | 又称为资金占用费（股息、红利、利息），具有经常性、定期性的特征，是资金成本的主要内容<br>特点：使用中发生的 |

**资金成本的作用**　　**表 2-3-7**

| 种类 | 作用 |
|---|---|
| 个别资金成本 | 比较各种融资方式优劣的一个依据 |
| 综合资金成本 | 做出最佳资本结构决策的基本依据 |
| 边际资金成本 | 比较选择各个追加筹资方案的重要依据 |

### 典型例题

【例题 1】项目公司将边际资金成本作为（　　）的依据。（2023 年真题）

A. 比较项目各种融资方式优劣　　B. 比较选择各个追加筹资方案

C. 确定项目最佳资本结构决策　　D. 分析和计算个别资金成本高低

【答案】B

【解析】分析技巧："边际"找"追加"，故本题正确答案为选项 B。

【例题 2】下列费用中，属于资金筹集成本的有（　　）。

A. 股票发行手续费　　B. 建设投资贷款利息

C. 债券发行公证费　　D. 股东所得红利

E. 债券发行广告费

【答案】ACE

【解析】分析技巧：筹集成本是各种"费"，故本题正确答案为选项 A、C、E。选项 B、D 属于使用成本。

## 第二节　工程项目融资

本节知识点如表 2-3-8 所示。

本节知识点　　表 2-3-8

| 知识点 | 2023 年 | | 2022 年 | | 2021 年 | | 2020 年 | | 2019 年 | |
|---|---|---|---|---|---|---|---|---|---|---|
| | 单选（道） | 多选（道） | 单选（道） | 多选（道） | 单选（道） | 多选（道） | 单选（道） | 多选（道） | 单选（道） | 多选（道） |
| 项目融资的特点 | | | | | | | | 1 | | |
| 项目融资的主要方式 | | 1 | 1 | 1 | 1 | | | | | |

### 知识点一　项目融资的特点

与传统的贷款方式相比，项目融资具有以下特点：

（1）项目导向。

（2）有限追索：贷款人只能在特定阶段（建设期和试生产期）或规定范围内（金额和形式的限制）对项目借款人实行追索。项目融资的大量前期工作和有限追索性质，导致融资的成本要比传统融资方式高。融资成本包括融资的前期费用和利息成本两个主要组成部分。

（3）风险分担。

（4）非公司负债型融资。

（5）信用结构多样化。

（6）融资成本较高。

（7）可以利用税务优势。

### 典型例题

【例题 1】与传统融资方式相比，采用项目融资方式时资金成本相对较高的原因是

（　　）。(2022年真题)

A. 项目融资属于非公司负债型融资　　B. 项目融资的信用结构多样化

C. 项目融资的有限追索性质　　D. 项目融资无法利用税务优势

**【答案】** C

**【例题2】** 与传统的抵押贷款方式相比，项目融资的特点有（　　）。(2020年真题)

A. 有限追索　　B. 融资成本低

C. 风险分担　　D. 非公司负债型融资

E. 项目导向

**【答案】** ACDE

**【解析】** 项目融资主要具有项目导向、有限追索、风险分担、非公司负债型融资、信用结构多样化、融资成本高、可利用税务优势的特点。

## 知识点二　项目融资的主要方式

**1. BOT方式（Build-Operate-Transfer，建设-运营-移交）**

由本国公司或者外国公司作为项目的投资者和经营者安排融资，承担风险，开发建设项目并在特许权协议期间经营项目获取商业利润，特许期满后，根据协议将该项目转让给相应的政府机构。

**2. TOT方式（以旧换新）**

项目所在国政府将已投产运行的项目在一定期限内移交给社会资本，以项目在该期限内的现金流量为标的，一次性地从社会资本处筹得一笔资金，用于建设新项目。待经营期满后，再将原项目移交给原产权人。

1）TOT的运作程序

(1) 制定TOT方案并报批。

(2) 项目发起人设立SPC或SPV，发起人把完工项目的所有权和新建项目的所有权均转让给SPC或SPV，以确保有专门机构对两个项目的管理、转让、建造负有全权，并对出现的问题加以协调。

(3) TOT项目招标。

(4) SPV与投资者洽谈以达成转让投产运行项目在未来一定期限内全部或部分经营权的协议，并取得资金。

(5) 转让方利用获得资金来建设新项目。

(6) 新项目投入运行。

(7) 转让项目经营期满后，收回转让的项目。

2）TOT方式的特点

与BOT方式特点的对比如表2-3-9所示。

**TOT与BOT的对比　　表2-3-9**

| | TOT | BOT |
|---|---|---|
| 融资角度 | 转让已建成项目为新项目融资，转让已建成项目的产权和经营权来融资 | 筹建中的项目进行融资 |

续表

| | TOT | BOT |
|---|---|---|
| 运作过程 | 只涉及转让经营权，不存在产权、股权问题 | 多种方式，BOO 或 BOOT，有经营权和所有权 |
| 从东道国政府的角度 | 缓解了中央和地方财政的支出压力，转让经营权后，可大量减少基础设施运营的财政补贴支出 | — |
| 从投资者的角度 | 可回避建设中超支、停建或建成后不能正常运营、现金流量不足以偿还债务等风险，又能尽快取得收益。不需要复杂的信用保证结构 | 投资者先要投入资金建设，设计合理的信用结构保证，花费时间很长，承担风险大 |

## 典型例题

**【例题 1】**与 BOT 融资方式相比，TOT 项目融资方式的特点包括（　　）。

A. 为筹建中的项目进行融资

B. 可以缓解政府财政支出的压力

C. 需要复杂信用保证结构

D. 从投资者的角度，可以尽快获得收益

E. 不需要设立具有特许权的专门机构

**【答案】**BD

**【解析】**选项 A，BOT 是为筹建中的项目进行融资；选项 C，采用 TOT，投资者购买的是正在运营的资产和对资产的经营权，资产收益具有确定性，也不需要太复杂的信用保证机构；选项 E，TOT 方式项目发起人需要设立 SPC 或 SPV。

**3. ABS 方式**

ABS 资产支持的证券化，是以目标项目所拥有的资产为基础，以该项目资产的未来收益为保证，通过在国际资本市场上发行债券筹集资金的一种项目融资方式。

ABS 融资方式的运作过程如下：

（1）组建特殊目的机构 SPV，其是融资的载体。成功组建 SPV 是 ABS 能够成功运作的基本条件和关键因素。

（2）SPV 与项目结合。一般地，投资项目所依附的资产只要在未来一定时期内能带来现金收入，就可以进行 ABS 融资。这些未来现金流量所代表的资产，是 ABS 融资模式的物质基础。

（3）进行信用增级。

（4）SPV 发行债券。

（5）SPV 偿债。

**【例题 2】**采用 ABS 融资方式进行项目融资的物质基础是（　　）。

A. 债权发行机构的注册资金

B. 项目原始权益人的全部资产

C. 债权承销机构的担保资产

D. 具有可靠未来现金流量的项目资产

**【答案】**D

**4. PFI 方式（Private Finance Initiative，私人主动融资）**

由私营企业进行项目的建设与运营，从政府方或接受服务方收取费用以回收成本。可以弥补财政预算的不足、有效转移政府财政风险、提高公共项目的投资效率、增加私营部门的投资机会。

1）PFI 的优点

PFI 在本质上是一个设计、建设、融资和运营模式，政府与私营企业是一种合作关系，对 PFI 项目服务的购买是由有采购特权的政府与私营企业签订合同进行的。

PFI 模式的主要优点表现在：

（1）PFI 有非常广泛的适用范围，不仅包括基础设施项目，在学校、医院、监狱等公共项目上也有广泛的应用。

（2）推行 PFI 方式，能够广泛吸引经济领域的私营企业或非官方投资者，参与公共物品的产出，这不仅较大地缓解了政府公共项目建设的资金压力，同时也提高了政府公共物品的产出水平。

（3）吸引私营企业的知识、技术和管理方法，提高公共项目的效率和降低产出成本。

（4）PFI 方式最大的优势在于，它是政府公共项目投融资和建设管理方式的重要的制度创新。

2）PFI 和 BOT 的对比

PFI 和 BOT 的对比如表 2-3-10 所示。

**PFI 和 BOT 的对比**　　　**表 2-3-10**

| | |
|---|---|
| 适用领域 | BOT 方式主要适用于基础设施或市政设施，PFI 方式应用更广，可以用于非营利性的、公共服务设施等 |
| 合同类型 | BOT 主要是特许经营合同，PFI 主要是服务合同 |
| 承担风险 | BOT 中的设计风险由政府承担；PFI 由私营企业承担设计风险 |
| 合同期满处理方式 | BOT 结束后无偿交给政府，PFI 规定如果没有达到合同规定的收益，私营企业可以继续保持运营权 |

**【例题 3】**采用 PFI 融资方式，政府部门与私营部门签署的合同类型是（　　）。

A. 服务合同　　B. 特许经营合同

C. 承包合同　　D. 融资租赁合同

**【答案】**A

**【解析】**BOT 项目的合同类型是特许经营合同，而 PFI 项目中签署的是服务合同，PFI 项目的合同中一般会对设施的管理、维护提出特殊要求。

**5. 政府和社会资本合作（PPP）模式**

1）含义：Public-Private Partnership，简称“PPP 模式”

为政府和社会资本在风险分担、利益共享的基础上建立并维持长期的合作伙伴关系，通过发挥各自的优势及特长，最终为公众提供质量更高、效果更好的公共产品及服务的一种项目投融资方式。

2）适用范围

政府负有提供责任又适宜市场化运作的基础设施和公共服务类项目，涉及的行业可分为能源、交通运输、水利建设、生态建设和环境保护、市政工程旅游、医疗卫生等。

政府和社会资本合作（PPP）模式不仅可以用于新建项目，而且也可以在存量、在建项目中使用。

3）物有所值（VFM）评价

现阶段以定性评价为主，鼓励开展定量评价。

（1）定性评价：专家打分法（60 分通过），其评价指标如表 2-3-11 所示。

专家打分法的评价指标　　表 2-3-11

| 六项基本评价指标（80%） | 全生命周期整合程度、风险识别与分配、绩效导向与鼓励创新、潜在竞争程度、政府机构能力、可融资性 |
|---|---|
| 补充评价指标（20%） | 项目规模大小、预期使用寿命长短、主要固定资产种类、全生命周期成本测算准确性、运营收入增长潜力、行业示范性等 |

（2）定量评价：PPP 值≤PSC 值的，认定为通过定量评价。

PPP 值可等同于 PPP 项目全生命周期内股权投资、运营补贴、风险承担和配套投入等各项财政支出责任的现值。

PSC 值为以下三项成本的全生命周期现值之和：

① 参照项目的建设和运营维护净成本；

② 竞争性中立调整值；

③ 项目全部风险成本。

4）风险分担（表 2-3-12）

风险分担　　表 2-3-12

| 风险承担主体 | 风险类型 |
|---|---|
| 社会资本 | 项目设计、建造、财务和运营维护等商业风险 |
| 政府 | 法律、政策和最低需求等风险 |
| 社会资本和政府合理 | 不可抗力等风险 |

5）采购方式

政府和社会资本合作（PPP）项目采购方式包括公开招标、邀请招标、竞争性谈判、竞争性磋商和单一来源采购。项目实施机构应根据项目采购需求特点，依法选择适当采购方式。公开招标主要适用于核心边界条件和技术经济参数明确、完整、符合国家法律法规和政府采购政策，且采购中不作更改的项目。

**【例题 4】**进行 PPP 项目物有所值定性评价时，可采用的基本评价指标有（　　）。（2022 年真题）

A. 项目规模大小　　B. 全生命周期整合程度

C. 潜在竞争程度　　D. 可融资性

E. 行业示范性

**【答案】**BCD

**【例题 5】**下列项目融资方式中，需要利用信用增级手段使项目资产获得预期信用等级，进而在资本市场上发行债券募集资金的是（　　）方式。

A. BOT　　B. PPP　　C. ABS　　D. TOT

**【答案】**C

**【解析】**ABS 融资方式的运作过程包括进行信用增级。利用信用增级手段使该项目资产获得预期的信用等级。

**【例题 6】**政府和社会资本合作（PPP）项目中，原则上由社会资本承担的项目风险有（　　）。（2023 年真题）

A. 法律和政策风险　　B. 项目设计风险

C. 项目财务风险　　D. 项目最低需求风险

E. 运营维护风险

**【答案】**BCE

**【解析】**原则上，项目设计、建造、财务和运营维护等商业风险由社会资本承担，法律、政策和最低需求等风险由政府承担，不可抗力等风险由政府和社会资本合理共担。

## 本章精选习题

### 一、单项选择题

1. 关于项目资本金的说法，正确的是（　　）。

A. 项目资本金是债务性资金　　B. 项目法人要承担项目资本金的利息

C. 投资者可转让项目资本金　　D. 投资者可抽回项目资本金

2. 根据《国务院关于固定资产投资项目试行资本金制度的通知》（国发〔1996〕35 号），各种经营性固定资产投资项目必须实行资本金制度，用来计算资本金基数的总投资是指投资项目的（　　）。

A. 静态投资与动态投资之和　　B. 固定资产投资与铺底流动资金之和

C. 固定资产总投资　　D. 建筑安装工程总造价

3. 实行资本金制度的投资项目，资本金的筹措情况应该在（　　）中做出详细说明。

A. 项目建议书　　B. 项目可行性研究报告

C. 初步设计文件　　D. 施工招标文件

4. 下列资金筹措渠道与方式中，新设项目法人可用来筹措项目资本金的是（　　）。

A. 发行债券　　B. 信贷融资

C. 融资租赁　　D. 合资合作

5. 国际货币基金组织贷款的特点包括（　　）。

A. 贷款面向全球各国　　B. 贷款期限为 1～5 年

C. 直接与企业发生借贷业务　　D. 贷款不得用于弥补国际收支逆差

6. 企业通过发行债券进行筹资的优点（　　）。

A. 降低企业总资金成本　　B. 发挥财务杠杆作用

C. 提升企业经营灵活性　　D. 减少企业财务风险

7. 下列融资成本中，属于资金使用成本的是（　　）。

A. 发行手续费　　B. 担保费

C. 资信评估费　　D. 债券利息

8. 项目公司将综合资金成本作为（　　）的依据。

A. 比较项目各种融资方式优劣　　B. 比较选择各个追加筹资方案

C. 确定项目最佳资本结构决策　　D. 分析和计算个别资金成本高低

9. 商业银行的长期贷款是指贷款期限（　　）的贷款。

A. 1 年以上　　B. 2 年以上

C. 3 年以上　　D. 4 年以上

10. 资金筹集成本的主要特点是（　　）。

A. 在资金使用过程中多次发生　　B. 与资金使用时间的长短有关

C. 可作为筹资金额的一项扣除　　D. 与资金筹集的次数无关

11. 下列评价指标中，属于 PPP 物有所值定性评价的基本评价指标是（　　）。

A. 可融资性　　B. 项目规模大小

C. 运营收入增长潜力　　D. 行业示范性

12. 项目融资属于“非公司负债型融资”，其含义是指（　　）。

A. 项目借款不会影响项目投资人（借款人）的利润和收益水平

B. 项目借款可以不在项目投资人（借款人）的资产负债表中体现

C. 项目投资人（借款人）在短期内不需要偿还借款

D. 项目借款的法律责任应当由借款人法人代表而不是项目公司承担

13. 采用 TOT 方式进行项目融资需要设立 SPC（或 SPV），SPC（或 SPV）的性质是（　　）。

A. 借款银团设立的项目监督机构

B. 项目发起人聘请的项目建设顾问机构

C. 政府设立或参与设立的具有特许权的机构

D. 社会资本投资人组建的特许经营机构

14. 采用 ABS 方式融资，组建 SPV 作用是（　　）。

A. 由 SPV 公司直接在资金市场上发行债券

B. 由 SPV 公司与商业银行签订贷款协议

C. SPV 公司作为项目法人

D. 由 SPV 公司运营项目

15. 项目融资方式中，通过已建成项目为其他新项目进行融资的是（　　）。

A. TOT　　B. BT

C. BOT　　D. PFI

16. 政府和社会资本合作（PPP）项目物有所值评价中采用 PPP 值和 PSC 值进行比较，其中 PSC 值的确定一般应参照（　　）。

A. 项目的建设和运营维护净成本、竞争性中立调整值、项目全部风险成本

B. 项目的建设成本、竞争性中立调整值、项目全部风险成本

C. 项目的建设和运营维护净成本、竞争性中立调整值、社会资本的风险成本

D. 项目的建设成本、竞争性中立调整值、政府自留的风险成本

17. 下列关于政府和社会资本合作（PPP）模式，说法正确的是（　　）。

A. 政府和社会资本合作（PPP）模式仅适用于新建项目

B. PPP 值可等同于 PPP 项目全生命周期内股权投资、运营补贴、风险承担和配套投入等各项财政支出责任的现值

C. PPP值≥PSC值的，认定为通过定量评价

D. PSC值是参照项目的建设和运营维护净成本与竞争性中立调整值现值之和

18. 对于核心边界条件和技术经济参数明确、完整，符合国家法律法规和政府采购政策，且采购中不做更改的PPP项目，适宜采用的采购方式是（　　）。

A. 公开招标　　B. 竞争性谈判

C. 竞争性磋商　　D. 单一来源采购

**二、多项选择题**

1. 项目资本金可以用货币出资，也可以用（　　）作价出资。

A. 实物　　B. 工业产权

C. 非专利技术　　D. 企业商誉

E. 土地使用权

2. 项目融资与传统的贷款相比较，具有（　　）特点。

A. 主要以项目资产、预期收益、预期现金流量来安排融资量

B. 贷款人对项目的借款人有完全追索权

C. 资金的来源主要依赖于项目投资者的资信

D. 支持贷款的信用结构的安排是灵活多样的

E. 项目的债务可以不表现在项目借款人的公司资产负债表中

3. 与发行股票相比，企业通过发行债券进行筹资的缺点是（　　）。

A. 企业经营灵活性降低　　B. 可能使企业总资金成本增大

C. 可能产生财务杠杆负效应　　D. 企业筹资成本较高

E. 影响股东的控股权

4. 既有法人可用于项目资本金的外部资金（　　）。

A. 企业发行优先股股票　　B. 企业产权转让

C. 企业生产经营收入　　D. 企业增资扩股

E. 国家预算内投资

5. 债务资金主要通过（　　）等方式进行筹措。

A. 信贷　　B. 债券

C. 租赁　　D. 发行股票

E. 国家预算内投资

6. 与传统贷款方式相比较，项目融资的特点有（　　）。

A. 信用结构多样化　　B. 融资成本较高

C. 有限追索　　D. 风险种类少

E. 属于公司负债型融资

## 习题答案及解析

**一、单项选择题**

1.【答案】C

**【解析】**项目资本金是指在项目总投资中由投资者认缴的出资额。对项目来说，项目资本金是非债务性资金，项目法人不承担这部分资金的任何利息和债务。投资者可按其出资的比例依法享有所有者权益，也可转让其出资，但不得以任何方式抽回。

2. **【答案】**B

**【解析】**作为计算资本金基数的总投资，是指投资项目的固定资产投资与铺底流动资金之和，具体核定时以经批准的动态概算为依据。

3. **【答案】**B

**【解析】**投资项目在可行性研究报告中要就资本金筹措情况做出详细说明，包括出资方、出资方式、资本金来源及数额、资本金认缴进度等有关内容。

4. **【答案】**D

**【解析】**由初期设立的项目法人进行的资本金筹措形式主要有：私募、公开募集和合资合作。选项A、B、C都是债务资金。

5. **【答案】**B

**【解析】**IMF的贷款只限于成员国的财政和金融当局，不与任何企业发生业务，贷款用途限于弥补国际收支逆差或用于经营项目的国际支付，期限为1～5年。

6. **【答案】**B

**【解析】**债券筹资的优点：①筹资成本较低；②保障股东控制权；③发挥财务杠杆作用；④便于调整资本结构。

7. **【答案】**D

**【解析】**资金使用成本又称为资金占用费，是指占用资金而支付的费用，它主要包括支付给股东的各种股息和红利、向债权人支付的贷款利息以及支付给其他债权人的各种利息费用等。

8. **【答案】**C

**【解析】**资金成本有个别资金成本、综合资金成本、边际资金成本等形式，它们在不同情况下具有各自的作用。个别资金成本的高低可作为比较各种融资方式优劣的一个依据。综合资金成本的高低就是比较各个筹资方案，做出最佳资本结构决策的基本依据。边际资金成本就成为比较选择各个追加筹资方案的重要依据。

9. **【答案】**C

**【解析】**贷款期限在1年以内的为短期贷款，超过1～3年的为中期贷款，3年以上期限的为长期贷款。

10. **【答案】**C

**【解析】**资金筹集成本与资金使用成本是有区别的，前者是在筹措资金时一次支付的，在使用资金过程中不再发生，因此，可作为筹资金额的一项扣除，而后者是在资金使用过程中多次、定期发生的。

11. **【答案】**A

**【解析】**定性评价指标包括全生命周期整合程度、风险识别与分配、绩效导向与鼓励创新、潜在竞争程度、政府机构能力、可融资性六项基本评价指标，以及根据具体情况设置的补充指标。

12. **【答案】**B

【解析】非公司负债型融资亦称为资产负债表之外的融资，是指项目的债务不表现在项目投资者（即实际借款人）的公司资产负债表中负债栏的一种融资形式。

13.【答案】C

【解析】SPC 或 SPV 通常是政府设立或政府参与设立的具有特许权的机构。

14.【答案】A

【解析】ABS 由 SPV 直接在资金市场上发行债券募集资金；成功组建 SPV 是 ABS 能够成功运作的基本条件和关键因素。

15.【答案】A

【解析】TOT 是通过已建成项目为其他新项目进行融资。

16.【答案】A

【解析】PSC 值是参照项目的建设和运营维护净成本、竞争性中立调整值、项目全部风险成本的全生命周期现值之和。

17.【答案】B

【解析】选项 A，政府和社会资金合作模式不但可以用于新建项目，而且也可以在存量、在建项目中使用；选项 C，PPP 值小于或等于 PSC 值的，认定为通过定量评价；选项 D，PSC 值是参照项目的建设和运营维护净成本、竞争性中立调整值和项目全部风险成本的全生命周期现值之和。

18.【答案】A

【解析】政府和社会资本合作（PPP）项目采购方式包括公开招标、邀请招标、竞争性谈判、竞争性磋商和单一来源采购。项目实施机构应根据项目采购需求特点，依法选择适当采购方式。公开招标主要适用于核心边界条件和技术经济参数明确、完整、符合国家法律法规和政府采购政策，且采购中不做更改的项目。

## 二、多项选择题

1.【答案】ABCE

【解析】项目资本金可以用货币出资，也可以用实物、工业产权、非专利技术、土地使用权作价出资。

2.【答案】ADE

【解析】选项 B 应为有限的追索权；选项 C 为项目本身的相关情况，而不是项目的投资者的资信。

3.【答案】ABC

【解析】债券筹资的优点包括：①筹资成本较低；②保障股东控制权；③发挥财务杠杆作用；④便于调整资本结构。缺点包括：①可能产生财务杠杆负效应；②可能使企业总资金成本增大；③经营灵活性降低。

4.【答案】ADE

【解析】外部资金来源：①企业增资扩股；②优先股；③国家预算内投资。内部资金来源：①企业现金；②未来生产经营中获得的可用于项目的资金；③企业资产变现；④企业产权转让。

5.【答案】ABC

【解析】债务资金主要通过信贷、债券、租赁等方式进行筹措。

6.【答案】ABC

【解析】与传统的贷款方式相比，项目融资有其自身的特点，在融资出发点、资金使用的关注点等方面均有所不同。项目融资主要具有项目导向、有限追索、风险分担、非公司负债型融资、信用结构多样化、融资成本高、可利用税务优势的特点。

# 第四章 建设工程决策阶段投资控制

**考纲要求**

1. 项目可行性研究
2. 资金时间价值
3. 投资估算
4. 财务和经济分析

## 第一节 项目可行性研究

本节知识点如表 2-4-1 所示。

**本节知识点** **表 2-4-1**

| 知识点 | 2023 年 | | 2022 年 | | 2021 年 | | 2020 年 | | 2019 年 | |
|---|---|---|---|---|---|---|---|---|---|---|
| | 单选（道） | 多选（道） | 单选（道） | 多选（道） | 单选（道） | 多选（道） | 单选（道） | 多选（道） | 单选（道） | 多选（道） |
| 可行性研究的作用 | | | | | | | | | | |
| 可行性研究的依据 | | | | | | | 1 | | | |
| 可行性研究报告的主要内容 | 1 | | 1 | | 1 | | | | | |

### 知识点一 可行性研究的作用

（1）投资决策的依据。

（2）筹措资金和申请贷款的依据。

（3）编制初步设计文件的依据。

### 知识点二 可行性研究的依据

（1）项目建议书（初步可行性研究报告），对于政府投资项目还需要项目建议书的批复文件。

（2）国家和地方的经济和社会发展规划、行业部门的发展规划。

（3）有关法律法规和政策。

（4）有关机构发布的工程建设方面的标准、规范、定额。

（5）拟建厂（场）址的自然、经济、社会概况等基础资料。

（6）合资、合作项目各方签订的协议书或意向书。

（7）与拟建项目有关的各种市场信息资料或社会公众要求等。

（8）有关专题研究报告，如市场研究、竞争力分析、厂址比选、风险分析等。

## 知识点三 可行性研究报告的主要内容

具体内容如表 2-4-2 所示。

可行性研究报告的主要内容　　表 2-4-2

| | |
|---|---|
| ①概述<br>项目概况、项目单位概况、编制依据、主要结论和建议 | ⑥项目运营方案<br>运营模式选择、运营组织方案、安全保障方案、绩效管理方案 |
| ②项目建设背景和必要性<br>项目建设背景、规划政策符合性、项目建设必要性 | ⑦项目投融资与财务方案<br>投资估算、盈利能力分析、融资方案、债务清偿能力分析、财务可持续性分析 |
| ③项目需求分析与产出方案<br>需求分析、建设内容和规模、项目产出方案 | ⑧项目影响效果分析<br>经济影响分析，社会影响分析，生态环境影响分析，资源和能源利用效果分析，碳达峰、碳中和分析 |
| ④项目选址与要素保障<br>项目选址或选线、项目建设条件、要素保障分析（土地要素、资源环境要素） | ⑨项目风险管控方案<br>风险识别与评价、风险管控方案、风险应急预案 |
| ⑤项目建设方案<br>技术方案、设备方案、工程方案、用地用海征收补偿（安置）方案、数字化方案、建设管理方案 | ⑩研究结论及建议 |

### 典型例题

**【例题 1】**下列可行性研究内容中，属于项目建设方案包含内容的是（　　）。

A. 技术方案　　B. 项目建设必要性　　C. 建设内容和规模　　D. 融资方案

**【答案】**A

**【解析】**选项 B 属于项目建设背景和必要性；选项 C 属于项目需求分析和产出方案；选项 D 属于项目投融资与财务方案。

**【例题 2】**下列文件资料中，属于项目可行性研究依据的是（　　）。（2020 年真题）

A. 经投资主管部门审批的投资概算　　B. 经投资各方审定的初步设计方案

C. 建设项目环境影响评价报告书　　D. 合资项目各投资方签订的协议书或意向书

**【答案】**D

## 第二节　资金时间价值

本节知识点如表 2-4-3 所示。

本节知识点　　表 2-4-3

| 知识点 | 2023 年 | | 2022 年 | | 2021 年 | | 2020 年 | | 2019 年 | |
|---|---|---|---|---|---|---|---|---|---|---|
| | 单选（道） | 多选（道） | 单选（道） | 多选（道） | 单选（道） | 多选（道） | 单选（道） | 多选（道） | 单选（道） | 多选（道） |
| 现金流量 | | | | | | | 1 | | | |
| 资金时间价值的计算 | 1 | | 1 | | 1 | | | 1 | 1 | |

## 知识点一　现金流量

常用现金流量图和现金流量表表示，如表 2-4-4 所示。

**现金流量图和现金流量表**　　　　**表 2-4-4**

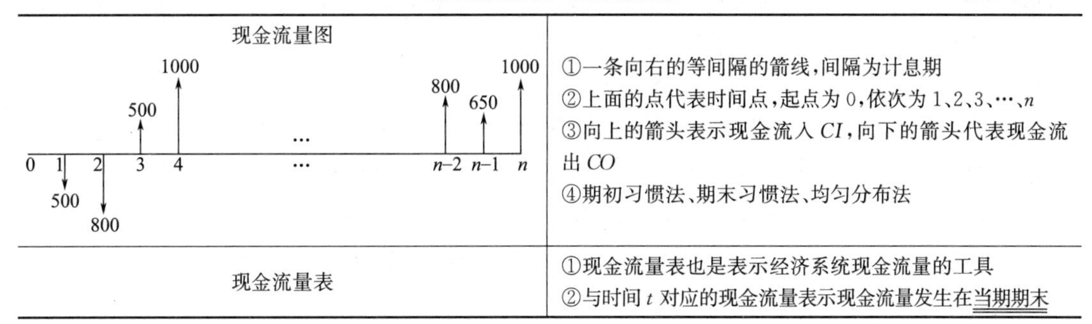


| 现金流量图 | ①一条向右的等间隔的箭线，间隔为计息期<br>②上面的点代表时间点，起点为 0，依次为 1、2、3、…、$n$<br>③向上的箭头表示现金流入 $CI$，向下的箭头代表现金流出 $CO$<br>④期初习惯法、期末习惯法、均匀分布法 |
|---|---|
| 现金流量表 | ①现金流量表也是表示经济系统现金流量的工具<br>②与时间 $t$ 对应的现金流量表示现金流量发生在当期期末 |

提示：注意题目考查的是“年初”，还是“年末”。

### 典型例题

**【例题】**某项目现金流量如表 2-4-5 所示，则第 3 年初的净现金流量为（　　）万元。（2020 年真题）

**例题表**　　　　**表 2-4-5**

| 时间 $t$ | 1 | 2 | 3 | 4 | 5 |
|---|---|---|---|---|---|
| 现金流入 | — | 100 | 700 | 800 | 800 |
| 现金流出 | 500 | 500 | 400 | 300 | 300 |

A. −500　　B. −400　　C. 300　　D. 500

**【答案】**B

**【解析】**第 3 年初即为第 2 年末，净现金流量＝100−500＝−400 万元。

## 知识点二　资金时间价值的计算

**1. 资金时间价值的概念**

资金在运动中，其数量会随着时间的推移而变动，变动的这部分资金就是原有资金的时间价值。

**2. 利息和利率**

其计算公式如表 2-4-6 所示。

**单利法和复利法计算公式**　　　　**表 2-4-6**

| 单利法 | 利息＝本金×利率×计息周期<br>$I=P\times i\times n$ |
|---|---|
| 复利法 | 复利＝本金×(1＋利率)$^{计息周期}$－本金＝本金×[(1＋利率)$^{计息周期}$－1]<br>$I=P\times[(1+i)^n-1]$ |

**3. 实际利率和名义利率**

在复利法计算中，一般采用年利率。

$$实际利率=i=\left(1+\frac{r}{m}\right)^{m}-1$$

**总结：**

已知年利率为12%，则名义利率$r=12\%$：

（1）当计息周期为年时，$m=1$，实际利率$i$=名义利率$r$=年利率；

（2）当计息周期为月、季度、半年时，计息周期≠利率周期：

① 每月计息一次，月利率$=r/12$，实际利率$=(1+r/12)^{12}-1=12.68\%$；

② 每季度计息一次，季度利率$=r/4$，实际利率$=(1+r/4)^{4}-1=12.55\%$；

③ 每半年计息一次，半年利率$=r/2$，实际利率$=(1+r/2)^{2}-1=12.36\%$。

当$m=1$时，实际利率$i$=名义利率$r$；当$m>1$时，实际利率$i>$名义利率$r$；而且$m$越大，二者相差也越大。

## 典型例题

**【例题1】** 某项两年期借款，年利率为6%，按月复利计息，每季度结息一次，则该项借款的季度实际利率为（　　）。

A. 1.508%　　B. 1.534%　　C. 1.542%　　D. 1.589%

**【答案】** A

**【解析】** 季度实际利率$=(1+6\%/12)^{3}-1=1.508\%$。

**【例题2】** 某银行给企业贷款100万元，年利率为4%，贷款年限3年，到期后企业一次性还本付息，利息按复利每半年计息一次，到期后企业应支付给银行的利息为（　　）万元。

A. 12.000　　B. 12.616　　C. 24.000　　D. 24.973

**【答案】** B

**【解析】** 年实际利率$=(1+4\%/2)^{2}-1=4.04\%$；应支付利息$I=100\times[(1+4.04\%)^{3}-1]=12.616$万元。

**4. 资金时间价值计算的基础概念和符号**

如图2-4-1、图2-4-2及表2-4-7～表2-4-9所示。

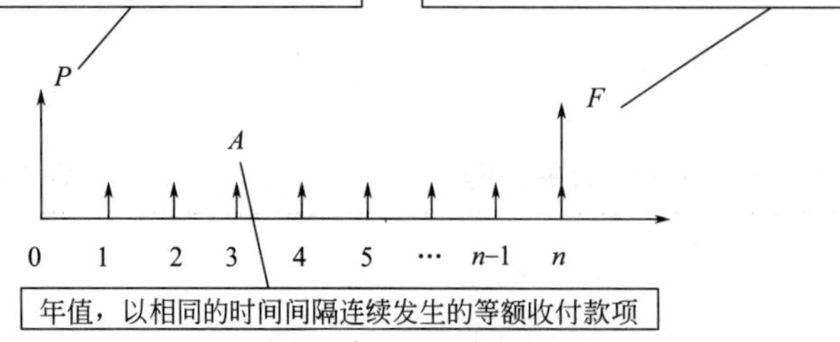


图2-4-1　资金时间价值计算的基础概念

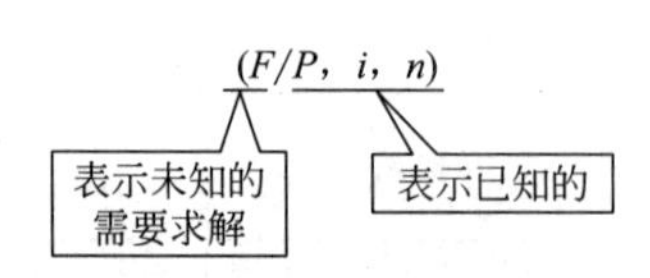


图2-4-2　资金时间价值计算公式的符号

**资金时间价值计算公式（一）　　表 2-4-7**

| | P→F（已知现值求终值） | F→P（已知终值求现值） |
|---|---|---|
| 公式 | $F=P(1+i)^n=P\times(F/P,i,n)$ | $P=\frac{F}{(1+i)^n}=F\times(P/F,i,n)$ |

**资金时间价值计算公式（二）　　表 2-4-8**

| | A→F（已知年值求终值） | F→A（已知终值求年值） |
|---|---|---|
| 公式 | $F=A\frac{(1+i)^n-1}{i}=A\times(F/A,i,n)$ | $A=F\frac{i}{(1+i)^n-1}=F\times(A/F,i,n)$ |

**资金时间价值计算公式（三）　　表 2-4-9**

| | A→P（已知年值求现值） | P→A（已知现值求年值） |
|---|---|---|
| 公式 | $P=A\frac{(1+i)^n-1}{i(1+i)^n}=A(P/A,i,n)$ | $A=P\frac{i\cdot(1+i)^n}{(1+i)^n-1}=P\times(A/P,i,n)$ |

**【例题 3】**某项目年初向银行借款 1000 万元，年利率 3%，按年复利计息，从借款年当年末起连续 3 年末等额还本付息，则每年末应偿还的金额为（　　）万元。（2023 年真题）

A. 343　　B. 344

C. 353　　D. 364

**【答案】**C

**【解析】**本题计算利用的公式为：$A=P\frac{i\cdot(1+i)^n}{(1+i)^{n-1}-1}$。每年末应偿还金额=1000×3%×$(1+3\%)^3/[(1+3\%)^3-1]$=353.53 万元。

**【例题 4】**连续三年年初购买 10 万元理财产品，第三年年末一次性兑付本息。该理财产品年利率为 3.5%，按年复利计息，则第 3 年年末累计可兑付本息（　　）万元。（2022 年真题）

A. 30.70　　B. 31.05　　C. 31.06　　D. 32.15

**【答案】**D

**【解析】**注意：每年"年初"购买理财产品。

方法 1：第三年末累计兑付本息=1000×$(1+3.5\%)^3$+1000×$(1+3.5\%)^2$+1000×(1+3.5%)=32.15 万元。

方法 2：第三年末累计兑付本息=10×（$A/F$，3.5%，3）（$F/P$，3.5%，1）=10×[$(1+3.5\%)^3-1$]/3.5%×（1+3.5%）=32.15 万元。

**【例题 5】**某建设项目，建设期为 3 年，建设期第一年贷款 400 万元，第二年贷款 500 万元，第三年贷款 300 万元，贷款均为年初发放，年利率为 12%，采用复利法计算建设期的贷款利息，则第三年末贷款的本利和为（　　）万元。

A. 1525.17　　B. 1361.76　　C. 1489.17　　D. 1625.17

**【答案】**A

**【解析】**注意：贷款均为"年初"发放。

方法 1：第三年末贷款本利和 $F=400\times(1+12\%)^3+500\times(1+12\%)^2+300\times(1+12\%)=1525.17$ 万元。

方法 2：第三年末贷款本利和 $F=P_1(F/P，12\%，3)+P_2(F/P，12\%，2)+P_3(F/P，12\%，1)=400\times1.4049+500\times1.2544+300\times1.12=1525.17$ 万元。

**【例题 6】**某企业从银行借入 1 年期流动资金 200 万元，年利率 8%，按季度复利计息，还款方式可以选择按季付息、年末还本或者按季等额还本付息。关于该笔借款的说法，正确的有（　　）。(2020 年真题)

A. 借款的年名义利率为 8%

B. 借款的季度实际利率大于 2%

C. 借款的年实际利率为 8.24%

D. 按季付息年末还本方式前期还款压力小

E. 按季等额还本付息方式支付的利息总额多

**【答案】**ACD

**【解析】**(1) 实际利率＝ $(1+2\%)^4-1=8.24\%$。

(2) 还款方式：按季付息、年末还本；每季度利息＝200×(8%/4)＝4 万元；一年的利息＝4×4＝16 万元。

(3) 还款方式：等额还本付息 $A=P\dfrac{i\cdot(1+i)^n}{(1+i)^n-1}=200\times2\%\times(1+2\%)^4/[(1+2\%)^4-1]=52.525$ 万元。

(4) 利息总额＝52.525×4－200＝10.1 万元。

选项 B 错误，借款的季度实际利率为 2%；选项 E 错误，按季等额还本付息方式支付的利息总额少。

## 第三节　投资估算

本节知识点如表 2-4-10 所示。

**本节知识点**　　　　**表 2-4-10**

| 知识点 | 2023 年 | | 2022 年 | | 2021 年 | | 2020 年 | | 2019 年 | |
|---|---|---|---|---|---|---|---|---|---|---|
| | 单选（道） | 多选（道） | 单选（道） | 多选（道） | 单选（道） | 多选（道） | 单选（道） | 多选（道） | 单选（道） | 多选（道） |
| 投资估算的作用 | | 1 | | | | | | | | |
| 投资估算的编制内容 | | | 1 | | 1 | | 1 | | | |
| 投资估算的编制方法 | 1 | | | | | | | | | |

### 知识点一　投资估算的作用

(1) 项目建议书阶段的，是项目主管部门审批项目建议书的依据之一，并对项目的规划、规模起参考作用。

(2) 项目可行性研究阶段的，是项目投资决策的重要依据，也是研究、分析、计算项目投资经济效果的重要条件。

(3) 对工程设计概算起控制作用。

(4) 可作为项目资金筹措及制定建设贷款计划的依据。

(5) 是核算建设项目建设投资需要额和编制建设投资计划的重要依据。

(6) 是建设工程设计招标、优选设计单位和设计方案的依据。

## 典型例题

**【例题】**项目可行性研究阶段进行的投资估算，在项目建设过程中的作用有（　　）。(2023年真题)

A. 作为项目投资决策的重要依据　　B. 对工程设计概算起控制作用

C. 作为编制施工最高投标限价的依据　　D. 作为项目资金筹措的依据

E. 作为办理工程竣工结算的重要依据

**【答案】**ABD

**【解析】**选项C、E是施工图预算对建设单位的作用（详细见后文科目二中第五章的知识点）。

## 知识点二　投资估算的编制内容

建设项目投资估算编制流程如图2-4-3所示。

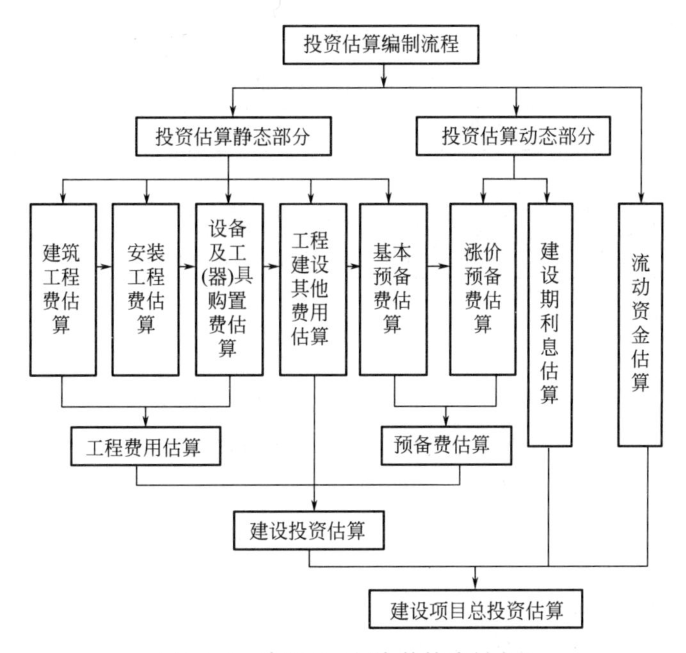


图2-4-3　建设项目投资估算编制流程

## 知识点三　投资估算的编制方法

项目不同阶段的投资估算编制方法如表2-4-11所示。

**投资估算编制方法　　表 2-4-11**

<table>
<tr><th>项目建议书阶段(精度低)</th><th>可行性研究阶段(精度高)</th></tr>
<tr><td>①生产能力指数法</td><td rowspan="4">指标估算法<br>建筑工程：工程量×单位实物量的建筑工程费<br>安装工程：<br>安装工程费=设备原价×设备安装费率<br>安装工程费=重量(工程量)×安装费指标</td></tr>
<tr><td>② 系数估算法：<br>a. 设备系数法<br>b. 主体专业系数法<br>c. 朗格系数法</td></tr>
<tr><td>③ 比例估算法</td></tr>
<tr><td>④ 混合法</td></tr>
</table>

**1. 项目建议书阶段投资估算方法**

1）生产能力指数法

计算公式如下：

$$C_2 = C_1\left(\frac{Q_2}{Q_1}\right)^x \cdot f$$

式中：$C_1$——已建成类似项目的投资额；

$C_2$——拟建项目投资额；

$Q_1$——已建类似项目的生产能力；

$Q_2$——拟建项目的生产能力；

$f$——不同时期、不同地点的定额、单价、费用和其他差异的综合调整系数；

$x$——生产能力指数（$0 \leqslant x \leqslant 1$），通常其取值与规模比值有关，如表 2-4-12 所示。

**生产能力指数取值　　表 2-4-12**

| 规模比值 | 拟建项目生产规模扩大的不同方式 | 生产能力指数 |
|---|---|---|
| 0.5～2 | — | 1 |
| 2～50 | 拟建项目生产规模的扩大仅靠增大设备规模来达到时 | 0.6～0.7 |
| | 拟建项目生产规模的扩大靠增加相同规格设备的数量达到时 | 0.8～0.9 |

## 典型例题

**【例题 1】**已知建设年产 40 万 t 乙烯装置的投资额为 80 亿元，现有一年产 90 万 t 乙烯装置，工程条件与上述装置类似，估算该装置的投资额是（　　）亿元（生产能力指数 $n=0.7$，$f=1.4$）。(2022 年真题)

A. 180.00　　B. 245.00　　C. 197.58　　D. 168.92

**【答案】**C

**【解析】**该装置投资额=80×（90/40）$^{0.7}$×1.4=197.58 亿元。

**【例题 2】**采用生产能力指数法估算某拟建项目的建设投资，拟建项目规模为已建类似项目规模的 5 倍，且是靠增加相同规格设备数量达到的，则生产能力指数的合理取值范围是（　　）。(2021 年真题)

A. 0.2～0.5　　B. 0.6～0.7　　C. 0.8～0.9　　D. 1.1～1.5

**【答案】**C

2）系数估算法

已知：拟建项目设备购置费（计算基数）。

系数=已建项目的其他辅助配套工程费/主体工程费或主要生产工艺设备费。

求：拟建项目的静态投资。

适用：设计深度不足，拟建建设项目与类似建设项目的主体工程费或主要生产工艺设备投资相对比重较大，行业内相关系数等基础资料完备的情况。

（1）设备系数法：

$$C=E(1+f_1P_1+f_2P_2+f_3P_3+\cdots)+I$$

式中：　$C$——拟建项目的静态投资；

$E$——拟建项目根据当时当地价格计算的设备购置费；

$P_1$、$P_2$、$P_3\cdots$——已建成类似项目中建筑安装工程费及其他工程费等与设备购置费的相对比重；

$f_1$、$f_2$、$f_3\cdots$——不同建设时间、地点而产生的定额、价格、费用标准等差异的调整系数；

$I$——拟建项目的其他费用。

**【例题3】**已知某项目主厂房工艺设备3600万元，主厂房其他各专业工程投资占工艺设备投资比例见表2-4-13，用系数估算法估算该项目主厂房工程费用投资为（　　）万元。

**例题3表**　　　　**表2-4-13**

| 加热炉 | 汽化冷却 | 余热锅炉 | 自动化仪表 | 起重设备 | 供电与传动 | 建安工程 |
|---|---|---|---|---|---|---|
| 0.12 | 0.01 | 0.04 | 0.02 | 0.09 | 0.18 | 0.40 |

A. 6696　　B. 5256　　C. 4608　　D. 1440

**【答案】**A

**【解析】**3600×（0.12+0.01+0.04+0.02+0.09+0.18+0.4）+3600=6696万元。

**【例题4】**采用设备系数法估算拟建项目投资时，建筑安装工程费应以拟建项目的设备费为基数，根据（　　）计算。（2020年真题）

A. 已建成同类项目建筑安装工程费与拟建项目设备费的比率

B. 拟建项目建筑安装工程量与已建成同类项目建筑安装工程量的比率

C. 已建成同类项目建筑安装工程费占设备价值的百分比

D. 已建成同类项目建筑安装工程费占总投资的百分比

**【答案】**C

**【解析】**设备系数法是指以拟建项目的设备购置费为基数，根据已建成的同类项目的建筑安装费和其他工程费等与设备价值的百分比，求出拟建项目建筑安装工程费和其他工程费，进而求出项目投资额。

（2）比例估算法：

公式如下：

$$\text{已知}K=\frac{\text{同类建设项目主要设备购置费}}{\text{整个建设项目的投资}}\times100\%$$

$$\text{估算拟建项目的投资}=\frac{\text{拟建项目的主要设备购置费}}{K}\times100\%$$

**【例题 5】**已建项目 A 主要设备投资占项目静态投资比例为 60%，拟建项目 B 需甲设备 900 台，乙设备 600 套，单价分别为 5 万元和 6 万元，用比例估算法估算 B 项目投资为（　　）万元。

A. 20250　　B. 13500　　C. 8100　　D. 4860

**【答案】**B

**【解析】**拟建项目 B 的设备购置费＝900×5＋600×6＝8100 万元；项目投资＝8100/60%＝13500 万元。

**【例题 6】**下列估算方法中，不适用于可行性研究阶段投资估算的有（　　）。

A. 生产能力指数　　B. 比例估算法　　C. 系数估算法　　D. 指标估算法

E. 混合法

**【答案】**ABCE

**【解析】**为了保证编制精度，可行性研究阶段建设项目投资估算原则上应采用指标估算法。

**2. 流动资金的估算**

流动资金是指生产经营性项目投产后，为进行正常生产运营，用于购买原材料、燃料，支付工资及其他经营费用等所需的周转资金，其估算方法如表 2-4-14 所示。

**流动资金的估算**　　**表 2-4-14**

| | |
|---|---|
| 分项详细估算法 | 流动资金＝流动资产－流动负债<br>流动资产＝应收账款＋预付账款＋存货＋现金<br>流动负债＝应付账款＋预收账款<br>流动资金本年增加额＝本年流动资金－上年流动资金<br>$应收账款=\frac{年经营成本}{应收账款周转次数}$<br>$预收账款=\frac{预收的营业收入年金额}{预收账款周转次数}$ |
| 扩大指标估算法 | 扩大指标估算法简便易行，但准确度不高，适用于项目建议书阶段的估算<br>年流动资金额＝年费用基数×各类流动资金率 |

**【例题 7】**某生产性项目正常生产年份应收账款、预付账款、存货、现金的平均占用额度分别为 100 万元、80 万元、300 万元和 50 万元，应付账款、预收账款的平均余额分别为 90 万元和 120 万元，则该项目估算的流动资金为（　　）万元。（2022 年真题）

A. 270　　B. 320　　C. 410　　D. 480

**【答案】**B

**【解析】**流动资金＝流动资产－流动负债＝（应收账款＋预付账款＋存货＋现金）－（应付账款＋预收账款）＝（100＋80＋300＋50）－（90＋120）＝320 万元。

**【例题 8】**采用分项详细估算法进行流动资金估算时，应计入流动负债的是（　　）。

A. 预收账款　　B. 存货　　C. 库存资金　　D. 应收账款

**【答案】**A

**【解析】**流动负债的构成要素一般包括应付账款和预收账款。

**【例题 9】**建设投资估算的主要方法有（　　）。

A. 系数估算法　　B. 分项详细估算法

C. 比例估算法　　　　　　　　　　D. 概算指标法

E. 扩大指标估算法

【答案】AC

【解析】建设投资估算的主要方法有系数估算法和比例估算法。选项 B、E 为流动资金的估算方法。

【例题 10】某项目预计年经营成本为 3000 万元，年外购原材料、燃料或服务费用为 2000 万元，年预付各类原材料、燃料或服务费为 1200 万元，年应收账款周转次数 4 次，则该项目应收账款估算金额为（　　）万元。(2023 年真题)

A. 450　　　B. 500　　　C. 750　　　D. 800

【答案】C

【解析】应收账款＝年经营成本/应收账款周转次数＝3000/4＝750 万元。

## 第四节　财务和经济分析

本节知识点如表 2-4-15 所示。

本节知识点　　　　表 2-4-15

| 知识点 | 2023 年 | | 2022 年 | | 2021 年 | | 2020 年 | | 2019 年 | |
|---|---|---|---|---|---|---|---|---|---|---|
| | 单选（道） | 多选（道） | 单选（道） | 多选（道） | 单选（道） | 多选（道） | 单选（道） | 多选（道） | 单选（道） | 多选（道） |
| 财务分析的主要报表和主要指标 | | | | | | | | | 1 | |
| 财务分析主要指标的计算 | 1 | 1 | 1 | 1 | 1 | 1 | 2 | 1 | 1 | 1 |
| 项目经济分析 | 1 | | | 1 | | 1 | | | | |

### 知识点一　财务分析的主要报表和主要指标

财务分析指标体系如图 2-4-4 所示。

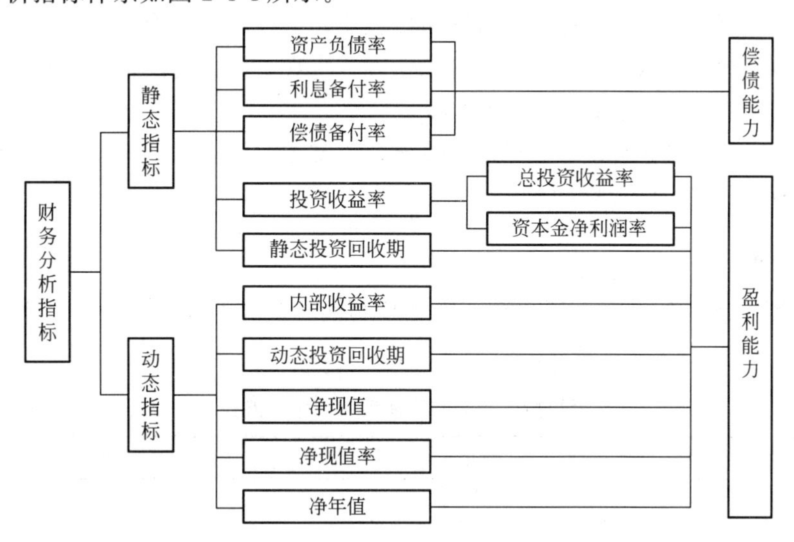


图 2-4-4　财务分析指标体系

## 典型例题

【例题 1】下列方案经济评价指标中，属于偿债能力评价指标的是（　　）。（2019 年真题）

A. 净年值　　B. 利息备付率　　C. 内部收益率　　D. 总投资收益率

【答案】B

【解析】偿债能力评价指标包括资产负债率、利息备付率、偿债备付率。

【例题 2】下列投资方案经济评价指标中，属于动态评价指标的有（　　）。（2018 年真题）

A. 内部收益率　　B. 资本金净利润率

C. 资产负债率　　D. 净现值率

E. 总投资收益率

【答案】AD

【解析】动态评价指标包括内部收益率、动态投资回收期、净现值、净现值率、净年值。

## 知识点二　财务分析主要指标的计算

**1. 投资收益率**

$$投资收益率（R）=\frac{年净收益或年平均净收益}{投资总额}\times 100\%$$

总投资收益率和资本金净利润率计算公式如表 2-4-16 所示。

**总投资收益率和资本金净利润率计算公式**　　表 2-4-16

| | |
|---|---|
| 总投资收益率 | $ROI=\frac{EBIT}{TI}$=息税前利润/总投资×100%<br>$EBIT$=息税前利润=利润总额(税前利润)+利息支出<br>年息税前利润为项目达到设计生产能力后正常年份的年息税前利润或运营期内年平均息税前利润 |
| 资本金净利润率 | $ROE=\frac{年净利润}{项目资本金}\times 100\%$<br>年净利润为项目达到设计生产能力后正常年份的年净利润或运营期内年平均净利润 |

（1）评价准则：投资收益率≥基准投资收益率，可以考虑接受。

（2）优点：投资收益率指标的经济意义明确、直观，计算简便，在一定程度上反映了投资效果的优劣，可适用于各种投资规模。

（3）缺点：没有考虑投资收益的时间因素；正常生产年份的选择比较困难，正常生产年份选定带有一定的不确定性和人为因素。

## 典型例题

【例题 1】某项目建设期 1 年，投入资金和利润如表 2-4-17 所示。该项目的资本金净利润率是（　　）。（2022 年真题）

**项目投入资金和利润表（单位：万元）**　　表 2-4-17

| 序号 | 项目 | 第 1 年 | 第 2 年 | 第 3 年 | 第 4 年 | 第 5～8 年 |
|---|---|---|---|---|---|---|
| 1 | 建设投资 | | | | | |
| 1.1 | 自有资金部分 | 1000 | | | | |

续表

| 序号 | 项目 | 第1年 | 第2年 | 第3年 | 第4年 | 第5～8年 |
|---|---|---|---|---|---|---|
| 1.2 | 贷款本金 | 2000 | | | | |
| 2 | 流动资金 | | | | | |
| 2.1 | 自有资金部分 | | 400 | | | |
| 3 | 所得税后利润 | | −60 | 300 | 400 | 每年450 |

A. 10.3%　　B. 11.6%　　C. 24.9%　　D. 34.9%

**【答案】** C

**【解析】** 技术方案资本金（EC）=1000+400=1400万元；年平均净利润（NP）=（−60+300+400+450×4）/7=349万元；资本金净利润率（ROE）=NP/EC×100%=349/1400=24.9%。

**【例题2】** 某项目建设投资1200万元，建设期贷款利息100万元，铺底流动资金90万元，铺底流动资金为全部流动资金的30%，项目正常生产年份税前利润260万元，年利息20万元，则该项目的总投资收益率为（　　）。（2021年真题）

A. 16.25%　　B. 17.50%　　C. 20.00%　　D. 20.14%

**【答案】** B

**【解析】** 总投资收益率=项目达到设计生产能力后正常年份的年息税前利润或运营期内年平均息税前利润/总投资=（260+20）/（1200+100+90/30%）×100%=17.50%。

**【例题3】** 某项目的建设投资为25000万元，项目资本金为15000万元，流动资金为5000万元。其试运行阶段的年平均净利润为3000万元，运营阶段的年平均净利润为4500万元。则其项目资本金净利润率（*ROE*）为（　　）。（2015年真题）

A. 15%　　B. 20%　　C. 25%　　D. 30%

**【答案】** D

**【解析】** 资本金净利润率=正常年份的净利润/资本金×100%=4500/15000×100%=30%。

**2. 投资回收期**

1）静态投资回收期（≤基准回收期，可行）

投资回收期可以自项目建设开始年算起，也可以自项目投产年开始算起。自投产开始年算起时，应予以注明。

（1）建成后各年净收益相同：投资回收期=项目总投资/每年净收益。

（2）净收益不同：

$$投资回收期=累计净现金流量开始出现正值的年份-1+\frac{|上年累计净现金流量|}{当年净现金流量}$$

**总结：** 同一项目（方案），动态投资回收期长于静态投资回收期。

2）投资回收期指标的优点和不足

（1）优点：容易理解，计算也比较简便；回收期越短，风险就越小。

（2）不足：不能反映投资回收之后的情况，无法准确衡量项目在整个计算期内的经济效果。

**【例题 4】**关于投资回收期的说法，正确的有（　　）。（2019 年真题）

A. 静态投资回收期就是方案累计现值等于零时的时间（年份）

B. 静态投资回收期是在不考虑资金时间价值的条件下，以项目的净收益回收其全部投资所需要的时间

C. 静态投资回收期可以从项目投产年开始算起，但应予以注明

D. 静态投资回收期可以从项目建设年开始算起，但应予以注明

E. 动态投资回收期一般比静态投资回收期短

**【答案】**BC

**【解析】**静态投资回收期是在不考虑资金时间价值的条件下，以项目的净收益回收其全部投资所需要的时间。投资回收期可以自项目建设开始年算起，也可以自项目投产年开始算起。自投产开始年算起时，应予以注明。

**3. 净现值（*NPV*）**

（1）按预定的基准收益率，将项目计算期内各年净现金流量折算到项目开始实施时的现值之和。

（2）评价准则：

$NPV \geqslant 0$，说明该项目能满足基准收益率要求的盈利水平，故在经济上是可行的；反之，不可行。

（3）优点与不足：

① 优点：全面考虑了项目在整个计算期内的经济状况，净现值指标考虑了资金的时间价值，能够直接以金额表示项目的盈利水平；判断直观。

② 不足：必须首先确定一个符合经济现实的基准收益率，而基准收益率的确定往往是比较困难的。

（4）适用：寿命期相同的互斥方案比较。

（5）基准收益率（$i_c$）：

① 是企业、行业或投资者以动态的观点所确定的、可接受的方案最低标准的收益水平。

② 是评价和判断项目在经济上是否可行的依据。

③ 资金成本和机会成本是确定基准收益率的基础，投资风险和通货膨胀是确定基准收益率必须考虑的影响因素。

**【例题 5】**关于净现值指标的说法，正确的是（　　）。（2019 年真题）

A. 该指标能够直观地反映项目在运营期内各年的经营成果

B. 该指标可直接用于不同寿命期互斥方案的比选

C. 该指标小于零时，项目在经济上可行

D. 该指标大于等于零时，项目在经济上可行

**【答案】**D

**【解析】**净现值是反映项目在计算期内获利能力的动态评价指标。当项目的 $NPV \geqslant 0$ 时，说明该项目能满足基准收益率要求的盈利水平，故在经济上是可行的。

**【例题 6】**进行建设项目经济评价时，确定基准收益率的基础是（　　）。（2018 年真题）

A. 投资风险　　B. 机会成本　　C. 资金限制　　D. 通货膨胀

**【答案】** B

**【解析】** 资金成本和机会成本是确定基准收益率的基础，投资风险和通货膨胀是确定基准收益率必须考虑的影响因素。

**4. 净年值（*NAV*）**

（1）概念：是以一定的基准收益率将项目计算期内净现金流量等值换算成的等额年值。

（2）评价准则：$NAV \geqslant 0$ 时，则项目在经济上可以接受；$NAV < 0$ 时，则项目在经济上应予拒绝。

（3）适用：寿命期不同的互斥方案比较。

**5. 内部收益率（*IRR*）**

（1）概念：方案寿命期内使现金流量的净现值等于零时的折现率。

$$IRR = i_1 + \frac{NPV_1}{NPV_1 + |NPV_2|}(i_2 - i_1)$$

（2）评价准则：$IRR \geqslant i_c$，通过基准收益率计算的净现值≥0，表明项目可接受；$IRR < i_c$，净现值<0，则方案不可接受。

（3）优点：内部收益率指标考虑了资金的时间价值以及项目在整个计算期内的经济状况。

（4）不足：需要计算大量与项目有关的数据，计算比较麻烦。

**6. 寿命期相同互斥方案比较（表 2-4-18）**

**寿命期相同互斥方案比较　　表 2-4-18**

| 评价指标 | 净现值、净年值、增量投资收益率、增量投资回收期、增量投资内部收益率 |
|---|---|
| 比选步骤 | ①进行每个方案的经济评价，只有可行的方案才参与比较<br>②计算财务分析指标，比较选择较优方案 |
| 评价方法 | ①净现值、净年值，选择指标较大的方案（若现值或年值仅含投资和成本，选择较小的方案）<br>②增量投资收益率、增量投资回收期、增量投资内部收益率，应将各方案按投资额大小顺序排列，再计算以上三个财务分析指标。当增量投资现金流量计算的财务分析指标优于评价准则时，应保留投资额较大的方案，否则，应保留投资额较小的方案 |

**【例题 7】** 某常规投资项目，在不同收益率下的项目净现值如表 2-4-19 所示。则采用线性内插法计算的项目内部收益率 *IRR* 为（　　）。（2020 年真题）

**例题 7 表　　表 2-4-19**

| 收益率($i$) | 8% | 10% | 11% | 12% |
|---|---|---|---|---|
| 项目净现值 | 220 | 50 | −20 | −68 |

A. 9.6%　　B. 10.3%　　C. 10.7%　　D. 11.7%

**【答案】** C

**【解析】** $IRR$＝10%＋50/（50＋20）×（11%－10%）＝10.71%。

**【例题 8】** 利用经济评价指标评判项目的可行性时，说法错误的是（　　）。（2017 年

真题）

A. 财务内部收益率≥行业基准收益率，方案可行

B. 静态投资回收期>行业基准投资回收期，方案可行

C. 财务净现值>0，方案可行

D. 总投资收益率≥行业基准投资收益率，方案可行

**【答案】** B

**【解析】** 静态投资回收期≤行业基准投资回收期，方案可行。

**【例题 9】** 某项目计算期 8 年，基准收益率为 6%，基准动态投资回收期为 7 年，计算期现金流量如表 2-4-20 所示（单位：万元）。根据该项目现金流量可得到的结论是（　　）。（2023 年真题）

**例题 9 表**　　**表 2-4-20**

| 计算期 | 1 | 2 | 3 | 4 | 5 | 6 | 7 | 8 |
|---|---|---|---|---|---|---|---|---|
| 净现金流量 | −3300 | 500 | 500 | 500 | 500 | 500 | 500 | 600 |

A. 项目累计净现金流量为 300 万元

B. 项目年投资利润率为 15.15%

C. 项目静态投资回收期为 7.5 年

D. 从动态投资回收期判断，项目可行

E. 项目前三年累计现金流量现值为−2248.4 万元

**【答案】** ACE

**【解析】** 选项 A 正确。项目累计净现金流量=−3300+500+500+500+500+500+500+600=300 万元。选项 B 错误，根据已知条件，无法计算。选项 C 正确，静态投资回收期是在不考虑资金时间价值的条件下，累计净现金流等于 0 时对应时间：7+300/600=7.5 年。选项 D 错误，动态投资回收期要比静态投资回收期长，因此动态投资回收期大于 7.5 年，超过基准动态投资回收期，项目不可行。选项 E 正确，项目前三年累计现金流量现值为−3300/（1+6%）+500/（1+6%）$^2$+500/（1+6%）$^2$=−2248.4 万元。

**【例题 10】** 某具有常规现金流量的项目，折现率为 9%时，项目财务净现值为 120 万元；折现率为 11%时，项目财务净现值为−230 万元。若基准收益率为 10%，则关于该项目财务分析指标及可行性的说法，正确的是（　　）。（2022 年真题）

A. *IRR*>10%，*NPV*<0，项目不可行

B. *IRR*>10%，*NPV*≥0，项目可行

C. *IRR*<10%，*NPV*<0，项目不可行

D. *IRR*<10%，*NPV*≥0，项目可行

**【答案】** C

**【解析】** *IRR* 的范围在 9%～11%，采用内插法计算 *IRR*=9%+120×（11%−9%）/（120+230）=9.6857%。当基准收益率为 10%时，净现值小于 0，即项目不可行。

**【例题 11】** 某项目建设期 2 年，计算期 8 年，总投资为 1100 万元，全部为自有资金投入，计算期现金流量如表 2-4-21 所示，基准收益率 5%。关于该项目财务分析的说法，正确的有（　　）。（2022 年真题）

例题 11 表　　表 2-4-21

| 年份 | 1 | 2 | 3 | 4 | 5 | 6 | 7 | 8 |
| --- | --- | --- | --- | --- | --- | --- | --- | --- |
| 净现金流量(万元) | −400 | −700 | 100 | 200 | 200 | 200 | 200 | 200 |

A. 运营期第 3 年的资本金净利润率为 18.2%

B. 项目总投资收益率高于资本金净利润率

C. 项目静态投资回收期为 8 年

D. 项目内部收益率小于 5%

E. 项目财务净现值小于 0

**【答案】**BCDE

**【解析】**选项 A，根据题意无法得知净利润为多少，因此无法测算资本金净利润率；选项 B，总投资为 1100 万元，全部为自有资金投入，因此资本金等于总投资，显然项目总投资收益率高于资本金净利润率；选项 C，第 8 年的累计净现金流＝−400−700＋100＋200＋200＋200＋200＋200＝0，因此项目静态投资回收期为 8 年；选项 D、E；净现值＝$-400/(1+5\%)-700/(1+5\%)^2+100/(1+5\%)^3+200/(1+5\%)^4+200/(1+5\%)^5+200/(1+5\%)^6+200/(1+5\%)^7+200/(1+5\%)^8=-181.48<0$。当基准收益率为 5%时，净现值小于零，显然当净现值为 0 时对应的收益率小于 5%，即项目内部收益率小于 5%。

**【例题 12】**某项目在可行性研究阶段，有甲、乙、丙、丁四个备选方案，投资额依次增加，内部收益率分别为 7.8%、8%、9%、9.8%，基准收益率为 8%，若进行增量内部投资收益率多方案比选时，应优先选择（　　）两个方案进行比较。(2023 年真题)

A. 甲、乙　　B. 乙、丙

C. 丙、丁　　D. 甲、丙

**【答案】**B

**【解析】**甲方案内部收益率小于 8%，首先淘汰，其次将内部收益率大于基准收益率的方案按初始投资额由小到大依次排列，按初始投资额由小到大依次计算相邻两方案的增量投资内部收益率，若增量内部收益率＞基准收益率，说明初始投资额大的方案优于初始投资额小的方案，保留投资额大的方案；反之，保留投资额小的方案。直至全部方案比较完毕，保留的方案就是最优方案。

## 知识点三　项目经济分析

### 1. 经济分析和财务分析的联系和区别

1）联系

(1) 财务分析是经济分析的基础。大多数项目的经济分析是在项目财务分析的基础上进行的，财务分析的数据资料是项目经济分析的基础。

(2) 大型项目中，经济分析是财务分析的前提。

2）区别

二者对比如表 2-4-22 所示。

财务分析与经济分析的对比　表 2-4-22

| | 财务分析 | 经济分析 |
|---|---|---|
| 出发点和目的 | 项目或投资人 | 国家或地区 |
| 费用和效益 | 流入、流出都考虑 | 只有当项目的投入或产出能够给国民经济带来贡献时才被视为项目的费用或效益 |
| 对象 | 项目或投资人的财务收益与成本 | 引起的国民收入增值和社会耗费 |
| 计量费用与效益的价格尺度 | 实际货币效果 | 影子价格 |
| 内容和方法 | 成本与效益的分析方法 | 费用与效益分析、成本与效益分析和多目标综合分析 |
| 评价的标准和参数 | 净利润、财务净现值、市场利率 | 净收益、经济净现值、社会折现率 |
| 时效性 | 随着国家财税制度的变更而做出相应的变化 | 多数是按照宏观经济原则进行分析 |

**2. 经济分析的范围**

下列类型项目应进行经济费用效益分析：

（1）具有垄断特征的项目；

（2）产出具有公共产品特征的项目；

（3）外部效果显著的项目；

（4）资源开发项目；

（5）涉及国家经济安全的项目；

（6）受过度行政干预的项目。

**3. 经济费用效益分析参数和指标**

具体内容如表 2-4-23 所示。

经济费用效益分析参数和指标　表 2-4-23

| | |
|---|---|
| 经济净现值（*ENPV*） | 按照社会折现率将计算期内各年的经济净效益流量折现到建设期初的现值之和<br>*ENPV*≥0，该项目从经济资源配置的角度可以接受 |
| 经济内部收益率（*EIRR*） | 经济净现值等于 0 时的折现率<br>*EIRR*≥社会折现率，可以接受 |
| 经济效益费用比（*RBC*） | 项目在计算期内效益流量的现值与费用流量的现值之比<br>*RBC*>1，表明项目资源配置的水平可被接受 |

## 典型例题

【例题 1】项目经济分析可采用的参数和指标有（　　）。（2022 年真题）

A. 社会折现率　　B. 经济净现值

C. 投资收益率　　D. 经济效益费用比

E. 累计净现金流量

【答案】ABD

【解析】经济分析的主要标准和参数是净收益、经济净现值、社会折现率等。经济费用和效益分析常用指标有：经济净现值（*ENPV*）、经济内部收益率（*EIRR*）、经济效益费用比（*RBC*）。

**【例题 2】** 关于项目财务分析和经济分析关系的说法，正确的有（　　）。（2021 年真题）

A. 财务分析的数据资料是经济分析的基础

B. 两种分析所站立场和角度相同

C. 两种分析的内容和方法相同

D. 两种分析的依据和分析结论的时效性不同

E. 两种分析计量费用和效益的价格尺度不同

**【答案】** ADE

**【解析】** 经济分析和财务分析的联系：①财务分析是经济分析的基础；②大型项目中，经济分析是财务分析的前提。区别：①出发点和目的不同；②费用和效益的组成不同；③分析对象不同；④计量费用与效益的价格尺度不同；⑤分析内容和方法不同；⑥采用的评价标准和参数不同；⑦分析时效性不同。

## 本章精选习题

### 一、单项选择题

1. 下列可行性研究内容中，属于项目建设方案包含内容的是（　　）。

A. 项目产出方案　　B. 工程方案

C. 要素保障分析　　D. 碳达峰、碳中和分析

2. 某企业年初从银行贷款 800 万元，年名义利率 10%，按季度计算并支付利息，则每季度末应支付利息（　　）万元。每季度计息一次，则每年末应支付利息（　　）万元。

A. 19.29，80.00　　B. 20.00，83.05

C. 20.76，80.00　　D. 26.27，83.05

3. 某企业年初从金融机构借款 3000 万元，月利率 1%，按季复利计息，年末一次性还本付息，则该企业年末需要向金融机构支付的利息为（　　）万元。

A. 360.00　　B. 363.61

C. 376.53　　D. 380.48

4. 建设单位从银行贷款 1000 万元。贷款期 2 年，年利率 6%，每季度计息一次，则贷款的年实际利率为（　　）。

A. 6%　　B. 6.12%

C. 6.14%　　D. 12%

5. 某企业用 50 万元购置一台设备，欲在 10 年内将该投资的复本利和全部回收，基准收益率为 12%，则每年均等的净收益至少应为（　　）万元。

A. 7.893　　B. 8.849

C. 9.056　　D. 9.654

6. 某地 2021 年拟建一座年产 20 万 t 的化工厂。该地区 2018 年建成的年产 15 万 t 相同产品的类似项目实际建设投资为 6000 万元。综合调整系数为 1.03，生产能力指数为 0.7。则该项目的建设投资为（　　）万元。

A. 7147.08　　B. 7558.67

C. 7911.84　　D. 8307.43

7. 某拟建项目，预计年生产能力为12000件，已建同类项目的建设投资额为8000万元，生产能力为6000件。若价格调整系数为1.5，为简化计算，取生产能力指数为1，则采用生产能力指数法估算，该拟建项目的建设投资额应为（　　）万元。

A. 16000　　B. 24000

C. 28000　　D. 30000

8. 单位实物工程量的投资乘以实物工程总量估算建筑工程费的方法属于（　　）。

A. 单位生产能力估算法　　B. 指标估算法

C. 生产能力指数法　　D. 比例估算法

9. 财务分析中属于静态指标和盈利指标的是（　　）。

A. 利息备付率　　B. 内部收益率

C. 净现值　　D. 投资收益率

10. 下列方案经济评价指标中，属于偿债能力评价指标的是（　　）。

A. 净年值　　B. 资产负债率

C. 内部收益率　　D. 总投资收益率

11. 某项目的固定资产投资为25000万元，流动资金为5000万元，项目资本金为15000万元。其试运行阶段的年平均净利润为3000万元，运营阶段的年平均净利润为4500万元。则其项目资本金净利润率（*ROE*）为（　　）。

A. 10%　　B. 15%

C. 20%　　D. 30%

12. 关于投资收益率指标的以下说法中，正确的是（　　）。

A. 计算投资收益率需要选择正常年份

B. 投资收益率指标受到投资规模的限制

C. 计算总投资收益率、确定总投资时，需要考虑铺底流动资金

D. 投资收益率就是总投资收益率

13. 某建设项目，第1～3年每年年末投入建设资金500万元，第4～8年每年年末获得利润800万元，则该项目的静态投资回收期为（　　）年。

A. 3.87　　B. 4.88

C. 4.90　　D. 4.96

14. 下列关于动态投资回收期的描述中，正确的是（　　）。

A. 动态投资回收期与静态投资回收期没有本质区别

B. 动态投资回收期可以考虑整个寿命周期的现金流量

C. 动态投资回收期不会短于对应的静态投资回收期

D. 动态投资回收期越长，项目或方案的偿债能力越强

15. 基准收益率是财务评价的一个重要参数，是投资资金应当获得的（　　）标准的收益水平。

A. 最低　　B. 最高

C. 平均　　D. 普通

16. 关于净年值指标的说法，正确的是（　　）。

A. 该指标全面考虑了项目在整个计算期内的经济状况

B. 该指标需要考虑计算期时间长短的差别及影响

C. 该指标反映了项目投资中单位投资的使用效率

D. 该指标直接说明了在项目运营期各年的经营成果

17. 常规投资方案，当贷款利率为12%时，净现值为150万元；当贷款利率为14%时，净现值为－100万元，则该方案财务内部收益率的取值范围为（　　）。

A. <12%　　B. 12%～13%

C. 13%～14%　　D. >14%

18. 某项目采用试差法计算内部收益率时，发现折现率为15%、18%和20%时，所对应的净现值分别为150万元、30万元和－10万元。因此，该项目的内部收益率应为（　　）。

A. 17.50%　　B. 19.50%

C. 19.69%　　D. 20.16%

19. 某项工程造价为2000万元，其中项目资本金1450万元，全部流动资金为500万元；运营期年平均税前利润230万元，年平均借款利息20万元。则项目的总投资收益率为（　　）。

A. 9.2%　　B. 10.0%

C. 11.5%　　D. 12.5%

20. 某项目期初投资额为500万元，此后自第1年年末开始每年年末的作业费用为40万元，方案的寿命期为10年。10年后的净残值为0。若基准收益率为10%，则该项目总费用的现值是（　　）万元。

A. 745.78　　B. 834.45

C. 867.58　　D. 900.26

21. 下列属于项目经济分析的参数和指标是（　　）。

A. 社会折现率　　B. 财务净现值　　C. 投资收益率　　D. 市场基准收益率

**二、多项选择题**

1. 下列文件资料中，属于项目可行性研究依据的是（　　）。

A. 建设方案研究与比选　　B. 项目建设的必要性

C. 筹措资金和申请贷款的依据　　D. 项目建议书

E. 国家和地方的经济和社会发展规划

2. 下列可行性研究内容中，属于项目需求分析与产出方案包含内容的有（　　）。

A. 建设管理方案　　B. 需求分析

C. 建设内容和规模　　D. 运营模式选择

E. 项目产出方案

3. 关于有效利率和名义利率的说法，正确的有（　　）。

A. 当每年计息周期数大于1时，年名义利率大于年有效利率

B. 年有效利率比年名义利率更能准确反映资金的时间价值

C. 名义利率一定，计息周期越短，年有效利率与年名义利率差异越小

D. 名义利率为 $r$，一年内计息 $m$ 次，则计息周期利率为 $r \times m$

E. 当每年计息周期数等于 1 时，年有效利率等于年名义利率

4. 下列投资方案经济评价指标中，属于动态评价指标的有（　　）。

A. 内部收益率　　B. 资本金净利润率

C. 资产负债率　　D. 净现值率

E. 净现值

5. 利用经济评价指标评判项目的可行性时，说法错误的有（　　）。

A. 财务内部收益率≥行业基准收益率，方案可行

B. 静态投资回收期＞行业基准投资回收期，方案可行

C. 财务净现值＞0，方案可行

D. 总投资收益率≥行业基准投资收益率，方案可行

E. 财务净年值＜0，方案可行

6. 流动资产的构成要素一般包括（　　）。

A. 存货　　B. 库存现金

C. 应收账款　　D. 应付账款

E. 预付账款

7. 下列建设项目的财务评价指标中，属于偿债能力分析指标的有（　　）。

A. 总投资收益率　　B. 财务内部收益率

C. 利息备付率　　D. 财务净现值

E. 资产负债率

8. 某项目计算期 5 年，基准收益率为 8%，项目计算期现金流量如表 2-4-24 所示（单位：万元）。对该项目进行财务分析，可得到的正确结论有（　　）。

**项目计算期现金流量表**　　**表 2-4-24**

| 年份 | 0 | 1 | 2 | 3 | 4 | 5 |
|---|---|---|---|---|---|---|
| 现金流入 | — | — | — | 600 | 800 | 800 |
| 现金流出 | — | 300 | 200 | 200 | 300 | 300 |
| 净现金流量 | — | −300 | −200 | 400 | 500 | 500 |

A. 运营期利润总额为 1400 万元　　B. 静态投资回收期为 3.2 年

C. 建设期资本金投入为 500 万元　　D. 财务净现值为 576 万元

E. 动态投资回收期大于 3.2 年小于 5 年

9. 下列类型项目应该进行经济费用效益分析的是（　　）。

A. 具有垄断特征的项目　　B. 产品具有公共产品的特征

C. 外部效果显著的项目　　D. 资源开发项目

E. 房地产项目

10. 某具有常规现金流量的投资项目，建设期 2 年，计算期 12 年，总投资 1800 万元，投产后净现金流量如表 2-4-25 所示（单位：万元）。项目基准收益率为 8%，基准动态投资回收期为 7 年，财务净现值为 150 万元，关于该项目财务分析的说法，正确的有（　　）。

例题 10 表　　表 2-4-25

| 年份 | 3 | 4 | 5 | 6 | 7 | … | 12 |
|---|---|---|---|---|---|---|---|
| 净现金流量 | 200 | 400 | 400 | 400 | 400 | … | … |

A. 项目内部收益率小于 8%
B. 项目静态投资回收期为 7 年
C. 用动态投资回收期评价，项目不可行
D. 计算期第 5 年投资利润率为 22.2%
E. 项目动态投资回收期小于 12 年

## 习题答案及解析

### 一、单项选择题

1. **【答案】** B

**【解析】** 项目建设方案：技术方案、设备方案、工程方案、用地用海征收补偿（安置）方案、数字化方案、建设管理方案。选项 A 属于项目需求分析与产出方案；选项 C 属于项目选址与要素保障；选项 D 属于项目影响效果分析。

2. **【答案】** B

**【解析】** 每季度末利息=800×10%/4=20 万元；每年末利息=800×［(1+10%/4)$^4$－1］=83.05 万元。

3. **【答案】** C

**【解析】** 由于月利率为 1%，则年名义利率=12%；年末一次性还本付息时，该企业年末需要向金融机构支付的利息=3000×［(1+12%/4)$^4$－1］=376.53 万元。

4. **【答案】** C

**【解析】** $i=(1+r/m)^m-1=(1+6\%/4)^4-1=6.136\%$。

5. **【答案】** B

**【解析】** 每年均等的净收益 $A=50\times(A/P, i, n)=50\times0.17698=8.849$ 万元。

6. **【答案】** B

**【解析】** 该项目的静态投资=6000×(20/15)$^{0.7}$×1.03=7558.67 万元。

7. **【答案】** B

**【解析】** 8000×(12000/6000)×1.5=24000 万元。

8. **【答案】** B

**【解析】** 指标估算法是指依据投资估算指标，对各单位工程或单项工程费用进行估算，进而估算建设项目总投资的方法。

9. **【答案】** D

**【解析】** 选项 A 属于偿债能力指标；选项 B、C 属于动态评价指标。

10. **【答案】** B

**【解析】** 偿债能力指标包括资产负债率、利息备付率、偿债备付率。

11.【答案】D

【解析】资本金净利润率（$ROE$）＝年或年均净利润/资本金×100％＝4500/15000×100％＝30％。

12.【答案】A

【解析】投资收益率指标的优点：投资收益率指标的经济意义明确、直观；计算简便；在一定程度上反映了投资效果的优劣；可适用于各种投资规模。缺点：没有考虑投资收益的时间因素；正常生产年份的选择比较困难，正常生产年份选定带有一定的不确定性和人为因素。选项D错误，投资收益率包括总投资收益率、资本金净利润率两种。

13.【答案】B

【解析】$P_t$＝5－1＋700/800＝4.88年。

14.【答案】C

【解析】选项A错误，动态与静态投资回收期的主要区别在于，是否将不同时间的现金流量进行折现；选项B错误，投资回收期仅分析投资回收以前的时段，没有考虑整个寿命周期的现金流量；选项D错误，投资回收期越短，表明项目或方案的偿债能力越强。

15.【答案】A

【解析】基准收益率是企业、行业或投资者以动态观点所确定的、可接受的技术方案最低标准的收益水平；它受资金成本、机会成本，以及投资风险、通货膨胀等因素的影响。确定的基础：资金成本、机会成本；考虑影响因素：投资风险、通货膨胀。

16.【答案】A

【解析】选项B错误，净年值指标无须考虑计算期的时间长短；选项C错误，净年值仅针对总投资进行年值进行，不能反映单位投资的使用效率；选项D错误，净年值综合考虑建设期和运营期，但其均值不能直接说明该项目运营各年的经营成果。

17.【答案】C

【解析】利用内插法计算内部收益率的近似值，内部收益率＝12％＋150/（150＋100）×（14％－12％）＝13.2％。

18.【答案】B

【解析】折现率＝18％，对应的净现值$NPV_1$＝30万元＞0；折现率＝20％，净现值$NPV_2$＝－10＜0，故判定内部收益率大于18％，小于20％。

19.【答案】B

【解析】建设项目总投资＝工程造价＋流动资金＝2000＋500＝2500万元；总投资收益率＝（230＋20）/2500＝10％。

20.【答案】A

【解析】该项目总费用的现值＝500＋40×［$(1+10\%)^{10}-1$］/［$10\%\times(1+10\%)^{10}$］＝745.78万元。

21.【答案】A

【解析】项目财务分析的主要评价标准和参数是净利润、财务净现值、市场利率等；经济分析的主要标准和参数是净收益、经济净现值、社会折现率等。

## 二、多项选择题

1.【答案】DE

【解析】选项 A、B 属于可行性研究的内容；选项 C 属于可行性研究的作用。

2.【答案】BCE

【解析】项目需求分析与产出方案：需求分析、建设内容和规模、项目产出方案。选项 A 属于项目建设方案的内容；选项 D 属于项目运营方案的内容。

3.【答案】BE

【解析】选项 A 错误，当每年计息次数大于 1 时，实际利率大于名义利率；选项 B 正确，有效利率能够更加准确地反映一年之内，各个计息周期之间的复利计息；选项 C 错误，名义利率一定，计息周期越短，年有效利率与年名义利率差异越大；选项 D 错误，名义利率为 $r$，一年内计息 $m$ 次，则计息周期利率为 $r/m$；选项 E 正确，如果每年计息周期数等于 1，则年有效利率等于年名义利率。

4.【答案】ADE

【解析】动态评价指标包括内部收益率、动态投资回收期、净现值、净现值率、净年值。

5.【答案】BE

【解析】选项 B 错误，静态投资回收期≤基准投资回收期，方案可行；选项 E 错误，财务净年值≥0，方案可行。

6.【答案】ABCE

【解析】流动资产的构成要素一般包括存货、库存现金、应收账款和预付账款。

7.【答案】CE

【解析】偿债能力评价指标包括资产负债率、利息备付率、偿债备付率。

8.【答案】BDE

【解析】计算结果如表 2-4-26 所示。选项 A，根据本题条件无法计算利润；选项 B，静态投资回收期＝3＋｜－100｜/500＝3.2 年；选项 C，从本题条件中不能看出现金流出全部为资本金；选项 D，$-300/1.08-200/1.08^2+400/1.08^3+500/1.08^4+500/1.08^5=576$ 万元；选项 E，动态投资回收期＝3＋｜－131.72｜/367.51＝3.36 年。

项目计算期现金流量表　　表 2-4-26

| 年份 | 0 | 1 | 2 | 3 | 4 | 5 |
|---|---|---|---|---|---|---|
| 现金流入 | — | — | — | 600 | 800 | 800 |
| 现金流出 | — | 300 | 200 | 200 | 300 | 00 |
| 净现金流量 | — | −300 | −200 | 400 | 500 | 500 |
| 累计净现金流量 | — | −300 | −500 | −100 | 400 | 900 |

9.【答案】ABCD

【解析】具体而言，下列类型项目应进行经济费用效益分析：①具有垄断特征的项目；②产出具有公共产品特征的项目；③外部效果显著的项目；④资源开发项目；⑤涉及国家经济安全的项目；⑥受过度行政干预的项目。

10.【答案】BCE

【解析】选项A错误，基准收益率为8%时计算的财务净现值为150万元，项目可行，则内部收益率>基准收益率8%；选项B正确，根据各年的净现金流量，累加到第7年的净现金流量=−1800+200+400+400+400+400=0，所以静态投资回收期为7年。选项C正确，同一项目的动态投资回收期必然大于静态投资回收期，所以该项目的动态投资回收期>7，同时也大于基准动态投资回收期（7年），则该项目不可行。选项D错误，投资利润率无法计算。选项E正确，按照计算期12年计算的净现值为150万元>0，表示项目可行，所以动态投资回收期小于12年。

# 第五章　建设工程设计阶段投资控制

**考纲要求**

1. 设计方案评选的内容和方法
2. 价值工程方法及其应用
3. 设计概算的编制和审查
4. 施工图预算的编制和审查

## 第一节　设计方案评选内容和方法

本节知识点如表 2-5-1 所示。

**本节知识点**　　**表 2-5-1**

| 知识点 | 2023 年 | | 2022 年 | | 2021 年 | | 2020 年 | | 2019 年 | |
|---|---|---|---|---|---|---|---|---|---|---|
| | 单选（道） | 多选（道） | 单选（道） | 多选（道） | 单选（道） | 多选（道） | 单选（道） | 多选（道） | 单选（道） | 多选（道） |
| 设计方案评选的内容 | | | 1 | | 1 | | 1 | | | |

### 知识点一　设计方案评选的内容

**1. 工程设计方案适用性的评选**

具体内容如表 2-5-2 所示。

**工程设计方案适用性的评选**　　**表 2-5-2**

| | |
|---|---|
| 规划控制 | 用地性质、容积率、建筑密度、绿地率等；建筑设计应注重建筑群体空间与自然山水环境的融合与协调、历史文化与传统风貌特色的保护与发展、公共活动与公共空间的塑造 |
| 场地设计 | 人流、车流与物流合理分流 |
| 建筑物设计 | 建筑平面合理布置、空间、层高等 |
| 室内环境 | 光环境、通风、热湿环境、声环境 |
| 建筑设备 | 给水排水、暖通空调、建筑电气等 |
| 经济、绿色、美观 | 全寿命的经济（高性价比的经济）、绿色设计（资源、环境）、美观（文化层面） |

**2. 工业建筑设计方案评选**

生产工艺、建筑技术、建筑经济、建筑设计的卫生和安全、结构形式、节能和绿色设计。

**3. 设计方案评选的方法**

①定量评价法；②定性评价法；③综合评价法。

## 典型例题

**【例题 1】**建筑设计应注重建筑群体空间与自然山水环境的融合与协调、历史文化与传统风貌特色的保护与发展、公共活动与公共空间的塑造，体现的是（　　）。（2022 年真题）

A. 场地设计　　B. 规划控制　　C. 建筑物设计　　D. 室内环境

**【答案】**B

**【例题 2】**民用建筑设计方案经济性评价追求的目标是（　　）。（2021 年真题）

A. 规模一定的条件下，工程造价/投资最低

B. 单位面积使用阶段能耗最低，节能效果好

C. 在满足结构安全的前提下，主要建筑材料消耗最少

D. 全寿命周期的高性价比

**【答案】**D

**【解析】**"经济"不能简单地理解为追求造价，不能狭隘地理解为投入少，而是追求全寿命的经济、高性价比的经济。

# 第二节　价值工程方法及其应用

本节知识点如表 2-5-3 所示。

**本节知识点**　　**表 2-5-3**

| 知识点 | 2023 年 | | 2022 年 | | 2021 年 | | 2020 年 | | 2019 年 | |
|---|---|---|---|---|---|---|---|---|---|---|
| | 单选（道） | 多选（道） | 单选（道） | 多选（道） | 单选（道） | 多选（道） | 单选（道） | 多选（道） | 单选（道） | 多选（道） |
| 价值工程方法 | | | | | | | | | | |
| 价值工程的应用 | 1 | 1 | 1 | | 1 | | 1 | 1 | 1 | 1 |

## 知识点一　价值工程方法

价值工程是以提高产品或作业价值为目的，通过有组织的创造性工作，寻求用最低的寿命周期成本，可靠地实现使用者所需功能的一种管理技术。价值工程中所述的"价值"是对象的比较价值。价值工程的三要素为价值、功能和周期寿命成本，公式如下：

$$V=\frac{F}{C}$$

式中：$V$——价值；

$F$——功能；

$C$——成本。

价值工程的特点：

（1）目标是以最低的寿命周期成本，实现产品必备功能。

（2）价值工程的核心是对产品进行功能分析。

（3）将产品价值、功能和成本作为一个整体同时考虑。

（4）价值工程强调不断改革创新。

全寿命周期成本＝生产成本＋使用成本。

## 典型例题

**【例题】**关于价值工程的说法，正确的有（　　）。（2017 年真题）

A. 价值工程的核心是对产品进行功能分析

B. 价值工程涉及价值、功能和寿命周期成本三要素

C. 价值工程应以提高产品的功能为出发点

D. 价值工程是以提高产品的价值为目标

E. 价值工程强调选择最低寿命周期成本的产品

**【答案】**ABD

**【解析】**价值工程是以提高产品或作业价值为目的，通过有组织的创造性工作，寻求用最低的寿命周期成本，可靠地实现使用者所需功能的一种管理技术。

## 知识点二 价值工程的应用

价值工程方法不是简单的经济评价，也不是降低成本的方法，它是一种在满足功能要求前提下，寻求寿命期成本最低，即“价值”最高的一种综合管理技术。其体现在以下两个方面：

（1）应用于方案的评价，既可以是在多方案中选择价值较高的较优方案，也可以选择价值较低的对象作为改进的对象。

（2）通过价值工程系统过程活动，寻求提高对产品或对象的价值的途径，这也是价值工程应用的重点。

**1. 价值工程对象的选择方法**

价值工程对象的选择方法如表 2-5-4 所示。

**价值工程对象的选择方法　　表 2-5-4**

| | |
|---|---|
| 因素分析法 | 又称经验分析法，是指根据价值工程对象选择应考虑的各种因素，凭借分析人员的经验集体研究确定选择对象的一种方法 |
| ABC 分析法<br>（分主次、轻重） | A 类部件，占部件总数 10%～20%，其成本占 70%～80%<br>B 类部件，其余<br>C 类部件，占部件总数 60%～80%，其成本占 5%～10%<br>A 类零部件是价值工程的主要研究对象 |
| 强制确定法<br>（定量） | 是以功能重要程度作为选择价值工程对象的一种分析方法。从功能和成本两方面综合考虑，依靠价值系数的大小确定对象 |
| 百分比分析法 | 通过分析某种费用或资源对企业的某个技术经济指标影响程度的大小（百分比） |
| 价值指数法 | 比较各个对象（或零部件）之间的功能水平位次和成本位次，寻找价值较低对象（或零部件） |

## 典型例题

**【例题 1】**关于价值工程方法及其特点的说法，正确的是（　　）。(2018 年真题)

A. 价值工程是一种经济评价方法，可用其寻求产品的最低成本

B. 价值工程是一种经济评价方法，可用其寻求产品的合理成本

C. 价值工程是在产品满足功能的前提下，寻求寿命周期成本最低的一种方法

D. 价值工程是在产品满足功能的前提下，寻求寿命周期内合理成本的一种方法

**【答案】**C

**【解析】**价值工程方法不是简单的经济评价，也不是降低成本的方法，它是一种在满足功能要求前提下，寻求寿命期成本最低，即“价值”最高的一种综合管理技术。

**【例题 2】**下列价值工程对象的选择方法中，属于非强制确定方法的有（　　）。(2018 年真题)

A. 应用数理统计分析的方法

B. 考虑各种因素凭借经验集体研究确定的方法

C. 以功能重要程度来选择的方法

D. 寻求价值较低对象的方法

E. 按某种费用对某项技术经济指标影响程度来选择的方法

**【答案】**ABDE

**【解析】**选项 A，属于 ABC 分析法；选项 B，属于因素分析法；选项 C，属于强制确定法；选项 D，属于价值指数法；选项 E，属于百分比分析法。

**2. 价值工程的功能和价值分析**

功能分析是价值工程活动的核心。其包括功能定义、功能整理、功能计量和功能评价等环节。

1）功能定义

2）功能整理

3）功能计量

确定出各级功能程度的数量指标。

(1) 确定每个功能得分：

常用的打分方法有强制打分法（0-1 评分法或 0-4 评分法）、多比例评分法、逻辑评分法、环比评分法等。

以下对 0-1 评分法（又称一对一强制评分法）的流程进行介绍（表 2-5-5、表 2-5-6）。

① 将评价功能进行排列；

② 一对一地进行功能重要性比较，重要得 1 分，不重要得 0 分；

③ 将上述评分值相加，若有功能得分为零的情况，采用各加 1 的方法修正。

**0-1 评分法示例步骤（一）**　　　　表 2-5-5

| | $F_1$ | $F_2$ | $F_3$ | $F_4$ | $F_5$ | 得分 | 修正得分 |
|---|---|---|---|---|---|---|---|
| $F_1$ | × | | | | | | |
| $F_2$ | | × | | | | | |

续表

| | $F_1$ | $F_2$ | $F_3$ | $F_4$ | $F_5$ | 得分 | 修正得分 |
|---|---|---|---|---|---|---|---|
| $F_3$ | | | × | | | | |
| $F_4$ | | | | × | | | |
| $F_5$ | | | | | × | | |

**0-1 评分法示例步骤（二）**　　**表 2-5-6**

| 功能 | $F_1$ | $F_2$ | $F_3$ | $F_4$ | $F_5$ | 得分 | 修正得分 | 功能重要性系数 |
|---|---|---|---|---|---|---|---|---|
| $F_1$ | × | 1 | 1 | 0 | 1 | 3 | 4 | 4/15=0.267 |
| $F_2$ | 0 | × | 0 | 0 | 0 | 0 | 1 | 0.067 |
| $F_3$ | 0 | 1 | × | 0 | 1 | 2 | 3 | 0.2 |
| $F_4$ | 1 | 1 | 1 | × | 1 | 4 | 5 | 0.333 |
| $F_5$ | 0 | 1 | 0 | 0 | × | 1 | 2 | 0.133 |
| 合计 | | | | | | 10 | 15 | 1.00 |

结论：$F_4>F_1>F_3>F_5>F_2$

功能评价指数大，说明功能重要；反之，功能评价指数小，说明功能不太重要。

（2）每个功能的重要性系数（又称功能系数或功能指数）：

$$第\ i\ 个评价对象的功能指数(F_i)=\frac{第\ i\ 个评价对象的功能得分值(F_i)}{全部功能得分值}$$

4）功能评价

找出实现功能的最低费用作为功能的目标成本，又称功能评价值。

已知目标成本为 900 元，则可计算各功能评价值（目标成本），如表 2-5-7 所示。

**各功能评价值**　　**表 2-5-7**

| 功能<br>(1) | 功能重要性系数<br>(2) | 功能评价值 $F$<br>(3)=900×(2) |
|---|---|---|
| $F_1$ | 4/15=0.267 | 240 |
| $F_2$ | 0.067 | 60 |
| $F_3$ | 0.2 | 180 |
| $F_4$ | 0.333 | 300 |
| $F_5$ | 0.133 | 120 |
| 合计 | 1.00 | 900 |

5）计算现实成本

（1）现实成本：就是产品或零部件的实际成本（表 2-5-8）。

期望的成本降低值为现实成本与目标成本的差值。

$F=C$，$F_1$ 和 $F_3$ 就属于这种情况。此时应以现实成本作为功能评价值。

$F<C$，$F_2$ 和 $F_4$ 就属于这种情况。此时应以目标成本作为功能评价值。

$F>C$，$F_5$ 属于这种情况，具体情况具体分析。

现实成本的计算　　表 2-5-8

| 功能<br>(1) | 功能重要性系数<br>(2) | 功能评价值 $F$<br>(3)＝900×(2) | 实际成本<br>$C$ | 成本降低幅度<br>$\Delta C=C-F$ |
|---|---|---|---|---|
| $F_1$ | 4/15＝0.267 | 240 | 240 | — |
| $F_2$ | 0.067 | 60 | 80 | 20 |
| $F_3$ | 0.2 | 180 | 180 | — |
| $F_4$ | 0.333 | 300 | 340 | 40 |
| $F_5$ | 0.133 | 120 | 110 | (−10) |
| 合计 | 1.00 | 900 | 950 | 60 |

（2）计算成本指数，现实成本在全部成本中所占的比率，公式如下：

$$第\ i\ 个评价对象的成本指数(C_l)=\frac{第\ i\ 个评价对象的现实成本(C_i)}{全部成本}$$

**【例题 3】**某项目建筑安装工程目标造价 2000 元/m³，项目四个功能区重要性采用 0-1 评分法，评分结果如表 2-5-9 所示，则该项目建筑安装工程在节能方面的投入宜为（　　）元/m³。(2021 年真题)

例题 3 表　　表 2-5-9

| 功能区 | 安全 | 适用 | 节能 | 美观 |
|---|---|---|---|---|
| 安全 | × | 0 | 1 | 1 |
| 适用 | 1 | × | 1 | 1 |
| 节能 | 0 | 0 | × | 1 |
| 美观 | 0 | 0 | 0 | × |

A. 340　　B. 400　　C. 600　　D. 660

**【答案】**B

**【解析】**节能的投入＝2000×0.2＝400 元/m³，其余内容见表 2-5-10。

例题 3 表　　表 2-5-10

| 功能区 | 安全 | 适用 | 节能 | 美观 | 功能得分 | 修正得分 | 功能重要性系数 |
|---|---|---|---|---|---|---|---|
| 安全 | × | 0 | 1 | 1 | 2 | 3 | 0.3 |
| 适用 | 1 | × | 1 | 1 | 3 | 4 | 0.4 |
| 节能 | 0 | 0 | × | 1 | 1 | 2 | 0.2 |
| 美观 | 0 | 0 | 0 | × | 0 | 1 | 0.1 |
| 合计 | | | | | 6 | 10 | 1 |

**【例题 4】**某产品的目标成本为 2000 元。该产品某零部件的功能重要性系数是 0.32，若现实成本为 800 元，则该零部件成本需要降低（　　）元。

A. 160　　B. 210　　C. 230　　D. 240

**【答案】**A

**【解析】**$F$＝2000×0.32＝640 元，该零部件成本需要降低 $\Delta C=C-F$＝800−640＝160 元。

**【例题 5】** 项目有甲、乙、丙、丁四个设计方案，均能满足建设目标要求，经综合评估，各方案的功能综合得分及造价如表 2-5-11 所示。根据价值系数，应选择（　　）为实施方案。(2022 年真题)

**例题 5 表**　　　　**表 2-5-11**

| 方案 | 甲 | 乙 | 丙 | 丁 |
|---|---|---|---|---|
| 综合得分 | 33 | 33 | 35 | 32 |
| 造价 | 3050 | 3000 | 3300 | 2950 |

A. 甲　　B. 乙　　C. 丙　　D. 丁

**【答案】** B

**【解析】** 综合得分总和＝33＋33＋35＋32＝133，造价总数＝3050＋3000＋3300＋2950＝12300。

甲的价值系数＝（33/133）/（3050/12300）＝1.001；

乙的价值系数＝（33/133）/（3000/12300）＝1.017；

丙的价值系数＝（35/133）/（3300/12300）＝0.981；

丁的价值系数＝（32/133）/（2950/12300）＝1.003；

乙的价值系数最大，选方案乙。

**【例题 6】** 某产品 4 个功能区的功能指数和现实成本如表 2-5-12 所示。若产品总成本保持不变，以成本改进期望值为依据，则应优先作为价值工程改进对象的是（　　）。(2020 年真题)

**例题 6 表**　　　　**表 2-5-12**

| 产品功能区 | $F_1$ | $F_2$ | $F_3$ | $F_4$ |
|---|---|---|---|---|
| 功能指数 | 0.35 | 0.25 | 0.30 | 0.10 |
| 现实成本(万元) | 185 | 155 | 130 | 30 |

A. $F_1$　　B. $F_2$　　C. $F_3$　　D. $F_4$

**【答案】** B

**【解析】** 总成本＝185＋155＋130＋30＝500 万元

$F_1$ 成本指数＝185/500＝0.37，$V_1$＝0.35/0.37＝0.946；

$F_2$ 成本指数＝155/500＝0.31，$V_2$＝0.25/0.31＝0.806；

$F_3$ 成本指数＝130/500＝0.26，$V_3$＝0.3/0.26＝1.154；

$F_4$ 成本指数＝30/500＝0.06，$V_4$＝0.1/0.06＝1.667。

**3. 价值工程新方案创造**

(1) 头脑风暴法；

(2) 哥顿法；

(3) 专家意见法（德尔菲法）；

(4) 专家检查法。

价值工程对象的选择方法与新方案创造的方法汇总如表 2-5-13 所示。

方法汇总　　表 2-5-13

| 价值工程对象的选择方法 | 价值工程新方案创造的方法 |
| --- | --- |
| ①因素分析法<br>②ABC 分析法<br>③强制确定法<br>④百分比分析法<br>⑤价值指数法 | ①头脑风暴法<br>②哥顿法<br>③专家意见法（德尔菲法）<br>④专家检查法 |

**【例题 7】** 价值工程活动中，在创新阶段获得新方案，可采用的方法有（　　）。（2023年真题）

A. 功能成本法　　B. 功能指数法

C. 德尔菲法　　D. 头脑风暴法

E. ABC 分析法

**【答案】** CD

**【解析】** 价值工程新方案创造，比较常用的方法有：头脑风暴法；哥顿法；专家意见法（德尔菲法）；专家检查法。

## 第三节　设计概算编制和审查

本节知识点如表 2-5-14 所示。

本节知识点　　表 2-5-14

| 知识点 | 2023 年 | | 2022 年 | | 2021 年 | | 2020 年 | | 2019 年 | |
| --- | --- | --- | --- | --- | --- | --- | --- | --- | --- | --- |
| | 单选（道） | 多选（道） | 单选（道） | 多选（道） | 单选（道） | 多选（道） | 单选（道） | 多选（道） | 单选（道） | 多选（道） |
| 设计概算的内容和编制依据 | | | | | | | 1 | 1 | | |
| 设计概算的编制办法 | | | | 1 | | | | | | 1 |
| 设计概算的审查 | 1 | | 1 | | 1 | 1 | | | 1 | |

### 知识点一　设计概算的内容和编制依据

以初步设计文件为依据，按照规定的程序、方法和依据，对建设项目总投资及其构成进行概略计算。

设计概算的内容如表 2-5-15 所示。

设计概算的内容　　表 2-5-15

| 三级概算 | 内容 |
| --- | --- |
| 单位工程概算 | 单位建筑工程概算、单位设备及安装工程概算 |
| 单项工程综合概算 | 建筑工程费、安装工程费、设备及工（器）具购置费 |
| 建设项目总概算 | 建设项目总投资 |

当建设项目只有一个单项工程时，编制两级概算：单位工程概算、建设项目总概算。

## 典型例题

**【例题1】**建设项目设计概算文件采用三级概算或二级概算的区别，在于是否单独编制（　　）文件。（2020年真题）

A. 分部工程概算　　B. 单位工程概算

C. 单项工程综合概算　　D. 建设项目总概算

**【答案】**C

**【例题2】**下列费用项中，不属于单项工程综合概算内容的是（　　）。（2017年真题）

A. 单位建筑工程概算　　B. 安装工程概算

C. 铺底流动资金概算　　D. 设备购置费用概算

**【答案】**C

**【解析】**单项工程综合概算的内容包括：建筑工程费、安装工程费、设备及工（器）具购置费。

## 知识点二 设计概算的编制办法

如图2-5-1所示。

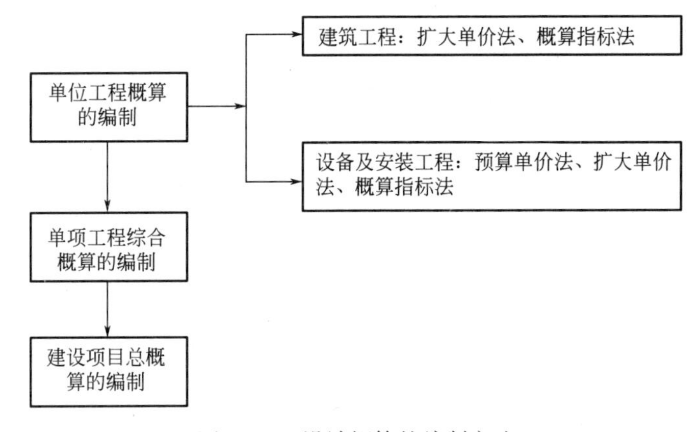


图2-5-1 设计概算的编制方法

**1. 建筑工程概算的编制方法**

1）扩大单价法

工程量×扩大单价＝人＋材＋机具，再取费，计算管理费、规费、利润和税金。

当初步设计达到一定深度且建筑结构比较明确时，可采用这种方法编制建筑工程概算。

2）概算指标法

由于设计深度不够等原因，对一般附属、辅助和服务工程等项目，以及住宅和文化福利工程项目或投资比较小、比较简单的工程项目，可采用概算指标法编制概算。

概算价值＝单位工程建筑面积或建筑体积×概算单价。

**2. 设备安装工程费概算的编制方法**

（1）预算单价法：初步设计较深，有详细设备清单时适用。

（2）扩大单价法：初步设计深度不够、设备清单不完备，或仅有成套设备时适用。

（3）概算指标法：设备清单不完备，或综合单价不全，无法采用如上方法。

## 典型例题

**【例题 1】** 编制单位工程概算的正确做法有（　　）。（2022 年真题）

A. 在单位工程概算中列入相应的基本预备费和涨价预备费

B. 单位工程概算按构成单位工程的主要分部分项工程编制

C. 建筑工程工程量根据施工图及工程量计算规则计算

D. 建筑工程概算费用内容及组成按照《建筑安装工程费用项目组成》确定

E. 设备及安装工程概算分别采用“设备购置费概算表”和“安装工程概算表”编制

**【答案】** BD

**【解析】** 选项 A，单位工程概算一般分为建筑工程、设备及安装工程两大类；建筑工程概算按构成单位工程的主要分部分项工程编制；设备及安装工程单位概算由设备购置费和安装工程费组成。选项 B、C、D，建筑工程概算费用内容及组成按照《建筑安装工程费用项目组成》确定，按构成单位工程的主要分部分项工程编制，根据初步设计工程量按工程所在省、自治区、直辖市颁发的概算定额（指标）或行业概算定额（指标），以及工程费用定额、造价指数计算。选项 E，设备及安装工程概算采用“设备及安装工程概算表”形式，按构成单位工程的主要分部分项工程编制。

**【例题 2】** 下列方法中，可用来编制设备安装工程概算的方法有（　　）。（2017 年真题）

A. 估算指标法　　B. 概算指标法

C. 扩大单价法　　D. 预算单价法

E. 百分比分析法

**【答案】** BCD

**【解析】** 设备安装工程概算编制的基本方法有：预算单价法、扩大单价法、概算指标法。

## 知识点三　设计概算的审查

### 1. 概算文件的质量要求

项目设计负责人和概算负责人应对全部设计概算的质量负责。

设计概算应按编制时项目所在地的价格水平编制，总投资应完整地反映编制时建设项目的实际投资；设计概算应考虑建设项目施工条件等因素对投资的影响；还应按项目合理工期预测建设期价格水平，以及资产租赁和贷款的时间价值等动态因素对投资的影响；建设项目总投资还应包括铺底流动资金。

### 2. 设计概算审查的主要内容

1）审查设计概算的编制依据

合法性、时效性、适用范围。

2）审查设计概算构成内容

具体内容如表 2-5-16 所示。

审查设计概算构成内容　　表 2-5-16

| | | |
|---|---|---|
| 建筑工程 | 工程量审查 | 根据初步设计图纸、概算定额、工程量计算规则 |
| | 定额或指标的审查 | 审查使用范围、定额基价、指标的调整等 |
| | 材料价格的审查 | 耗用量最大的主要材料为审查重点 |
| | 各项费用的审查 | 是否有重复计算或遗漏、取费标准是否符合相关规定 |

**3. 设计概算审查的方式**

方式：集中会审。

设计概算投资一般应控制在立项批准的投资控制额以内；如果设计概算值超过控制额，必须修改设计或重新立项审批；设计概算批准后，一般不得调整；如需修改或调整时，须经原批准部门同意，并重新审批。

出现允许调整概算的情形时，由建设单位调查分析变更原因，报主管部门审批同意后，由原设计单位核实编制调整概算，并按有关审批程序报批。

允许调整概算的原因有：

（1）超出原设计范围的重大变更；

（2）超出基本预备费规定范围不可抗拒的重大自然灾害引起的工程变动和费用增加；

（3）超出工程造价调整预备费的国家重大政策性的调整。

## 典型例题

**【例题 1】**关于政府投资项目设计概算批准后是否允许调整的说法，正确的是（　　）。（2022 年真题）

A. 一律不得调整，确需调整的，须另行单独立项

B. 一律不得调整，需要增加投资的，由项目单位自筹

C. 一律不得调整，需调整时，须说明理由并向原批准部门备案

D. 一律不得调整，需调整时，须经原批准部门同意并重新审批

**【答案】**D

**【解析】**设计概算投资一般应控制在立项批准的投资控制额以内；如果设计概算值超过控制额，必须修改设计或重新立项审批；设计概算批准后，一般不得调整；如需修改或调整时，须经原批准部门同意，并重新审批。

**【例题 2】**关于设计概算编制的说法，正确的是（　　）。（2021 年真题）

A. 应按编制时项目所在地的价格水平编制，不考虑后续价格变动

B. 应按编制时项目所在地的价格水平编制，不考虑施工条件影响

C. 应按编制时项目所在地的价格水平编制，还应按项目合理工期预测建设期价格水平

D. 应按编制时项目所在地的价格水平编制，不考虑建设项目的实际投资

**【答案】**C

**【解析】**设计概算应按编制时项目所在地的价格水平编制，总投资应完整地反映编制时建设项目的实际投资；设计概算应考虑建设项目施工条件等因素对投资的影响；还应按项目合理工期预测建设期价格水平，以及资产租赁和贷款的时间价值等动态因素对投资的影响；建设项目总投资还应包括铺底流动资金。

【例题 3】政府投资项目概算批准后，允许调整概算的情形有（　　）。（2021 年真题）

A. 原设计范围内，提高建设标准引起的费用增加

B. 超出原设计范围的重大变更

C. 建设单位提出设计变更引起的费用增加

D. 设计文件重大差错引起的工程费用增加

E. 超出涨价预备费的国家重大政策性调整

【答案】BE

【解析】允许调整概算的原因有：①超出原设计范围的重大变更；②超出基本预备费规定范围不可抗拒的重大自然灾害引起的工程变动和费用增加；③超出工程造价调整预备费的国家重大政策性的调整。

# 第四节　施工图预算编制和审查

本节知识点如表 2-5-17 所示。

**本节知识点**　　　　**表 2-5-17**

| 知识点 | 2023 年 | | 2022 年 | | 2021 年 | | 2020 年 | | 2019 年 | |
|---|---|---|---|---|---|---|---|---|---|---|
| | 单选（道） | 多选（道） | 单选（道） | 多选（道） | 单选（道） | 多选（道） | 单选（道） | 多选（道） | 单选（道） | 多选（道） |
| 施工图预算概述 | | | | | | | | | | |
| 施工图预算的编制内容 | | | | | | | | | | |
| 施工图预算的编制方法 | 1 | | | | 1 | | 1 | | | |
| 施工图预算的审查内容与方法 | | | 1 | | | | | | 1 | |

## 知识点一　施工图预算概述

**1. 施工图预算及计价模式**

以施工图设计文件为依据，按照规定的程序、方法和依据，在施工招标投标阶段编制的预测工程造价的经济文件。

（1）传统计价模式：预算定额计价。

（2）清单计价模式：投标人根据自身实力，按企业定额、资源市场单价以及市场供求及竞争状况编制。

**2. 施工图预算的作用**

其作用如表 2-5-18 所示。

**施工图预算的作用**　　　　**表 2-5-18**

| 建设单位 | 施工企业 |
|---|---|
| ①确定建设项目造价的依据<br>②编制最高投标限价的基础<br>③建设单位在施工期间安排建设资金计划和使用建设资金的依据<br>④可以作为拨付工程进度款及办理工程结算的依据 | ①建筑施工企业投标报价的依据<br>②施工单位进行施工准备的依据。施工图预算的工、料、机分析，为施工单位材料购置、劳动力及机具和设备的配备提供参考<br>③施工企业控制工程成本的依据 |

## 知识点二　施工图预算的编制内容（表 2-5-19）

施工图预算的编制内容　　表 2-5-19

| | 适用 | 内容 |
|---|---|---|
| 三级预算 | 当建设项目有多个单项工程时 | 组成:单位工程预算、单项工程综合预算、建设项目总预算<br>三级的工程预算文件包括:封面、签署页及目录、编制说明、总预算表、综合预算表、单位工程预算表、附件等 |
| 二级预算 | 当建设项目只有一个单项工程时 | 组成:单位工程预算、建设项目总预算<br>二级的工程预算文件包括:封面、签署页及目录、编制说明、总预算表、单位工程预算表、附件等 |

## 知识点三：施工图预算的编制方法

### 1. 单位工程预算的编制（图 2-5-2、图 2-5-3）

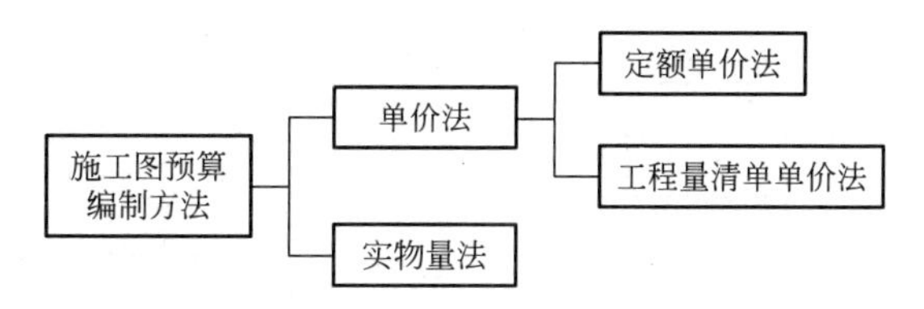


图 2-5-2　施工图预算的编制方法

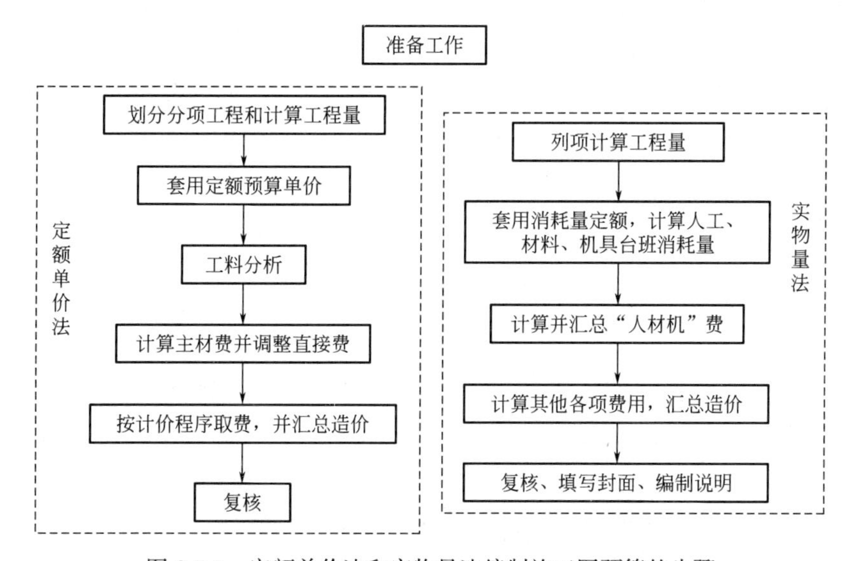


图 2-5-3　定额单价法和实物量法编制施工图预算的步骤

1）定额单价法（图 2-5-4）

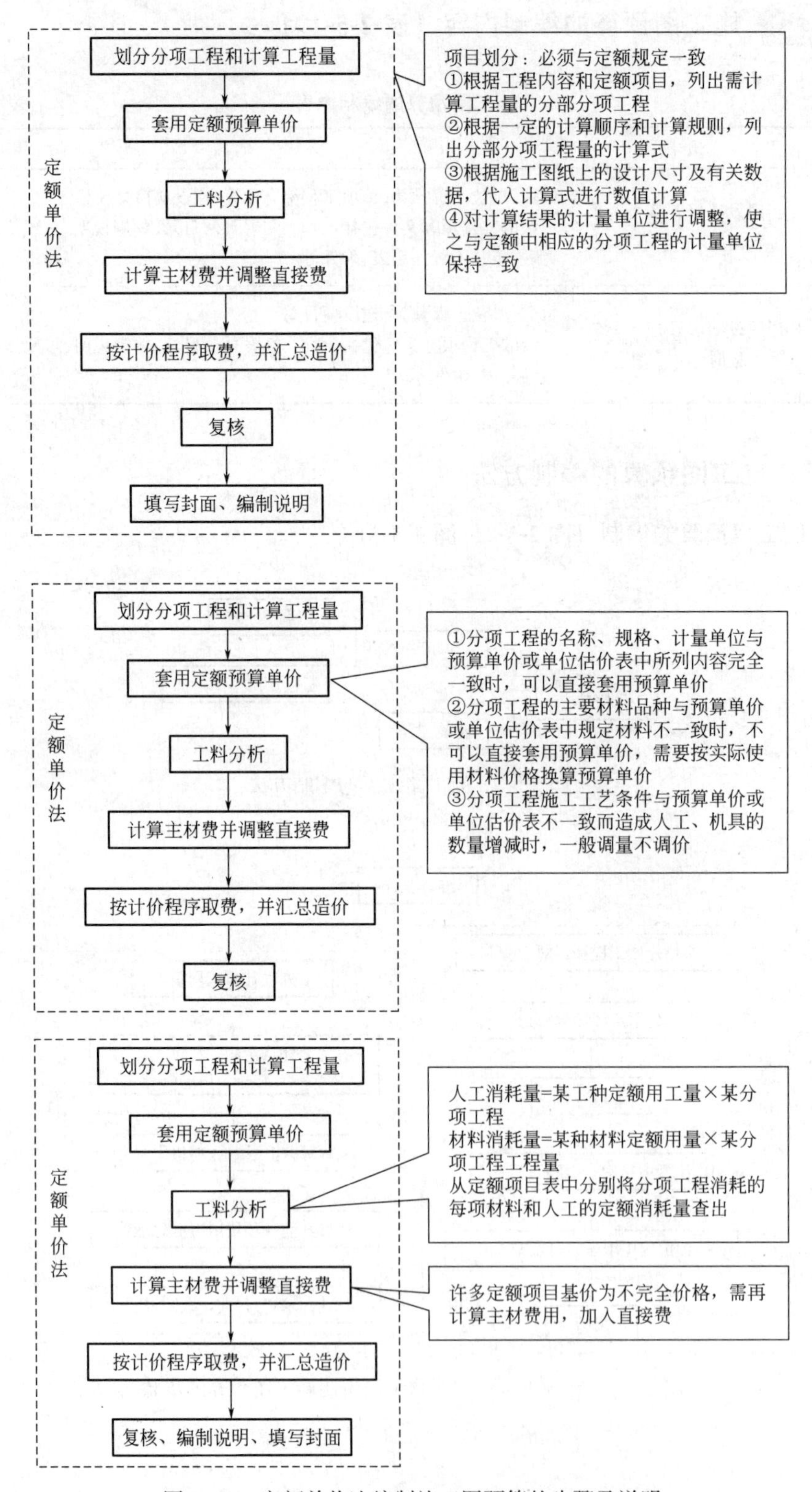


图 2-5-4　定额单价法编制施工图预算的步骤及说明

2）实物量法（图 2-5-5）

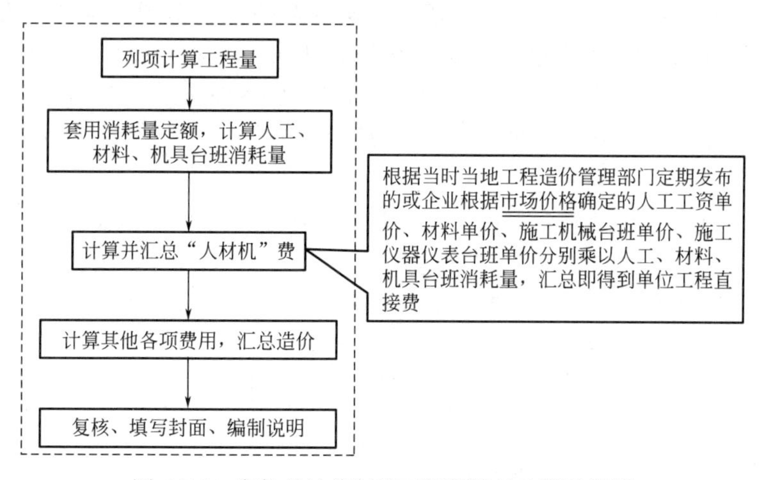


图 2-5-5　实物量法编制施工图预算的步骤及说明

**2. 二级预算**

建设项目总预算＝Σ单位建筑工程费用＋Σ单位设备及安装工程费用＋工程建设其他费＋预备费＋建设期利息＋铺底流动资金。

**3. 三级预算**

单项工程施工图预算＝Σ单位建筑工程费用＋Σ单位设备及安装工程费用。

总预算＝Σ单项工程施工图预算＋工程建设其他费＋预备费＋ 建设期利息＋铺底流动资金。

## 典型例题

**【例题 1】**采用定额单价法编制施工图预算时，若某分项工程的主要材料品种与预算单价或单位估价表中规定材料不一致，则正确的做法是（　　）。（2021 年真题）

A. 按实际使用材料价格换算预算单价，再套用换算后的单价

B. 直接套用预算单价，再根据材料价差调整工程费用

C. 改用实物量法编制施工图预算

D. 改用工程量清单单价法编制施工图预算

**【答案】**A

**【解析】**分项工程的主要材料品种与预算单价或单位估价表中规定材料不一致时，不能直接套用预算单价，需要按实际使用材料价格换算预算单价。

**【例题 2】**分项工程单位估价表是预算定额法编制施工图预算的重要依据，分项工程单位估价表中的单价包含完成相应分项工程所需的人工费、材料费和（　　）。（2020 年真题）

A. 企业管理费　　　　B. 施工机具使用费

C. 规费　　　　D. 税金

**【答案】**B

**【解析】**分项工程单位估价表中的单价包含完成相应分项工程所需的人工费、材料费和施工机具使用费。

**【例题 3】**某建设项目，设备安装费按设备购置费的 15%计算，为 450 万元；建筑工程预算之和为 7000 万元；工程建设其他费用 1500 万元；基本预备费率为 8%；涨价预备费及铺底流动资金为 1200 万元，则该建设项目的总预算额为（　　）万元。

A. 11106　　B. 12906　　C. 13906　　D. 14106

**【答案】**D

**【解析】**建设项目投资总额＝固定资产投资＋流动资金投资＝（450/15%＋450＋7000＋1500）×（1＋8%）＋1200＝14106 万元。

**【例题 4】**单项工程施工图预算造价的计算表达式是（　　）。（2023 年真题）

A. Σ单位建筑工程费用＋Σ单位安装工程费用

B. Σ单位建筑工程费用＋Σ单位设备及安装工程费用

C. Σ单位建筑工程费用＋Σ工程建设其他费用

D. Σ单位建筑工程费用＋Σ措施项目费用

**【答案】**B

**【解析】**单项工程施工图预算＝Σ单位建筑工程费用＋Σ单位设备及安装工程费用。

## 知识点四　施工图预算的审查内容与方法

**1. 审查内容**

（1）是否符合现行法律法规和规定要求。

（2）审查工程量计算的准确性、工程量计算规则与计价规范规则或定额规则的一致性。

（3）审查各种计价依据使用是否恰当，各项费率计取是否正确。

（4）审查各种要素市场价格选用、应计取的费用是否合理。

（5）审查施工图预算是否超过概算以及进行偏差分析。

**2. 施工图预算的审查方法**

不同方法的具体内容如表 2-5-20 所示。

**施工图预算的审查方法　　表 2-5-20**

| | |
|---|---|
| 逐项审查法 | 全面审查法。优点：全面、细致，审查质量高。缺点：工作量大。适合于一些工程量小、工艺简单的工程 |
| 标准预算审查法 | 优点：时间短、效果好。缺点：适用范围小。仅适用于采用标准图纸的工程 |
| 分组计算审查法 | 审查速度快、工作量小。利用同组中的一种数据审查分项工程量的方法。具有相同或相近计算基数的关系，判断同组分项工程的计算准确度，利用底层建筑面积，审查楼面找平层、顶棚抹灰的工程量是否准确 |
| 对比审查法 | 当工程条件相同时，选择具有可比性的同类工程的预算，相同的地方采用对比审查法 |
| 筛选审查法 | 找出单位建筑面积的工程量、造价、用工的基本数值，进而实现筛选。优点：简单易懂、便于掌握，审查速度快、便于发现问题。但问题出现的原因尚需继续审查。该方法适用于审查住宅工程或不具备全面审查条件的工程 |
| 重点审查法 | 工程量大、造价高的工程。优点：突出重点，审查时间短、效果较好 |

## 典型例题

**【例题 1】**在审查施工图预算时，除审查工程量计算的准确性外，对预算工程量审查的重点是（　　）。（2022 年真题）

A. 编制施工图预算所依据设计文件的完整性

B. 工程量计算人员是否具备造价工程师资格

C. 预算工程量是否超过概算工程量

D. 工程量计算规则与计算规范规则或定额规则的一致性

**【答案】**D

**【解析】**审查工程量计算的准确性、工程量计算规则与计价规范规则或定额规则的一致性。工程量是确定建筑安装工程造价的决定因素，是预算审查的重要内容。

**【例题 2】**施工图预算审查的内容包括（　　）。（2016 年真题）

A. 施工图是否符合设计规范

B. 施工图是否满足项目功能要求

C. 施工图预算的编制是否符合相关法律法规

D. 工程量计算是否准确

E. 施工图预算是否超过概算

**【答案】**CDE

**【解析】**选项 A、B 属于图纸会审的内容。

**【例题 3】**能较快发现问题，审查速度快，但问题出现的原因还需继续审查的施工图预算审查方法是（　　）。（2019 年真题）

A. 对比审查法　　　　B. 逐项审查法

C. 标准预算审查法　　　　D. 筛选审查法

**【答案】**D

**【解析】**筛选法的优点是简单易懂，便于掌握，审查速度快，便于发现问题。但问题出现的原因尚需继续审查。

## 本章精选习题

### 一、单项选择题

1. 对民用建筑设计方案进行绿色设计评审的主要内容是（　　）。

A. 绿地率是否符合控制性规划的要求

B. 建筑物使用空间的自然采光、通风、日照是否符合规定

C. 施工阶段扬尘和对绿地的破坏程度

D. 项目寿命期内建造和使用对资源和环境的影响

2. 民用建筑工程设计方案适用性评价时，建筑基地内人流、车流和物流是否合理分流，属于（　　）评价的内容。

A. 场地设计　　　　B. 建筑物设计

C. 规划控制指标　　　　　　　　　　D. 绿色设计

3. 建筑出入口应根据场地条件、建筑使用功能、交通组织以及安全疏散等要求进行设置，属于（　　）评价的内容。

A. 场地设计　　　　　　　　　　　　B. 建筑物设计

C. 规划控制指标　　　　　　　　　　D. 绿色设计

4. 价值工程中的全寿命周期费用是指（　　）。

A. 生产过程发生的全部成本

B. 从开始使用至报废过程中发生的费用总和

C. 产品存续期的总成本

D. 生产费用、使用费用之和

5. 对价值工程对象进行价值分析时，成本指数是指评价对象的（　　）。

A. 目标成本在总目标成本中所占的比率

B. 目标成本与现实成本的比值

C. 现实成本在全部成本中所占的比率

D. 现实成本与目标成本的比值

6. 某项目应用价值工程原理进行方案择优，各方案的功能系数和单方造价见表 2-5-21，则最优方案为（　　）。

**练习题 6 表**　　　　**表 2-5-21**

| 方案 | 甲 | 乙 | 丙 | 丁 |
|---|---|---|---|---|
| 功能系数 | 0.202 | 0.286 | 0.249 | 0.263 |
| 单方造价(元/$m^2$) | 2840 | 2460 | 2300 | 2700 |

A. 甲方案　　　　　　　　　　　　　B. 乙方案

C. 丙方案　　　　　　　　　　　　　D. 丁方案

7. 某分项工程具有四项功能，各功能区功能价值和现实成本如表 2-5-22 所示。对该分项工程开展价值工程活动时，应优先作为改进对象的是（　　）。

**练习题 7 表**　　　　**表 2-5-22**

| 功能区 | $F_1$ | $F_2$ | $F_3$ | $F_4$ |
|---|---|---|---|---|
| 功能价值(元) | 130 | 170 | 155 | 215 |
| 现实成本(元) | 150 | 180 | 140 | 200 |

A. $F_1$　　　　B. $F_2$　　　　C. $F_3$　　　　D. $F_4$

8. 开展价值工程活动的目的是（　　）。

A. 提高研究对象的价值　　　　　　　B. 实现使用者需要的功能

C. 降低产品的寿命周期成本　　　　　D. 对产品进行功能分析

9. 某产品的目标成本为 1800 元。该产品某零部件的功能重要性系数是 0.32，若现实成本为 600 元，则该零部件成本需要降低（　　）元。

A. 192　　　　　　　　　　　　　　B. 24

C. 32　　　　D. 18

10. 价值工程中的“价值”是指研究对象的（　　）。

A. 使用价值　　　　B. 比较价值

C. 经济价值　　　　D. 交换价值

11. 当建设项目为一个单项工程时，其设计概算应采用的编制形式是（　　）。

A. 单位工程概算、单项工程综合概算和建设项目总概算三级

B. 单位工程概算和单项工程综合概算二级

C. 单项工程综合概算和建设项目总概算二级

D. 单位工程概算和建设项目总概算二级

12. 在建筑工程初步设计文件深度不够，不能准确计算出工程量的情况下，可采用的设计概算编制方法是（　　）。

A. 概算定额法　　　　B. 概算指标法

C. 预算单价法　　　　D. 综合吨位指标法

13. 审查定额、指标、取费标准等各概算编制依据是否按国家有关部门的现行规定执行，属于设计概算编制依据的（　　）审查内容。

A. 技术性　　　　B. 时效性

C. 经济性　　　　D. 适用性

14. 某新建项目装配车间的土建工程概算 100 万元，给水排水和电气照明工程概算 15 万元，设计费 10 万元，装配生产设备及安装工程概算 100 万元，联合试运转费概算 5 万元，则该装配车间单项工程综合概算为（　　）万元。

A. 215　　　　B. 220

C. 225　　　　D. 230

15. 利用扩大单价法编制单位建筑工程概算时，在收集原始资料后，应进行的工作有：①计算工程量；②各项费用计算；③套用扩大单价；④单位工程概算书编制。其正确顺序是（　　）。

A. ③①②④　　　　B. ①③②④

C. ③②①④　　　　D. ①②③④

16. 某住宅工程项目设计深度不够，其结构特征与概算指标的结构特征局部有差别，编制设计概算时，宜采用的方法是（　　）。

A. 扩大单价法　　　　B. 修正的概算指标法

C. 概算指标法　　　　D. 预算单价法

17. 设计概算一经批准一般不得进行调整，其总投资反映（　　）时的价格水平。

A. 项目立项　　　　B. 可行性研究

C. 概算编制　　　　D. 项目施工

18. 审查设计概算时，通常采用（　　）的审查方式。

A. 标准审查　　　　B. 集中会审

C. 对比分析　　　　D. 查询核实

19. 定额单价法编制施工图预算的过程包括：①计算工程量；②套用定额单价，计算工料机费用；③按费用定额取费，并汇总造价；④工料分析；⑤准备资料，熟悉施工图

纸。正确的排列顺序是（　　）。

A. ④⑤②①③　　B. ④⑤①②③

C. ⑤②①③④　　D. ⑤①②④③

20. 在采用定额单价法编制施工图预算的过程中，套用定额单价时，发现分项工程施工工艺条件与预算单价不一致，则应当（　　）。

A. 直接套用　　B. 换算预算价格

C. 调量不调价　　D. 编制补充单位估价表

21. 实物量法与定额单价法编制施工图预算的主要区别是（　　）。

A. 收集的资料不同　　B. 工程量计算规则不同

C. 采用的定额不同　　D. 计算工料机费用的方法不同

22. 对于设计方案比较特殊，无同类工程可比，且审查精度要求高的施工图预算，适宜采用的审查方法是（　　）。

A. 全面审查法　　B. 标准预算审查法

C. 对比审查法　　D. 重点审查法

23. 拟建工程与已完工程采用同一施工图，但基础部分和现场施工条件不同，则与已完工程相同的部分可采用（　　）审查施工图预算。

A. 标准预算审查法　　B. 对比审查法

C. 筛选审查法　　D. 重点审查法

24. 编制单位工程施工图预算时，用事先编制好的分项工程的单位估价表来编制的方法是（　　）。

A. 扩大单价法　　B. 实物量法

C. 工程量清单单价法　　D. 定额单价法

**二、多项选择题**

1. 由多个部件组成的产品，应优先选择（　　）的部件作为价值工程的分析对象。

A. 造价低　　B. 数量多

C. 体积小　　D. 加工工序多

E. 废品率高

2. 应用价值工程进行某住宅项目设计方案评价时，属于功能评价内容的有（　　）。

A. 围护结构的保温性能　　B. 建造成本

C. 面积及户型的合理性　　D. 年度维护费用

E. 房间通风采光情况

3. 在价值工程的应用中，可用于方案创造的方法有（　　）。

A. 因素分析法　　B. 头脑风暴法

C. 强制确定法　　D. 哥顿法

E. 德尔菲法

4. 单位建筑工程概算工程量审查的主要依据有（　　）。

A. 初步设计图纸　　B. 施工图设计文件

C. 概算定额　　D. 概算指标

E. 工程量计算规则

5. 编制施工图预算过程中，图纸的主要审核内容有（　　）。

A. 审核图纸间相关尺寸是否有误

B. 审核图纸是否有设计更改通知书

C. 审核材料表上的规格是否与图纸相符

D. 审核图纸是否已经施工单位确认

E. 审核图纸与现行计量规范是否相符

6. 审查施工图预算的方法有（　　）。

A. 标准预算审查法

B. 预算指标审查法

C. 预算单位审查法

D. 对比审查法

E. 分组计算审查法

7. 下列方法中，可以用于编制施工图预算的有（　　）。

A. 定额单价法

B. 工程量清单单价法

C. 扩大单价法

D. 实物量法

E. 综合单价法

8. 设备安装工程概算的编制方法有（　　）。

A. 预算单价法

B. 类似工程预算法

C. 概算指标法

D. 扩大单价法

E. 单位估价表法

9. 单位建筑工程概算的审查内容，通常包括（　　）。

A. 计算的工程量

B. 采用的定额或指标

C. 各项费用的计取

D. 定额基价的换算

E. 材料价格及供销部门手续费

## 习题答案及解析

**一、单项选择题**

1. **【答案】**D

**【解析】**“绿色”就是要推行绿色设计。绿色设计是指在项目整个寿命周期内，要充分考虑对资源和环境的影响，在充分考虑项目的功能、质量、建设周期和成本的同时，更要优化各种相关因素，着重考虑产品环境属性（可拆卸性、可回收性、可维护性、可重复利用性等）并将其作为设计目标，使项目建设和运行过程中对环境的总体负影响减到最小。

2. **【答案】**A

**【解析】**场地设计方面：建筑布局应使建筑基地内的人流、车流与物流合理分流，防止干扰，并应有利于消防、停车、人员集散以及无障碍设施的设置。

3. **【答案】**B

**【解析】**建筑物设计方面：建筑平面应根据建筑的使用性质、功能、工艺等要求合理布局，并具有一定的灵活性；根据使用功能，建筑的使用空间应充分利用日照、采光、通风和景观等自然条件；对有私密性要求的房间，应防止视线干扰；建筑出入口应根据场地条件、建筑使用功能、交通组织以及安全疏散等要求进行设置；建筑层高应结合建筑使用功能、工艺要求和技术经济条件等综合确定。

4. **【答案】** D

**【解析】** 产品的寿命周期成本由生产成本和使用成本组成。

5. **【答案】** C

**【解析】** 成本指数是指评价对象的现实成本在全部成本中所占的比率。

6. **【答案】** B

**【解析】**（1）成本累计之和＝2840＋2460＋2300＋2700＝10300 元/$m^2$。

（2）各方案的成本系数分别为：

$C_{甲}$＝2840/10300＝0.276；

$C_{乙}$＝2460/10300＝0.239；

$C_{丙}$＝2300/10300＝0.223；

$C_{丁}$＝2700/10300＝0.262。

（3）各方案的价值系数分别为：

$V_{甲}$＝0.202/0.276＝0.732；

$V_{乙}$＝0.286/0.239＝1.197；

$V_{丙}$＝0.249/0.223＝1.117；

$V_{丁}$＝0.263/0.262＝1.004。

（4）乙方案的价值系数最大，为最优方案。

7. **【答案】** A

**【解析】** 以功能目标成本为基准，通过与功能现实成本的比较，求出两者的差值（改善期望值），选择改善期望值大的功能作为价值工程活动的重点对象。$F_1$：150－130＝20 元；$F_2$：180－170＝10 元；$F_3$：140－155＝－15 元；$F_4$：200－215＝－15 元。显然选择 $F_1$ 作为改进对象。

8. **【答案】** A

**【解析】** 价值工程是以提高产品或作业价值为目的。选项 B、C 均属手段；选项 D，对产品进行功能分析属于价值工程活动的核心。

9. **【答案】** B

**【解析】** 计算功能价值时，可以采用功能成本法（绝对值法）或功能指数法（相对数法）；其中，功能成本法需要分别算出评价对象的功能评价值（$F$）和现实成本（$C$）。根据已知条件，$F$＝1800×0.32＝576 元，该零部件的成本降低期望值 $\Delta C=C-F$＝600－576＝24 元。

10. **【答案】** B

**【解析】** 价值工程中所述的“价值”是指作为某种产品（或作业）所具有的功能与获得该功能的全部费用的比值。其不是对象的使用价值，也不是对象的经济价值和交换价值，而是对象的比较价值。

11. **【答案】** D

**【解析】** 对单一的、具有独立性的单项工程建设项目，按二级编制形式编制，在单位工程概算基础上，直接编制总概算。

12.【答案】B

【解析】由于设计深度不够等原因，对一般附属、辅助和服务工程等项目，以及住宅和文化福利工程项目或投资比较小、比较简单的工程项目，可采用概算指标法编制概算。

13.【答案】B

【解析】审查设计概算的编制依据：时效性审查。对定额、指标、价格、取费标准等各种依据，都应根据国家有关部门的现行规定执行。

14.【答案】A

【解析】单项工程综合概算＝各单位建筑工程概算＋各单位设备及安装工程概算。该装配车间单项工程综合概算＝100＋15＋100＝215 万元。

15.【答案】B

【解析】利用扩大单价法（又称概算定额法）编制单位建筑工程概算时，其主要步骤依次包括：列项；计算工程量；确定扩大单价；计算工料机三费；计取相关费用；计算单位工程概算造价等。

16.【答案】B

【解析】当设计深度不够，利用概算指标法编制单位建筑工程概算时，如果当设计对象结构特征与概算指标的结构特征有局部差别，可以采用修正概算指标进行编制。

17.【答案】C

【解析】设计概算应按编制时项目所在地的价格水平编制，总投资应完整地反映编制时建设项目的实际投资。

18.【答案】B

【解析】设计概算审查一般采用集中会审的方式进行。

19.【答案】D

【解析】定额单价法编制施工图预算的基本步骤：①编制前的准备工作；②熟悉图纸和预算定额以及现场情况的调查；③了解施工组织设计和施工现场情况；④划分工程项目和计算工程量；⑤套用单价；⑥工料分析；⑦计算主材费；⑧按费用定额取费；⑨计算汇总工程造价；⑩复核；⑪编制说明、填写封面。

20.【答案】C

【解析】采用定额单价法时，分项工程施工工艺条件与预算单价或单位估价表不一致而造成人工、机械的数量增减时，一般调量不换价。

21.【答案】D

【解析】实物量法编制施工图预算的步骤与预算单价法基本相似，但在具体计算人工费、材料费和施工机具使用费及汇总三种费用之和方面有一定区别。实物量法编制施工图预算所用人工、材料和机械台班的单价都是当时当地的实际价格，编制出的预算可较准确地反映实际水平，误差较小，适用于市场经济条件波动较大的情况。

22.【答案】A

【解析】逐项审查法又称全面审查法，即按定额顺序或施工顺序，对各项工程项目逐项全面详细审查的一种方法。其优点是全面、细致，审查质量高、效果好。

23. 【答案】B

【解析】拟建工程与已完或在建工程预算采用同一施工图，但基础部分和现场施工条件不同，则相同部分可采用对比审查法。

24. 【答案】D

【解析】定额单价法（也称为预算单价法、定额计价法）是用事先编制好的分项工程的单位估价表来编制施工图预算的方法。

## 二、多项选择题

1. 【答案】BDE

【解析】对由各组成部分组成的产品，应优先选择以下部分作为价值工程的对象：造价高的组成部分；占产品成本相对比重大的组成部分；数量多的组成部分；体积或重量大的组成部分；加工工序多的组成部分；废品率高和关键性的组成部分。

2. 【答案】ACE

【解析】在功能定义和功能计量的基础上，进行功能评价，即找出实现功能的最低费用作为功能的目标成本（又称功能评价值），以功能目标成本为基准，通过与功能现实成本的比较，求出两者的比值（功能价值）和两者的差值（改善期望值），然后选择功能价值低、改善期望值大的功能作为价值工程活动的重点对象。

3. 【答案】BDE

【解析】价值工程应用中，方案创造的方法：头脑风暴法、哥顿法、专家意见法（德尔菲法）、专家检查法。

4. 【答案】ACE

【解析】根据初步设计图纸、概算定额、工程量计算规则的要求进行审查。

5. 【答案】ABC

【解析】图纸审核内容包括：①图纸间相关尺寸是否有误；②设备与材料表上的规格、数量是否与图示相符，详图、说明、尺寸和其他符号是否正确等，若发现错误应及时纠正；③图纸是否有设计更改通知。

6. 【答案】ADE

【解析】施工图预算的审查方法：①逐项审查法；②标准预算审查法；③分组计算审查法；④对比审查法；⑤筛选审查法；⑥重点审查法。

7. 【答案】ABD

【解析】施工图预算编制的方法包括定额单价法、工程量清单单价法和实物量法。

8. 【答案】ACD

【解析】设备安装工程概算的编制方法包括预算单价法、扩大单价法和概算指标法。建筑工程概算的编制方法主要包括扩大单价法和概算指标法。

9. 【答案】ABC

【解析】建筑工程概算审查：①工程量审查；②采用的定额或指标的审查；③材料价格的审查；④各项费用的审查。

# 第六章　建设工程招标阶段投资控制

**考纲要求**

1. 招标控制价编制
2. 投标报价审核
3. 合同计价方式与价款约定内容

## 第一节　招标控制价编制

本节知识点如表 2-6-1 所示。

**本节知识点**　　　　**表 2-6-1**

| 知识点 | 2023 年 | | 2022 年 | | 2021 年 | | 2020 年 | | 2019 年 | |
|---|---|---|---|---|---|---|---|---|---|---|
| | 单选（道） | 多选（道） | 单选（道） | 多选（道） | 单选（道） | 多选（道） | 单选（道） | 多选（道） | 单选（道） | 多选（道） |
| 工程量清单概述 | | | | | | | | | | |
| 工程量清单编制 | 1 | | | 1 | 1 | | | | 2 | 1 |
| 工程量清单计价 | | | | | | | | | | |
| 最高投标限价及确定方法 | | 1 | | | | | 1 | | | |

### 知识点一　工程量清单概述

**1. 工程量清单**

载明建设工程分部分项工程项目、措施项目、其他项目的名称和相应数量以及规费、税金项目等内容的明细清单。

分类：招标工程量清单（属于招标文件）；已标价工程量清单（属于投标文件）。

**2. 工程量清单的作用**

（1）为投标人的投标竞争提供了一个平等和共同的基础。

（2）建设工程计价的依据。

（3）工程付款和结算的依据。

（4）调整工程量、进行工程索赔的依据。

**3. 工程量清单的适用范围**

适用：承包及实施阶段的计价活动，包括工程量清单的编制、最高投标限价的编制、投标报价的编制、工程合同价款的约定、工程施工过程中计量与合同价款的支付、索赔与现场签证、竣工结算的办理和合同价款争议的解决以及工程造价鉴定等活动。

国有资金投资的建设工程必须采用工程量清单计价。

## 知识点二 工程量清单编制

编制人：招标人或工程造价咨询人，招标人对其准确性和完整性负责。

组成：分部分项工程项目清单，措施项目清单，其他项目清单，规费项目清单、税金项目清单。

**1. 分部分项工程项目清单（不可调整的闭口清单）**

分部分项工程量清单必须载明项目编码、项目名称、项目特征、计量单位和工程量（表 2-6-2）。

**分部分项工程量清单的内容　　表 2-6-2**

| | |
|---|---|
| 项目编码 | 五级十二位：<br>一级：表示专业工程代码，两位<br>二级：表示附录分类顺序码，两位<br>三级：表示分部工程顺序码，两位<br>四级：表示分项工程项目名称顺序码，三位<br>五级：表示清单项目名称顺序编码，三位<br>前四级编码全国统一，第五级由招标人针对招标工程项目具体编制，从 001 起按顺序编制，不得有重号 |
| 项目名称 | 应按现行计量规范的项目名称结合拟建工程的实际情况确定<br>如有缺项，编制人进行补充，并报当地工程造价管理机构（省级）备案<br>补充项目的编码必须按本规范的规定进行：专业工程代码＋B＋三位阿拉伯数字，从 001 按顺序编制，不得重码<br>工程量清单中应附补充项目的项目名称、项目特征、计量单位、工程量计算规则和工作内容 |
| 项目特征 | 确定综合单价的重要依据<br>必须准确、全面描述<br>遵循原则：<br>①按规范中规定结合拟建工程实际，满足综合单价的需要<br>②若采用标准图集或施工图纸能够全部或部分满足项目特征描述的要求，项目特征描述可直接采用详见××图集或××图号的方式<br>③对不能满足项目特征描述要求的部分，仍应用文字描述 |
| 计量单位 | 当有多个计量单位，应结合拟建工程实际情况，确定其中一个为计量单位。同一工程项目计量单位应一致 |
| 工程量 | 以形成工程实体为准，并以完成后的净值来计算 |

**2. 措施项目清单编制（可调整清单）**

投标人需进行通盘考虑，清单一经报出，即被认为包含了所有应该发生的措施项目的全部费用。如果没有报出，施工中必须发生的，业主有权认为，已综合在分部分项工程量清单综合单价中，投标人不得以任何理由提出索赔与调整。

**3. 其他项目清单**

具体内容如表 2-6-3 所示。

其他项目清单的组成　　表 2-6-3

| | |
|---|---|
| 暂列金额 | 包括在合同中的一笔款项<br>扣除实际发生金额后的暂列金额余额仍属于招标人所有 |
| 暂估价 | 支付必然要发生但暂时不能确定价格的材料、设备和专业工程费用<br>分类：<br>①材料、工程设备的暂估单价（纳入分部分项工程量清单项目综合单价）<br>②专业工程的暂估价（综合暂估价，含管理费、利润） |
| 计日工 | 解决现场发生的合同约定以外的零星工作或项目计价而设立的，为了获得合理的计日工单价，在计日工表中一定要尽可能把项目列全，并给出一个比较贴近实际的暂定数量 |
| 总承包服务费 | 内容：<br>① 要求总承包人对发包的专业工程提供协调和配合服务<br>② 对发包人供应的材料、设备提供收、发和保管服务<br>③ 对施工现场进行统一管理<br>④ 对竣工资料进行统一汇总整理等 |
| | 承包人自主报价 |
| | 招标人按照投标人的报价支付该项费用 |

**4. 规费项目清单编制**

由省级政府和省级有关权力部门规定必须缴纳或计取的费用。

**5. 税金项目清单编制**

## 典型例题

**【例题 1】**采用工程量清单计价招标的工程，招标工程量清单中可以提出暂估价的有（　　）。（2022 年真题）

A. 地基与基础工程　　B. 专业工程

C. 规费　　D. 工程材料

E. 工程设备

**【答案】**BDE

**【例题 2】**招标工程量清单的准确性和完整性应由（　　）负责。（2021 年真题）

A. 招标人和施工图审查机构共同　　B. 招标代理机构

C. 招标人　　D. 招标人和投标人共同

**【答案】**C

**【例题 3】**某工程施工过程中发生了一项未在合同中约定的零星工作，增加费用 2 万元，此费用应列入工程的（　　）中。（2019 年真题）

A. 暂列金额　　B. 暂估价

C. 计日工　　D. 总承包服务费

**【答案】**C

**【例题 4】**某招标工程，发包人拟将其中的专业工程甲依法单独发包，但施工过程中由承包人统一提供协调和配合服务，则承包人投标报价时应将该服务费用列入（　　）。

（2023 年真题）

A. 总承包服务费　　B. 计日工费

C. 专业工程暂估价　　D. 措施项目费

【答案】A

## 知识点三 工程量清单计价

（1）分部分项工程费＝Σ（分部分项工程量×相应分部分项工程综合单价）。

（2）措施项目费＝Σ措施项目工程量×措施项目综合单价＋Σ单项措施费。

（3）其他项目费＝暂列金额＋暂估价＋计日工＋总承包服务费。

（4）单位工程造价＝分部分项工程费＋措施项目费＋其他项目费＋规费＋税金。

（5）单项工程造价＝Σ单位工程报价。

（6）建设项目总造价＝Σ单项工程报价。

## 知识点四 最高投标限价及确定方法

**1. 原则**

国有资金投资的建设工程招标，招标人必须编制最高投标限价。

由具有编制能力的招标人或工程造价咨询人编制和复核。

工程造价咨询人接受招标人委托编制最高投标限价，不得再就同一工程接受投标人委托编制投标报价。

**2. 编制方法**

具体方法如表 2-6-4 所示。

**最高投标限价编制方法　　表 2-6-4**

| | |
|---|---|
| 分部分项工程费 | Σ(分部分项工程量×相应分部分项工程综合单价) |
| 措施项目费 | 单价措施项目费：同分部分项工程费的计算方法<br>总价措施项目费＝计算基础×费率 |
| 其他项目费 | 暂列金额，按招标工程量清单列出的金额填写 |
| | 暂估价：将材料、设备的暂估单价计入综合单价<br>专业工程金额按照招标工程量清单列出的金额填写 |
| | 计日工＝暂估数量×计日工单价(招标人根据主管部门、造价管理机构发布的价格计算) |
| | 总承包服务费，应按照省级或行业建设主管部门的规定计算，或参考相关规范计算<br>①仅要求总包人对其专业工程进行现场协调和统一管理、对竣工资料进行统一汇总整理等服务时，按专业工程估算造价的 1.5%左右计算<br>②又要求提供相应配合服务时，按专业工程估算造价的 3%～5%计算<br>③招标人自行供应材料、设备的，按招标人供应材料、设备价值的 1%计算 |
| 规费和税金 | 应按国家或省级、行业建设主管部门规定的标准计算 |

**3. 最高投标限价的应用**

在招标文件中如实公布最高投标限价，不得上浮或下调。应公布总价及各组成部分的详细内容，不得只公布总价。并应将最高投标限价报工程所在地工程造价管理机构备查。

## 典型例题

【例题 1】根据《建设工程工程量清单计价规范》GB 50500—2013，编制最高投标限价时，总承包服务费应按照（　　）计算。(2020 年真题)

A. 省级或行业建设主管部门规定或参考相关规范

B. 国家统一规定或参考相关规范

C. 工程所在地同类项目总承包服务费平均水平

D. 最高投标限价编制单位咨询潜在投标人的报价

【答案】A

【解析】编制招标控制价时，总承包服务费应按照省级或行业建设主管部门的规定计算，或参考相关规范计算。

【例题 2】关于最高投标限价的说法，正确的有（　　）。(2023 年真题)

A. 所有招标工程均应编制最高投标限价

B. 招标人应委托造价咨询机构编制最高投标限制

C. 最高投标限价应在招标文件中如实公布

D. 招标人应公布最高投标限价的总价及其详细组成

E. 招标人可在评标前根据情况调整最高投标限价

【答案】CD

【解析】选项 A、B 错误，根据相关部门规定，国有资金投资的建设工程招标，招标人必须编制最高投标限价。最高投标限价应由具有编制能力的招标人或受其委托工程造价咨询人编制和复核。选项 E 错误，招标人应在招标文件中如实公布最高投标限价，不得对所编制的最高投标限价进行上浮或下调。

# 第二节　投标报价审核

本节知识点如表 2-6-5 所示。

本节知识点　　表 2-6-5

| 知识点 | 2023 年 | | 2022 年 | | 2021 年 | | 2020 年 | | 2019 年 | |
|---|---|---|---|---|---|---|---|---|---|---|
| | 单选（道） | 多选（道） | 单选（道） | 多选（道） | 单选（道） | 多选（道） | 单选（道） | 多选（道） | 单选（道） | 多选（道） |
| 投标价格编制 | | | | | | | | | | |
| 投标报价审核方法 | | 1 | 1 | | 1 | 1 | 1 | | | 1 |

## 知识点一　投标价格编制

编制原则可分为以下几个方面：

（1）由投标人或受其委托工程造价咨询人编制。

（2）依据行业部门的相关规定自主确定投标报价。

（3）执行工程量清单招标的，投标人必须按招标工程量清单填报价格。项目编码、项目名称、项目特征、计量单位、工程量必须与招标工程量清单一致。

（4）不得低于工程成本。

（5）投标报价高于最高投标限价的应予废标。

## 知识点二 投标报价审核方法

**1. 投标报价的审核内容**

1）分部分项工程和措施项目报价的审核

（1）分部分项工程和措施项目中的综合单价审核：

① 综合单价的确定依据如表 2-6-6 所示。

**综合单价的确定依据** **表 2-6-6**

| | | |
|---|---|---|
| 招标投标过程中 | 招标工程量清单特征描述与设计图纸不符 | 应以工程量清单的项目特征描述为准，确定综合单价 |
| 施工过程中 | 施工图纸或设计变更导致项目特征与招标工程量清单项目特征描述不一致 | 应按实际施工的项目特征依据合同约定重新确定综合单价 |

② 材料、工程设备暂估价，按暂估的单价进入综合单价。

③ 风险费用。

投标人承担的风险，考虑到综合单价中。在施工过程中，当出现的风险内容及其范围（幅度）在招标文件规定的范围内时，合同价款不做调整。

（2）措施项目中的总价项目的报价审核：

应根据自身编制的投标施工组织设计（或施工方案）确定措施项目及报价。

安全文明施工费应按照国家或省级、行业建设主管部门的规定计算，不作为竞争性费用。

2）其他项目费的审核

具体内容如表 2-6-7 所示。

**其他项目费的审核** **表 2-6-7**

| | | |
|---|---|---|
| 暂列金额 | 按招标工程量清单列出的金额填写，不得变动 | |
| 暂估价 | 材料、工程设备暂估价 | 必须按照招标人提供的单价计入清单项目综合单价 |
| | 专业工程暂估价 | 必须按照招标人提供的金额填写 |
| 计日工 | 量：招标人提供的其他项目清单中的暂估数量<br>价：自主确定的综合单价（不包括规费和税金） | |
| 总承包服务费 | 招标文件列出分包专业工程内容和供应材料、设备情况，按照招标人提出协调、配合与服务的要求自主确定 | |

3）规费和税金的审核

必须按国家或省级、行业建设主管部门的规定计算，不得作为竞争性费用。

**总结：**不得作为竞争性费用：安全文明施工费、规费、税金。

**2. 投标报价审核要点**

（1）单价和合价的项目，投标人均应填写且只允许有一个报价。未填写单价和合价的项目，视为此项费用已包含在已标价工程量清单中其他项目的单价和合价之中。当竣工结算时，此项目不得重新组价予以调整。

（2）投标总价应与分部分项工程费、措施项目费、其他项目费和规费、税金的合计金额一致。不能进行投标总价优惠，投标人对投标报价的任何优惠（如降价、让利）均应反映在相应清单项目的综合单价中。

## 典型例题

**【例题1】**某项目投标人认为招标文件中所列措施项目不全时，其投标报价的正确做法是（　　）。(2022年真题)

A. 根据企业自身特点对措施项目进行调整并报价

B. 向招标人提出质疑并根据招标人的答复报价

C. 按招标文件中所列项目报价，并准备在施工中发生缺项措施项目时提出索赔

D. 按招标文件中所列项目报价，并准备在施工中发生缺项措施项目时提出变更

**【答案】**A

**【解析】**招标人提出的措施项目清单是根据一般情况确定的，由于各投标人拥有的施工装备、技术水平和采用的施工方法有所差异，投标人投标时应根据自身编制的投标施工组织设计（或施工方案）确定措施项目及报价，投标人根据投标施工组织设计（或施工方案）调整和确定的措施项目应通过评标委员会的评审。

**【例题2】**施工过程中，由于涉及变更导致某分项工程实际施工的特征与招标工程量清单中的项目特征描述不一致时，该分项工程应按（　　）结算价款。(2022年真题)

A. 招标工程量清单中的工程量和投标文件中的综合单价

B. 实际施工的工程量和投标文件中的综合单价

C. 招标工程量清单中的工程量和发承包双方重新确定的综合单价

D. 实际施工的工程量和发承包双方重新确定的综合单价

**【答案】**D

**【解析】**若在施工中施工图纸或设计变更导致项目特征与招标工程量清单项目特征描述不一致时，发承包双方应按实际施工的项目特征依据合同约定重新确定综合单价。

**【例题3】**关于投标报价的说法，正确的有（　　）。(2019年真题)

A. 投标报价中的某些分项工程报价可高于对应项目的最高投标限价

B. 招标文件中工程量清单项目特征描述与设计图纸不符时，投标人应以图纸的项目特征描述为准，确定投标报价的综合单价

C. 措施项目中的安全文明施工费不得作为投标报价中的竞争性费用

D. 投标人不得更改投标文件中工程量清单所列的暂列金额

E. 计日工的报价应按工程造价管理机构公布的单价计算

**【答案】**ACD

**【解析】**选项B，在招标投标过程中，当出现招标工程量清单特征描述与设计图纸不符时，投标人应以招标工程量清单的项目特征描述为准，确定投标报价的综合单价；选项

E，计日工应按照招标工程量清单列出的项目和估算的数量，自主确定综合单价并计算计日工金额。

【例题 4】审核投标报价时，对分部分项工程综合单价的审核内容有（　　）。（2017 年真题）

A. 综合单价的确定依据是否正确

B. 清单中提供了暂估单价的材料是否按暂估的单价进入综合单价

C. 暂列金额是否按规定纳入综合单价

D. 单价中是否考虑了承包人应承担的风险费用

E. 总承包服务费的计算是否正确

【答案】ABD

【解析】分部分项工程和措施项目中的综合单价审核：①综合单价的确定依据；②材料、工程设备暂估价，按暂估的单价进入综合单价；③风险费用。

## 第三节　合同计价方式与价款约定内容

本节知识点如表 2-6-8 所示。

**本节知识点**　　　　表 2-6-8

| 知识点 | 2023 年 | | 2022 年 | | 2021 年 | | 2020 年 | | 2019 年 | |
|---|---|---|---|---|---|---|---|---|---|---|
| | 单选（道） | 多选（道） | 单选（道） | 多选（道） | 单选（道） | 多选（道） | 单选（道） | 多选（道） | 单选（道） | 多选（道） |
| 合同计价方式 | | 1 | 1 | 1 | 1 | 1 | | 1 | 2 | |
| 合同价款约定内容 | | | | | | | 1 | | | |

### 知识点一　合同计价方式

总价合同、单价合同、成本加酬金合同。

**1. 总价合同**

支付给承包方的款项是一个规定的总价金额。

总价合同承包商承担的风险大，必须明确工程承包合同标的物的详细内容及其各种技术经济指标。

其合同形式及具体内容如表 2-6-9 所示。

**总价合同形式及其内涵**　　　　表 2-6-9

| 合同形式 | 内涵 |
|---|---|
| 固定总价合同 | ①总价一经确定，不能变化<br>②总价只有在设计和工程范围变更的情况下才能作相应变更<br>③合同价格较高 |
| 可调值总价合同 | ①工料由于通货膨胀使工料成本增加到一定限度时，调整合同总价<br>②有关调值的特定条款必须在合同中明确<br>③风险由发承包双方分摊，发包方承担通货膨胀风险，承包方承担工程量、成本、工期等因素风险 |

## 典型例题

【例题 1】总价施工合同履行过程中，承包人发现某分项工程在招标文件给出的工程量表中被遗漏，则处理该分项工程价款的方式是（　　）。(2021 年真题)

A. 由发承包双方按单价合同计价方式协商确定结算价

B. 由发承包双方另行订立补充协议确定计价方式和价款

C. 由发承包双方协商确定一个总价并调整原合同价

D. 视为已包含在合同总价中，因而不单独进行结算

【答案】D

【解析】如果业主提供的或承包商自行编制的工程量表有漏项或计算错误，所涉及的工程价款被认为已包括在整个合同总价中，因此承包商必须认真复核工程量。

【例题 2】关于固定总价合同特征的说法，正确的有（　　）。(2018 年真题)

A. 合同总价一经确定，无特殊情况不作调整

B. 合同执行过程中，工程量与招标时不一致的，总价可作调整

C. 合同执行过程中，材料价格上涨，总价可作调整

D. 合同执行过程中，人工工资变动，总价不作调整

E. 固定总价合同的投标价格一般偏高

【答案】ADE

【解析】固定总价合同特征：总价一经确定，不能变化；总价只有在设计和工程范围变更的情况下才能作相应变更；承包方风险较大，因此工期较短，合同价格较高。

### 2. 单价合同

固定单价合同的不同形式及具体内容如表 2-6-10 所示。

固定单价合同的形式及具体内容　　表 2-6-10

| | |
|---|---|
| 估算工程量单价合同 | ①发包方提出工程量清单，承包方根据此填报单价<br>②价款＝实际完成工程量×单价<br>③适用：实际的量和估计的量之间不能有实质性的变更。适用于工期长、技术复杂、实施过程中可能会发生各种不可预见因素较多的建设工程 |
| 纯单价合同 | ①合同中只给出单价<br>②价款＝实际完成工程量×单价<br>③适用于没有施工图、工程量不明，却急需开工的工程 |

【例题 3】项目采用估算工程量固定单价合同时，关于工程量和工程价款结算的说法，正确的有（　　）。(2023 年真题)

A. 估算工程量应由投标人根据设计文件和现场情况测定

B. 初始合同价格由估算工程量和固定单价汇总计算得到

C. 分部分项工程实际工程量与估算工程量不能有实质性变更

D. 工程价款结算和支付按实际工程量而非估算工程量计算

E. 合同完成后，实际工程价款应大于初始合同价款

【答案】BCD

【解析】选项 A 错误，估算工程量单价合同通常是由发包方提出工程量清单，列出分

部分项工程量，由承包方以此为基础填报相应单价，累计计算后得出合同价格。选项 E 错误，合同完成后，实际工程价格可能大于原合同价，也可能小于原合同价。

**3. 成本加酬金合同**

1）概念

由业主向承包单位支付工程项目的实际成本，并按事先约定的某种方式支付酬金的合同类型。

2）适用范围

（1）招标投标阶段工程范围无法界定，无法准确估价。

（2）工程特别复杂，工程技术、结构方案不能预先确定。

（3）时间特别紧急，要求尽快开工的工程。如抢救、抢险工程。

（4）发包方与承包方之间有着高度的信任，承包方在某些方面具有独特的技术、特长或经验。

不同合同形式的适用范围如表 2-6-11 所示。

**不同合同形式的适用范围**　　　　**表 2-6-11**

| 合同形式 | 适用范围 |
| --- | --- |
| 成本加固定百分比酬金 | 实际成本＋百分比酬金，很少被采用 |
| | 酬金随成本增加而增加，不利于缩短工期、降低成本 |
| 成本加固定金额酬金 | 成本＋固定酬金，有利于缩短工期 |
| 成本加奖罚 | 确定预期成本。约定预期成本、固定酬金、奖罚计算方法<br>实际成本＝预期成本，实际成本＋酬金<br>实际成本＜预期成本，实际成本＋酬金＋有奖金<br>实际成本＞预期成本，实际成本＋酬金，视情况处罚 |
| 最高限额成本加固定最大酬金 | 确定最高限额成本、报价成本、最低成本（预期成本）<br>①实际成本＜最低成本，实际成本＋酬金，分享节约额<br>②最低成本＜实际成本＜报价成本，实际成本＋酬金<br>③报价成本＜实际成本＜限额成本，得到实际成本<br>④实际＞限额，超出承包商承担 |

**【例题 4】** 对于采用成本加奖罚计价方式的合同，在合同订立阶段发承包双方不需要确定的是（　　）。（2022 年真题）

A. 预期成本　　B. 限额成本　　C. 固定酬金　　D. 奖罚计算办法

**【答案】** B

**【解析】** 采用成本加奖罚合同，在签订合同时双方事先约定该工程的预期成本和固定酬金，以及实际发生的成本与预期成本比较后的奖罚计算办法。

**【例题 5】** 选择施工合同计价方式应考虑的因素有（　　）。（2022 年真题）

A. 承包人的资质等级和管理水平　　B. 项目监理机构人数和人员资格

C. 招标时设计文件已达到的深度　　D. 项目本身的复杂程度

E. 工程施工的难易程度和进度要求

**【答案】** CDE

**【解析】** 影响合同价格方式选择的因素：①项目的复杂程度；②工程设计工作的深度；

③工程施工的难易程度；④工程进度要求的紧迫程度。

**【例题6】**采用成本加奖罚计价方式的合同实施后，若实际成本小于预期成本，承包商得到的金额由（　　）构成。（2020年真题）

A. 报价成本和实际成本的差额　　B. 实际发生的工程成本

C. 合同约定的固定金额酬金　　D. 按成本节约额和合同约定计算的奖金

E. 承包商因取得收入应交的税金

**【答案】**BCD

**【解析】**采用成本加奖罚计价方式的合同实施后，若实际成本小于预期成本，承包商得到的金额由实际成本、酬金、奖金构成。

## 知识点二　合同价款约定内容

实行招标的工程合同价款，应在中标通知书发出之日起30天内，由发承包双方依据招标文件和中标人的投标文件在书面合同中约定。招标文件与中标人的投标文件出现不一致，以投标文件为准。

不实行招标的工程合同价款，应在发承包双方认可的工程价款基础上，由发承包双方在合同中约定。

### 典型例题

**【例题】**某实行招标的工程，招标文件与中标人投标文件中的合同价款不一致时，签订书面合同时确定合同价款应以（　　）为准。（2020年真题）

A. 有利于招标人的约定　　B. 招标人和投标人重新谈判的结果

C. 中标人投标文件　　D. 招标文件

**【答案】**C

**【解析】**招标文件与中标人投标文件中的合同价款不一致时，签订书面合同时确定合同价款应以中标人投标文件为准。

## 本章精选习题

### 一、单项选择题

1. 根据《建设工程工程量清单计价规范》GB 50500—2013，关于工程量清单编制的说法，正确的是（　　）。

A. 综合单价包括应由投标人承担的全部风险费用

B. 招标文件提供了暂估单价的材料，其材料费用应计入其他项目清单费

C. 专业工程暂估价包括规费、税金等在内

D. 规费和总承包服务费必须按有关部门的规定计算，不得作为竞争性费用

2. 根据《建设工程工程量清单计价规范》GB 50500—2013中对最高投标限价的有关规定，下列说法正确的是（　　）。

A. 最高投标限价公布后根据需要可以上浮或下调

B. 招标人可以只公布最高投标限价总价，也可以只公布单价

C. 最高投标限价可以在招标文件中公布，也可以在开标时公布

D. 最高投标限价报工程所在地工程造价管理机构备查

3. 根据《建设工程工程量清单计价规范》GB 50500—2013，下列关于工程量清单项目编码的说法中，正确的是（　　）。

A. 第三级编码为分部工程顺序码，由三位数字表示

B. 第五级编码应根据拟建工程的工程量清单项目名称设置，不得重码

C. 同一标段含有多个单位工程，不同单位工程中项目特征相同的工程应采用相同编码

D. 补充项目编码以“B”加上计算规范代码后跟三位数字表示，并应从 001 起按顺序编制

4. 关于编制最高投标限价时总承包服务费的可参考标准，下列说法正确的是（　　）。

A. 招标人仅要求对分包专业工程进行总承包管理和协调时，按分包专业工程估算造价的 0.5%计算

B. 招标人自行供应材料的，总承包服务费一般可按招标人供应材料价值的 1.5%考虑

C. 招标人要求对分包专业工程进行总承包管理和协调，且要求提供配合服务时，按分包专业工程估算造价的 1%～3%计算

D. 招标人要求对分包专业工程进行总承包管理和协调，且要求提供配合服务时，按分包专业工程估算造价的 3%～5%计算

5. 根据《建设工程工程量清单计价规范》GB 50500—2013，分部分项工程量清单中的工程数量应按（　　）计算。

A. 设计文件图示尺寸的工程量净值

B. 设计文件结合不同施工方案确定的工程量平均值

C. 工程实体量和损耗量之和

D. 实际施工完成的全部工程量

6. 根据《建设工程工程量清单计价规范》GB 50500—2013，对招标文件提供的清单，投标人必须逐一计价且对所列内容不允许有任何更改变动的是（　　）。

A. 分部分项工程量清单　　　　B. 措施项目清单

C. 其他项目清单　　　　D. 零星工作项目表

7. 根据《建设工程工程量清单计价规范》GB 50500—2013，分部分项工程清单综合单价应包含（　　）以及一定范围内的风险费用。

A. 人工费、材料和工程设备费、施工机具使用费、企业管理费、利润

B. 人工费、材料费、施工机具使用费、企业管理费、规费

C. 人工费、材料和工程设备费、施工机具使用费、规费、利润、税金

D. 材料费、工程设备费、施工机具使用费、规费、税金、企业管理费

8. 根据《建设工程工程量清单计价规范》GB 50500—2013，对于投标报价审核时，投标企业可以根据拟建工程的具体施工方案进行列项的清单是（　　）。

A. 分部分项工程量清单　　　　B. 措施项目清单

C. 其他项目清单　　　　　　　　　　D. 规费项目清单

9. 关于工程量清单招标方式下投标人报价的说法，正确的是（　　）。

A. 专业工程暂估价中的专业工程应由投标人自主确定价格并计入报价

B. 暂估价中的材料应按暂估单价计入综合单价

C. 措施项目中的总价项目应包括规费和税金

D. 投标人报价时可以给予一定幅度的总价优惠

10. 审核投标报价时，发现某标书漏填了分部分项工程量清单中“地面找平”一项的综合单价和合价，则正确处理方式是（　　）。

A. 视为该项费用已包含在工程量清单的其他单价和合价中

B. 认定该标书为废标

C. 要求投标人就此项进行单独报价，补充到原报价书中

D. 由工程师认定一个合理价格补充到原报价书中

11. 工程招标投标过程中，投标人发现招标工程量清单项目特征描述与设计图纸不符，则投标人应（　　）确定投标综合单价。

A. 向设计单位提出质疑并根据设计单位的答复

B. 按有利于投标人原则选择清单项目特征描述或按设计图纸

C. 按设计图纸修正后的清单项目特征描述

D. 以招标工程量清单项目特征描述为准

12. 采用固定总价合同时，发包方承担的风险是（　　）。

A. 实物工程量变化　　　　　　　　B. 工程单价变化

C. 工期延误　　　　　　　　　　　D. 工程范围变更

13. 某土石方工程，采用固定总价合同形式，工程量清单估算的工程量为 17000$m^3$，在机械施工过程中，由于局部超挖、边坡垮塌等原因，实际工程量为 18000$m^3$；基础施工前，业主对基础设计方案进行了变更，需要扩大开挖范围，增加土石方工程量 2000$m^3$。则结算时，可以对合同总价进行调整的工程量为（　　）$m^3$。

A. 0　　　　　　　　　　　　　　B. 1000

C. 2000　　　　　　　　　　　　D. 3000

14. 某工程的工作内容和技术经济指标非常明确，工期 10 个月，预计施工期间通货膨胀率低，则该工程较适合采用的合同计价方式是（　　）。

A. 固定总价合同　　　　　　　　　B. 可调总价合同

C. 固定单价合同　　　　　　　　　D. 可调单价合同

15. 采用可调总价合同时，发包方承担了（　　）风险。

A. 实物工程量　　　　　　　　　　B. 成本

C. 工期　　　　　　　　　　　　　D. 通货膨胀

16. 采用估算工程量单价合同时，最后的工程结算总价是按（　　）计算确定的。

A. 发包人提供的估计工程量及承包人所填报的单价

B. 发包人提供的估计工程量及承包人实际发生的单价

C. 实际完成的工程量及承包人所填报的单价

D. 实际完成的工程量及承包人实际发生的单价

17. 采用成本加奖罚合同，当实际成本大于预期成本时，承包人可以得到（　　）。

A. 工程成本、酬金和预先约定的奖金

B. 工程成本和预先约定的奖金，不能得到酬金

C. 工程成本，但不能得到酬金和预先约定的奖金

D. 工程成本和酬金，但也可能会处以一笔罚金

18. 下列成本加酬金合同计价形式中，最难以控制成本的是（　　）。

A. 成本加固定百分比酬金合同　　B. 成本加固定金额酬金合同

C. 成本加奖罚合同　　D. 最高限额成本加固定最大酬金

19. 作为估算工程量单价合同，结算工程最终价款的依据是合同中规定的分部分项工程单价和（　　）。

A. 工程量清单中提供的工程量　　B. 施工图中的图示工程量

C. 合同双方商定的工程量　　D. 承包人实际完成的工程量

20. 对工程范围明确，但工程量不能准确计算，且急需开工的紧迫工程，宜采用（　　）合同形式。

A. 估计工程量单价　　B. 纯单价

C. 可调总价　　D. 可调单价

21. 实际的量和估计的量之间不能有实质性的变更，工期长、技术复杂、实施过程中可能会发生各种不可预见因素较多的建设工程一般采用（　　）。

A. 纯单价合同　　B. 固定总价合同

C. 估算工程量单价合同　　D. 可调总价合同

22. 不能促使承包人降低工程成本，甚至最可能"鼓励"其增大工程成本的合同形式是（　　）。

A. 成本加固定金额酬金合同　　B. 成本加固定百分比酬金合同

C. 成本加奖罚合同　　D. 最高限额成本加固定最大酬金合同

23. 采用"最高限额成本加固定最大酬金合同"方式，若承包人要获得成本、酬金的支付以及分享节约额，则必须是（　　）。

A. 实际成本在预期成本和报价成本之间

B. 实际工程成本在报价成本和限额成本之间

C. 实际工程成本超过限额成本

D. 实际成本低于预期成本

**二、多项选择题**

1. 按照《建设工程工程量清单计价规范》GB 50500—2013 的分类，工程量清单包括（　　）。

A. 投标前工程量清单　　B. 中标工程量清单

C. 招标工程量清单　　D. 已标价工程量清单

E. 合同工程量清单

2. 工程量清单的主要作用有（　　）。

A. 为招标人编制设计概算文件提供依据

B. 为投标人投标竞争提供一个平等基础

C. 工程付款和结算的依据

D. 投标人可据此调整清单工程量

E. 调整工程量、进行工程索赔的依据

3. 根据《建设工程工程量清单计价规范》GB 50500—2013 规定，其他项目清单中的暂估价包括（　　）。

A. 人工暂估价　　B. 材料暂估价

C. 工程设备暂估价　　D. 专业工程暂估价

E. 非专业工程暂估价

4. 根据《建设工程工程量清单计价规范》GB 50500—2013，工程量清单计价计算公式正确的有（　　）。

A. 措施项目费＝∑措施项目工程量×措施项目工程综合单价

B. 分部分项工程费＝∑分部分项工程量×分部分项工程综合单价

C. 单项工程造价＝∑单位工程造价

D. 单位工程造价＝∑分部分项工程费

E. 建设项目总造价＝∑单项工程造价＋工程建设其他费用＋建设期利息

5. 关于投标报价编制的说法，正确的有（　　）。

A. 投标人可委托有相应资质的工程造价咨询人编制投标价

B. 投标人可依据市场需求对所有费用自主报价

C. 投标人的投标报价不得低于其工程成本

D. 投标人的某一子项目报价高于招标人相应基准价的应予废标

E. 执行工程量清单招标的，投标人必须按照招标工程量清单填报价格

6. 采用工程量清单计价的招标工程，投标人必须按招标文件中提供的数据或政府主管部门规定的标准计算报价的有（　　）。

A. 总承包服务费　　B. 以“项”为单位计价的措施项目

C. 安全文明施工费　　D. 提供了暂估价的工程设备

E. 暂列金额

7. 根据《建设工程工程量清单计价规范》GB 50500—2013，关于投标人其他项目费编制的说法，正确的有（　　）。

A. 专业工程暂估价必须按照招标工程量清单中列出的金额填写

B. 材料暂估价由投标人根据市场价格变动自主测算确定

C. 暂列金额应按照招标工程量清单列出的金额填写，不得变动

D. 计日工应按照招标工程量清单列出的项目和数量自主确定各项综合单价

E. 总承包服务费应根据招标人要求提供的服务和现场管理需要自主确定

8. 根据省级建设主管部门规定，下列费用不可作为竞争性费用的有（　　）。

A. 安全文明施工费　　B. 劳动保护费

C. 工伤保险费　　D. 失业保险费

E. 住房公积金

9. 审核投标报价时，对分部分项工程综合单价的审核内容有（　　）。

A. 综合单价的确定依据是否正确

B. 清单中提供了暂估单价的材料是否按暂估的单价进入综合单价

C. 暂列金额是否按规定纳入综合单价

D. 单价中是否考虑了承包人应承担的风险费用

E. 总承包服务费的计算是否正确

10. 建设工程承包合同按计价方式不同，可以分为（　　）。

A. 总价合同　　B. 固定价合同

C. 单价合同　　D. 可调价合同

E. 成本加酬金合同

11. 由于成本加酬金合同不利于发包方控制投资，只有出现（　　）的情况，发包方才有可能采用此类合同形式。

A. 施工图纸齐全、能准确计算工程量　　B. 双方高度信任

C. 施工技术简单　　D. 时间特别紧迫、急于开工

E. 技术特别复杂

12. 关于合同价款及计价方式的说法，正确的有（　　）。

A. 实行招标的工程合同价款应在中标通知书发出之日起 28 日内由发承包双方约定

B. 招标文件与投标文件合同价款约定不一致的，应以招标文件为准

C. 实行工程量清单计价的工程，应采用单价合同

D. 实行招标的工程合同价款应由发承包双方根据招标文件和中标人的投标文件在书面合同中约定

E. 不实行招标的工程合同价款，应在发承包双方认可的工程价款基础上在合同中约定

13. 关于最高投标限价的说法，正确的有（　　）。

A. 最高投标限价是招标人对招标工程限定的最高工程造价

B. 招标人应在招标文件中如实公布最高投标限价

C. 最高投标限价可以上浮或下调

D. 招标文件中应公布最高投标限价各组成部分的详细内容

E. 最高投标限价应该在开标时公布

14. 固定单价合同发包人承担的风险有（　　）。

A. 通货膨胀导致施工工料成本变动

B. 工程范围变更引起的工程量变化

C. 实际完成的工程量与估计工程量的差异

D. 设计变更导致的已完成工程拆除工程量

E. 承包人赶工引发质量问题的处理费用

## 习题答案及解析

### 一、单项选择题

1. **【答案】** A

**【解析】** 选项 B，暂估价中的材料、工程设备单价应按招标工程量清单列出的单价

计入综合单价；选项C，对专业工程暂估价一般应是综合暂估价，应当包括除规费、税金以外的管理费、利润等；选项D，规费和税金必须按国家或省级、行业建设主管部门的规定计算，不得作为竞争性费用。

2. **【答案】** D

**【解析】** 为体现招标的公开、公平、公正性，防止招标人有意抬高或压低工程造价，给投标人以错误信息，招标人在招标文件中应公布最高投标限价各组成部分的详细内容，不得只公布最高投标限价总价，并应将最高投标限价报工程所在地工程造价管理机构备查。

3. **【答案】** B

**【解析】** 项目编码是分部分项工程量清单项目名称的数字标识。现行计量规范项目编码由十二位数字构成。一至九位应按现行计量规范的规定设置，十至十二位应根据拟建工程的工程量清单项目名称和项目特征设置，同一招标工程的项目编码不得有重码。

4. **【答案】** D

**【解析】** 当招标人仅要求总包人对其发包的专业工程进行现场协调和统一管理、对竣工资料进行统一汇总整理等服务时，总包服务费按发包的专业工程估算造价的1.5%左右计算；当招标人要求总包人对其发包的专业工程既进行总承包管理和协调，又要求提供相应配合服务时，总承包服务费根据招标文件列出的配合服务内容，按发包的专业工程估算造价的3%～5%计算。

5. **【答案】** A

**【解析】**《建设工程工程量清单计价规范》GB 50500—2013规定，分部分项工程量清单的工程数量，按照设计文件图示尺寸、以形成工程实体的工程量净值计算。

6. **【答案】** A

**【解析】**《建设工程工程量清单计价规范》GB 50500—2013规定，招标人提供的招标工程量清单中，分部分项工程量清单为不可调整的闭口清单，投标人对招标文件提供的分部分项工程量清单必须逐一计价，且对所列内容不允许有任何更改变动（若有异议，可以质疑）。

7. **【答案】** A

**【解析】** 根据《建设工程工程量清单计价规范》GB 50500—2013，分部分项工程清单应采用综合单价计价。其中，综合单价是指完成一个规定清单项目所需的人工费、材料和工程设备费、施工机具使用费和企业管理费、利润以及一定范围内的风险费用。

8. **【答案】** B

**【解析】** 措施项目中的总价项目的报价审核，应根据自身编制的投标施工组织设计（或施工方案）确定措施项目及报价。

9. **【答案】** B

**【解析】** 选项A，专业工程暂估价必须按照招标工程量清单中列出的金额填写；选项D，投标人在进行工程量清单招标的投标报价时，不能进行投标总价优惠，投标人对投标报价的任何优惠（如降价、让利）均应反映在相应清单项目的综合单价中。

10. **【答案】** A

**【解析】** 根据《建设工程工程量清单计价规范》GB 50500—2013，需要确定组合定额子项，计算工程量，计算有关费用和综合单价。未填报综合单价与合价，则视为此项费用已包含在工程量清单的其他单价和合价中。

11. **【答案】** D

**【解析】** 在招标投标过程中，当出现招标工程量清单特征描述与设计图纸不符时，投标人应以招标工程量清单的项目特征描述为准，确定投标报价的综合单价。

12. **【答案】** D

**【解析】** 采用固定总价合同，承包方要承担合同履行过程中的主要风险，要承担实物工程量、工程单价等变化而可能造成损失的风险。选项 A、B、C 均属于承包方应承担的风险。

13. **【答案】** C

**【解析】** 固定总价合同在结算时，对合同总价进行调整的工程量，应源于设计变更或工程范围变更，即题干中的由于建设单位原因发生的 2000$m^3$ 的增加工程量。

14. **【答案】** A

**【解析】** 固定总价合同的适用范围有：①工程范围清楚明确，工程图纸完整、详细、清楚，报价的工程量应准确而不是估计数字；②工程量小、工期短，在工程过程中环境因素变化小，工程条件稳定；③工程结构、技术简单，风险小，报价估算方便；④投标期相对宽裕，承包商可以详细地进行现场调查，复核工程量，分析招标文件，拟定计划；⑤合同条件完备，双方的权利和义务关系十分清晰。

15. **【答案】** D

**【解析】** 可调总价合同发包方承担了通货膨胀的风险。

16. **【答案】** C

**【解析】** 采用估算工程量单价合同时，最后的工程结算总价是按实际完成的工程量及承包人所填报的单价计算确定的。

17. **【答案】** D

**【解析】** 实际成本＞预期成本，承包方可得到实际成本和酬金，但视实际成本高出预期成本的情况，被处以一笔罚金。

18. **【答案】** A

**【解析】** 成本加固定百分比酬金合同计价方式，工程总价及付给承包方的酬金随工程成本增加而增加，不利于鼓励承包方降低成本，故这种合同计价方式很少被采用。

19. **【答案】** D

**【解析】** 最后的工程结算价应按照实际完成的工程量来计算，即按合同中的分部分项工程单价和实际工程量，计算得出工程结算和支付的工程总价格。

20. **【答案】** B

**【解析】** 纯单价合同计价方式主要适用于没有施工图，工程量不明，却急需开工的紧迫工程，如设计单位来不及提供正式施工图纸，或虽有施工图但由于某些原因不能比较准确地计算工程量等。

21. **【答案】** C

**【解析】** 采用估算工程量单价合同时，要求实际完成的工程量与原估计的工程量不能有实质性的变更。大多用于工期长、技术复杂、实施过程中可能会发生各种不可预见因素较多的建设工程。

22.【答案】B

【解析】成本加固定百分比酬金合同计价方式，承包方的实际成本实报实销，同时按照实际成本的固定百分比付给承包方一笔酬金。工程总价及付给承包方的酬金随工程成本增加而增加，不利于鼓励承包方降低成本，故这种合同计价方式很少被采用。

23.【答案】D

【解析】采用最高限额成本加固定最大酬金合同方式，当实际成本小于预期成本，承包商得到实际发生的工程成本，获得酬金，并根据节约额的多少，得到预先约定的奖金。

**二、多项选择题**

1.【答案】CD

【解析】工程量清单分为以下两类：①招标工程量清单；②已标价工程量清单。

2.【答案】BCE

【解析】工程量清单的作用：①为投标人的投标竞争提供了一个平等和共同的基础；②是建设工程计价的依据；③是工程付款和结算的依据；④是调整工程量、进行工程索赔的依据。

3.【答案】BCD

【解析】其他项目清单是因招标人的特殊要求而产生的与拟建工程有关的其他费用项目和相应数量的清单。其通常包括暂列金额、暂估价、计日工、总承包服务费等。暂估价包括材料暂估价、工程设备暂估价和专业工程暂估价。

4.【答案】BC

【解析】工程量清单计价是以分部分项工程费、措施项目费等为基础，逐级汇总，直至得到建设项目总造价的过程。

5.【答案】ACE

【解析】投标价格的编制原则：①由投标人或受其委托工程造价咨询人编制。②依据行业部门的相关规定自主确定投标报价。③执行工程量清单招标的，投标人必须按招标工程量清单填报价格。项目编码、项目名称、项目特征、计量单位、工程量必须与招标工程量清单一致。④不得低于工程成本。⑤投标报价高于最高投标限价的应予废标。

6.【答案】CDE

【解析】选项C，措施项目中的安全文明施工费应按照国家或省级、行业建设主管部门的规定计算，不作为竞争性费用；选项D，暂估价不得变动和更改；选项E，暂列金额应按照招标工程量清单中列出的金额填写，不得变动。

7.【答案】ACDE

【解析】选项B，暂估价中的材料、工程设备必须按照暂估单价计入综合单价；专业工程暂估价必须按照招标工程量清单中列出的金额填写，不得随意修改。

8.【答案】ACDE

【解析】措施项目中的安全文明施工费应按照国家或省级、行业建设主管部门的规定计算，不作为竞争性费用。规费和税金必须按国家或省级、行业建设主管部门的规定计算，不得作为竞争性费用。

9. **【答案】**ABD

**【解析】**选项C、E错误，对暂列金额以及总承包服务费的审核，属于其他项目费的审核。

10. **【答案】**ACE

**【解析】**建设工程承包合同的计价方式通常可分为总价合同、单价合同和成本加酬金合同三大类。选项B、D，属于按照价格是否允许调整进行分类的结果。

11. **【答案】**BDE

**【解析】**成本加酬金合同计价方式主要适用于：①招标投标阶段工程范围无法界定，缺少工程的详细说明，无法准确估价；②工程特别复杂，工程技术、结构方案不能预先确定，故这类合同经常被用于一些带研究、开发性质的工程项目中；③时间特别紧急，要求尽快开工的工程，如抢救、抢险工程；④发包方与承包方之间有着高度的信任，承包方在某些方面具有独特的技术、特长或经验。

12. **【答案】**CDE

**【解析】**中标通知书发出之日起30天内，由发承包双方依据招标文件和中标人的投标文件在书面合同中约定。招标文件与投标文件合同价款约定不一致的，应以投标文件为准。

13. **【答案】**ABD

**【解析】**选项C、E错误，最高投标限价在招标文件中如实公布，不得上浮或下调。

14. **【答案】**BCD

**【解析】**单价合同的执行原则是，单价合同的工程量清单内所列出的分部分项工程的工程量为估计工程量，而非准确工程量，工程量在合同实施过程中允许有上下的浮动变化，但分部分项工程的合同单价却不变，结算支付时以实际完成工程量为依据。所以，固定单价合同，工程量的风险由发包人承担，选项B、C、D属于工程量的变动风险。

# 第七章　建设工程施工阶段投资控制

## 考纲要求

1. 施工阶段投资目标控制
2. 工程计量
3. 合同价款调整
4. 工程变更价款确定
5. 施工索赔和现场签证
6. 预付款、安全文明施工费和进度款支付
7. 竣工结算、质量保证金和最终结清
8. 投资偏差分析

## 第一节　施工阶段投资目标控制

本节近 7 年未出过考题。

## 第二节　工程计量

本节知识点如表 2-7-1 所示。

**本节知识点**　　**表 2-7-1**

| 知识点 | 2023 年 | | 2022 年 | | 2021 年 | | 2020 年 | | 2019 年 | |
|---|---|---|---|---|---|---|---|---|---|---|
| | 单选（道） | 多选（道） | 单选（道） | 多选（道） | 单选（道） | 多选（道） | 单选（道） | 多选（道） | 单选（道） | 多选（道） |
| 工程计量的原则 | | | | | | | | 1 | | 1 |
| 工程计量的依据 | | | | | | | | | | |
| 单价合同的计量 | 1 | 1 | 1 | | 1 | | 1 | | 1 | |

### 知识点一　工程计量的原则

工程计量应按照合同约定的工程量计算规则、图纸及变更指示等进行。

以下情况不予计量：

（1）对于不符合合同文件要求的工程；

（2）承包人超出施工图纸范围或因承包人原因造成返工的工程量。

若发现工程量清单中出现漏项、工程量计算偏差，以及工程变更引起工程量的增减变化，应据实调整，正确计量。

**典型例题**

**【例题】**下列工程量中，监理人应予计量的有（　　）。（2023 年真题）

A. 非承包人原因工程变更增加的工程量

B. 因工程量清单漏项增加的工程量

C. 承包人超出图纸范围施工增加的工程量

D. 因发包人提供资料错误造成承包人返工的工程量

E. 承包人原因施工质量超出合同要求增加的工程量

**【答案】**ABD

**【解析】**选项 C、E 属于不予计量的情况。

## 知识点二　工程计量的依据

（1）质量合格证书（专业监理工程师签署报验申请表）。

（2）工程量计算规范。

（3）设计图纸，计量的几何尺寸要以设计图纸为依据。

单价合同以实际完成的工程量进行结算，但被监理工程师计量的工程数量，并不一定是承包人实际施工的数量。

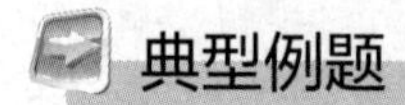

**典型例题**

**【例题】**某工程基础底板的设计厚度为 1.0m，承包人根据以往的施工经验，认为该设计有问题，未经项目监理机构同意，即按 1.2m 厚度施工。专业监理工程师在计量时，对承包人多完成的工程量应（　　）。（2015 年真题）

A. 予以计量

B. 不予计量

C. 计量一半

D. 由发包人与承包人协商处理

**【答案】**B

**【解析】**计量的几何尺寸要以设计图纸为依据，监理工程师对承包人超出设计图纸要求增加的工程量和自身原因造成返工的工程量，不予计量。

## 知识点三　单价合同的计量

**1. 计量程序**

承包人应于每月 25 日向监理人报送上月 20 日至当月 19 日已完成的工程量报告。

监理人应在收到承包人提交的工程量报告后 7 天内完成对承包人提交的工程量报表的审核并报送发包人。

**2. 工程计量的方法**

监理人一般只对以下三方面的工程项目进行计量：

（1）工程量清单中的全部项目；

（2）合同文件中规定的项目；

（3）工程变更项目。

常用的工程计量方法如表 2-7-2 所示。

工程计量的方法 表 2-7-2

| | |
|---|---|
| 均摊法 | 保养测量设备，保养气象记录设备，维护工地清洁和整洁等。这些项目都有一个共同的特点，即每月均有发生 |
| 凭据法 | 按照承包人提供的凭据进行计量支付，如建筑工程险保险费、第三方责任险保险费、履约保证金等项目，一般按凭据法进行计量支付 |
| 估价法 | 根据监理工程师估算的已完成的工程价值支付，如为监理工程师提供测量设备、天气记录设备、通信设备等项目。不能一次购进时，则需采用估价法进行计量支付 |
| 断面法 | 主要用于取土坑或填筑路堤土方的计量 |
| 图纸法 | 许多项目都采取按照设计图纸所示的尺寸进行计量，如混凝土构筑物的体积、钻孔桩的桩长等 |
| 分解计量法 | 主要是为了解决一些包干项目或较大的工程项目的支付时间过长，影响承包人的资金流动等问题 |

## 典型例题

**【例题 1】**混凝土构筑物体积的计量一般采用的方法是（　　）。（2022 年真题）

A. 均摊法　　B. 估价法

C. 断面法　　D. 图纸法

**【答案】**D

**【例题 2】**工程量清单中，钻孔桩的桩长一般采用的计量方法是（　　）。（2021 年真题）

A. 均摊法　　B. 估价法

C. 断面法　　D. 图纸法

**【答案】**D

**【例题 3】**根据《建设工程施工合同（示范文本）》GF—2017—0201，监理人应在收到承包人提交的工程量报告后（　　）天内完成对承包人提交的工程量报表的审核并报送发包人。（2021 年真题）

A. 7　　B. 14

C. 21　　D. 28

**【答案】**A

**【解析】**监理人应在收到承包人提交的工程量报告后 7 天内完成对承包人提交的工程量报表的审核并报送发包人。

## 第三节　合同价款调整

本节知识点如表 2-7-3 所示。

本节知识点　　　　表 2-7-3

| 知识点 | 2023 年 | | 2022 年 | | 2021 年 | | 2020 年 | | 2019 年 | |
|---|---|---|---|---|---|---|---|---|---|---|
| | 单选（道） | 多选（道） | 单选（道） | 多选（道） | 单选（道） | 多选（道） | 单选（道） | 多选（道） | 单选（道） | 多选（道） |
| 合同价款应当调整的事项及调整程序 | | | | | | | | | | |
| 法律法规变化 | | | | | 1 | | | | | |
| 工程量偏差 | 1 | | | | | | 1 | | | |
| 计日工 | | | | | | | | | | |
| 物价变化 | | | 2 | | 1 | | 1 | 1 | 1 | |
| 暂估价 | | | | | | | | | | |
| 不可抗力 | | | | | | | | | 1 | |
| 提前竣工（赶工补偿） | | | | | | | | | | |

## 知识点一　合同价款应当调整的事项及调整程序

合同价款调整的程序（时效都是14天）：

（1）价款调增，承包人向发包人提出申请；

（2）价款调减，发包人向承包人提出申请。

发承包双方对合同价款调整的意见不能达成一致时，只要对双方履约不产生实质影响的，双方应继续履行合同义务，直到其按照合同约定的争议解决方式得到处理。

### 典型例题

**【例题】**关于工程合同价款调整程序的说法，正确的有（　　）。（2017 年真题）

A. 出现合同价款调减事项后的 14 天内，承包人应向发包人提交相应报告

B. 出现合同价款调增事项后的 14 天内，承包人应向发包人提交相应报告

C. 发包人收到承包人合同价款调整报告 7 天内，应对其核实并提出书面意见

D. 发包人收到承包人合同价款调整报告 7 天内未确认，视为报告被认可

E. 发承包双方对合同价款调整的意见不能达成一致，且对履约不产生实质影响的，双方应继续履行合同义务

**【答案】**BE

**【解析】**选项 B 正确，出现合同价款调增事项（不含工程量偏差、计日工、现场签证、施工索赔）后的 14 天内，承包人应向发包人提交合同价款调整报告并附上相关资料；选项 E 正确，如果发包人与承包人对合同价款调整的不同意见不能达成一致，只要对承发包双方履约不产生实质影响，双方应继续履行合同义务，直到其按照合同约定的争议解决方式得到处理。

## 知识点二　法律法规变化

基准日期的确定：

（1）实行招标的建设工程：施工招标文件中规定的提交投标文件的截止时间前的第

28天。

（2）不实行招标的建设工程：建设工程施工合同签订前的第28天。

因承包人原因导致工期延误，在合同工程原定竣工时间之后，法律法规变化导致合同价款增加的不予调整，合同价款减少的予以调整。

## 典型例题

**【例题1】**某工程原定2019年6月30日竣工，因承包人原因，工程延至2019年10月30日竣工，但在2019年7月因法律法规的变化导致工程造价增加200万，则该工程合同价款的正确处理方法是（　　）。（2021年真题）

A. 不予调增　　B. 调增100万　　C. 调增150万　　D. 调增200万

**【答案】**A

**【解析】**因承包人原因导致工期延误，在合同工程原定竣工时间之后，法律法规变化导致的合同价款增加的不予调整，合同价款减少的予以调整。

**【例题2】**某工程项目施工合同约定竣工日期为2022年6月30日，在施工中因持续下雨致甲供材料未能及时到货，使工程延误至2022年7月30日竣工。由于2022年7月1日起当地计价政策调整，导致承包人额外支付了30万元工人工资。关于增加的30万元责任承担的说法，正确的是（　　）。

A. 持续下雨属于不可抗力，造成工期延误，增加的30万元由承包人承担

B. 发包人原因导致的工期延误，因此政策变化增加的30万元由发包人承担

C. 增加的30万元因政策变化造成，属于承包人的责任，由承包人承担

D. 工期延误是承包人原因，增加的30万元是政策变化造成，应由双方共同承担

**【答案】**B

**【解析】**由于发包人供应的材料没有及时到货，属于承包人可以索赔的事项。

**【例题3】**根据《建设工程施工合同（示范文本）》GF—2017—0201，招标工程一般以投标截止日期前第（　　）天作为基准日期。

A. 7　　B. 14　　C. 42　　D. 28

**【答案】**D

## 知识点三　工程量偏差

**1. 合同价款的调整方法**

工程量偏差对工程量清单项目的综合单价将产生影响，是否调整综合单价以及如何调整，发承包双方应当在施工合同中进行约定。

如果合同中没有约定或约定不明的，处理原则如下：

当工程量偏差（包括因工程变更等原因导致的工程量偏差）超过15%时，对综合单价的调整原则为：

（1）增加15%以上时，增加部分的综合单价应调低；

（2）减少15%以上时，减少后剩余部分的工程量的综合单价应调高。

计算公式：

（1）最终量＞1.15×清单量时，结算价＝1.15×清单量×原综合单价＋（最终量－

1.15×清单量）×新综合单价（调低）。

（2）最终量<0.85×清单量时，结算价=最终量×新综合单价（调高）。

## 典型例题

**【例题 1】** 某土方工程，合同工程量为 1 万 $m^3$，合同综合单价为 60 元/$m^3$。合同约定：当实际工程量增加 15%以上时，超出部分的工程量综合单价应予调低。施工过程中由于发包人设计变更，实际完成工程量 1.3 万 $m^3$，监理人与承包人依据合同约定协商后，确定的土方工程变更单价为 56 元/$m^3$。该土方工程实际结算价款为（　　）万元。（2020 年真题）

A. 72.80　　B. 76.80　　C. 77.40　　D. 78.00

**【答案】** C

**【解析】** 1.15×60+0.15×56=77.4 万元。

**【例题 2】** 某混凝土工程招标工程量为 900$m^3$，综合单价为 350 元/$m^3$。在施工过程中由于设计变更导致实际完成工程量为 1150$m^3$。合同约定：当实际完成工程量增加超过 15%时，超出部分的综合单价要调低，调价系数为 0.9。该混凝土工程实际结算工程款为（　　）万元。（2018 年真题）

A. 36.2250　　B. 39.3750　　C. 39.8475　　D. 40.2500

**【答案】** C

**【解析】** 工程量增加（1150−900）/900=27.78%>15%，该混凝土工程实际结算工程款=900×1.15×350+（1150−900×1.15）×350×0.9=398475 元=39.8475 万元。

**2. 新综合单价 $P_1$ 的确定方法**

（1）由发承包双方协商确定；

（2）与最高投标限价的综合单价相联系，如图 2-7-1 所示。

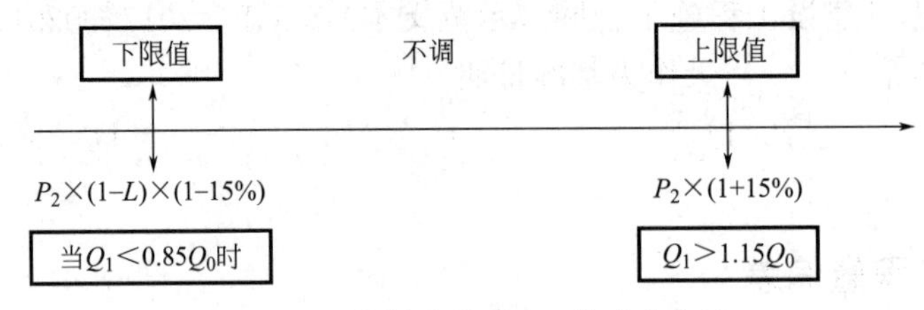


图 2-7-1　新综合单价 $P_1$ 的确定方法

图中：$P_2$——发包人最高投标限价相应清单项目的综合单价；

$L$——报价浮动率；

$Q_0$——清单工程量；

$Q_1$——最终工程量。

**总结：** 当投标人的综合单价>上限值，上限值为新的综合单价；当投标人的综合单价<下限值，下限值为新的综合单价。

当下限值<投标人的综合单价<上限值，不调价。

**【例题 3】** 某工程项目的清单工程量为 $1500m^3$，因变更实际完成的工程量为 $1800m^3$；该项目的最高投标限价综合单价为 400 元/$m^3$，投标报价的综合单价为 470 元/$m^3$，投标报价浮动率为 5%，则该清单工程费用应为（　　）元。

A. 840000　　　　B. 845250

C. 856000　　　　D. 855500

**【答案】** B

**【解析】** 工程量增加超过 15%，470 元/$m^3$＞400×1.15＝460 元/$m^3$，按照 460 元/$m^3$ 的综合单价进行价款结算。结算工程款＝1500×1.15×470＋75×460＝845250 元。

## 知识点四　计日工

（1）概念：计日工是指在施工过程中，承包人完成发包人提出的工程合同范围以外的零星项目或工作，按合同中约定的综合单价计价。

（2）发包人通知承包人以计日工方式实施的零星工作，承包人应予执行。

承包人应在该项工作实施结束后的 24 小时内向发包人提交有计日工记录汇总的现场签证报告一式三份，发包人 2 天内予以确认并将其中一份返还给承包人。

（3）列入进度款。

## 知识点五　物价变化

发生合同工程工期延误的，应按照下列规定确定合同履行期应予调整的价格：

（1）因非承包人原因导致工期延误的，则计划进度日期后续工程的价格，应采用计划进度日期与实际进度日期两者的较高者；

（2）因承包人原因导致工期延误的，则计划进度日期后续工程的价格，采用计划进度日期与实际进度日期两者的较低者。

**原则：** 惩罚延误者。

### 1. 采用价格指数调整价格差额

调整方法如图 2-7-2 所示。

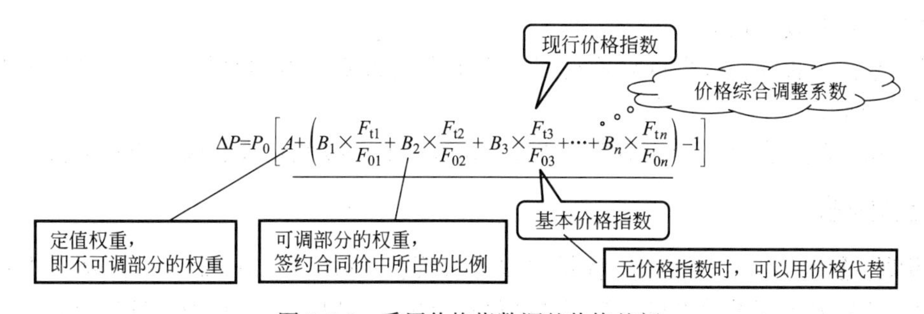


图 2-7-2　采用价格指数调整价格差额

图中：　$P_0$——已完成工程量的金额，此项金额应不包括价格调整、不计质量保证金的扣留和支付、预付款的支付和扣回；变更及其他金额已按现行价格计价的，也不计在内；

$A$——定值权重（即不可调部分的权重）；

$B_1$，$B_2$，$B_3$，…，$B_n$——各可调部分的权重，为各可调因子在签约合同中所占的比例；

$F_{t1}$，$F_{t2}$，$F_{t3}$，…，$F_{tn}$——各可调因子的现行价格指数，指根据进度付款、竣工付款和最终结清等约定的付款证书相关周期最后一天的前 42 天的各可调因子的价格指数；

$F_{01}$，$F_{02}$，$F_{03}$，…，$F_{0n}$——各可调因子的基本价格指数，指基准日期的各可调因子的价格指数。

（1）权重的调整：

变更导致原定合同中的权重不合理时，由承包人和发包人协商后进行调整。

（2）工期延误后的价格调整：

由于承包人原因导致工期延误的，应采用计划进度日期与实际进度日期的两个价格指数中较低者作为现行价格指数。

由于发包人原因导致工期延误的，应采用计划进度日期（或竣工日期）与实际进度日期（或竣工日期）的两个价格指数中较高者作为现行价格指数。

**2. 采用造价信息调整价格差额**

（1）人工单价发生变化，按造价管理机构发布的内容进行调整。

（2）材料和工程设备价格的调整：

① 当承包人投标报价中材料单价低于基准单价：施工期间材料单价涨幅以基准单价为基础超过合同约定的风险幅度值时，或材料单价跌幅以投标报价为基础超过合同约定的风险幅度值时，其超过部分按实调整。

② 当承包人投标报价中材料单价高于基准单价：施工期间材料单价跌幅以基准单价为基础超过合同约定的风险幅度值时，或材料单价涨幅以投标报价为基础超过合同约定的风险幅度值时，其超过部分按实调整。

实际结算单价＝投标报价±调整额。

③ 投标报价中材料单价与基准单价相等，以基准单价为基础，超过部分按实调整。

④ 承包人应在采购材料前将采购数量和新的材料单价报发包人核对，确认用于本合同工程时，发包人应确认采购材料的数量和单价。发包人收到承包人报送的确认资料后 3 个工作日内不答复，视为认可。

若承包人未报发包人自行采购材料，再报发包人确认调整合同价款，如发包人不同意，不予调整。

（3）施工机具台班单价的调整。超过一定范围时，按照其规定调整合同价款。

## 典型例题

**【例题 1】**根据《建设工程工程量清单计价规范》GB 50500—2013，当承包人投标报价中材料单价高于基准单价格，施工期间材料单价涨幅以（　　）为基础超过合同约定的风险幅度值时，其超过部分按实调整。（2022 年真题）

A. 定额单价　　B. 投标报价

C. 基准单价　　D. 投标控制价

**【答案】**B

**【解析】**当承包人投标报价中材料单价高于基准单价：施工期间材料单价跌幅以基准单价为基础超过合同约定的风险幅度值时，或材料单价涨幅以投标报价为基础超过合同约定的风险幅度值时，其超过部分按实调整。

**【例题2】**2021年9月实际完成的某土方工程，按基准日期的价格计算的已完成工程量的金额为1000万元，该工程的定值权重为0.2；除人工费价格指数增长10%外，各可调因子均未发生变化；人工费占可调值部分的40%。按价格调整公式计算，该土方工程需调整的价款为（　　）万元。(2022年真题)

A. 32　　B. 40　　C. 80　　D. 100

**【答案】**A

**【解析】**本题的难点在于需将人工费及其他可调部分占调值部分的百分比（40%、60%）调整为占签约合同价的百分比（40%×0.8，60%×0.8）。调整的价款＝1000×[0.2＋0.8×40%×（1＋10%）＋0.8×60%－1]＝32万元。

**【例题3】**某工程约定采用价格指数法调整合同价款，承包人根据约定提供的数据如表2-7-4所示。本期完成合同价款为45万元，其中已按现行价格计算的计日工价款为5万元。本期应调整的合同价款差额为（　　）万元。(2020年真题)

**例题3表**　　**表2-7-4**

| 序号 | 名称 | 变值权重 | 基本价格指数 | 现行价格指数 |
|---|---|---|---|---|
| 1 | 人工费 | 0.30 | 110% | 120% |
| 2 | 钢材 | 0.25 | 112% | 123% |
| 3 | 混凝土 | 0.20 | 115% | 125% |
| 4 | 定值权重 | 0.25 | | |
| | 合计 | 1 | | |

A. －2.85　　B. －2.54　　C. 2.77　　D. 3.12

**【答案】**C

**【解析】**本期应调整的合同价款＝（45－5）×（0.25＋0.30×120%/110%＋0.25×123%/112%＋0.20×125%/115%－1）＝2.77万元。

**【例题4】**根据《建设工程工程量清单计价规范》GB 50500—2013，关于合同履行期间物价变化调整合同价格的说法，正确的有（　　）。(2020年真题)

A. 因非承包人原因导致工期延误的，则计划进度日期后续工程的价格，应采用计划进度日期与实际进度日期两者的较高者

B. 因承包人原因导致工期延误的，则计划进度日期后续工程的价格，采用计划进度日期与实际进度日期两者的较低者

C. 当承包人投标报价中材料单价低于基准单价，施工期间材料单价涨幅或跌幅以基准单价为基础，超过合同约定的风险幅度值时，其超过部分按实调整

D. 当承包人投标报价中材料单价高于基准单价，施工期间材料单价涨幅以投标报价为基础，超过合同约定的风险幅度值时，其超过部分按实调整

E. 承包人应在采购材料前，将采购数量和新的材料单价报发包人核对，确定用于本

合同工程时，发包人应确认采购材料的数量和单价

**【答案】** ABDE

**【解析】** 选项C，当承包人投标报价中材料单价低于基准单价，施工期间材料单价涨幅以基准单价为基础，跌幅以投标报价为基础，超过合同约定的风险幅度值时，其超过部分按实调整。

**【例题5】** 某工程采用的预拌混凝土由承包人提供，双方约定承包人承担的价格风险系数≤5%，承包人投标时对预拌混凝土的投标报价为308元/m³，招标人的基准价格为310元/m³，实际采购价为327元/m³，发包人在结算时确认的单价应为（　　）元/m³。（2016年真题）

A. 308.00　　B. 309.50　　C. 310.00　　D. 327.00

**【答案】** B

**【解析】** 308+（327−310×1.05）=309.50元/m³。

## 知识点六 暂估价

具体内容如表2-7-5所示。

**暂估价的调整　　表2-7-5**

<table>
<tr><th></th><th>材料、工程设备</th><th colspan="2">专业工程</th></tr>
<tr><td>非必须招标</td><td>承包人采购，发包人确认后取代暂估价，调整合同价款</td><td colspan="2">按工程变更事件的合同价款调整方法，确定专业工程价款取代暂估价，调整合同价款</td></tr>
<tr><td rowspan="2">必须招标</td><td rowspan="2">双方以招标的方式选择供应商。中标价格取代暂估价，调整合同价款</td><td rowspan="2">中标价格取代暂估价，调整合同价款</td><td>承包人作为招标人，但招标文件、评标方法、评标结果应报发包人批准。有关的费用被认为包含在承包人签约合同价中</td></tr>
<tr><td>发包人作为招标人，有关费用由发包人承担。同等条件下，优先选择承包人中标</td></tr>
</table>

暂估材料或工程设备的单价确定后，在综合单价中只应取代原暂估单价，不应再在综合单价中涉及企业管理费或利润等其他费用变动。

### 典型例题

**【例题】** 关于依法必须招标的给定暂估价的专业工程招标，下列说法正确的有（　　）。

A. 承包人不参加投标的，应由承包人作为招标人

B. 承包人组织招标工作的有关费用应另行计算

C. 承包人参加投标的，应由发包人负责招标

D. 发包人组织招标工作的有关费用应当从签约合同价中扣回

E. 承包人参加投标的，同等条件下应优先中标

**【答案】** ACE

**【解析】** 承包人不参加投标的专业工程发包招标，应由承包人作为招标人。但是，拟定的招标文件、评标工作、评标结果等，应报送发包人批准；与组织招标工作有关的费用，应当被认为已经包括在承包人的签约合同价中。

## 知识点七　不可抗力

**1. 工期顺延**

**2. 费用损失的承担原则**

(1) 合同工程本身的损害、因工程损害导致第三方人员伤亡和财产损失以及运至施工场地用于施工的材料和待安装的设备的损害，由发包人承担；

(2) 发包人、承包人人员伤亡由其所在单位负责，并承担相应费用；

(3) 承包人的施工机械设备损坏及停工损失，由承包人承担；

(4) 停工期间，承包人应发包人要求留在施工场地的必要的管理人员及保卫人员的费用由发包人承担；

(5) 工程所需的清理、修复费用，由发包人承担。

**总结：** 承包人只承担自身的人员伤亡、机械设备损失及停工损失。

### 典型例题

**【例题】** 某工程在施工过程中，因不可抗力造成如下损失：①在建工程损失 10 万元；②承包人受伤人员医药费和补偿金 2 万元；③施工机具损坏损失 1 万元；④工程清理和修复费用 0.5 万元。承包人及时向项目监理机构提出了索赔申请，共索赔 13.5 万元。根据《建设工程工程量清单计价规范》GB 50500—2013，项目监理机构应批准的索赔金额为（　　）万元。

A. 10.0　　B. 10.5　　C. 12.5　　D. 13.5

**【答案】** B

**【解析】** 不可抗力可索赔：①在建工程损失 10 万元；②工程清理和修复费用 0.5 万元。承包人受伤人员医药费和补偿金、施工机具损坏损失由承包人负责。

## 知识点八　提前竣工（赶工补偿）

(1) 招标人应当依据相关工程的工期定额合理计算工期，压缩的工期不得超过定额工期的 20%，超过的，应在招标文件中明示增加赶工费用。

(2) 发包人要求合同工程提前竣工的，应征得承包人同意，发包人承担由此增加的提前竣工（赶工补偿）费用。在合同中约定提前竣工每日历天应补偿额度，并由结算款支付。

(3) 发承包双方应在合同中约定提前竣工每日历天应补偿额度，此项费用应作为增加合同价款列入竣工结算文件中，应与结算款一并支付。

(4) 赶工费用主要包括：

① 人工费增加，如新增加投入人工的报酬，不经济使用人工的补贴等。

② 材料费增加，如可能造成不经济使用材料而损耗过大，材料提前交货可能增加的费用以及材料运输费的增加等。

③ 机械费增加，如可能增加机械设备投入，不经济使用机械等。

## 典型例题

【例题】工程发包时，招标人应当依据相关工程的工期定额合理计算工期，压缩的工期不得超过定额工期的（　　）。(2022 年真题)

A. 10%　　B. 20%　　C. 30%　　D. 50%

【答案】B

# 第四节　工程变更价款确定

本节近 7 年未出过考题。

## 知识点一　项目监理机构对工程变更的管理

删减合同工作的补偿要求：如果发包人提出的工程变更，因非承包人原因删减了合同中的某项原定工作或工程，致使承包人发生的费用或（和）得到的收益不能被包括在其他已支付或应支付的项目中，也未被包含在任何替代的工作或工程中，则承包人有权提出并得到合理的费用及利润补偿。

## 知识点二　工程变更价款的确定方法

**1. 已标价工程量清单项目或其工程数量发生变化的调整办法**

根据已标价的工程量清单项目与变更项目之间的关系确定，如表 2-7-6 所示。

**工程变更价款的确定方法**　　表 2-7-6

| 类型 | 具体条件 |
|---|---|
| 有适用的项目 | 变更导致清单项目工程量变化≤15%，采用“已标价清单项目”的单价<br>工程量变化>15%，约定或确定新单价 |
| 没有适用、但有类似的项目 | 在合理范围内参照类似项目的单价 |
| 没有适用，没有类似的项目 | 承包人提出单价<br>根据：变更工程资料、计量规则和计价办法、工程造价管理机构发布的信息（参考）价格和承包人报价浮动率<br>发包人确认后调整 |
| 没有适用，没有类似，且造价信息缺价的项目 | 承包人提出单价<br>根据：变更工程资料、计量规则、计价办法和通过市场调查等取得的有合法依据的市场价格<br>发包人确认后调整 |

承包人报价浮动率的计算公式如下：

实行招标的工程：

$$报价浮动率=1-\frac{中标价}{最高投标限价}\times 100\%=\frac{最高投标限价-中标价}{最高投标限价}$$

**2. 措施项目费的调整**

承包人应事先将拟实施的方案提交发包人确认，并详细说明与原方案措施项目相比的变化情况。拟实施的方案经发承包双方确认后执行。

（1）安全文明施工费，按实际调整，不得浮动。

（2）采用单价计算的措施项目费，按分部分项工程费的调整方法确定单价。

（3）按总价（或系数）计算的措施项目费，除安全文明施工费外，按照实际调整金额乘以承包人报价浮动率计算。

### 典型例题

**【例题 1】**某招标工程的最高投标限价为 1.60 亿元，某投标人报价为 1.55 亿元，经修正计算性错误后以 1.45 亿元的报价中标，则该承包人的报价浮动率为（　　）。

A. 9.375%　　B. 3.125%　　C. 9.355%　　D. 9.677%

**【答案】**A

**【解析】**承包人报价浮动率 $L$ =（1－中标价/最高投标限价）×100%＝（1－1.45/1.60）×100%＝9.375%。

## 第五节　施工索赔与现场签证

本节知识点如表 2-7-7 所示。

**本节知识点**　　　　**表 2-7-7**

| 知识点 | 2023 年 | | 2022 年 | | 2021 年 | | 2020 年 | | 2019 年 | |
|---|---|---|---|---|---|---|---|---|---|---|
| | 单选（道） | 多选（道） | 单选（道） | 多选（道） | 单选（道） | 多选（道） | 单选（道） | 多选（道） | 单选（道） | 多选（道） |
| 索赔的主要类型 | 2 | | 1 | 1 | | 2 | 1 | 1 | 1 | 1 |
| 索赔费用的计算 | | 1 | | | | | 1 | | | 1 |
| 现场签证 | | | | | | | | | | |

### 知识点一　索赔的主要类型

**1. 承包人向发包人的索赔**

（1）不利的自然条件与人为障碍引起的索赔：①地质条件变化引起的索赔，②工程中人为障碍引起的索赔。

（2）工程变更引起的索赔。

（3）工期延期的费用索赔。

（4）加速施工费用的索赔。

（5）发包人不正当地终止工程而引起的索赔。

（6）法律、货币及汇率变化引起的索赔。

（7）拖延支付工程款的索赔。

（8）特别事件。2017 版 FIDIC《施工合同条件》对特别事件的定义：①一方无法控制的；②该方在签订合同前，不能对之进行合理准备的；③发生后，该方不能合理避免或克服的；④不能主要归因他方的，如战争、叛乱、地震等。

《标准施工招标文件》（国家发展改革委、财政部、建设部等九部委令第 56 号）中承包人索赔可引用的条款如表 2-7-8 所示。

**《标准施工招标文件》中可引用的条款　　表 2-7-8**

| 条款号 | 主要内容 | 可补偿内容 | | |
|---|---|---|---|---|
| | | 工期 | 费用 | 利润 |
| 11.4 | 异常恶劣的气候条件 | √ | | |
| 5.2.4 | 发包人要求向承包人提前交付材料和工程设备 | | √ | |
| 9.2.5 | 采取合同未约定的安全作业环境及安全施工措施 | | √ | |
| 9.2.6 | 因发包人原因造成承包人人员工伤事故 | | √ | |
| 16.2 | 基准日后法律变化引起的价格调整 | | √ | |
| 19.4 | 工程移交后因发包人原因出现的缺陷修复后的试验和试运行 | | √ | |
| 1.10.1 | 施工过程发现文物、古迹以及其他遗迹、化石、钱币或物品 | √ | √ | |
| 4.11.2 | 承包人遇到不利物质条件 | √ | √ | |
| 21.3.1 | 不可抗力 | √ | 部分 | |
| 8.3 | 发包人提供资料错误导致承包人的返工或造成工程损失 | √ | √ | |
| 11.6 | 发包人要求承包人提前竣工 | | √ | √ |
| 18.6.2 | 发包人的原因导致试运行失败的 | | √ | √ |
| 19.2 | 发包人原因导致的工程缺陷和损失 | | √ | √ |
| 13.5.3 | 监理人对隐蔽工程重新检查，经检验证明工程质量符合合同要求的 | √ | √ | √ |
| 3.6.2 | 因发包人提供材料、工程设备造成工程不合格 | √ | √ | √ |
| 14.1.3 | 承包人应监理人要求对材料、工程设备和工程重新检验且检验结果合格 | √ | √ | √ |
| 18.4.2 | 发包人在全部工程竣工前，使用已接收的单位工程导致承包人费用增加的 | √ | √ | √ |
| 1.6.1 | 提供图纸延误 | √ | √ | √ |
| 2.3 | 延迟提供施工场地 | √ | √ | √ |
| 5.2.6 | 发包人提供的材料设备不符合合同要求 | √ | √ | √ |
| 11.3 | 发包人的原因造成工期延误 | √ | √ | √ |
| 12.2 | 发包人原因引起的暂停施工 | √ | √ | √ |
| 12.4.2 | 发包人原因造成暂停施工后无法按时复工 | √ | √ | √ |
| 13.1.3 | 发包人原因造成工程质量达不到合同约定验收标准的 | √ | √ | √ |
| 22.2.2 | 因发包人违约导致承包人暂停施工 | √ | √ | √ |

2017 版 FIDIC《施工合同条件》中承包商向业主索赔可引用的明示条款如表 2-7-9 所示。

**《施工合同文件》中可引用的条款　　表 2-7-9**

| 序号 | 条款号 | 条款名称 | 可索赔内容 | 序号 | 条款号 | 条款名称 | 可索赔内容 |
|---|---|---|---|---|---|---|---|
| 1 | 1.9 | 图纸或指示的延误 | T+C+P | 5 | 4.7.3 | 整改措施，延迟和/或成本的商定或决定 | T+C+P |
| 2 | 1.13 | 遵守法律 | T+C+P | 6 | 4.12.4 | 延误和/或费用 | T+C |
| 3 | 2.1 | 现场进入权 | T+C+P | 7 | 4.15 | 进场道路 | T+C |
| 4 | 4.6 | 合作 | T+C+P | 8 | 4.23 | 考古和地理发现 | T+C |

续表

| 序号 | 条款号 | 条款名称 | 可索赔内容 | 序号 | 条款号 | 条款名称 | 可索赔内容 |
|---|---|---|---|---|---|---|---|
| 9 | 7.4 | 承包商试验 | T+C+P | 20 | 13.6 | 因法律改变的调整 | T+C |
| 10 | 7.6 | 修补工作 | T+C+P | 21 | 15.5 | 业主自便终止合同 | C+P |
| 11 | 8.5 | 竣工时间的延长 | T | 22 | 16.1 | 承包商暂停的权利 | T+C+P |
| 12 | 8.6 | 当局造成的延误 | T | 23 | 16.2.2 | 承包商的终止 | T+C+P |
| 13 | 8.10 | 业主暂停的后果 | T+C+P | 24 | 16.3 | 合同终止后承包商的义务 | C+P |
| 14 | 9.2 | 延误的试验 | T+C+P | 25 | 16.4 | 由承包商终止后的付款 | C+P |
| 15 | 10.2 | 部分工程的接收 | C+P | 26 | 17.2 | 工程照管的责任 | T+C+P |
| 16 | 10.3 | 对竣工试验的干扰 | T+C+P | 27 | 17.3 | 知识和工业产权 | C |
| 17 | 11.7 | 接收后的进入权 | C+P | 28 | 18.4 | 例外事件的后果 | T+C |
| 18 | 11.8 | 承包商的调查 | C+P | 29 | 18.5 | 自主选择终止 | C+P |
| 19 | 13.3.2 | 要求提交建议书的变更 | C | 30 | 18.6 | 根据法律解除履约 | C+P |

注：表中的 T 代表可获得工期索赔，C 代表可获得费用索赔，P 代表可获得利润索赔。

**2. 发包人向承包人的索赔**

（1）工期延误索赔：

发包人在确定误期损害赔偿费的标准时，一般要考虑以下因素：①发包人盈利损失；②由于工程拖期而引起的贷款利息增加；③工程拖期带来的附加监理费；④由于工程拖期不能使用，继续租用原建筑物或租用其他建筑物的租赁费。

（2）质量不满足合同要求索赔。

（3）承包人不履行的保险费用索赔。

（4）对超额利润的索赔。

（5）发包人合理终止合同或承包人不正当地放弃工程的索赔。

## 典型例题

**【例题 1】**根据《标准施工招标文件》中的通用合同条款，承包人可向发包人索赔工期和费用，但不可要求利润补偿的情形有（　　）。(2022 年真题)

A. 发包人原因造成工期延误

B. 法律变化引起的价格调整

C. 施工过程中承包人遇到不利物质条件

D. 发包人要求承包人提前竣工

E. 施工过程中遇到不可抗力影响

**【答案】**CE

**【解析】**选项 A，工期、费用、利润均可索赔；选项 B，仅可索赔费用；选项 D，可以索赔费用和利润。

**【例题 2】**工程施工合同履行中，监理工程师有可能批准施工单位的工期索赔是（　　）。(2023 年真题)

A. 设计变更造成施工进度拖后

B. 劳动力安排不当造成施工进度拖后

C. 施工机械故障造成施工进度拖后

D. 施工质量检查不合格造成施工进度拖后

**【答案】** A

**【解析】** 选项B、C、D属于施工单位原因造成的进度拖后，不予批准索赔。

**【例题3】** 根据2017版FIDIC《施工合同条件》，业主应给予承包商工期、费用和利润补偿的情形有（　　）。（2021年真题）

A. 例外事件

B. 当地政府造成的延误

C. 业主原因暂停工程

D. 非承包商责任的修补工作

E. 因法律变化

**【答案】** CD

**【解析】** 选项A错误，例外事件的后果只能索赔工期和费用；选项B错误，当局造成的延误只能索赔工期；选项E错误，因法律变化只索赔工期和费用。

**【例题4】** 因发包人提供图纸延误，导致项目费用增加和工期延误时，监理人处理承包人索赔的正确做法是（　　）。

A. 批复增加的费用，不批复延误的工期和利润补偿

B. 批复延误的工期，不批复增加的费用和利润补偿

C. 批复增加的费用和延误的工期，不批复利润补偿

D. 批复增加的费用、延误的工期和利润补偿

**【答案】** D

**【解析】** 根据《标准施工招标文件》，提供图纸延误，可索赔工期、费用和利润。

**【例题5】** 由于承包人原因造成工期拖期，业主向承包人提出工程拖期索赔时应考虑的因素有（　　）。

A. 赶工导致施工成本增加

B. 工程拖期后物价上涨

C. 工程拖期产生的附加监理费

D. 工程拖期引起的贷款利息增加

E. 工程拖期产生的业主盈利损失

**【答案】** CDE

**【解析】** 发包人向承包人的索赔，工期延误索赔，索赔费用一般应考虑：①发包人盈利损失；②工程拖期而引起的贷款利息增加；③工程拖期带来的附加监理费；④由于工程拖期不能使用，继续租用原建筑物或租用其他建筑物的租赁费。

## 知识点二　索赔费用的计算

### 1. 索赔费用的组成

分部分项工程量清单费用如表2-7-10所示。

**分部分项工程量清单费用　　表2-7-10**

| | |
|---|---|
| 人工费 | 增加工作内容的人工费应按照计日工费计算 |
| | 停工损失费和工作效率降低的损失费按窝工费计算 |
| 材料费 | 索赔事件引起的材料用量增加、材料价格大幅度上涨、非承包人原因造成的工期延误而引起的材料价格上涨和材料超期存储费 |

续表

| | |
|---|---|
| 设备费 | 工作内容增加，设备费的标准按照机械台班费计算。因窝工引起的设备费索赔：<br>自有时，按照机械折旧费计算索赔费用<br>租赁时，按照实际租金和调进调出的分摊计算 |
| 管理费 | 分为现场管理费和总部管理费两部分，区别对待 |
| 利润 | 由于工程范围的变更、文件有缺陷或技术性错误、发包人未能提供现场等引起的索赔，承包人可以列入利润 |
| 迟延付款利息 | 发包人未按约定时间进行付款的，应按约定利率支付迟延付款的利息<br>合同没有约定的，按照中国人民银行发布的同期同类贷款利率支付利息 |

## 典型例题

**【例题 1】**某工程合同价格为 5000 万元，计划工期是 200 天，施工期间因非承包人原因导致工期延误 10 天，若同期该公司承揽的所有工程合同总价为 2.5 亿元，计划总部管理费为 1250 万元，则承包人可以索赔的总部管理费为（　　）万元。

A. 7.5　　B. 10　　C. 12.5　　D. 15

**【答案】**C

**【解析】**本题应该用比例法进行计算。合同价格占合同总价的 1/5，所以同期的合同价格的总部管理费为 250 万元，索赔总部管理费为 250/200×10＝12.5 万元。

**2. 索赔费用的计算方法**

1）实际费用法（分项法）

最常用的一种方法。

2）总费用法

索赔金额＝实际总费用－投标报价估算总费用。

3）修正的总费用法

索赔金额＝某项工作调整后的实际总费用－该项工作的报价费用。

修正的内容如下：

（1）将计算索赔款的时段局限于受到外界影响的时间，而不是整个施工期。

（2）只计算受影响时段内的某项工作所受影响的损失，而不是计算该时段内所有施工工作所受的损失。

（3）与该项工作无关的费用不列入总费用中。

（4）对投标报价费用重新进行核算：按受影响时段内该项工作的实际单价进行核算，乘以实际完成的该项工作的工程量，得出调整后的报价费用。

**【例题 2】**下列费用中，承包人可以提出索赔的有（　　）。（2018 年真题）

A. 承包人为保证混凝土质量选用高标号水泥而增加的材料费

B. 非承包人责任的工程延期导致的材料价格上涨费

C. 冬/雨期施工增加的材料费

D. 由于设计变更增加的材料费

E. 材料二次搬运费

【答案】BD

【解析】选项A，属于承包人为保证工程质量而采取的措施，不应给予索赔；选项C、E均属于措施费中的内容。

【例题3】由于发包人责任造成承包人自有机械设备窝工，其索赔费按（　　）计算。（2015年真题）

A. 台班单价　　B. 台班折旧费

C. 台班租赁费　　D. 折算租金

【答案】B

【解析】由于发包人或监理工程师原因导致机械、仪器仪表停工的窝工费，如系租赁设备，一般按实际租金和调进调出费的分摊计算；如系承包人自有设备，一般按台班折旧费计算，而不能按台班费计算，因台班费中包括了设备使用费。

【例题4】最常用的计算索赔费用的方法是（　　）。

A. 总费用法　　B. 修正的总费用法

C. 关键线路法　　D. 实际费用法

【答案】D

【解析】实际费用法是施工索赔时最常用的一种方法。

【例题5】采用修正总费用法计算索赔费用时，正确的做法有（　　）。（2023年真题）

A. 重新核算投标费用

B. 基于预算定额基价重新核算实际单价

C. 将计算索赔款的时间段局限于收到外界影响的时间，而不是整个施工期

D. 只计算受影响时段内某项工作所受影响的损失，而不是计算该时段内所有施工工作所遭受的损失

E. 与该项工作无关的费用不计入费用

【答案】CDE

【解析】选项A错误，重新核算某项工作调整后的实际总费用，非投标费用。选项B错误，按受影响时段内该项工作的实际单价进行核算，乘以实际完成的该项工作的工程量，得出调整后的报价费用。

## 知识点三　现场签证

**1. 现场签证的范围**

（1）适用于施工合同范围以外零星工程的确认；

（2）在工程施工过程中发生变更后需要现场确认的工程量；

（3）非承包人原因导致的人工、设备窝工及有关损失；

（4）符合施工合同规定的非承包人原因引起的工程量或费用增减；

（5）确认修改施工方案引起的工程量或费用增减；

（6）工程变更导致的工程施工措施费增减等。

**2. 现场签证的程序**

承包人应在收到发包人指令后的7天内，向发包人提交现场签证报告，发包人应在收到现场签证报告后的48小时内对报告内容进行核实，予以确认或提出修改意见。

现场签证工作完成后的 7 天内，承包人应按照现场签证内容计算价款，报送发包人确认后，作为增加合同价款，与进度款同期支付。

现场签证的价款计算：

（1）已有相应的计日工单价，现场签证报告中仅列明完成的数量；

（2）没有相应的计日工单价，应当在现场签证报告中列明完成的数量及其单价。

### 典型例题

【例题】下列引起费用增加的事项中，属于现场签证范围的是（　　）。(2017 年真题)

A. 施工合同范围以外的零星工程　　B. 承包人原因导致的人工、设备窝工

C. 纠正施工方案错误引起的费用　　D. 质量问题返工的工程量

【答案】A

【解析】现场签证的范围一般包括：①适用于施工合同范围以外零星工程的确认；②在工程施工过程中发生变更后需要现场确认的工程量；③非承包人原因导致的人工、设备窝工及有关损失；④符合施工合同规定的非承包人原因引起的工程量或费用增减；⑤确认修改施工方案引起的工程量或费用增减；⑥工程变更导致的工程施工措施费增减等。

## 第六节　合同价款期中支付

本节知识点如表 2-7-11 所示。

**本节知识点**　　　　**表 2-7-11**

| 知识点 | 2023 年 | | 2022 年 | | 2021 年 | | 2020 年 | | 2019 年 | |
|---|---|---|---|---|---|---|---|---|---|---|
| | 单选（道） | 多选（道） | 单选（道） | 多选（道） | 单选（道） | 多选（道） | 单选（道） | 多选（道） | 单选（道） | 多选（道） |
| 预付款 | | | | | | | | | | |
| 安全文明施工费 | | | | | | | | | | |
| 进度款 | 2 | | | 1 | | | | | | |

### 知识点一　预付款

**1. 支付**

相关要求如表 2-7-12 所示。

**预付款支付的相关要求**　　　　**表 2-7-12**

| | |
|---|---|
| 时间 | 承包人应在签订合同或向发包人提供与预付款等额的预付款保函后，向发包人提交预付款支付申请。相关程序需要 7 天完成 |
| 百分比计算法 | 签约合同价（扣暂列金额）的 10%～30% |
| 其他 | 对重大工程项目，按年度工程计划逐年预付<br>实行工程量清单计价的工程，实体性消耗和非实体性消耗部分应在合同中分别约定预付款比例（或金额） |

### 2. 扣回

相关要求如表 2-7-13 所示。

预付款扣回的相关要求　　表 2-7-13

| | |
|---|---|
| 按合同约定 | 达到约定条件后，从每次支付的工程款中扣回预付款（等比率或等金额），于合同完成前逐次扣回 |
| 起扣点计算法 | 从未施工工程尚需的主要材料及构件的价值相当于工程预付款数额时起扣<br>从每次中间结算工程价款中按材料相对比重抵扣工程预付款，竣工前全部扣清<br>$T=P-\frac{M}{N}=$ 承包工程合同总额 $-\frac{\text{预付款总额}}{\text{主材及构件所占比重}}$ |

### 3. 预付款担保

相关要求如表 2-7-14 所示。

预付款担保的相关要求　　表 2-7-14

| | |
|---|---|
| 金额 | 与预付款等值，预付款逐月从工程进度款中扣除，预付款担保的金额也应逐渐减少 |
| 有效期 | 预付款全部扣回之前一直有效，扣完后 14 天内退还 |

## 知识点二 安全文明施工费

相关要求如表 2-7-15 所示。

安全文明施工费的相关要求　　表 2-7-15

| | |
|---|---|
| 时间 | 开工后的 28 天内 |
| 金额 | 不低于当年施工进度计划的安全文明施工费总额的 60%，其余部分按照提前安排的原则进行分解，与进度款同期支付 |
| 不按时支付的处理 | 承包人可催告；付款期满后的 7 天内仍未支付的，若发生安全事故，发包人应承担相应责任 |
| 要求 | 专款专用，在财务账单中单独列项备查，不得挪作他用 |

## 知识点三 进度款

### 1.《财政部 住房城乡建设部关于完善建设工程价款结算有关办法的通知》（财建〔2022〕183 号）

相关规定如表 2-7-16 所示。

关于建设工程价款结算的规定　　表 2-7-16

| | |
|---|---|
| 提高建设工程进度款支付比例 | ①政府机关、事业单位、国有企业建设工程进度款支付应不低于已完成工程价款的 80%<br>②若发生进度款支付超出实际已完成工程价款的情况，承包单位应按规定在结算后 30 日内向发包单位返还多收到的工程进度款 |
| 当年开工、当年不能竣工的新开工项目可以推行过程结算 | 经双方确认的过程结算文件作为竣工结算文件的组成部分，竣工后原则上不再重复审核 |

**2. 按月结算与支付和分段结算与支付**

相关要求如表 2-7-17 所示。

**进度款支付的相关要求　　　　表 2-7-17**

| | |
|---|---|
| 已完工程的结算价款 | 已标价清单中单价项目价款＝计量确认的工程量×综合单价；综合单价发生调整，按双方确认的综合单价计算<br>已标价清单中的总价项目价款＝安全文明施工费＋本期应支付的总价项目金额 |
| 结算价款的调整 | 增加：现场签证＋索赔金额（发包人确认的）<br>扣除：甲供材，按签约提供的单价和数量 |
| 进度款的支付比例 | 按照合同约定，按期中结算价款总额，不低于 80％ |

进度款期中支付流程如图 2-7-3 所示。

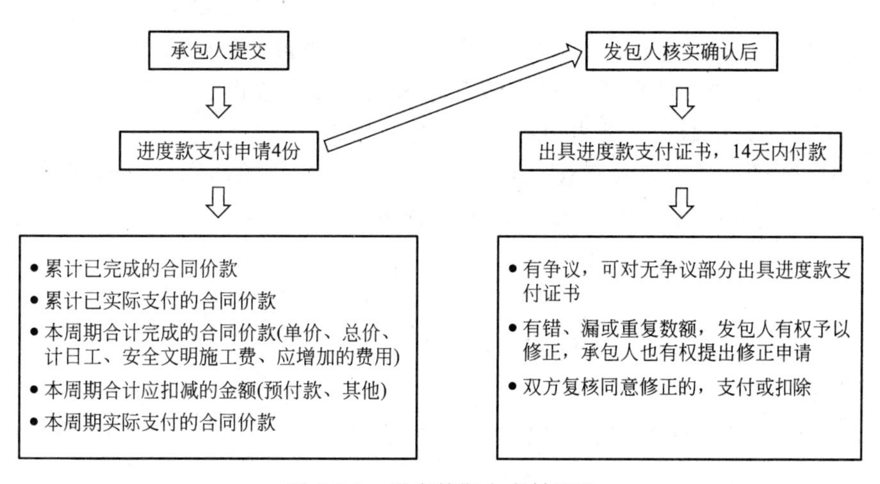


图 2-7-3　进度款期中支付流程

**3. 支付账户**

（1）总包单位应当在工程施工合同签订之日 30 日内开立专用账户，并与建设单位、开户银行签订资金管理三方协议。总包单位应当在专用账户开立后的 30 日内报项目所在地专用账户监管部门备案。

（2）建设单位应当按工程施工合同约定的数额或者比例等，按时将人工费用拨付到总包单位专用账户。人工费用拨付周期不得超过 1 个月。

（3）工程建设领域总包单位对进城务工人员工资支付负总责，推行分包单位进城务工人员工资委托总包单位代发制度。

## 典型例题

【例题 1】承包人在每个计量周期向发包人提交的已完工程进度款支付申请应包括的内容有（　　）。（2022 年真题）

A. 签约合同价

B. 累计已完成的合同价款

C. 本周期合计完成的合同价款

D. 本周期合计应扣减的金额

E. 本周期实际应支付的合同价款

【答案】BCDE

【例题 2】关于支付工程预付款的说法，正确的有（　　）。

A. 重大项目可一次性支付

B. 重大项目应按年度计划逐年支付

C. 发包人应在签订合同后 7 天内支付

D. 未签订施工合同不得支付

E. 实行工程量清单计价的工程，实体性消耗和非实体性消耗部分应在合同中分别约定预付款比例

【答案】BDE

【解析】选项 A、B，对于重大工程项目，工程预付款按年度工程计划逐年预付；选项 C，承包人应在签订合同或向发包人提供与预付款等额的预付款保函后向发包人提交预付款支付申请。发包人应在收到支付申请的 7 天内进行核实后向承包人发出预付款支付证书，并在签发支付证书后的 7 天内向承包人支付预付款。

【例题 3】根据《关于完善建设工程价款结算有关办法的通知》（财建〔2022〕183 号），政府机关、事业单位、国有企业建设工程进度款支付应不低于已完成工程价款的（　　）。

A. 70%　　　　B. 80%

C. 85%　　　　D. 90%

【答案】B

【解析】政府机关、事业单位、国有企业建设工程进度款支付应不低于已完成工程价款的 80%。

## 第七节　竣工结算与支付

本节知识点如表 2-7-18 所示。

**本节知识点**　　　　表 2-7-18

| 知识点 | 2023 年 | | 2022 年 | | 2021 年 | | 2020 年 | | 2019 年 | |
|---|---|---|---|---|---|---|---|---|---|---|
| | 单选（道） | 多选（道） | 单选（道） | 多选（道） | 单选（道） | 多选（道） | 单选（道） | 多选（道） | 单选（道） | 多选（道） |
| 竣工结算编制 | | | | | | | | | | |
| 竣工结算程序 | | | | | | | | | | |
| 质量保证金的处理 | | | | | | 1 | | | | |

### 知识点一　竣工结算编制

工程竣工结算的计价原则：

在采用工程量清单计价方式下的计价原则如表 2-7-19 所示。

**采用工程量清单计价方式下的计价原则　　表 2-7-19**

| | |
|---|---|
| 单价项目 | 双方确认的工程量×已标价工程量清单综合单价<br>如发生调整，以双方确认调整的综合单价计算 |
| 总价措施项目 | 依据合同约定的项目和金额计算<br>安全文明施工费必须按规定计算 |
| 其他项目 | 计日工按发包人实际签证确认的事项计算<br>暂估价按规定计算<br>总承包服务费依据已标价清单中的金额计算<br>索赔费用依据双方确认的事项和金额计算<br>现场签证费用依据双方签证资料确认的金额计算<br>暂列金额应减去工程价款调整(包括索赔、现场签证)金额计算，如有余额归发包人 |
| 规费和税金 | 按国家或省级、行业建设主管部门规定计算 |

此外，发承包双方在合同工程实施过程中已经确认的工程计量结果和合同价款，应直接进入结算。

## 知识点二　竣工结算程序

**1. 承包人在约定时间内提交竣工结算文件**

发包人应在收到承包人提交的竣工结算文件后的 28 天内核对。

**2. 承包人提交竣工结算款支付申请，内容包括：**

（1）竣工结算合同价款总额；

（2）累计已实际支付的合同价款；

（3）应预留的质量保证金；

（4）实际应支付的竣工结算款金额。

发包人应在收到承包人提交竣工结算款支付申请后 7 天内予以核实，向承包人签发竣工结算支付证书，并在签发竣工结算支付证书后的 14 天内，按照竣工结算支付证书列明的金额向承包人支付结算款。

## 典型例题

**【例题】**关于工程量清单计价方式下竣工结算的编制原则，下列说法中正确的是（　　）。

A. 措施项目费按双方确认的工程量乘以已标价工程量清单的综合单价计算

B. 总承包服务费按已标价工程量清单的金额计算，不应调整

C. 暂列金额应减去工程价款调整的金额，余额归承包人

D. 工程实施过程中发承包双方已经确认的工程计量结果和合同价款，应直接进入结算

**【答案】**D

**【解析】**发承包双方在合同工程实施过程中已经确认的工程计量结果和合同价款，应直接进入结算。

## 知识点三　质量保证金的处理

经合同当事人协商一致扣留质量保证金的，应在专用合同条款中予以明确。在工程项目竣工前，承包人已经提供履约担保的，发包人不得同时预留工程质量保证金。

关于质量保证金处理的具体内容如表 2-7-20 所示。

**质量保证金的处理**　　**表 2-7-20**

| | |
|---|---|
| 质量保证金的方式 | ①质量保证金保函(原则上采用这种方式)<br>②相应比例的工程款<br>③双方约定的其他方式 |
| 质量保证金的扣留方式 | ①在支付工程进度款时逐次扣留<br>除专用合同条款另有约定外，质量保证金的扣留原则上采用这种方式<br>②工程竣工结算时一次性扣留质量保证金<br>③双方约定的其他扣留方式 |
| 质量保证金的扣留要求 | 累计扣除的质量保证金不得超过工程价款结算总额的 3% |

### 典型例题

**【例题 1】**下列关于质量保证金的说法，正确的有（　　）。(2021 年真题)

A. 质量保证金预留的总额不得高于工程价款结算总额的 6%

B. 工程竣工前承包人已提供履约担保的，发包人不得同时预留工程质量保证金

C. 质量保证金原则上采用保函方式

D. 质量保证金可以在工程竣工结算时一次性扣留

E. 质量保证金可以在支付工程进度款时逐次扣留

**【答案】**BCDE

**【解析】**选项 A 错误，质量保证金预留总额不得高于工程价款结算总额的 3%。

**【例题 2】**编制竣工结算时，关于其他项目的计价，下列说法正确的有（　　）。

A. 计日工按招标文件所列数量、单价计算

B. 总承包服务费应依据已标价工程量清单的金额计算，发生调整的应以发承包双方确认调整的金额计算

C. 索赔费用应依据发承包双方确认的索赔事项和金额计算

D. 暂列金额应减去合同价款调整（包括索赔、现场签证）金额计算

E. 现场签证费用依据监理人确认的金额计算

**【答案】**BCD

**【解析】**选项 A，按发包人实际签证确认的事项计算；选项 E，按发承包双方确认的金额计算。

## 第八节　投资偏差分析

本节知识点如表 2-7-21 所示。

**本节知识点　　表 2-7-21**

| 知识点 | 2023 年 | | 2022 年 | | 2021 年 | | 2020 年 | | 2019 年 | |
|---|---|---|---|---|---|---|---|---|---|---|
| | 单选（道） | 多选（道） | 单选（道） | 多选（道） | 单选（道） | 多选（道） | 单选（道） | 多选（道） | 单选（道） | 多选（道） |
| 赢得值（挣值）法 | | 1 | 1 | | 1 | | 1 | | 1 | |
| 偏差原因分析 | | | | 1 | | | | | | |

## 知识点一　赢得值（挣值）法

### 1. 赢得值法的三个基本参数

基本参数与计算公式如表 2-7-22 所示。

**赢得值法的基本参数和计算公式　　表 2-7-22**

| 参数 | 计算公式 |
|---|---|
| 三个基本参数 | 已完工作预算投资(*BCWP*)＝已完成工作量×预算单价 |
| | 计划工作预算投资(*BCWS*)＝计划工作量×预算单价 |
| | 已完工作实际投资(*ACWP*)＝已完成工作量×实际单价 |

### 2. 赢得值法的四个评价指标

具体内容如表 2-7-23 所示。

**赢得值法的评价指标　　表 2-7-23**

<table>
<tr><th>指标</th><th>内容</th><th>备注</th></tr>
<tr><td>四个评价指标</td><td>投资偏差(CV)<br>＝已完工作预算投资－已完工作实际投资＝已完工程量×(预算单价－实际单价)<br>①CV 为负值时，表示项目运行超出预算值<br>②CV 为正值时，表示项目运行节支，实际费用没有超出预算投资<br>进度偏差(SV)<br>＝已完工作预算投资－计划工作预算投资<br>＝(已完工程量－计划工程量)×预算单价<br>①SV 为负值时，表示进度延误<br>②SV 为正值时，表示进度提前</td><td>绝对偏差，仅适用于对同一项目的偏差分析</td></tr>
<tr><td rowspan="2">四个评价指标</td><td>投资绩效指数($CPI$)＝$\frac{已完工作预算投资(BCWP)}{已完工作实际投资(ACWP)}$<br>①CPI＜1 时，表示超支<br>②CPI＞1 时，表示节支</td><td rowspan="2">相对偏差，可适用于同一项目和不同项目之间的偏差分析</td></tr>
<tr><td>进度绩效指数($SPI$)＝$\frac{已完工作预算投资(BCWP)}{计划工作预算投资(BCWS)}$<br>③SPI＜1 时，表示进度延误<br>④SPI＞1 时，表示进度提前</td></tr>
</table>

## 典型例题

【例题 1】某土方开挖工程，计划完成工程量 4 万 $m^3$，预算单价为 85 元/$m^3$。经确认，实际完成工程量为 4.5 万 $m^3$，实际单价为 90 元/$m^3$，下列说法正确的是（　　）。（2023 年真题）

A. 投资偏差−22.5 万元　　B. 进度偏差 42.5 万元

C. 投资绩效指数 0.94　　D. 进度绩效指数 0.89

E. 综合绩效指数 1.13

【答案】ABC

【解析】已完工作预算投资＝4.5×85＝382.5 万元；计划工作预算投资＝4×85＝340 万元；已完工作实际投资＝4.5×90＝405 万元；投资偏差＝382.5−405＝−22.5 万元；进度偏差＝382.5−340＝42.5 万元；投资绩效指数＝382.5/405＝0.94；进度绩效指数＝382.5/340＝1.13。

【例题 2】某地下工程，计划到 5 月份累计开挖土方 1.2 万 $m^3$，预算单价为 90 元/$m^3$。经确认，到 5 月份实际累计开挖土方 1 万 $m^3$，实际单价为 95 元/$m^3$，该工程此时的投资偏差为（　　）万元。（2021 年真题）

A. −18　　B. −5　　C. 5　　D. 18

【答案】B

【解析】投资偏差＝已完工程预算投资−已完工程实际投资＝1×90−1×95＝−5 万元。

【例题 3】赢得值法的评价指标有（　　）。（2017 年真题）

A. 已完工作预算投资　　B. 计划工作预算投资

C. 投资绩效指数　　D. 进度绩效指数

E. 进度偏差

【答案】CDE

【解析】赢得值法的四个评价指标分别是投资偏差、进度偏差、投资绩效指数、进度绩效指数。

【例题 4】关于赢得值法及其应用的说法，正确的是（　　）。

A. 赢得值法有四个基本参数和三个评价指标

B. 投资（进度）绩效指数反映的是绝对偏差

C. 投资（进度）偏差仅适合对同一项目进行偏差分析

D. 进度偏差为正值，表示进度延误

【答案】C

【解析】选项 A，赢得值法有三个基本参数和四个评价指标；选项 B，投资（进度）绩效指数反映的是相对偏差；选项 D，进度偏差为正值，表示进度提前。

## 知识点二 偏差原因分析

偏差原因分析如图 2-7-4 所示。

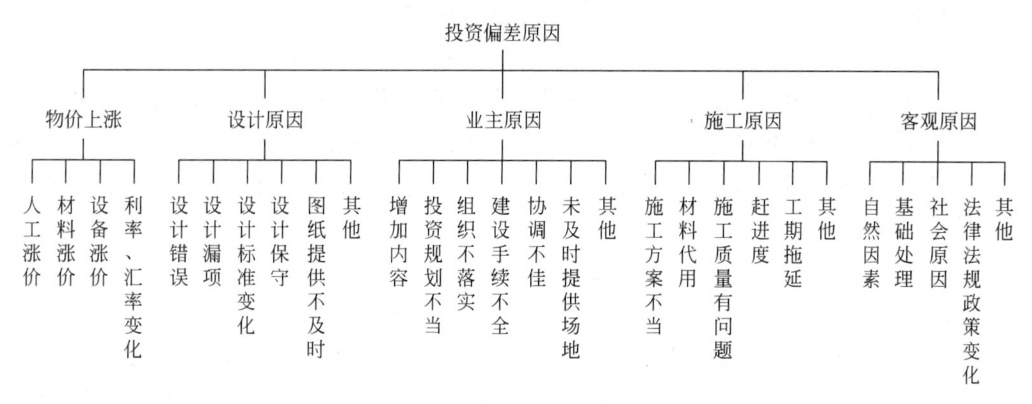


图 2-7-4 偏差原因分析

## 典型例题

【例题】下列产生投资偏差的原因中，属于业主原因的有（　　）。（2022 年真题）

A. 材料代用　　B. 基础处理

C. 未及时提供场地　　D. 施工方案不当

E. 增加工程内容

【答案】CE

## 本章精选习题

### 一、单项选择题

1. 根据《建设工程施工合同（示范文本）》GF—2017—0201，除专用合同条款另有约定外，承包人向监理人报送上月 20 日至当月 19 日已完成工程量报告的时间为每月（　　）日，监理人应在收到承包人提交的工程量报告后（　　）天内完成对承包人提交的工程量报表的审核并报送发包人。

A. 20，14　　B. 21，7

C. 25，7　　D. 28，14

2. 计量填筑路堤土方宜采用的方法是（　　）。

A. 均摊法　　B. 凭据法

C. 断面法　　D. 估价法

3. 建筑工程险保险费项目一般按（　　）进行计量支付。

A. 均摊法　　B. 凭据法

C. 估价法　　D. 分解计量法

4. 某土方工程，合同工程量为 4 万 $m^3$，合同综合单价为 92 元/$m^3$，合同约定：当实际工程量增加 15%以上时，超出 15%以上部分的工程量综合单价应予调低，施工过程中由于设计变更，该工程实际完成工程量 5 万 $m^3$，监理人和承包人依据合同约定协商后，确定的土方工程变更单价为 89.5 元/$m^3$，则该工程实际结算价款为（　　）万元。

A. 447.5　　B. 457.5

C. 459.0　　D. 460.0

5. 2019年11月实际完成的某土方工程，按基准日期价格计算的已完成工程量的金额为1000万元，该工程的定值权重为0.2。各可调因子的价格指数除人工费增长20%外，其他均增长了10%，人工费占可调值部分的50%。按价格调整公式计算，该土方工程需调整的价款为（　　）万元。

A. 80　　B. 120

C. 130　　D. 150

6. 根据《建设工程工程量清单计价规范》GB 50500—2013，当承包人投标报价中材料单价低于基准单价时，施工期间材料单价跌幅以（　　）为基础，超过合同约定的风险幅度值时，其超过部分按实调整。

A. 基准单价　　B. 投标报价

C. 定额单价　　D. 投标控制价

7. 发包人在招标工程量清单中给定某工程设备暂估价，下列关于该工程设备价款调整的说法正确的是（　　）。

A. 依法可不招标的项目，应由发包人组织采购，以采购价格取代暂估价

B. 依法可不招标的项目，应由承包人按合同约定采购，以发包人确认后的价格取代暂估价

C. 依法必须招标的项目，应由发包人招标选择供应商，以中标价格取代暂估价

D. 依法必须招标的项目，应由承包人招标选择供应商，以中标价格取代暂估价

8. 在施工过程中发现文物，导致费用增加和工期延误，承包人提出索赔，监理人处理该索赔的正确做法是（　　）。

A. 可批复增加的费用、延误的工期和相应利润

B. 可批复延误的工期，不批复增加的费用和利润

C. 可批复增加的费用，不批复延误的工期和利润

D. 可批复增加的费用和延误的工期，不批复利润

9. 下列事件中，需要进行现场签证的是（　　）。

A. 合同范围以内零星工程的确认

B. 修改施工方案引起工程量增减的确认

C. 承包人原因导致设备窝工损失的确认

D. 合同范围以外新增工程的确认

10. 已知某建筑工程施工合同总额为8000万元，工程预付款按合同金额的20%计取，主要材料及构件造价占合同额50%。预付款起扣点为（　　）万元。

A. 1600　　B. 4000

C. 4800　　D. 6400

11. 关于安全文明施工费的支付，下列说法正确的是（　　）。

A. 按施工工期平均分摊安全文明施工费，与进度款同期支付

B. 按合同建筑安装工程费分摊安全文明施工费，与进度款同期支付

C. 在开工后 28 天内预付不低于当年施工进度计划的安全文明施工费总额的 60%，其余部分与进度款同期支付

D. 在正式开工前预付不低于当年施工进度计划的安全文明施工费总额的 60%，其余部分与进度款同期支付

12. 在竣工结算阶段，除专用合同条款另有约定外，发包人应在签发竣工付款证书后的（　　）天内，完成对承包人的竣工付款。

A. 7　　B. 14

C. 21　　D. 28

13. 根据《建设工程施工合同（示范文本）》GF—2017—0201，工程未经竣工验收，发包人擅自使用的，保修期的起算时间为（　　）。

A. 承包人提交竣工验收申请报告之日

B. 转移占有工程之日

C. 监理人组织竣工初验之日

D. 竣工验收合格之日

14. 某工程在施工过程中，因不可抗力造成损失，承包人及时向项目监理机构提出了索赔申请，并附有相关证明材料，要求补偿的经济损失如下：①在建工程损失 50 万元；②承包人的施工机械设备损坏损失 5 万元；③承包人受伤人员医药费和补偿金 4.5 万元；④工程清理修复费用 1.2 万元。根据《建设工程工程量清单计价规范》GB 50500—2013，监理人应批准的补偿金额为（　　）万元。

A. 50.0　　B. 51.2

C. 59.5　　D. 60.7

15. 某分项工程所采用的甲种材料的施工期间实际单价、基准单价、投标单价依次为 424 元/$m^2$、400 元/$m^2$、396 元/$m^2$，若风险系数为 5%。则调整后的单价为（　　）元/$m^2$。

A. 400　　B. 398

C. 424　　D. 392

16. 某分项工程所采用的甲种材料的施工期间实际单价、投标单价、基准单价依次为 90 元/$m^2$、120 元/$m^2$、100 元/$m^2$，若风险系数为 5%。则调整后的单价为（　　）元/$m^2$。

A. 120　　B. 100

C. 115　　D. 95

17. 某分项工程的招标工程量清单为 3000$m^2$，施工中由于涉及变更实际完成的工程量调整为 3600$m^2$。该分项工程最高投标限价单价为 300 元/$m^2$，投标报价单价为 360 元/$m^2$，投标报价浮动率为 5%。则根据《建设工程工程量清单计价规范》GB 50500—2013，该分项工程的超过 15%部分的单价应为（　　）元/$m^2$。

A. 242.25　　B. 300.00

C. 345.00　　D. 360.00

18. 关于质量保证金的阐述中，错误的是（　　）。

A. 承包人未按合同约定履行工程缺陷修复义务的，发包人有权从质量保证金中扣留修复支出

B. 工程缺陷属于发包人原因造成的，承包人承担查验和缺陷修复的费用

C. 缺陷责任期终止后，发包人将剩余的质量保证金返还承包人

D. 返还剩余的质量保证金不能免除承包人的质量保修义务

19. 关于最终结清的阐述中，正确的是（　　）。

A. 质量保修期终止后，承包人应按照合同约定向发包人提交最终结清支付申请

B. 发包人收到最终结清支付申请后的 7 天内予以核实

C. 发包人应在签发最终结清支付证书后的 14 天内，向承包人支付

D. 承包人被扣留的质量保证金不足以扣减发包人工程缺陷修复费用的，按争议解决方式处理

20. 根据计价规范的规定，发包人应在收到承包人的现场签证报告后的（　　）内进行核实，给予确认或提出修改意见。

A. 24 小时　　B. 48 小时

C. 7 天　　D. 14 天

21. 对某招标工程进行报价分析，承包人中标价为 1500 万元，最高投标限价为 1600 万元，设计院编制的施工图预算为 1550 万元，承包人认为的合理报价值为 1540 万元，则承包人的报价浮动率是（　　）。

A. 6.25%　　B. 7.14%

C. 6.45%　　D. 7.40%

22. 某工程采用工程量清单计价。施工过程中，业主将屋面防水变更为 PE 高分子防水卷材（1.5mm）。清单中无类似项目，工程所在地造价管理机构发布该卷材单价为 18 元/$m^2$，该地区定额人工费为 3.5 元/$m^2$，机械使用费为 0.3 元/$m^2$，除卷材外的其他材料费为 0.6 元/$m^2$，管理费和利润为 1.2 元/$m^2$。若承包人报价浮动率为 6%，则发承包双方协商确定该项目综合单价的基础为（　　）元/$m^2$。

A. 25.02　　B. 23.60

C. 22.18　　D. 21.06

23. 某工程施工至 2020 年 6 月底，经统计分析：已完工作预算投资 2500 万元，已完工作实际投资 2800 万元，计划工作预算投资 2600 万元。该工程此时的投资绩效指数为（　　）。

A. 0.89　　B. 0.96

C. 1.04　　D. 1.12

24. 某分项工程月计划完成工程量为 3200$m^2$，计划单价为 15 元/$m^2$，月底承包商实际完成工程量为 2800$m^2$，实际单价为 20 元/$m^2$，则该工程当月的计划工作预算投资（*BCWS*）为（　　）元。

A. 42000　　B. 48000

C. 56000　　D. 64000

25. 在工程建设领域对建筑工人工资支付负总责的单位是（　　）。

A. 建设单位　　B. 总包单位

C. 分包单位　　D. 监理单位

26. 某施工企业进行土方开挖工程，按合同约定 3 月份的计划工作量为 2400$m^3$，计划

单价是 12 元/$m^3$；到月底检查时，确认承包商完成的工程量为 2000$m^3$，实际单价为 15 元/$m^3$。则该工程的进度偏差（*SV*）和进度绩效指数（*SPI*）分别为（　　）。

A. 0.6 万元；0.80　　B. −0.6 万元；0.83

C. −0.48 万元；0.83　　D. 0.48 万元；0.80

**二、多项选择题**

1. 下列工程量中，监理人应予计量的有（　　）。

A. 发包人设计变更增加的工程量

B. 承包人原因施工质量超出合同要求增加的工程量

C. 承包人超出设计图纸要求增加的工程量

D. 监理人对隐蔽工程重新检查，经检验证明工程质量符合合同要求而增加的工程量

E. 承包人原因导致返工的工程量

2. 根据《标准施工招标文件》，发包人应给予承包人补偿工期、费用和利润的情形有（　　）。

A. 发包人的原因造成工期延误

B. 承包人遇到不利物质条件

C. 不可抗力

D. 发包人原因引起的暂停施工

E. 发包人提供资料错误导致承包人返工

3. 下列工程索赔事项中，属于发包人向承包人索赔的有（　　）。

A. 地质条件变化引起的索赔

B. 施工中人为障碍引起的索赔

C. 加速施工费用的索赔

D. 工期延误的索赔

E. 对超额利润的索赔

4. 下列费用中，承包人可索赔施工机具使用费的有（　　）。

A. 由于业主增加额外工作增加的机械、仪器仪表使用费

B. 由于施工机械故障导致的机械停工费

C. 由于项目监理机构原因导致的机械窝工费

D. 由于发包人要求承包人提前竣工，使工效降低增加的施工机械使用费

E. 施工机具保养费用

5. 对于总价合同而言，工程计量的依据包括（　　）。

A. 工程量清单计价和计算规范

B. 设计图纸

C. 承包人实际完成的工程量

D. 工程变更单

E. 质量合格证书

6. 根据有关规定，一般可按均摊法进行计量的有（　　）。

A. 建筑工程保险费

B. 保养测量设备的费用

C. 保养气象记录设备的费用

D. 维护工地清洁和整洁的费用

E. 履约保证金

7. 工程招标时，招标人压缩的工期天数超过定额工期的 20%，应当在招标文件中明示增加赶工费用。其中，赶工费用通常包括（　　）。

A. 新增加投入人工的报酬

B. 不经济使用人工和机械而增加的费用

C. 工程返工而使材料损耗过大

D. 材料提前交货可能增加的费用以及材料运输费的增加

E. 额外利润

8. 根据《建设工程工程量清单计价规范》GB 50500—2013，工程变更引起施工方案改变，并使措施项目发生变化时，关于措施项目费调整的说法，正确的有（　　）。

A. 安全文明施工费按实际发生的措施项目，考虑承包人报价浮动因素进行调整

B. 安全文明施工费按实际发生变化的措施项目调整，不得浮动

C. 对单价计算的措施项目，按实际发生变化的措施项目，结合已标价工程量清单项目确定单价

D. 对总价计算的措施项目费一般不能进行调整

E. 对总价计算的措施项目费（安全文明施工费除外），按实际发生变化的措施项目并考虑承包人报价浮动因素进行调整

9. 下列费用中，承包人可以获得发包人补偿的有（　　）。

A. 承包人为保证混凝土质量选用高标号水泥而增加的材料费

B. 现场承包人仓库被盗而损失的材料费

C. 非承包人责任的工程延期导致的材料价格上涨费

D. 设计变更增加的材料费

E. 冬/雨期施工增加的材料费

10. 根据《标准施工招标文件》，承包人仅能索赔增加的成本和延误的工期，不能索赔利润的情形有（　　）。

A. 不能预见的物质条件

B. 异常恶劣气候条件

C. 施工中发现文物古迹

D. 发包人提供图纸延误

E. 发包人原因引起的暂停施工

11. 根据《标准施工招标文件》，下列事件中，承包人只能向发包人索赔费用的情况，包括（　　）。

A. 发包人原因导致的工程缺陷和损失

B. 承包人遇到不利物质条件

C. 发包人要求承包人提前交付工程设备

D. 法律变化引起的价格调整

E. 发包人的原因导致试运行失败的

12. 根据 2017 版 FIDIC《施工合同条件》，业主只给予承包商费用和利润补偿的情形有（　　）。

A. 例外事件　　B. 当地政府造成的延误

C. 业主原因暂停工程　　D. 部分工程的接收

E. 自主选择终止

13. 根据现行规定，安全文明施工费及支付的说法，正确的有（　　）。

A. 发包人应在开工后 28 天内预付不低于当年施工进度计划的安全文明施工费总额的 60%

B. 承包人对安全文明施工费应专款专用，不得挪作他用

C. 安全文明施工费挪作他用、逾期未改，造成损失由发包人承担

D. 发包人逾期支付超过 7 天的，承包人有权向其发出催告通知

E. 发包人没有按时支付安全文明施工费的，承包人可以停工

14. 在承包人提交的竣工结算款支付申请中，应当列明（　　）。

A. 竣工结算合同价款总额

B. 累计已实际支付的合同价款

C. 发生并确认的变更与索赔等费用

D. 应预留的质量保证金

E. 实际应支付的竣工结算金额

15. 在有关投资偏差分析的赢得值法中，评价指标包括（　　）。

A. 计划工作预算投资（*BCWS*）

B. 已完工作实际投资（*ACWP*）

C. 投资偏差（*CV*）

D. 进度偏差（*SV*）

E. 进度绩效指标（*SPI*）

16. 下列引起投资偏差的原因中，属于施工单位原因的有（　　）。

A. 设计标准变化　　B. 投资规划不当

C. 建设手续不全　　D. 施工方案不当

E. 材料代用

17. 下列引起投资偏差的原因中，属于建设单位原因的有（　　）。

A. 设计标准变化　　B. 投资规划不当

C. 建设手续不全　　D. 施工方案不当

E. 未及时提供施工场地

## 习题答案及解析

### 一、单项选择题

1. **【答案】** C

**【解析】** 承包人应于每月 25 日向监理人报送上月 20 日至当月 19 日已完成的工程量报告，并附具进度付款申请单、已完成工程量报表和有关资料。监理人应在收到承包人提交的工程量报告后 7 天内完成对承包人提交的工程量报表的审核并报送发包人，以确定

当月实际完成的工程量。

2.【答案】C

【解析】在单价合同及工程计量的方法中，断面法主要用于取土坑或填筑路堤土方的计量。

3.【答案】B

【解析】所谓凭据法，就是按照承包人提供的凭据进行计量支付，如建筑工程险保险费、第三方责任险保险费、履约保证金等项目。

4.【答案】C

【解析】（5－4）/4＝25%，工程量偏差大于15%，该工程实际结算款＝4×1.15×92＋（5－4×1.15）×89.5＝459万元。

5.【答案】B

【解析】土方工程需调整的价款＝1000×（0.2＋0.8×0.5×1.2＋0.8×0.5×1.1－1）＝120万元。

6.【答案】B

【解析】当承包人投标报价中材料单价低于基准单价：施工期间材料单价涨幅以基准单价为基础超过合同约定的风险幅度值时，或材料单价跌幅以投标报价为基础超过合同约定的风险幅度值时，其超过部分按实调整。

7.【答案】B

【解析】依法可不招标的项目，承包人采购，发包人确认后取代暂估价，调整合同价款。

8.【答案】D

【解析】施工过程发现文物、古迹以及其他遗迹、化石、钱币或物品，承包人可以索赔工期和费用。

9.【答案】B

【解析】现场签证的范围一般包括：①适用于施工合同范围以外零星工程的确认；②在工程施工过程中发生变更后需要现场确认的工程量；③非承包人原因导致的人工、设备窝工及有关损失；④符合施工合同规定的非承包人原因引起的工程量或费用增减；⑤确认修改施工方案引起的工程量或费用增减；⑥工程变更导致的工程施工措施费增减等。

10.【答案】C

【解析】预付款＝8000×20%＝1600万元；起扣点＝8000－1600/50%＝4800万元。

11.【答案】C

【解析】安全文明施工费的预付，不低于当年施工进度计划的安全文明施工费总额的60%，其余部分按照提前安排的原则进行分解，与进度款同期支付。

12.【答案】B

【解析】在竣工结算阶段，除专用合同条款另有约定外，发包人应在签发竣工付款证书后的14天内，完成对承包人的竣工付款。

13.【答案】B

【解析】保修责任：①工程保修期从工程竣工验收合格之日起算；②发包人未经

竣工验收擅自使用工程的，保修期自转移占有之日起算。

14. **【答案】** B

**【解析】** 因不可抗力事件调整合同价款和工期原则：①合同工程本身的损害、因工程损害导致第三方人员伤亡和财产损失以及运至施工场地用于施工的材料和待安装的设备的损害，由发包人承担；②发包人、承包人人员伤亡由其所在单位负责，并承担相应费用；③承包人的施工机械设备损坏及停工损失，应由承包人承担；④停工期间，承包人应发包人要求留在施工场地的必要的管理人员及保卫人员的费用应由发包人承担；⑤工程所需的清理、修复费用，应由发包人承担。

15. **【答案】** A

**【解析】** 调整后的综合单价＝396＋［424－400×（1＋5％）］＝400 元/$m^2$。

16. **【答案】** C

**【解析】** 调整后的综合单价＝120－［100×（1－5％）－90］＝115 元/$m^2$。

17. **【答案】** C

**【解析】** 首先，计算工程量的偏差＝（3600－3000）/3000×100％＝20％，超过15％；根据公式，由于投标报价中的单价 $P_0$＝360＞300×（1＋0.15）＝345 元/$m^2$，该项目变更后的单价应调整为 345 元/$m^2$。

18. **【答案】** B

**【解析】** 因发包人使用不当造成工程的缺陷、损坏，可以委托承包人修复，但发包人应承担修复的费用，并支付承包人合理利润。

19. **【答案】** C

**【解析】** 选项 A，缺陷责任期终止后，承包人应按照合同约定向发包人提交最终结清支付申请；选项 B，发包人收到最终结清支付申请后的 14 天内予以核实；选项 D，承包人被扣留的质量保证金不足以扣减发包人工程缺陷修复费用的，承包人应承担不足部分的补偿责任。

20. **【答案】** B

**【解析】** 承包人应在收到发包人指令后的 7 天内，向发包人提交现场签证报告，发包人应在收到现场签证报告后的 48 小时内对报告内容进行核实，予以确认或提出修改意见。现场签证工作完成后的 7 天内，承包人应按照现场签证内容计算价款，报送发包人确认后，作为增加合同价款，与进度款同期支付。

21. **【答案】** A

**【解析】** 实行招标的工程：承包人报价浮动率＝（1－中标价/最高投标限价）×100％＝（1－1500/1600）×100％＝6.25％。

22. **【答案】** C

**【解析】** 无法找到适用和类似的项目单价时，应采用招标投标时的基础资料和工程造价管理机构发布的信息价格，按成本加利润的原则由发承包双方协商新的综合单价。项目综合单价＝（3.5＋18＋0.3＋0.6＋1.2）×（1－6％）＝22.18 元/$m^2$。

23. **【答案】** A

**【解析】** 投资绩效指数＝2500/2800＝0.89。

24. **【答案】** B

【解析】$BCWS$＝计划工作量×预算单价＝3200×15＝48000元。

25.【答案】B

【解析】工程建设领域总包单位对进城务工人员工资支付负总责，推行分包单位进城务工人员工资委托总包单位代发制度。

26.【答案】C

【解析】进度偏差＝已完工作预算投资－计划工作预算投资＝（2000－2400）×12＝－4800元；进度绩效指数＝已完工作预算投资/计划工作预算投资＝2000×12/（2400×12）＝0.83。

二、多项选择题

1.【答案】AD

【解析】选项A正确，施工中进行工程量计量时，当发现招标工程量清单中出现缺项、工程量偏差，或因工程变更引起工程量增减时，应按承包人在履行合同义务中实际完成的工程量计量；选项D正确，监理人对隐蔽工程重新检查，经检验证明工程质量符合合同要求的工程量，可以向建设单位索赔费用，即这部分工程量应予计量。选项B、C、E均属于承包人原因造成的，不予计量。

2.【答案】AD

【解析】选项B、C、E只可索赔工期和费用。

3.【答案】DE

【解析】发包人向承包人的索赔包括：①工期延误索赔；②质量不满足合同要求索赔；③承包人不履行的保险费用索赔；④对超额利润的索赔；⑤发包人合理终止合同或承包人不正当地放弃工程的索赔。

4.【答案】ACD

【解析】在索赔费用的组成（计算）中，非承包人原因造成的额外或超支部分费用，可能获得补偿。其中，施工机具使用费的索赔包括：①由于完成额外工作增加的机械、仪器仪表使用费；②非承包人责任工效降低增加的机械、仪器仪表使用费；③由于发包人或监理工程师原因导致机械、仪器仪表停工的窝工费。

5.【答案】ABE

【解析】计量依据一般有质量合格证书、工程量计算规范和设计图纸。

6.【答案】BCD

【解析】均摊法是对清单中某些项目的合同价款，按合同工期平均计量，如为保养测量设备、保养气象记录设备、维护工地清洁和整洁等。选项A、E可采用凭据法。

7.【答案】ABD

【解析】赶工费用主要包括：①人工费增加，如新增加投入人工的报酬，不经济使用人工的补贴等；②材料费增加，可能造成不经济使用材料而损耗过大，材料提前交货可能增加的费用以及材料运输费的增加等；③机械费增加，可能增加机械设备投入，不经济使用机械等。

8.【答案】BCE

【解析】措施项目费规定：①安全文明施工费按照实际发生变化的措施项目调整，不得浮动；②采用单价计算的措施项目费，按照实际发生变化的措施项目及前述已标价工程量清单项目的规定确定单价；③按总价（或系数）计算的措施项目费，按照实际发生变化的措施项目调整，但应考虑承包人报价浮动因素。

9. **【答案】** CD

**【解析】** 根据有关规定，材料费索赔通常考虑由于索赔事件增加的材料费、价格大幅上涨、超期储存等。选项 A，并不是发包人的明确要求，不能补偿；选项 B，属于承包人应该承担的风险，不能索赔；选项 E，已经包含在措施费中，不能索赔。

10. **【答案】** AC

**【解析】** 选项 B 只可以索赔工期；选项 D、E 可以索赔工期、成本和利润。

11. **【答案】** CD

**【解析】** 选项 A，发包人原因导致的工程缺陷和损失索赔费用与利润；选项 B，承包人遇到不利物质条件索赔工期和费用；选项 E，发包人的原因导致试运行失败的索赔费用和利润。

12. **【答案】** DE

**【解析】** 选项 A，例外事件索赔工期和费用；选项 B，当地政府造成的延误索赔工期；选项 C，业主原因暂停工程索赔工期、费用和利润。

13. **【答案】** ABD

**【解析】** 选项 C，根据教材及安全文明施工费的有关规定，安全文明施工费挪作他用、逾期未改，造成的损失和延误的工期，由承包人承担；选项 E，发包人逾期支付安全文明施工费，承包人有权发出催告通知的 7 天内后，发包人仍未支付，如果发生安全事故，发包人应承担相应责任。

14. **【答案】** ABDE

**【解析】** 申请应包括下列内容：①竣工结算合同价款总额；②累计已实际支付的合同价款；③应预留的质量保证金；④实际应支付的竣工结算款金额。

15. **【答案】** CDE

**【解析】** 用赢得值法进行投资、进度综合分析控制，基本参数有三项，即已完工作预算投资、计划工作预算投资和已完工作实际投资。

16. **【答案】** DE

**【解析】** 本题考查的是偏差原因分析，如图 2-7-5 所示。

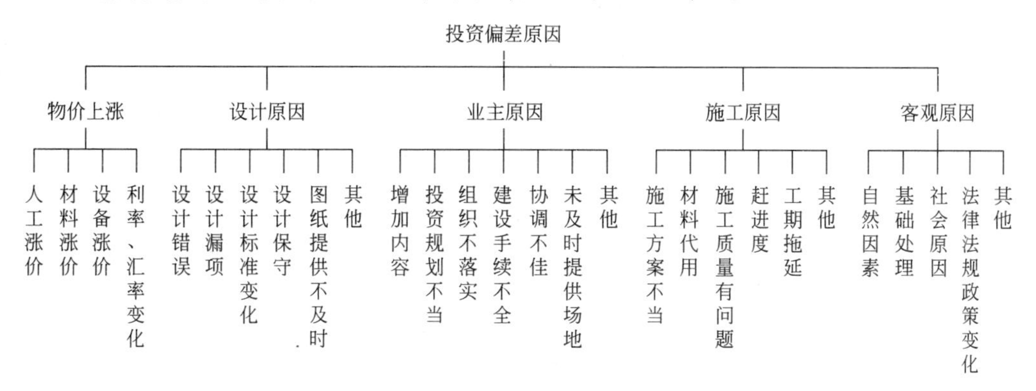


图 2-7-5　偏差原因分析

17.【答案】BCE

【解析】业主原因：增加内容、投资规划不当、组织不落实、建设手续不全、协调不佳、未及时提供场地、其他。选项A属于设计原因，选项D属于施工原因。

窗外有风景，笔下有前途。希望彻夜苦读的我们，
而后可以名满“江湖”。

# 科目三：
# 建设工程进度控制

## 考情分析

| 考点对应章节 | 2023年 | | | 2022年 | | | 2021年 | | |
|---|---|---|---|---|---|---|---|---|---|
| | 单选（道） | 多选（道） | 分值 | 单选（道） | 多选（道） | 分值 | 单选（道） | 多选（道） | 分值 |
| 建设工程进度控制概述 | 3 | 2 | 7 | 3 | 1 | 5 | 4 | 1 | 6 |
| 流水施工原理 | 5 | 2 | 9 | 4 | 2 | 8 | 3 | 2 | 7 |
| 网络计划技术 | 8 | 4 | 16 | 8 | 4 | 16 | 7 | 4 | 15 |
| 建设工程进度计划实施中的监测与调整 | 3 | 2 | 7 | 3 | 2 | 7 | 4 | 3 | 10 |
| 建设工程设计阶段进度控制 | 1 | 0 | 1 | 1 | 0 | 1 | 1 | 0 | 1 |
| 建设工程施工阶段进度控制 | 4 | 2 | 8 | 5 | 3 | 11 | 5 | 2 | 9 |

# 第一章　建设工程进度控制概述

**考纲要求**

1. 工程进度影响因素
2. 工程进度目标论证
3. 工程进度计划体系
4. 工程进度计划表示方法和编制程序
5. 工程进度控制措施和任务

## 第一节　建设工程进度控制的概念

本节知识点如表 3-1-1 所示。

**本节知识点**　　**表 3-1-1**

| 知识点 | 2023 年 | | 2022 年 | | 2021 年 | | 2020 年 | | 2019 年 | |
|---|---|---|---|---|---|---|---|---|---|---|
| | 单选（道） | 多选（道） | 单选（道） | 多选（道） | 单选（道） | 多选（道） | 单选（道） | 多选（道） | 单选（道） | 多选（道） |
| 影响进度的因素分析 | 1 | | | | 1 | | 1 | | | 1 |
| 进度控制的措施和主要任务 | | 1 | 2 | | 2 | | 1 | | 2 | |
| 建设项目总进度目标的论证 | | 1 | | 1 | | | | 1 | | |

### 知识点一　影响进度的因素分析

影响进度的 8 个因素如表 3-1-2 所示。

**影响进度的 8 个因素**　　**表 3-1-2**

| | |
|---|---|
| 业主因素 | ①业主使用要求改变而进行设计变更<br>②应提供的施工场地条件不能及时提供或所提供的场地不能满足工程正常需要<br>③不能及时向施工承包单位或材料供应商付款等 |
| 勘察设计因素 | ①勘察资料不准确，特别是地质资料错误或遗漏<br>②设计内容不完善，规范应用不恰当，设计有缺陷或错误<br>③设计对施工的可能性未考虑或考虑不周<br>④施工图纸供应不及时、不配套，或出现重大差错等 |
| 施工技术因素 | ①施工工艺错误，不合理的施工方案<br>②施工安全措施不当，不可靠技术的应用等 |

续表

| | |
|---|---|
| 自然环境因素 | ①复杂的工程地质条件，不明的水文气象条件<br>②地下埋藏文物的保护、处理，洪水、地震、台风等不可抗力 |
| 社会环境因素 | ①外单位临近工程施工干扰<br>②节假日交通、市容整顿的限制<br>③临时停水、停电、断路<br>④国外常见的法律及制度变化，经济制裁，战争、骚乱、罢工、企业倒闭 |
| 组织管理因素 | ①向有关部门提出各种申请审批手续的延误<br>②合同签订时遗漏条款、表述失当<br>③计划安排不周密，组织协调不力，导致停工待料、相关作业脱节<br>④领导不力，指挥失当，使参加工程建设的各个单位、各个专业、各个施工过程之间的交接、配合发生矛盾等 |
| 材料、设备因素 | ①材料、构配件、机具、设备供应环节的差错，品种、规格、质量、数量、时间不能满足工程的需要<br>②特殊材料及新材料的不合理使用<br>③施工设备不配套，选型失当，安装失误，有故障等 |
| 资金因素 | ①有关方拖欠资金，资金不到位，资金短缺<br>②汇率浮动和通货膨胀等 |

## 典型例题

**【例题 1】**影响工程进度的因素中，出现复杂的工程地质条件属于（　　）影响因素。（2023 年真题）

A. 业主方　　B. 施工技术　　C. 勘察设计　　D. 自然环境

**【答案】**D

**【解析】**自然环境因素：复杂的工程地质条件；不明的水文气象条件；地下埋藏文物的保护、处理；洪水、地震、台风等不可抗力等。

**【例题 2】**下列建设工程进度影响因素中，属于业主因素的有（　　）。（2018 年真题）

A. 提供的场地不能满足工程正常需要

B. 施工计划安排不周密导致相关作业脱节

C. 临时停水、停电、断路

D. 不能及时向施工承包单位付款

E. 外单位临近工程施工干扰

**【答案】**AD

**【解析】**选项 B 属于组织管理因素；选项 C、E 属于社会环境因素。

## 知识点二　进度控制的措施和主要任务

### 1. 进度控制的措施

进度控制的措施如表 3-1-3 所示。

**进度控制的措施　　表 3-1-3**

| | |
|---|---|
| 组织措施 | ①建立进度控制目标体系，明确建设工程现场监理组织机构中进度控制人员及其职责分工<br>②建立工程进度报告制度及进度信息沟通网络 |

续表

| | |
|---|---|
| 组织措施 | ③建立进度计划审核制度和进度计划实施中的检查分析制度<br>④建立进度协调会议制度，包括协调会议举行的时间、地点，协调会议的参加人员等<br>⑤建立图纸审查、工程变更和设计变更管理制度<br>（记忆技巧："建立"开头） |
| 技术措施 | ①审查承包商提交的进度计划，使承包商能在合理的状态下施工<br>②编制进度控制工作细则，指导监理人员实施进度控制<br>③采用网络计划技术及其他科学适用的计划方法，并结合电子计算机的应用，对建设工程进度实施动态控制 |
| 经济措施 | ①及时办理工程预付款及工程进度款支付手续<br>②对应急赶工给予优厚的赶工费用<br>③对工期提前给予奖励<br>④对工程延误收取误期损失赔偿金<br>（记忆技巧：与"钱"有关） |
| 合同措施 | ①推行CM承发包模式，对建设工程实行分段设计、分段发包和分段施工<br>②加强合同管理，协调合同工期与进度计划之间的关系，保证合同中进度目标的实现<br>③严格控制合同变更，对各方提出的工程变更和设计变更，监理工程师应严格审查后再补入合同文件之中<br>④加强风险管理，在合同中应充分考虑风险因素及其对进度的影响，以及相应的处理方法<br>⑤加强索赔管理，公正地处理索赔 |

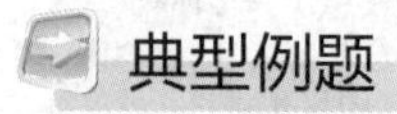

## 典型例题

【例题1】下列工程进度控制措施中，属于合同措施的有（　　）。（2023年真题）

A. 推行CM承发包模式

B. 及时办理工程进度款支付手续

C. 严格控制合同变更

D. 加强索赔管理

E. 对工程延误收取误期损失赔偿金

【答案】ACD

【解析】选项B、E均与"钱"有关，属于经济措施。

【例题2】建立工程进度报告制度及进度信息沟通网络，属于工程进度控制的（　　）措施。（2022年真题）

A. 组织　　B. 经济

C. 技术　　D. 合同

【答案】A

【例题3】监理工程师控制工程进度应采取的技术措施是（　　）。（2021年真题）

A. 编制进度控制工作细则　　B. 建立工程进度报告制度

C. 建立进度协调工作制度　　D. 加强工程进度风险管理

【答案】A

【解析】选项B、C属于组织措施；选项D属于合同措施。

### 2. 进度控制的主要任务

主要任务内容如表 3-1-4 所示。

**进度控制的主要任务** **表 3-1-4**

<table>
<tr><th>阶段</th><th>主要任务</th><th>监理工程师的主要任务</th></tr>
<tr><td>设计准备</td><td>①收集有关工期信息，进行工期目标和进度控制决策<br>②编制工程项目总进度计划<br>③编制设计准备阶段详细工作计划，并控制其执行<br>④进行环境及施工现场条件的调查和分析</td><td>①提供工期信息<br>②协助确定工期总目标<br>③环境条件调查和分析</td></tr>
<tr><td>设计</td><td>①编制设计阶段工作计划，并控制其执行<br>②编制详细的出图计划，并控制其执行</td><td rowspan="2">①审查设计单位和施工单位提交的进度计划<br>②编制监理进度计划</td></tr>
<tr><td>施工</td><td>①编制施工总进度计划，并控制其执行<br>②编制单位工程施工进度计划，并控制其执行<br>③编制工程年、季、月实施计划，并控制其执行</td></tr>
</table>

**【例题 4】**监理工程师在工程设计准备阶段进度控制的任务是（　　）。(2022 年真题)

A. 编制详细的出图计划

B. 编制施工总进度计划

C. 调查分析施工现场条件

D. 审查设计工作进度计划

**【答案】**C

**【解析】**选项 A 属于设计单位在设计阶段的工作；选项 B 属于施工单位在施工阶段的工作；选项 D 属于监理工程师在设计阶段的工作。

**【例题 5】**工程施工阶段进度控制的任务是（　　）。(2021 年真题)

A. 调查分析环境及施工现场条件

B. 编制详细的设计出图计划

C. 进行工期目标和进度控制决策

D. 编制施工总进度计划

**【答案】**D

**【解析】**选项 A、C 属于设计准备阶段的任务；选项 B 属于设计阶段的任务。

## 知识点三 建设项目总进度目标的论证

(1) 总进度目标（设计前准备、设计、招标、施工前准备、施工和安装、采购、动用前准备）：

① 确定时间：在项目决策阶段项目定义时确定的。

② 控制时间：在项目实施阶段对项目的目标进行控制。

③ 总进度目标的控制：业主方（项目总包）的管理任务。

(2) 在进行建设工程项目总进度控制前，首先应分析和论证进度目标实现的可能性。

(3) 总进度目标论证并不是单纯的总进度规划的编制工作，其涉及许多工程实施的条件分析和工程实施策划方面的问题。

（4）大型建设工程项目总进度目标论证的核心工作是通过编制总进度纲要论证总进度目标实现的可能性。

（5）总进度纲要包括的内容：

① 项目实施的总体部署；

② 总进度规划；

③ 各子系统进度规划；

④ 确定里程碑事件的计划进度目标；

⑤ 总进度目标实现的条件和应采取的措施等。

（6）总进度目标论证的工作步骤：

① 调查研究和收集资料；

② 项目结构分析；

③ 进度计划系统的结构分析；

④ 项目的工作编码；

⑤ 编制各层进度计划；

⑥ 协调各层进度计划的关系，编制总进度计划；

⑦ 若总进度计划不符合项目的进度目标，设法调整；

⑧ 若经过多次调整，进度目标无法实现，报告项目决策者。

**提示**：排序题知识点。

## 典型例题

**【例题 1】** 建设工程项目总进度纲要的内容包括（　　）。（2022 年真题）

A. 总进度规划　　B. 总进度目标实现的条件

C. 项目实施的总体部署　　D. 项目总体结构分析

E. 总进度目标体系编码

**【答案】** ABC

**【例题 2】** 开展建设项目总进度目标论证时，需要进行的工作有（　　）。（2023 年真题）

A. 项目结构分析　　B. 项目工作编码

C. 监理项目协调工作制度　　D. 进行总进度规划

E. 编制各层进度计划

**【答案】** ABE

**【解析】** 建设项目总进度目标论证的工作步骤如下：①调查研究和收集资料；②项目结构分析；③进度计划系统的结构分析；④项目的工作编码；⑤编制各层进度计划；⑥协调各层进度计划的关系，编制总进度计划；⑦若所编制的总进度计划不符合项目的进度目标，则设法调整；⑧若经过多次调整，进度目标无法实现，则报告项目决策者。选项 D 属于总进度纲要的内容。

# 第二节　建设工程进度控制计划体系

本节知识点如表 3-1-5 所示。

**本节知识点**　　**表 3-1-5**

| 知识点 | 2023 年 | | 2022 年 | | 2021 年 | | 2020 年 | | 2019 年 | |
|---|---|---|---|---|---|---|---|---|---|---|
| | 单选（道） | 多选（道） | 单选（道） | 多选（道） | 单选（道） | 多选（道） | 单选（道） | 多选（道） | 单选（道） | 多选（道） |
| 建设单位的计划系统 | | | 1 | | 1 | | 1 | | | |
| 监理单位的计划系统 | | | | | | | | | | 1 |
| 施工单位的计划系统 | 1 | | | | | | | | | |

## 知识点一　建设单位的计划系统

具体内容如表 3-1-6 所示。

**建设单位的计划系统**　　**表 3-1-6**

| | |
|---|---|
| 工程项目前期工作计划 | ①对工程项目可行性研究、项目评估及初步设计的工作进度安排<br>②使工程项目前期决策阶段各项工作的时间得到控制 |
| 工程项目建设总进度计划 | ①工程项目一览表<br>②工程项目总进度计划<br>③投资计划年度分配表<br>④工程项目进度平衡表 |
| 工程项目年度计划 | ①年度计划项目表<br>②年度竣工投产交付使用计划表<br>③年度建设资金平衡表<br>④年度设备平衡表<br>（技巧:"年度"开头） |

### 典型例题

**【例题 1】**工程进度计划体系中，根据初步设计中确定的建设工期和工艺流程，具体安排单位工程开工日期和竣工日期的计划是（　　）。（2022 年真题）

A. 工程项目进度平衡计划　　B. 年度竣工投产交付使用计划

C. 年度建设资金平衡计划　　D. 工程项目总进度计划

**【答案】**D

**【解析】**工程项目总进度计划是根据初步设计中确定的建设工期和工艺流程，具体安排单位工程的开工日期和竣工日期。

**【例题 2】**建设单位计划系统中，用来明确各种设计文件交付日期、主要设备交货日期、施工单位进场日期、水电及道路接通日期等的计划表是（　　）。（2021 年真题）

A. 施工总进度计划表　　B. 投资计划年度平衡表

C. 工程项目进度平衡表　　D. 工程建设总进度计划表

【答案】C

【解析】工程项目进度平衡表用来明确各种设计文件交付日期、主要设备交货日期、施工单位进场日期、水电及道路接通日期等，以保证工程建设中各个环节相互衔接，确保工程项目按期投产或交付使用。

## 知识点二 监理单位的计划系统

具体内容如表 3-1-7 所示。

**监理单位的计划系统**　　**表 3-1-7**

| | |
|---|---|
| 监理总进度计划 | ①依据：工程项目可行性研究报告、工程项目前期工作计划和工程项目建设总进度计划<br>②目的：对建设工程进度控制总目标进行规划，明确建设工程前期准备、设计、施工、动用前准备及项目动用等各个阶段的进度安排 |
| 按工程进展阶段分解 | ①设计准备阶段进度计划，设计阶段进度计划<br>②施工阶段进度计划，动用前准备阶段进度计划 |
| 按时间分解 | 年度进度计划，季度进度计划，月度进度计划 |

### 典型例题

【例题】在对建设工程实施全过程监理的情况下，监理单位总进度计划的编制依据有（　　）。（2019 年真题）

A. 施工单位的施工总进度计划　　B. 工程项目建设总进度计划

C. 设计单位的设计总进度计划　　D. 工程项目可行性研究报告

E. 工程项目前期工作计划

【答案】BDE

【解析】监理单位总进度计划是依据工程项目可行性研究报告、工程项目前期工作计划和工程项目建设总进度计划编制的。

## 知识点三 施工单位的计划系统

施工单位的计划系统如表 3-1-8 所示。

**施工单位的计划系统**　　**表 3-1-8**

| | |
|---|---|
| 施工准备工作计划 | 工作内容：技术准备、物资准备、劳动组织准备、施工现场准备和施工场外准备 |
| 施工总进度计划 | 目的：确定各单位工程及全工地性工程的施工期限及开竣工日期 |
| 单位工程施工进度计划 | 对单位工程中的各施工过程做出时间和空间上的安排，并以此为依据，确定施工作业所必需的劳动力、施工机具和材料供应计划 |
| 分部分项工程进度计划 | 针对工程量较大或施工技术比较复杂的分部分项工程，在依据工程具体情况所制定的施工方案基础上，对其各施工过程所做出的时间安排 |

## 典型例题

【例题 1】建设工程施工进度计划系统中，用来确定各单位工程及全工地性工程的施工期限及开竣工日期，进而确定各类资源、设备、设施数量及能源、交通需求量的进度计划是（　　）。(2022 年真题)

A. 施工总进度计划　　B. 单位工程施工进度计划

C. 施工准备工作计划　　D. 分部分项工程进度计划

【答案】A

【例题 2】建设工程进度控制计划体系中，施工准备工作计划是（　　）计划系统的组成内容。(2023 年真题)

A. 建设单位　　B. 监理单位　　C. 设计单位　　D. 施工单位

【答案】D

# 第三节　建设工程进度计划的表示方法和编制程序

本节知识点如表 3-1-9 所示。

**本节知识点　　表 3-1-9**

| 知识点 | 2023 年 | | 2022 年 | | 2021 年 | | 2020 年 | | 2019 年 | |
|---|---|---|---|---|---|---|---|---|---|---|
| | 单选（道） | 多选（道） | 单选（道） | 多选（道） | 单选（道） | 多选（道） | 单选（道） | 多选（道） | 单选（道） | 多选（道） |
| 建设工程进度计划的表示方法 | | | | | | 1 | | | 1 | 1 |
| 建设工程进度计划的编制程序 | 1 | | | | | | 1 | | | |

## 知识点一　建设工程进度计划的表示方法

如表 3-1-10 所示。

**建设工程进度计划的表示方法及特点　　表 3-1-10**

| 表示方法 | 优点 | 缺点 |
|---|---|---|
| 横道图 | 形象直观地表达每一个工作的开始、结束和持续时间，并且易于编制和便于理解 | ①不能明确地反映出各项工作之间错综复杂的相互关系<br>②不能明确地反映出影响工期的关键工作和关键线路<br>③不能反映出工作所具有的机动时间<br>④不能反映工程费用与工期之间的关系 |
| 网络图 | ①能够明确表达各项工作之间的逻辑关系<br>②通过时间参数的计算，可以找出关键线路和关键工作<br>③通过网络计划时间参数的计算，可以明确各项工作的机动时间<br>④可以利用电子计算机进行计算、优化和调整 | 于横道计划图而言不够直观明了，但可以通过时标网络计划得到弥补 |

### 典型例题

【例题】与横道计划相比，工程网络计划的优点有（　　）。(2021 年真题)

A. 能够直观表示各项工作的进度安排

B. 能够明确表达各项工作之间的逻辑关系

C. 可以明确各项工作的机动时间

D. 可以找出关键线路和关键工作

E. 可以直观表达各项工作之间的搭接关系

【答案】BCD

【解析】选项 A 属于横道图的优点；选项 E 搭接关系说法错误，其能够明确表达各项工作之间的逻辑关系。

## 知识点二　建设工程进度计划的编制程序

编制程序如表 3-1-11 所示。

建设工程进度计划的编制程序　　表 3-1-11

| 编制阶段 | 编制步骤 | 编制阶段 | 编制步骤 |
|---|---|---|---|
| 计划准备阶段 | ①调查研究<br>②确定进度计划目标(工期、资源、成本) | 计算时间参数及确定关键线路阶段 | ⑥计算工作持续时间<br>⑦计算网络计划时间参数<br>⑧确定关键线路和关键工作 |
| 绘制网络图阶段 | ③进行项目分解，是编制网络计划的前提<br>④分析逻辑关系，主要依据是施工方案、有关资源供应情况和施工经验<br>⑤绘制网络图 | 网络计划优化阶段 | ⑨优化网络计划<br>⑩编制优化后的网络计划 |

### 典型例题

【例题】下列建设工程进度计划编制工作中，属于绘制网络图阶段工作内容的是（　　）。(2020 年真题)

A. 确定进度计划目标

B. 安排劳动力、原材料和施工机具

C. 确定关键路线和关键工作

D. 分析各项工作之间的逻辑关系

【答案】D

【解析】绘制网络图阶段工作包括：进行项目分解，分析逻辑关系，绘制网络图。

## 本章精选习题

### 一、单项选择题

1. 下列对工程进度造成影响的因素中，属于业主因素的有（　　）。

A. 不能及时向施工承包单位付款

B. 不明的水文气象条件

C. 施工安全措施不当　　D. 临时停水、停电、断路

2. 下列建设工程进度控制措施中，属于合同措施的是（　　）。

A. 建立进度协调会议制度　　B. 审查承包商提交的进度计划

C. 对工程延误收取误期损失赔偿金　　D. 加强索赔管理，公正地处理索赔

3. 在工程项目实施阶段，项目监理机构及时为承包商办理工程预付款，属于项目监理机构在进度目标控制过程中采取的（　　）。

A. 组织措施　　B. 技术措施

C. 经济措施　　D. 合同措施

4. 下列进度计划中，属于建设单位计划系统的是（　　）。

A. 工程项目年度计划　　B. 设计总进度计划

C. 施工准备工作计划　　D. 物资采购、加工计划

5. 编制工程项目总进度计划是（　　）进度控制的主要任务。

A. 设计准备阶段　　B. 设计阶段

C. 施工图设计阶段　　D. 施工阶段

6. 在建工程进度控制计划体系中，工程项目前期工作计划属于（　　）的计划系统。

A. 建设单位　　B. 监理单位

C. 设计单位　　D. 施工总承包单位

7. 建设工程施工阶段进度控制的主要任务是（　　）。

A. 调查和分析工程环境及施工现场条件

B. 编制施工总进度计划，并控制其执行

C. 进行工程项目工期目标和进度控制决策

D. 编制年度竣工投产交付使用计划

8. 在编制建设工程进度计划时，分析各项工作之间逻辑关系的主要依据是（　　）。

A. 当地气候条件　　B. 物资供应量

C. 施工方案　　D. 工作项目划分的粗细程度

9. 按照建设项目总进度目标论证的工作步骤，项目结构分析后紧接着需要进行的工作是（　　）。

A. 调查研究和收集资料　　B. 项目的工作编码

C. 编制各层进度计划　　D. 进度计划系统的结构分析

10. 应用网络计划技术编制建设工程进度计划时，依据时间定额，并考虑工作建设合理的劳动组织可计算的时间参数是（　　）。

A. 工作持续时间　　B. 工作最早完成时间

C. 节点最早时间　　D. 要求工期

**二、多项选择题**

1. 影响建设工程进度的不利因素有很多，其中属于组织管理因素的有（　　）。

A. 地下埋藏文物的保护及处理　　B. 合同签订时遗漏条款、表达失当

C. 有关方拖欠资金　　D. 计划安排原因导致相关作业脱节

E. 向有关部门提出各种申请审批手续的延误

2. 下列建设工程进度控制的措施中，属于技术措施有（　　）。

A. 采用网络计划技术等计划方法
B. 审查承包商提交的进度计划
C. 加强合同风险管理
D. 建立工程进度报告制度
E. 编制进度控制工作细则

3. 下列建设工程进度控制任务中，属于设计准备阶段进度控制任务的有（　　）。

A. 编制工程项目总进度计划
B. 编制详细的出图计划
C. 进行工期目标和进度控制决策
D. 进行环境及施工现场条件的调查和分析
E. 编制工程年、季、月实施计划

4. 项目监理机构在设计阶段和施工阶段进度控制的任务有（　　）。

A. 编制工程项目总进度计划
B. 编制监理进度计划
C. 审查设计进度计划
D. 审查施工进度计划
E. 确定工期总目标

5. 编制建设项目总进度纲要时的主要工作内容有（　　）。

A. 编制有关工程施工组织和技术方案
B. 确定里程碑事件的计划进度目标
C. 分析进度计划系统的结构体系
D. 研究总进度目标实现的条件和应采取的措施
E. 预测各个阶段工程投资规模

6. 下列关于建设项目总进度目标说法正确的是（　　）。

A. 建设项目总进度目标指的是整个项目的进度目标，其是在项目实施阶段确定的
B. 建设项目总进度目标的控制是业主方项目管理的任务
C. 在进行建设项目总进度目标控制前，首先应分析和论证目标实现的可能性
D. 总进度目标论证就是总进度规划的编制工作
E. 大型建设项目总进度目标论证的核心工作是通过编制总进度纲要论证总进度目标实现的可能性

7. 在项目实施阶段，项目总进度包括（　　）。

A. 设计前准备阶段的工作进度
B. 招标工作进度
C. 施工前准备工作进度
D. 工程施工和设备安装进度
E. 项目动用后的工作进度

8. 在建设单位的进度计划系统中，工程项目年度计划的编制依据有（　　）。

A. 工程项目建设总进度计划
B. 综合进度控制计划
C. 批准的设计文件
D. 设计总进度计划
E. 施工图设计工作进度计划

9. 下列进度计划表中，属于建设单位计划系统中工程项目建设总进度计划的有（　　）。

A. 工程项目一览表
B. 投资计划年度分配表
C. 年度设备平衡表
D. 工程项目进度平衡表
E. 年度建设资金平衡表

10. 为保证工程建设中各个环节相互衔接，工程项目进度平衡表中需明确的内容有（　　）。

A. 各种设计文件交付日期
B. 主要设备交货日期

C. 施工单位进场日期　　　　　　　　　　D. 工程材料进场日期

E. 水、电及道路接通日期

11. 监理总进度分解计划按工程进展阶段分解可分为（　　）。

A. 设计准备阶段进度计划　　　　　　　　B. 设计阶段进度计划

C. 施工阶段进度计划　　　　　　　　　　D. 动用前准备阶段进度计划

E. 工程竣工进度计划

## 习题答案及解析

### 一、单项选择题

1. **【答案】**A

**【解析】**业主因素：业主使用要求改变而进行设计变更；应提供的施工场地条件不能及时提供或所提供的场地不能满足工程正常需要；不能及时向施工承包单位或材料供应商付款等。

2. **【答案】**D

**【解析】**选项 A 属于组织措施；选项 B 属于技术措施；选项 C 属于经济措施。

3. **【答案】**C

**【解析】**进度控制的经济措施主要包括：①及时办理工程预付款及工程进度款支付手续；②对应急赶工给予优厚的赶工费用；③对工期提前给予奖励；④对工程延误收取误期损失赔偿金。

4. **【答案】**A

**【解析】**建设单位编制（也可委托监理单位编制）的进度计划包括工程项目前期工作计划、工程项目建设总进度计划和工程项目年度计划。

5. **【答案】**A

**【解析】**工程项目总进度计划是在设计准备阶段编制的。

6. **【答案】**A

**【解析】**建设单位编制（也可委托监理单位编制）的进度计划包括工程项目前期工作计划、工程项目建设总进度计划和工程项目年度计划。

7. **【答案】**B

**【解析】**施工阶段进度控制的任务：①编制施工总进度计划，并控制其执行；②编制单位工程施工进度计划，并控制其执行；③编制工程年、季、月实施计划，并控制其执行。

8. **【答案】**C

**【解析】**对施工进度计划而言，分析其工作之间的逻辑关系时，应考虑：①施工工艺的要求；②施工方法和施工机械的要求；③施工组织的要求；④施工质量的要求；⑤当地的气候条件；⑥安全技术的要求。分析逻辑关系的主要依据是施工方案、有关资源供应情况和施工经验等。

9. **【答案】**D

**【解析】**建设项目总进度目标论证的工作步骤如下：①调查研究和收集资料；②项目结构分析；③进度计划系统的结构分析；④项目的工作编码；⑤编制各层进度计划；⑥协调各层进度计划的关系，编制总进度计划；⑦若所编制的总进度计划不符合项目的进度目标，则设法调整；⑧若经过多次调整，进度目标无法实现，则报告项目决策者。

10. **【答案】**A

**【解析】**工作持续时间是指完成该工作所花费的时间。其计算方法有多种，既可以凭以往的经验进行估算，也可以通过试验推算。当有定额可用时，还可利用时间定额或产量定额并考虑工作面及合理的劳动组织进行计算。

**二、多项选择题**

1. **【答案】**BDE

**【解析】**组织管理因素包括：向有关部门提出各种申请审批手续的延误；合同签订时遗漏条款、表述失当；计划安排不周密，组织协调不力，导致停工待料、相关作业脱节；领导不力，指挥失当，使参加工程建设的各个单位、各个专业、各个施工过程之间交接、配合上发生矛盾等均属于组织管理因素。

2. **【答案】**ABE

**【解析】**进度控制的技术措施主要包括：①审查承包商提交的进度计划，使承包商能在合理的状态下施工；②编制进度控制工作细则，指导监理人员实施进度控制；③采用网络计划技术及其他科学适用的计划方法，并结合电子计算机的应用，对建设工程进度实施动态控制。

3. **【答案】**ACD

**【解析】**设计准备阶段进度控制的任务：①收集有关工期的信息，进行工期目标和进度控制决策；②编制工程项目总进度计划；③编制设计准备阶段详细工作计划，并控制其执行；④进行环境及施工现场条件的调查和分析。

4. **【答案】**BCD

**【解析】**监理工程师在设计阶段和施工阶段，不仅要审查设计单位和施工单位提交的进度计划，更要编制监理进度计划，以确保进度控制目标的实现。

5. **【答案】**BD

**【解析】**总进度纲要的主要内容包括：①项目实施的总体部署；②总进度规划；③各子系统进度规划；④确定里程碑事件的计划进度目标；⑤总进度目标实现的条件和应采取的措施等。

6. **【答案】**BCE

**【解析】**选项A，建设项目总进度目标指的是整个项目的进度目标，其是在项目决策阶段项目定义时确定的；选项D，总进度目标论证并不是单纯的总进度规划的编制工作，其涉及许多项目实施的条件分析和项目实施策划方面的问题。

7. **【答案】**ABCD

**【解析】**在项目实施阶段，项目总进度包括：①设计前准备阶段的工作进度；②设计工作进度；③招标工作进度；④施工前准备工作进度；⑤工程施工和设备安装进度；⑥项目动用前的准备工作进度等。

8. **【答案】**AC

**【解析】** 工程项目年度计划是依据工程项目建设总进度计划和批准的设计文件进行编制的。

9. **【答案】** ABD

**【解析】** 工程项目建设总进度计划包括工程项目一览表、工程项目总进度计划、投资计划年度分配表、工程项目进度平衡表。选项C、E属于工程项目年度计划。

10. **【答案】** ABCE

**【解析】** 工程项目平衡表中需明确的内容有：各种设计文件交付日期、主要设备交付日期、施工单位进场日期、水电及道路开通日期等。

11. **【答案】** ABCD

**【解析】** 在对建设工程实施全过程监理的情况下，监理总进度计划是依据工程项目可行性研究报告、工程项目前期工作计划和工程项目建设总进度计划编制的，其目的是对建设工程进度控制总目标进行规划，明确建设工程前期准备、设计、施工、动用前准备及项目动用等各个阶段的进度安排。

# 第二章　流水施工原理

**考纲要求**

1. 组织施工方式及特点
2. 流水施工参数
3. 固定节拍、成倍节拍流水施工特点及流水施工工期计算方法
4. 非节奏流水施工特点、流水步距及流水施工工期计算方法

## 第一节　基本概念

本节知识点如表 3-2-1 所示。

**本节知识点**　　**表 3-2-1**

| 知识点 | 2023 年 | | 2022 年 | | 2021 年 | | 2020 年 | | 2019 年 | |
|---|---|---|---|---|---|---|---|---|---|---|
| | 单选（道） | 多选（道） | 单选（道） | 多选（道） | 单选（道） | 多选（道） | 单选（道） | 多选（道） | 单选（道） | 多选（道） |
| 流水施工方式 | 1 | | | 1 | 1 | | | 1 | 1 | |
| 流水施工参数 | 1 | 1 | 2 | | 1 | 1 | 1 | | | 1 |

### 知识点一　流水施工方式

组织施工的方式及特点如表 3-2-2 所示。

**组织施工方式及特点**　　**表 3-2-2**

| 施工的方式 | 特点 |
|---|---|
| 依次施工 | ①没有充分地利用工作面进行施工，工期长<br>②如果按专业成立工作队，则各专业队不能连续作业，有时间间歇，劳动力及施工机具等资源无法均衡使用<br>③如果由一个工作队完成全部施工任务，则不能实现专业化施工，不利于提高劳动生产率和工程质量<br>④单位时间内投入的劳动力、施工机具、材料等资源量较少，有利于资源供应的组织<br>⑤施工现场的组织、管理比较简单 |
| 平行施工 | ①充分地利用工作面进行施工，工期短<br>②如果每一个施工对象均按专业成立工作队，劳动力及施工机具等资源无法均衡使用<br>③如果由一个工作队完成一个施工对象的全部施工任务，则不能实现专业化施工，不利于提高劳动生产率 |

续表

| 施工的方式 | 特点 |
| --- | --- |
| 平行施工 | ④单位时间内投入的劳动力、施工机具、材料等资源量成倍地增加，不利于资源供应的组织<br>⑤施工现场的组织管理比较复杂 |
| 流水施工 | ①尽可能地利用工作面进行施工，工期比较短<br>②各工作队实现了专业化施工，有利于提高技术水平和劳动生产率<br>③专业工作队能够连续施工，同时能使相邻专业队的开工时间最大限度地搭接<br>④单位时间内投入的劳动力、施工机具、材料等资源量较为均衡，有利于资源供应的组织<br>⑤为施工现场的文明施工和科学管理创造了有利条件 |

精简版总结如表 3-2-3 所示。

**组织施工方式及特点总结　　表 3-2-3**

| 特点 | 依次施工 | 平行施工 | 流水施工 |
| --- | --- | --- | --- |
| 工作面、工期 | 不充分、长 | 充分、短 | 尽可能、比较短 |
| 单位资源、均衡 | 少(利于供应)、无法 | 成倍、无法 | 少、较为均衡 |
| 专业队是否连续施工 | 不连续 | 同时 | 连续 |
| 专业化、生产率 | 不能、不利于提高 | 不能、不利于提高 | 能实现专业化、提高生产率 |
| 现场组织管理 | 简单 | 复杂 | 文明施工、科学管理 |

## 典型例题

**【例题 1】**与依次施工、平行施工方式相比，流水施工方式的特点有（　　）。（2022 年真题）

A. 施工现场组织管理简单

B. 有利于实现专业化施工

C. 相邻专业工作队的开工时间能最大限度地搭接

D. 单位时间内投入的资源量较为均衡

E. 施工工期最短

**【答案】**BCD

**【例题 2】**建设工程采用平行施工方式的特点是（　　）。（2021 年真题）

A. 充分利用工作面进行施工　　B. 施工现场组织管理简单

C. 专业工作队能够连续施工　　D. 有利于实现专业化施工

**【答案】**A

**【例题 3】**工程项目组织依次施工的特点是（　　）。（2023 年真题）

A. 能充分利用工作面进行施工，工期较短

B. 能由一个工作队完成全部工作任务，有利于专业化作业

C. 单位时间内利用的施工机具少，有利于调配施工机具

D. 专业工作队连续施工，有利于最大限度地搭接施工

**【答案】**C

【解析】选项A，是平行施工的特点；选项B，依次施工不能实现专业化施工；选项D，专业工作队不能连续作业，有时间间歇。

## 知识点二 流水施工参数

各参数的具体内容如表3-2-4所示。

流水施工参数 表3-2-4

| | |
|---|---|
| 工艺参数 | 施工过程 $n$ |
| | 流水强度：指流水施工的某施工过程（专业工作队）在单位时间内所完成的工程量（流水能力或生产能力） |
| 空间参数 | 工作面：活动的空间 |
| | 施工段 $m$：平面或空间上划分成若干个劳动量大致相等的施工段落，又称流水段<br>①划分目的：组织流水施工<br>②划分原则：<br>a. 劳动量应大致相等，相差幅度不宜超过10%～15%<br>b. 足够的工作面<br>c. 施工段的界限应尽可能与结构界限（如沉降缝、伸缩缝等）相吻合<br>d. 施工段的数目要满足合理组织流水施工的要求<br>e. 多层建筑物，既分施工段，又分施工层。确保专业队在施工段和施工层之间，组织连续、均衡、有节奏的流水施工 |
| 时间参数 | 流水节拍 $t$：在组织流水施工时，某个专业工作队在一个施工段上的施工时间<br>流水节拍小，其流水速度快，节奏感强；反之则相反。流水节拍决定着单位时间的资源供应量，同时，流水节拍也是区别流水施工组织方式的特征参数 |
| | 流水步距 $K$：组织流水施工时，相邻两个施工过程（或专业工作队）相继开始施工的最小间隔时间<br>流水施工工期：指从第一个专业工作队投入流水施工开始，到最后一个专业工作队完成流水施工为止的整个持续时间 |

### 典型例题

【例题1】下列流水施工参数中，用来表达流水施工在时间安排上所处状态的参数是（　　）。（2022年真题）

A. 流水强度和流水段数　　B. 流水段数和流水步距

C. 流水步距和流水节拍　　D. 流水节拍和流水强度

【答案】C

【例题2】下列各类参数中，属于流水施工参数的有（　　）。（2019年真题）

A. 工艺参数　　B. 定额参数　　C. 空间参数　　D. 时间参数

E. 机械参数

【答案】ACD

【例题3】建设工程组织流水施工时，某施工过程在单位时间内完成的工程量称为（　　）。（2022年真题）

A. 流水节拍　　B. 流水强度　　C. 流水步距　　D. 流水定额

【答案】B

【例题4】组织建设工程流水施工时，相邻两个施工过程相继开始施工的最小间隔时间

称为（　　）。（2020 年真题）

A. 流水节拍　　B. 时间间隔　　C. 间歇时间　　D. 流水步距

**【答案】** D

**【例题 5】** 建设工程组织流水施工时，划分施工段的原则有（　　）。（2021 年真题）

A. 每个施工段要有足够工作面

B. 施工段数要满足合理组织流水施工要求

C. 施工段界限要尽可能与结构界限相吻合

D. 同一专业工作队在不同施工段的劳动量必须相等

E. 施工段必须在同一平面内划分

**【答案】** ABC

**【解析】** 选项 D，同一专业工作队在各个施工段上的劳动量应大致相等，相差幅度不宜超过 10%～15%；选项 E，对于多层建筑物、构筑物或需要分层施工的工程，应既分施工段，又分施工层。

# 第二节　有节奏流水施工

本节知识点如表 3-2-5 所示。

**本节知识点**　　**表 3-2-5**

| 知识点 | 2023 年 | | 2022 年 | | 2021 年 | | 2020 年 | | 2019 年 | |
|---|---|---|---|---|---|---|---|---|---|---|
| | 单选（道） | 多选（道） | 单选（道） | 多选（道） | 单选（道） | 多选（道） | 单选（道） | 多选（道） | 单选（道） | 多选（道） |
| 固定节拍流水施工 | 1 | | 1 | | 1 | 1 | 1 | | | |
| 成倍节拍流水施工 | 1 | | 1 | | | | | 1 | 1 | |

## 知识点一　固定节拍流水施工

**1. 固定节拍流水施工特点**

（1）所有施工过程在各个施工段上的流水节拍均相等；

（2）相邻施工过程的流水步距相等，且等于流水节拍；

（3）专业工作队数等于施工过程数；

（4）各个专业工作队在各施工段上能够连续作业，施工段之间没有空闲时间。

**2. 固定节拍流水施工工期**

流水施工工期＝（施工过程数＋施工段数－1）×流水节拍＋间歇时间－插入时间。

### 典型例题

**【例题 1】** 某工程有 4 个施工过程，分 5 个施工段组织固定节拍流水施工，流水节拍为 3 天。其中，第 2 个施工过程与第 3 个施工过程之间有 2 天的工艺间歇，则该工程流水施工工期为（　　）天。（2022 年真题）

A. 24　　B. 26　　C. 27　　D. 29

【答案】B

【解析】施工工期=（4+5−1）×3+2=26天。

【例题2】某工程有3个施工过程，分3个施工段组织固定节拍流水施工，流水节拍为2天。各施工过程之间存在2天的工艺间歇时间，则流水施工工期为（　　）天。（2021年真题）

A. 10　　B. 12　　C. 14　　D. 16

【答案】C

【解析】流水施工工期=（3+3−1）×2+2×2=14天。注意题干中是各施工过程之间存在2天间歇时间。

【例题3】建设工程组织固定节拍流水施工的特点有（　　）。（2021年真题）

A. 专业工作队数等于施工过程数

B. 施工过程数等于施工段数

C. 各施工段上的流水节拍相等

D. 有的施工段之间可能有空闲时间

E. 相邻施工过程之间的流水步距相等

【答案】ACE

【例题4】某工程由5个施工过程组成，分为3个施工段组织固定节拍流水施工，在不考虑提前插入时间的情况下，要求流水施工工期不超过44天，则流水节拍的最大值为（　　）天。（2015年真题）

A. 4　　B. 5　　C. 6　　D. 7

【答案】C

【解析】（5+3−1）×$t$≤44，流水节拍最大值为6天。

## 知识点二　成倍节拍流水施工

成倍节拍流水施工是保持同一施工过程各施工段的流水节拍相等，并使某些施工过程的流水节拍成为其他施工过程流水节拍的倍数的施工方式。

成倍节拍流水包括：一般的成倍节拍流水施工、加快的成倍节拍流水施工。

为了缩短流水施工工期，一般均采用加快的成倍节拍流水施工方式。

**1. 一般的成倍节拍流水施工**

每个施工过程成立一个专业工作队，由其完成各施工段任务的流水施工。

**2. 加快的成倍节拍流水施工的特点**

（1）同一施工过程在其各个施工段上的流水节拍均相等；不同施工过程的流水节拍不等，但其值为倍数关系；

（2）相邻专业工作队的流水步距相等，且等于流水节拍的最大公约数（$K$）；

（3）专业工作队数大于施工过程数；

（4）各个专业工作队在施工段上能够连续作业，施工段之间没有空闲时间。

**3. 加快的成倍节拍流水施工工期**

（1）计算流水步距，流水步距等于流水节拍的最大公约数。

（2）确定专业工作队数目：

每个施工过程的专业工作队数=每个施工过程流水节拍÷流水步距（最大公约数）。

（3）确定流水施工工期：

工期＝（∑专业队数＋施工段数－1）×流水步距＋间歇时间－插入时间。

## 典型例题

**【例题 1】**某工程有 3 个施工过程，划分为 4 个施工段组织加快的成倍节拍流水施工，各施工过程流水节拍分别是 6 天、6 天和 9 天，则该工程的流水步距和专业工作队总数分别是（　　）。(2023 年真题)

A. 3 和 7　　B. 3 和 6　　C. 2 和 7　　D. 2 和 6

**【答案】**A

**【解析】**各施工过程流水节拍分别是 6 天、6 天和 9 天，最大公约数为 3，因此流水步距为 3 天，专业工作队数＝6/3＋6/3＋9/3＝7。

**【例题 2】**建设工程组织加快的成倍节拍流水施工时，所具有的特点是（　　）。(2022 年真题)

A. 专业工作队数等于施工过程数

B. 相邻施工过程的流水节拍相等

C. 相邻施工段之间可能有空闲时间

D. 各专业工作队能够在施工段上连续作业

**【答案】**D

**【例题 3】**某分部工程有 3 个施工过程，分为 4 个施工段组织加快的成倍节拍流水施工，各施工过程流水节拍分别是 6 天、6 天、9 天，则该分部工程的流水施工工期是（　　）天。(2019 年真题)

A. 24　　B. 30　　C. 36　　D. 54

**【答案】**B

**【解析】**施工过程数目 $n=3$，施工段数目 $m=4$，流水步距等于流水节拍的最大公约数，即 $K=\{6, 6, 9\}=3$，专业工作队数＝（6/3）＋（6/3）＋（9/3）＝7 个，流水施工工期＝（4＋7－1）×3＝30 天。

# 第三节　非节奏流水施工

本节知识点如表 3-2-6 所示。

**本节知识点　　表 3-2-6**

<table>
<tr><th rowspan="2">知识点</th><th colspan="2">2023 年</th><th colspan="2">2022 年</th><th colspan="2">2021 年</th><th colspan="2">2020 年</th><th colspan="2">2019 年</th></tr>
<tr><th>单选（道）</th><th>多选（道）</th><th>单选（道）</th><th>多选（道）</th><th>单选（道）</th><th>多选（道）</th><th>单选（道）</th><th>多选（道）</th><th>单选（道）</th><th>多选（道）</th></tr>
<tr><td>非节奏流水施工的特点</td><td>1</td><td></td><td></td><td>1</td><td></td><td>1</td><td>1</td><td></td><td>1</td><td></td></tr>
<tr><td>流水步距的确定</td><td></td><td rowspan="2">1</td><td></td><td></td><td></td><td></td><td></td><td></td><td></td><td></td></tr>
<tr><td>流水施工工期的确定</td><td></td><td></td><td></td><td></td><td></td><td></td><td></td><td></td><td></td></tr>
</table>

非节奏流水施工方式是建设工程流水施工的普遍方式。

## 知识点一　非节奏流水施工的特点

（1）各施工过程在各施工段的流水节拍不全相等；

（2）相邻施工过程的流水步距不尽相等；

（3）专业工作队数等于施工过程数；

（4）各专业工作队能够在施工段上连续作业，但有的施工段之间可能有空闲时间。

## 知识点二 流水步距的确定

在非节奏流水施工中，可采用累加数列法、错位相减法、取大差法计算流水步距。

累加数列错位相减取大差法的基本步骤如下：

（1）对每一个施工过程在各施工段上的流水节拍依次累加，求得各施工过程流水节拍的累加数列；

（2）将相邻施工过程流水节拍累加数列中的后者错后（向右移）一位，相减得一个差数列；

（3）在差数列中取最大值，即为这两个相邻施工过程的流水步距。

## 知识点三 流水施工工期的确定

工期＝$\sum$流水步距＋最后一个施工过程（或专业工作队）在各施工段流水节拍之和＋间歇时间－插入时间。

## 典型例题

**【例题 1】**关于组织非节奏流水施工，说法正确的是（　　）。（2023 年真题）

A. 其各个施工段上的流水节拍均相等

B. 专业工作队数大于施工过程数

C. 相邻施工过程的流水步距不尽相等

D. 在各个施工段上的流水节拍均相等

**【答案】**C

**【例题 2】**某分部工程有 2 个施工过程，分为 5 个施工段组织非节奏流水施工。各施工过程的流水节拍分别为 5 天、4 天、3 天、8 天、6 天和 4 天、6 天、7 天、2 天、5 天。第二个施工过程第三施工段的完成时间是第（　　）天。（2020 年真题）

A. 17　　B. 19　　C. 22　　D. 26

**【答案】**C

**【解析】**施工过程Ⅰ：5 天，9 天，12 天；施工过程Ⅱ：4 天，10 天，17 天；$K_{\text{Ⅰ,Ⅱ}}$＝max｛5，5，2，－17｝＝5 天；5＋（4＋6＋7）＝22 天。

**【例题 3】**某工程组织非节奏流水施工，两个施工过程在 4 个施工段上的流水节拍分别为 5 天、8 天、4 天、4 天和 7 天、2 天、5 天、3 天，则该工程的流水施工工期是（　　）天。（2015 年真题）

A. 16　　B. 21　　C. 25　　D. 28

**【答案】**C

**【解析】**求各施工过程流水节拍的累加数列：

施工过程Ⅰ：5 天，13 天，17 天，21 天；

施工过程Ⅱ：7 天，9 天，14 天，17 天。

（1）错位相减求差数列：

$$
\begin{array}{rrrrr}
5, & 13, & 17, & 21 & \\
- & 7, & 9, & 14, & 17 \\
\hline
5, & 6, & 8, & 7, & -17
\end{array}
$$

（2）在差数列中取最大值求得流水步距：$K_{\mathrm{I},\mathrm{II}}=\max\{5, 6, 8, 7, -17\}=8$ 天。

（3）流水施工工期＝7＋2＋5＋3＋8＝25 天。

## 本章精选习题

### 一、单项选择题

1. 在有足够工作面和资源的前提下，施工工期最短的施工组织方式是（　　）。

A. 依次施工　　B. 搭接施工

C. 平行施工　　D. 流水施工

2. 建设工程采用流水施工方式的特点是（　　）。

A. 施工现场的组织管理比较简单　　B. 各工作队实现了专业化施工

C. 单位时间内投入的资源量较少　　D. 能够以最短工期完成施工任务

3. 在下列施工组织方式中，施工现场的组织、管理比较简单的组织方式是（　　）。

A. 平行施工　　B. 依次施工

C. 搭接施工　　D. 流水施工

4. 流水施工中某施工过程（专业工作队）在单位时间内所完成的工程量称为（　　）。

A. 流水段　　B. 流水强度

C. 流水节拍　　D. 流水步距

5. 下列流水施工参数中，用来表达流水施工在空间布置上开展状态的参数是（　　）。

A. 施工过程和流水强度　　B. 流水强度和工作面

C. 流水段和施工过程　　D. 工作面和流水段

6. （　　）表明流水施工的速度和节奏性。

A. 流水节拍　　B. 流水步距

C. 流水强度　　D. 施工过程

7. 每个作业的工人或每台施工机械所需工作面的大小，取决于（　　）。

A. 划分施工段的数目

B. 安全施工的要求

C. 单位时间内其完成的工程量和安全施工的要求

D. 单位时间内其完成的工程量

8. 某分项工程有 8 个施工过程，分为 3 个施工段组织固定节拍流水施工，各施工过程的流水节拍均为 4 天，第三与第四施工过程之间工艺间歇为 5 天，该工程工期是（　　）天。

A. 27　　B. 29

C. 40　　D. 45

9. 某工程有三个施工过程，划分为5个施工段组织加快的成倍节拍流水施工，各施工过程的流水节拍分别为4天、6天和4天，则参加流水施工的专业工作队总数为（　　）个。

A. 4　　B. 5

C. 6　　D. 7

10. 某分部工程有3个施工过程，各分为4个流水节拍相等的施工段，各施工过程的流水节拍分别为6天、4天、4天。如果组织加快的成倍节拍流水施工，则专业工作队数和流水施工工期分别为（　　）。

A. 3个和20天　　B. 4个和25天

C. 5个和24天　　D. 7个和20天

11. 某分部工程有两个施工过程，分为3个施工段组织非节奏流水施工，各施工过程的流水节拍分别为3天、5天、5天和4天、4天、5天，则两个施工过程之间的流水步距是（　　）天。

A. 2　　B. 3

C. 4　　D. 5

12. 某分部工程有3个施工过程，分为4个施工段组织流水施工。各施工过程的流水节拍分别为3天、5天、4天、3天，3天、4天、4天、2天和4天、3天、3天、4天，则流水施工工期为（　　）天。

A. 20　　B. 21

C. 22　　D. 23

13. 建设工程流水施工中普遍采用的方式是（　　）。

A. 一般的成倍节拍流水施工　　B. 非节奏流水施工

C. 加快的成倍节拍流水施工　　D. 固定节拍流水施工

14. 建设工程组织流水施工时，相邻专业工作队之间的流水步距不尽相等，但专业工作队数等于施工过程数的流水施工方式是（　　）。

A. 固定节拍流水施工和加快的成倍节拍流水施工

B. 加快的成倍节拍流水施工和非节奏流水施工

C. 固定节拍流水施工和一般的成倍节拍流水施工

D. 一般的成倍节拍流水施工和非节奏流水施工

**二、多项选择题**

1. 建设工程组织平行施工的特点有（　　）。

A. 能够充分利用工作面进行施工　　B. 单位时间内投入的资源量较为均衡

C. 不利于资源供应的组织　　D. 施工现场的组织管理比较简单

E. 不利于提高劳动生产率

2. 建设工程采用依次施工方式组织施工的特点有（　　）。

A. 没有充分利用工作面且工期较长

B. 劳动力及施工机具等资源得到均衡使用

C. 按专业成立的工作队不能连续作业

D. 单位时间内投入的劳动力、机具和材料增加

E. 施工现场的组织和管理比较复杂

3. 用来表达流水施工在施工工艺方面进展状态的参数是（　　）。

A. 施工过程　　B. 施工段

C. 流水步距　　D. 流水节拍

E. 流水强度

4. 在组织流水施工时，确定流水节拍应考虑的因素有（　　）。

A. 所采用的施工方法和施工机械

B. 相邻两个施工过程相继开始施工的最小间隔时间

C. 施工段数目

D. 在工作面允许的前提下投入的劳动量和机械台班数量

E. 专业工作队的工作班次

5. 建设工程组织固定节拍流水施工的特点有（　　）。

A. 施工过程在各施工段上的流水节拍不尽相等

B. 各专业工作队在各施工段上能够连续作业

C. 相邻施工过程之间的流水步距相等

D. 专业工作队数大于施工过程数

E. 各施工段之间没有空闲时间

6. 采用加快的成倍节拍流水施工方式的特点有（　　）。

A. 相邻专业工作队之间的流水步距相等

B. 不同施工过程的流水节拍成倍数关系

C. 专业工作队数等于施工过程数

D. 流水步距等于流水节拍的最大值

E. 各专业工作队能够在施工段上连续作业

7. 下列关于流水施工的说法中，反映建设工程非节奏流水施工特点的有（　　）。

A. 专业工作队数大于施工过程数

B. 各个施工段上的流水节拍相等

C. 有的施工段之间可能有空闲时间

D. 各个专业工作队能够在施工段上连续作业

E. 相邻施工过程的流水步距不尽相等

8. 某工程组织流水施工，各施工段流水节拍如表 3-2-7 所示，该工程的流水步距，间歇时间和流水施工工期计算正确的有（　　）。

**练习题 8 表**　　**表 3-2-7**

| 施工过程 | 施工段 | | |
|---|---|---|---|
| | Ⅰ | Ⅱ | Ⅲ |
| A | 3 | 4 | 3 |
| B | 4 | 3 | 3 |
| C | 2 | 2 | 3 |
| D | 3 | 2 | 4 |

A. AB间流水步距为3　　B. BC间流水步距为5
C. CD间流水步距为2　　D. AD间流水步距为9
E. 流水施工工期为20

## 习题答案及解析

### 一、单项选择题

1. **【答案】** C

**【解析】** 平行施工的工期最短。

2. **【答案】** B

**【解析】** 选项A错误，为施工现场的文明施工和科学管理创造了有利条件；选项C错误，单位时间内投入的劳动力、施工机具、材料等资源量较为均衡，有利于资源供应的组织；选项D错误，尽可能地利用工作面进行施工，工期比较短。

3. **【答案】** B

**【解析】** 依次施工，是现场组织、管理比较简单的组织方式。

4. **【答案】** B

**【解析】** 流水强度是指流水施工的某施工过程（专业工作队）在单位时间内所完成的工程量，也称为流水能力或生产能力。

5. **【答案】** D

**【解析】** 空间参数是表达流水施工在空间布置上开展状态的参数，通常包括工作面和施工段。

6. **【答案】** A

**【解析】** 流水节拍是流水施工的主要参数之一，其表明流水施工的速度和节奏性。流水节拍小，其流水速度快，节奏感强，反之则相反。

7. **【答案】** C

**【解析】** 每个作业的工人或每台施工机械所需工作面的大小，取决于单位时间内其完成的工程量和安全施工的要求。

8. **【答案】** D

**【解析】** 有间歇时间的固定节拍流水施工工期＝（施工过程数＋施工段数－1）×流水节拍＋间歇时间＝（8＋3－1）×4＋5＝45天。

9. **【答案】** D

**【解析】** 成倍节拍流水施工计算专业工作队数，首先需要求出流水步距，$K$＝最大公约数｛4，6，4｝＝2天；专业工作队数＝4/2＋6/2＋4/2＝7个。

10. **【答案】** D

**【解析】** 成倍节拍流水施工的流水步距等于流水节拍的最大公约数。6天、4天、4天的最大公约数为2天，专业工作队数＝（6/2）＋（4/2）＋（4/2）＝7个。流水施工工期＝（4＋7－1）×2＝20天。

11. **【答案】** D

【解析】施工过程Ⅰ：3天，8天，13天；施工过程Ⅱ：4天，8天，13天；$K_{Ⅰ,Ⅱ}$＝max｛3，4，5，－13｝＝5天。

12.【答案】D

【解析】施工过程Ⅰ：3天，8天，12天，15天；

施工过程Ⅱ：3天，7天，11天，13天；

施工过程Ⅲ：4天，7天，10天，14天；

$K_{Ⅰ,Ⅱ}$＝max｛3，5，5，4，－13｝＝5天；

$K_{Ⅱ,Ⅲ}$＝max｛3，3，4，3，－14｝＝4天；

$T$＝（4＋5）＋14＝23天。

13.【答案】B

【解析】非节奏流水施工方式是建设工程流水施工的普遍方式。

14.【答案】D

【解析】一般的成倍节拍流水施工和非节奏流水施工是相邻专业工作队之间的流水步距不尽相等，但专业工作队数等于施工过程数。

二、多项选择题

1.【答案】ACE

【解析】平行施工方式具有以下特点：①充分地利用工作面进行施工，工期短；②如果每一个施工对象均按专业成立工作队，劳动力及施工机具等资源无法均衡使用；③如果由一个工作队完成一个施工对象的全部施工任务，则不能实现专业化施工，不利于提高劳动生产率；④单位时间内投入的劳动力、施工机具、材料等资源量成倍地增加，不利于资源供应的组织；⑤施工现场的组织管理比较复杂。

2.【答案】AC

【解析】选项B、D错误，单位时间内投入的劳动力、施工机具、材料等资源量较少，有利于资源供应的组织；选项E错误，施工现场的组织、管理比较简单。

3.【答案】AE

【解析】工艺参数主要是用以表达流水施工在施工工艺方面进展状态的参数，通常包括施工过程和流水强度两个参数。

4.【答案】ADE

【解析】同一施工过程的流水节拍，主要由所采用的施工方法、施工机械以及在工作面允许的前提下投入施工的工人数、机械台班和采用的工作班次等因素确定。

5.【答案】BCE

【解析】固定节拍流水施工特点：①所有施工过程在各个施工段上的流水节拍均相等；②相邻施工过程的流水步距相等，且等于流水节拍；③专业工作队数等于施工过程数；④各个专业工作队在各施工段上能够连续作业，施工段之间没有空闲时间。

6.【答案】ABE

【解析】加快的成倍节拍流水施工的特点：①同一施工过程在其各个施工段上的流水节拍均相等；不同施工过程的流水节拍不等，但其值为倍数关系；②相邻专业工作队的流水步距相等，且等于流水节拍的最大公约数$K$；③专业工作队数大于施工过程数；④各个专业工作队在施工段上能够连续作业，施工段之间没有空闲时间。

7.【答案】CDE

【解析】非节奏流水施工的特点：①各施工过程在各施工段的流水节拍不全相等；②相邻施工过程流水步距不尽相等；③专业工作队数等于施工过程数；④各专业工作队能够在施工段上连续作业，但有的施工段之间可能有空闲时间。

8.【答案】ACE

【解析】各施工过程流水节拍的累加数列：施工过程A：3，7，10；施工过程B：4，7，10；施工过程C：2，4，7；施工过程D：3，5，9。错位相减求得差数列：在差数列中取最大值求得流水步距AB间流水步距为3，BC间流水步距为6，CD间流水步距为2。

流水施工工期＝∑流水步距＋施工过程D的持续时间＝3＋6＋2＋9＝20。

# 第三章　网络计划技术

**考纲要求**

1. 双代号、单代号网络图绘制规则和绘制方法
2. 网络计划时间参数计算
3. 关键线路和关键工作确定
4. 双代号时标网络计划绘制和应用
5. 工程网络计划优化
6. 单代号搭接网络计划和多级网络计划

## 第一节　基本概念

本节知识点如表 3-3-1 所示。

**本节知识点**　　　　**表 3-3-1**

| 知识点 | 2023 年 | | 2022 年 | | 2021 年 | | 2020 年 | | 2019 年 | |
|---|---|---|---|---|---|---|---|---|---|---|
| | 单选（道） | 多选（道） | 单选（道） | 多选（道） | 单选（道） | 多选（道） | 单选（道） | 多选（道） | 单选（道） | 多选（道） |
| 网络图的组成 | | | | | | | | | 1 | |
| 工艺关系和组织关系 | | | 1 | | | | 1 | | | |
| 紧前工作、紧后工作和平行工作 | | | | | | | | | | |
| 线路、关键线路和关键工作 | | | | 1 | | | | | | |

### 知识点一　网络图的组成

网络图是由箭线和节点组成，用来表示工作流程的有向、有序的网状图形（图 3-3-1）。

分类：双代号网络图、单代号网络图。

**1. 双代号网络计划**

箭线及其两端带编号的节点表示一项工作，箭线的箭尾节点 $i$ 表示工作开始，箭头节点 $j$ 表示工作完成，一条箭线表示项目中的一个施工过程（图 3-3-2）。

**2. 单代号网络计划**

以节点及其编号表示工作，以箭线表示工作之间的逻辑关系（图 3-3-3）。

网络图中的节点都必须有编号，节点编号可以间断，其编号严禁重复，并应使每一条

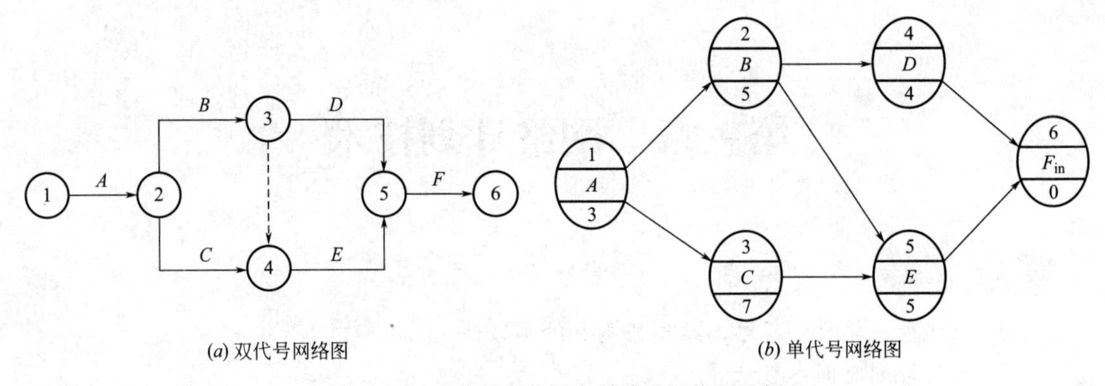


(a) 双代号网络图　　(b) 单代号网络图

图 3-3-1　双代号网络图和单代号网络图示例

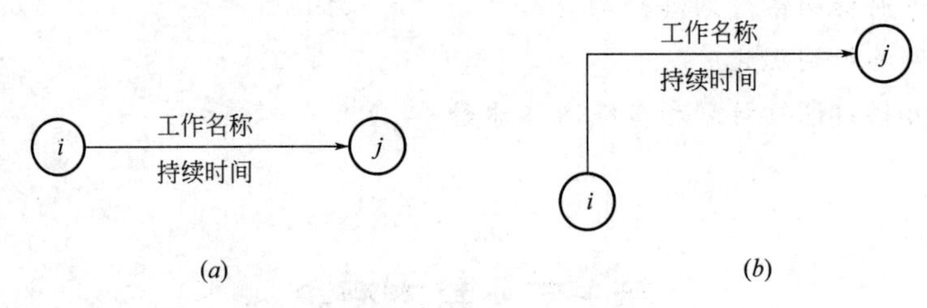


(a)　　(b)

图 3-3-2　双代号网络图中工作的表示方法

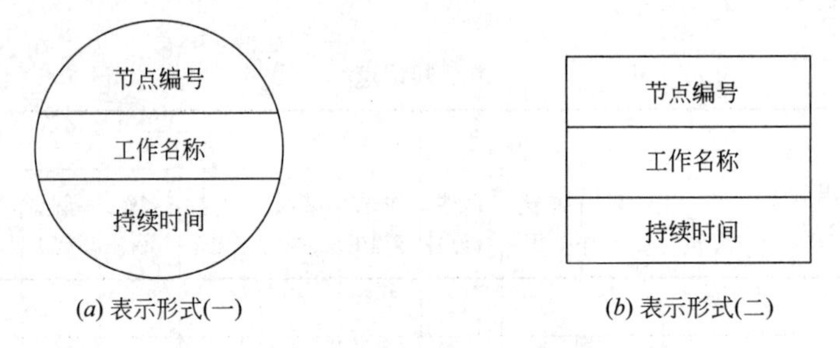


(a) 表示形式(一)　　(b) 表示形式(二)

图 3-3-3　单代号网络图中工作的表示方法

箭线上箭尾节点编号小于箭头节点编号。

在双代号网络图中，有时存在虚箭线，虚箭线不代表实际工作，称为虚工作。虚工作既不消耗时间，也不消耗资源。虚工作主要用来表示相邻两项工作之间的逻辑关系。虚箭线的作用有联系、区分和断路。

在单代号网络图中，虚工作只能出现在网络图的起点节点或终点节点处。

## 典型例题

**【例题 1】**双代号网络计划中虚工作的含义是指（　　）。(2019 年真题)

A. 相邻工作间的逻辑关系，只消耗时间

B. 相邻工作间的逻辑关系，只消耗资源

C. 相邻工作间的逻辑关系，消耗资源和时间

D. 相邻工作间的逻辑关系，不消耗资源和时间

**【答案】**D

【例题 2】在双代号网络图中，虚箭线的作用有（　　）。(2017 年真题)

A. 指向、联系和断路　　B. 联系、区分和断路

C. 区分、过桥和指向　　D. 过桥、联系和断路

【答案】B

## 知识点二　工艺关系和组织关系

**1. 工艺关系**

生产性工作之间由工艺过程决定的、非生产性工作之间由工作程序决定的先后顺序关系称为工艺关系。

如图 3-3-4 所示，支模→扎筋→混凝土为工艺关系。

**2. 组织关系（人可以改变的）**

由于组织安排或资源（人、财、物）调配而产生的先后顺序。

如图 3-3-4 所示，支模 1→支模 2、扎筋 1→扎筋 2 等为组织关系。

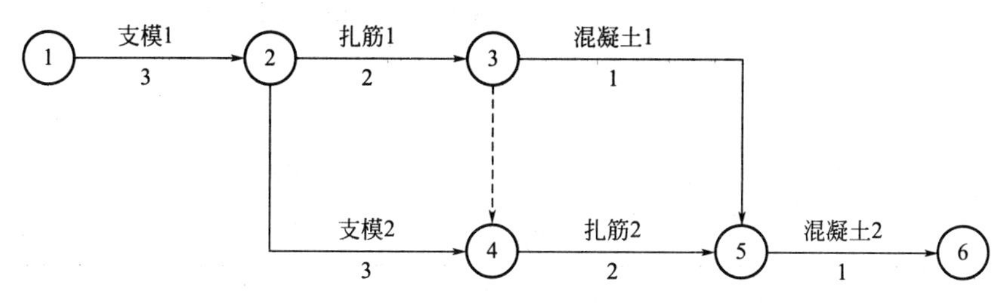


图 3-3-4　某混凝土工程双代号网络计划

## 典型例题

【例题 1】工程网络计划中，工作之间因资源调配需要而确定的先后顺序关系属于（　　）关系。(2022 年真题)

A. 组织　　B. 搭接　　C. 工艺　　D. 平行

【答案】A

【例题 2】某工程有 A、B 两项工作，分为 3 个施工段（$A_1A_2A_3$，$B_1B_2B_3$）进行流水施工，对应的双代号网络计划如图 3-3-5 所示，相邻两项工作属于工艺关系的是（　　）。(2020 年真题)

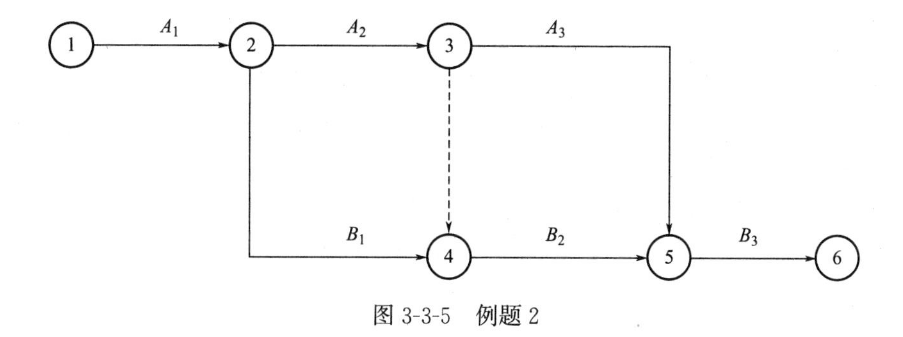


图 3-3-5　例题 2

A. $A_1A_2$　　B. $A_2B_2$　　C. $B_1B_2$　　D. $B_1A_3$

【答案】B

【解析】生产性工作之间由工艺过程决定的、非生产性工作之间由工作程序决定的先后顺序关系称为工艺关系。

## 知识点三 紧前工作、紧后工作和平行工作

其在双代号网络图中的位置如图 3-3-6 所示。

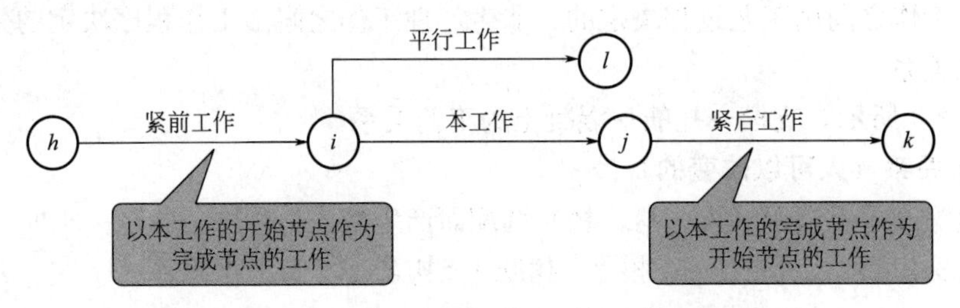


图 3-3-6　紧前工作、紧后工作和平行工作的表示位置

### 典型例题

【例题】某工程工作逻辑关系如表 3-3-2 所示，C 工作的紧后工作有（　　）。

例题表　　表 3-3-2

| 工作 | A | B | C | D | E | F | G | H |
|---|---|---|---|---|---|---|---|---|
| 紧前工作 | — | — | A | A、B | C | B、C | D、E | C、F、G |

A. 工作 $H$　　B. 工作 $G$　　C. 工作 $F$　　D. 工作 $E$

E. 工作 $D$

【答案】ACD

【解析】在表格中，工作 $C$ 作为工作 $E$、$F$、$H$ 的紧前工作，则工作 $C$ 的紧后工作就是工作 $E$、$F$、$H$。

## 知识点四 线路、关键线路、关键工作

线路：从起点节点开始，沿箭头方向顺序通过一系列箭线与节点，最后到达终点节点的通路。其可用节点编号表示，也可以用工作名称表示，如：①→②→③→⑤→⑥或 $A$→$B$→$D$→$F$。

线路的长度：线路上所有工作的持续时间总和称为该线路的总持续时间。

关键线路：总持续时间最长的线路称为关键线路，关键线路的长度就是网络计划的总工期。关键线路上的工作为关键工作。

在工程网络计划中，关键线路可能不止一条。而且在工程网络计划的实施过程中，关键线路还会发生转移。关键工作的实际进度是建设工程进度控制的工作重点。

### 典型例题

【例题】关于双代号网络计划中线路的说法，正确的有（　　）。

A. 长度最短的线路称为关键线路
B. 一个网络图中可能有一条或多条关键线路
C. 线路中各项工作持续时间之和就是该线路的长度
D. 线路中各节点应从小到大连续编号
E. 没有虚工作的线路称为关键线路

**【答案】** BC

**【解析】** 选项 A、E，总持续时间最长的线路称为关键线路；选项 D，节点编号可以间断，但严禁重复。

## 第二节　网络图的绘制

本节知识点如表 3-3-3 所示。

**本节知识点**　　**表 3-3-3**

| 知识点 | 2023 年 | | 2022 年 | | 2021 年 | | 2020 年 | | 2019 年 | |
|---|---|---|---|---|---|---|---|---|---|---|
| | 单选（道） | 多选（道） | 单选（道） | 多选（道） | 单选（道） | 多选（道） | 单选（道） | 多选（道） | 单选（道） | 多选（道） |
| 双代号网络图的绘制 | 1 | 1 | | 1 | | 1 | | 1 | | 1 |
| 单代号网络图的绘制 | | | | | | | | | | |

### 知识点一　双代号网络图的绘制

其绘制规则如下：

（1）必须按照已定逻辑关系绘制。

（2）严禁出现循环回路。

（3）箭线（包括虚箭线，以下同）应保持自左向右的方向，不应出现箭头指向左方的水平箭线和箭头偏向左方的斜向箭线。

（4）严禁出现双向箭头或无箭头的连线（图 3-3-7）。

(a) 双向箭头　　(b) 无箭头

图 3-3-7　错误的工作箭线画法

（5）严禁出现无箭尾节点或箭头节点的箭线（图 3-3-8）。

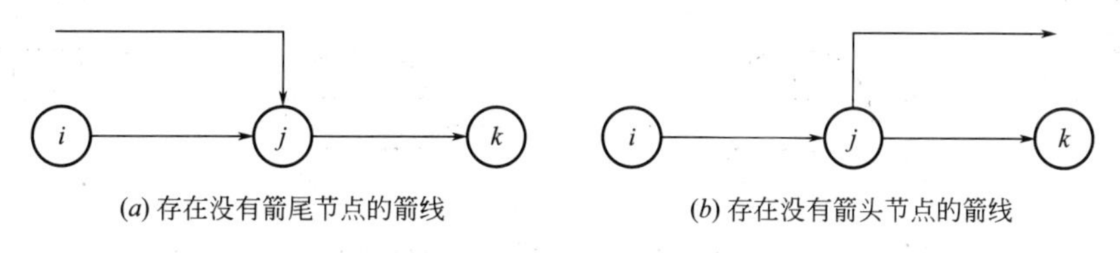


(a) 存在没有箭尾节点的箭线　　(b) 存在没有箭头节点的箭线

图 3-3-8　错误的工作箭线画法

（6）严禁在箭线上引入或引出箭线，但当网络图的起点节点有多条箭线引出（外向箭线）或终点节点有多条箭线引入（内向箭线）时，为使图形简洁，可用母线法绘图（图 3-3-9）。

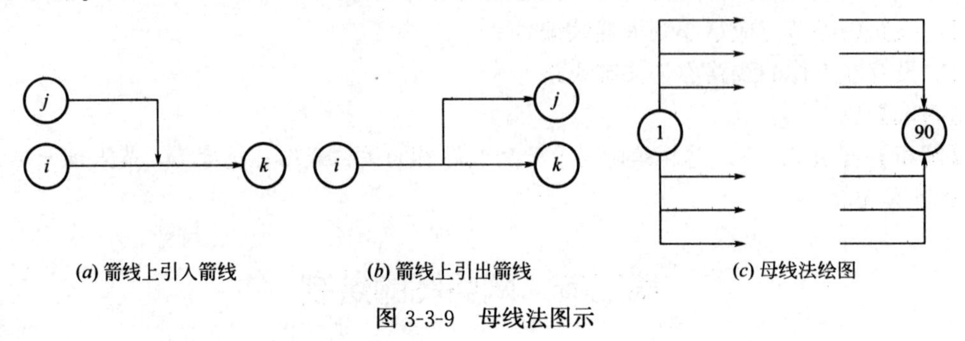


图 3-3-9　母线法图示

（7）尽量避免工作箭线交叉，当交叉不可避免时，可用过桥法或指向法（图 3-3-10）。

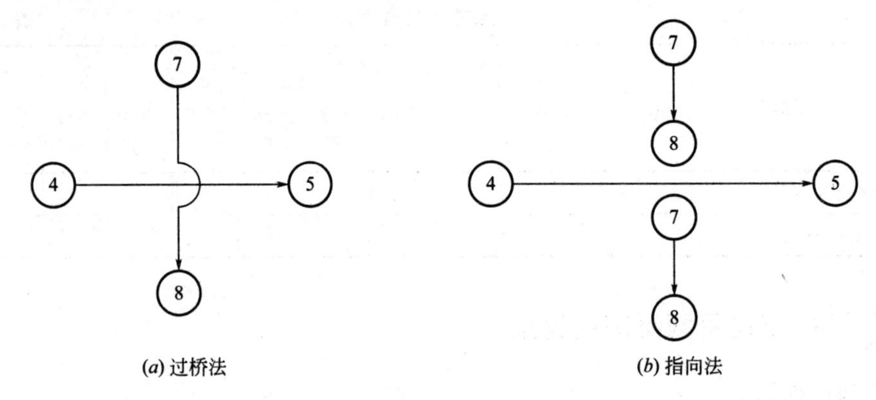


图 3-3-10　箭线交叉的表示方法

（8）网络图中应只有一个起点节点和一个终点节点（多目标网络计划除外）。

## 知识点二　单代号网络图的绘制

单代号网络图的绘图规则与双代号网络图的绘图规则基本相同，主要区别在于：当网络图中有多项开始工作时，应增设一项虚拟的工作（$S$），作为该网络图的起点节点；当网络图中有多项结束工作时，应增设一项虚拟的工作（$F$），作为该网络图的终点节点（图 3-3-11）。

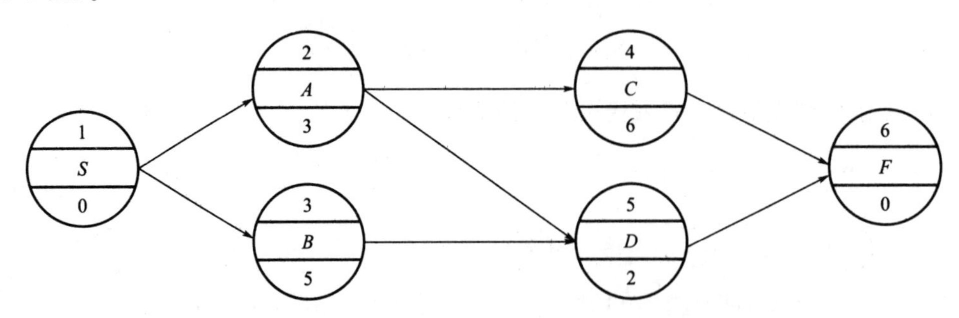


图 3-3-11　具有虚拟起点节点和终点节点的单代号网络图

## 典型例题

【例题 1】某工程双代号网络计划如图 3-3-12 所示，图中出现的错误有（　　）。（2022 年真题）

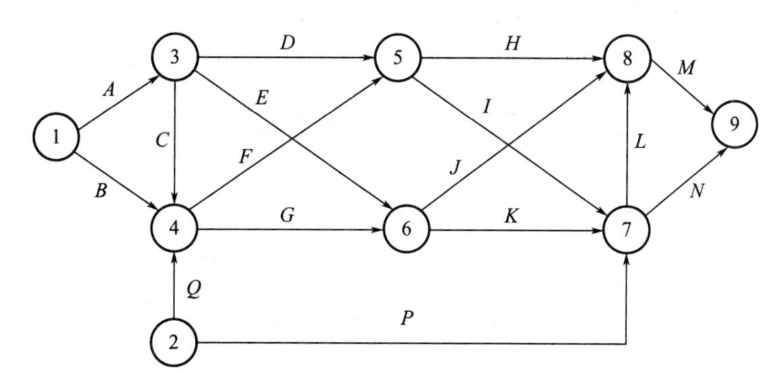


图 3-3-12　例题 1 图

A. 节点编号有误　　B. 多个起点节点

C. 多个终点节点　　D. 箭线交叉表达有误

E. 存在循环回路

【答案】BD

【解析】①和②多个起点节点；③⑥、④⑤、⑤⑦、⑥⑧箭线交叉表达有误。

【例题 2】某工程双代号网络计划如图 3-3-13 所示，图中出现的错误有（　　）。（2021 年真题）

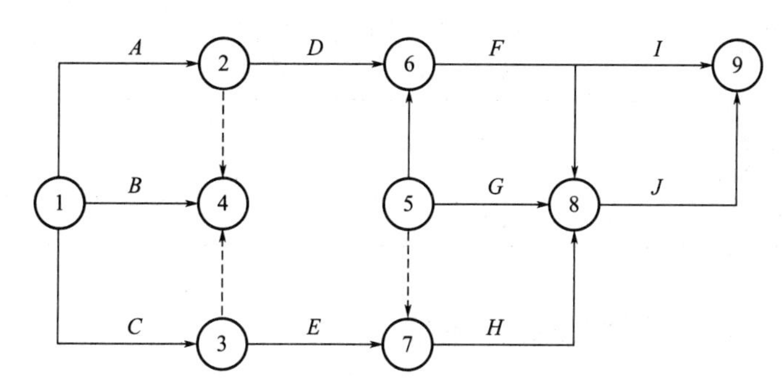


图 3-3-13　例题 2 图

A. 多个起点节点　　B. 多个终点节点

C. 存在循环回路　　D. 箭线上引出箭线

E. 存在无箭头的工作

【答案】ABD

【解析】选项 A，节点①、⑤都是起点节点；选项 B，节点④、⑨都是终点节点；选项 D，箭线⑥⑨引出了指向节点⑧的箭头。

【例题 3】某工程双代号网络计划如图 3-3-14 所示，其绘图错误有（　　）。（2023 年真题）

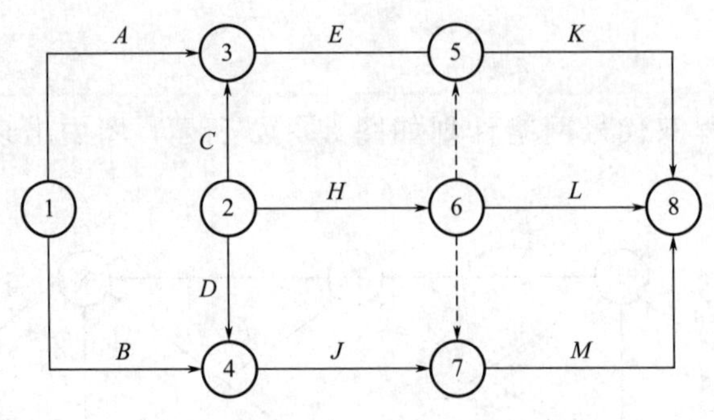


图 3-3-14　例题 3 图

A. 多个起点节点

B. 节点编号有误

C. 存在循环回路

D. 有无箭头的箭线

E. 多个终点节点

**【答案】** ABD

**【解析】** ①和②节点均为起点节点；⑥⑤工作节点编号有误；③⑤工作没有箭头。

## 第三节　网络计划时间参数的计算

本节知识点如表 3-3-4 所示。

**本节知识点**　　**表 3-3-4**

<table>
<tr><th rowspan="2">知识点</th><th colspan="2">2023 年</th><th colspan="2">2022 年</th><th colspan="2">2021 年</th><th colspan="2">2020 年</th><th colspan="2">2019 年</th></tr>
<tr><th>单选（道）</th><th>多选（道）</th><th>单选（道）</th><th>多选（道）</th><th>单选（道）</th><th>多选（道）</th><th>单选（道）</th><th>多选（道）</th><th>单选（道）</th><th>多选（道）</th></tr>
<tr><td>网络计划时间参数的概念</td><td>1</td><td></td><td>1</td><td></td><td></td><td></td><td>1</td><td></td><td>2</td><td></td></tr>
<tr><td>双代号网络计划时间参数的计算</td><td>3</td><td rowspan="2">1</td><td>2</td><td>1</td><td>3</td><td>2</td><td>2</td><td>1</td><td>2</td><td>1</td></tr>
<tr><td>单代号网络计划时间参数的计算</td><td>1</td><td>1</td><td></td><td>1</td><td></td><td>2</td><td>1</td><td>1</td><td></td></tr>
</table>

### 知识点一　网络计划时间参数的概念

**1. 工作持续时间和工期**

（1）工作持续时间 $D$，指一项工作从开始到完成的时间。

（2）工期 $T$：完成任务所需的时间：

① 计算工期 $T_c$：根据网络计划时间参数计算而得。

② 要求工期 $T_r$：任务委托人提出的指令性工期。

③ 计划工期 $T_p$：作为项目实施目标的工期。

当规定了要求工期时，计划工期≤要求工期。

当未规定要求工期时，可令计划工期＝计算工期。

**2. 六个时间参数**

具体内容如表 3-3-5 所示。

网络计划时间参数　　表 3-3-5

| | |
|---|---|
| 最早开始时间 $ES$ | 所有紧前工作全部完成后，本工作有可能开始的最早时刻 |
| 最早完成时间 $EF$ | 本工作的最早开始时间与其持续时间之和 |
| 最迟完成时间 $LF$ | 在不影响整个任务按期完成的前提下，本工作必须完成的最迟时刻 |
| 最迟开始时间 $LS$ | 本工作的最迟完成时间与其持续时间之差 |
| 总时差 $TF$ | 在不影响总工期的前提下，本工作可以利用的机动时间 |
| 自由时差 $FF$ | 在不影响其紧后工作最早开始时间的前提下，本工作可以利用的机动时间 |

**3. 节点最早时间和最迟时间**

（1）节点的最早时间：以该节点为开始节点的各项工作的最早开始时间 $ET_i$。

（2）节点的最迟时间：以该节点为完成节点的各项工作的最迟完成时间 $LT_j$。

**4. 相邻两项工作之间的时间间隔（$LAG_{i,j}$）**

相邻两项工作之间的时间间隔是指本工作的最早完成时间与其紧后工作最早开始时间之间可能存在的差值。

$LAG$＝紧后工作的最早开始时间－本工作的最早完成时间

## 典型例题

**【例题 1】**根据网络计划时间参数计算得到的工期称之为（　　）（2019 年真题）。

A. 计划工期　　B. 计算工期　　C. 要求工期　　D. 合理工期

**【答案】**B

**【例题 2】**在工程网络计划中，关于计划工期的说法，正确的是（　　）。（2023 年真题）

A. 当有要求工期时，计划工期不大于要求工期

B. 当未规定要求工期时，计划工期可小于计算工期

C. 根据网络计划确定计划工期时，计划工期须等于计算工期

D. 根据网络计划确定计划工期时，可不考虑要求工期

**【答案】**A

**【解析】**计划工期是指根据要求工期和计算工期所确定的作为实施目标的工期。当已规定了要求工期时，计划工期不应超过要求工期；当未规定要求工期时，可令计划工期等于计算工期。

## 知识点二　双代号网络计划时间参数的计算

**1. 按工作计算法**

时间参数的表示方法如图 3-3-15 所示。

说明：为了简化计算，网络计划时间参数中的开始时间和完成时间都应以时间单位的终了时刻为标准，如第 $n$ 天，是指第 $n$ 天末，第 $n+1$ 天开始。

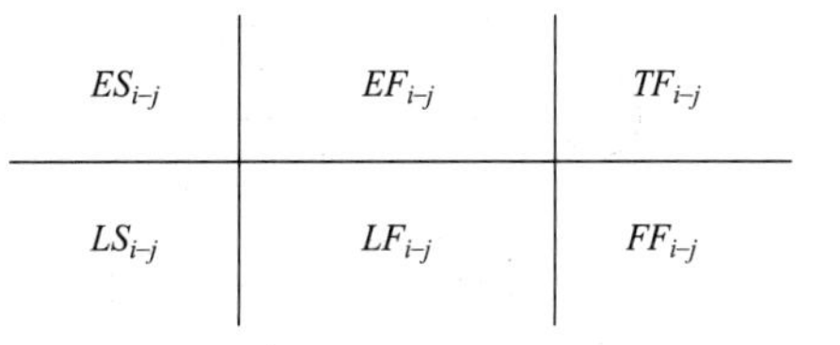


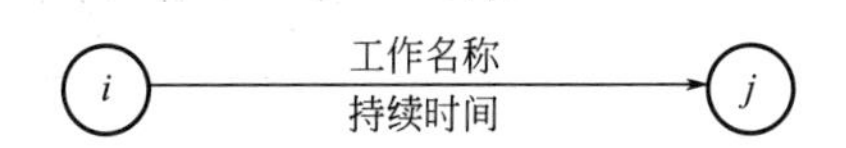


图 3-3-15　时间参数的表示方法

1）最早开始时间和最早完成时间的计算

（1）起点节点为开始节点的工作，最早开始

时间=0。

(2) 其他工作，最早开始时间=紧前工作最早完成时间的最大值。

(3) 最早完成时间=最早开始时间+工作的持续时间。

示例如图 3-3-16 所示。

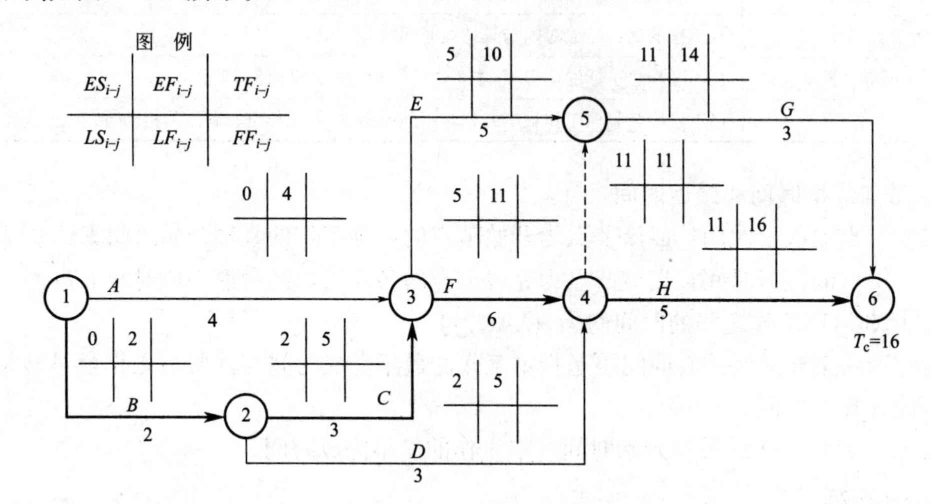


图 3-3-16　双代号网络计划（六时标注法）(一)

2) 确定计算工期

(1) 以网络计划的终点节点为箭头节点的各个工作的最早完成时间的最大值。

(2) 当无要求工期的限制时，计划工期 $T_p$=计算工期 $T_c$。

3) 最迟开始时间和最迟完成时间的计算

(1) 以网络计划的终点节点为箭头节点的工作的最迟完成时间，最迟完成时间=计划工期。

(2) 其他工作最迟完成时间=紧后工作最迟开始时间的最小值。

(3) 最迟开始时间=最迟完成时间−持续时间。

示例如图 3-3-17 所示。

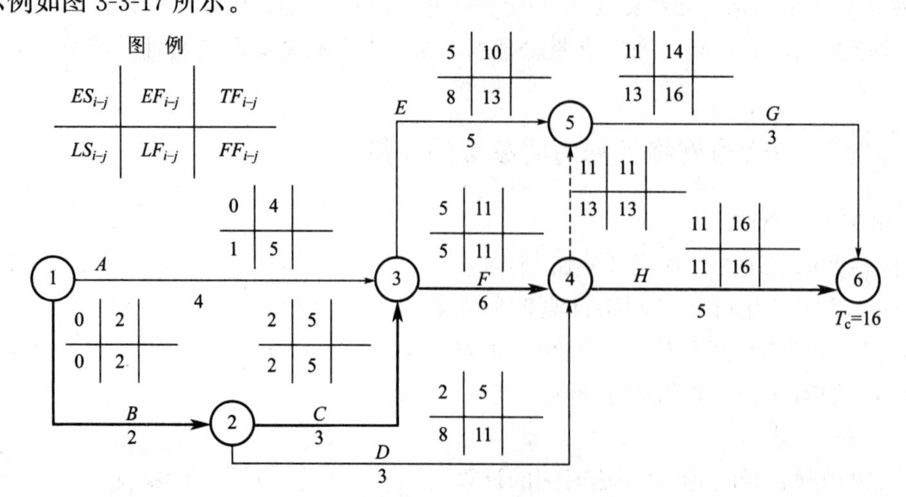


图 3-3-17　双代号网络计划（六时标注法）(二)

4）总时差和自由时差的计算

（1）总时差：在不影响总工期的前提下，本工作可以利用的机动时间。

（2）总时差＝最迟完成时间－最早完成时间，总时差＝最迟开始时间－最早开始时间。

（3）自由时差：在不影响紧后工作最早开始时间的前提下，本工作可以利用的机动时间。

（4）自由时差＝紧后工作最早开始时间的最小值－本工作的最早完成时间。

（5）无紧后工作，自由时差＝计划工期－本工作最早完成时间。

示例如图 3-3-18 所示。

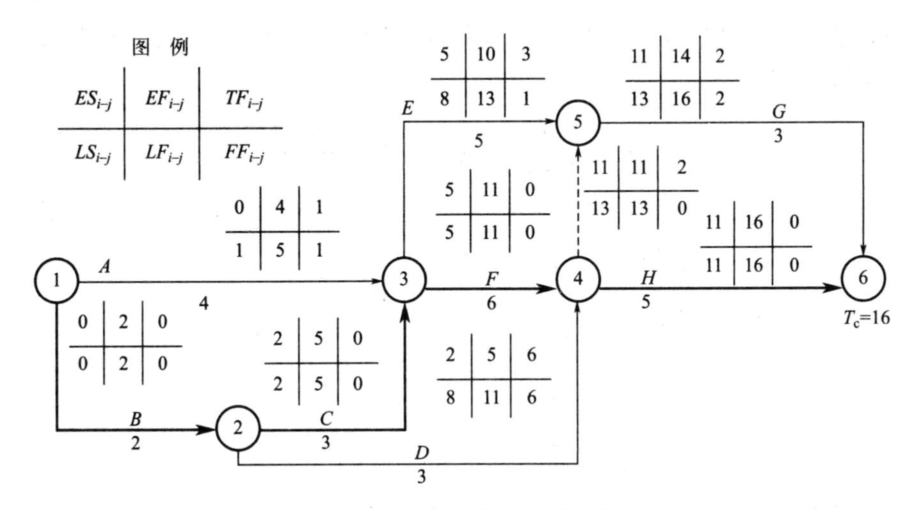


图 3-3-18 双代号网络计划（六时标注法）（三）

5）关键工作和关键线路的确定

（1）关键工作：总时差最小的工作是关键工作。

（2）关键线路：自始至终全部由关键工作组成的线路为关键线路，或线路上总的工作持续时间最长的线路为关键线路。用双线或粗线标注。

**总结：**当计划工期等于计算工期时，只要完成节点是关键节点，那么这项工作的自由时差和总时差是相等的，且不一定为零。

## 典型例题

**【例题 1】**某工程双代号网络计划如图 3-3-19 所示，工作 E 的自由时差和总时差是（ ）（2022 年真题）。

A. 1 和 2　　B. 2 和 2　　C. 3 和 4　　D. 4 和 4

**【答案】**B

**【解析】**工作 $E$ 的最早完成时间＝10，工作 $G$、$H$ 的最早开始时间为 12、14，工作 $E$ 的自由时差＝min｛12、14｝－10＝2；工作 $G$、$H$ 的最迟开始时间为 12、14，工作 $E$ 的总时差＝min｛12、14｝－10＝2。

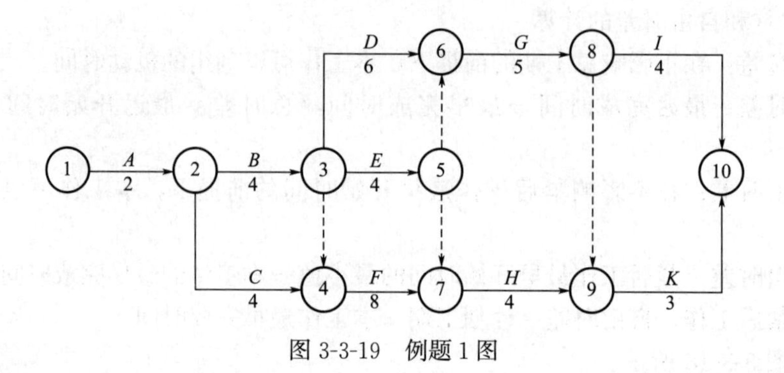

图 3-3-19　例题 1 图

**【例题 2】** 某工程网络计划如图 3-3-20 所示，工作 $D$ 的最迟开始时间和总时差分别是（　　）。（2023 年真题）

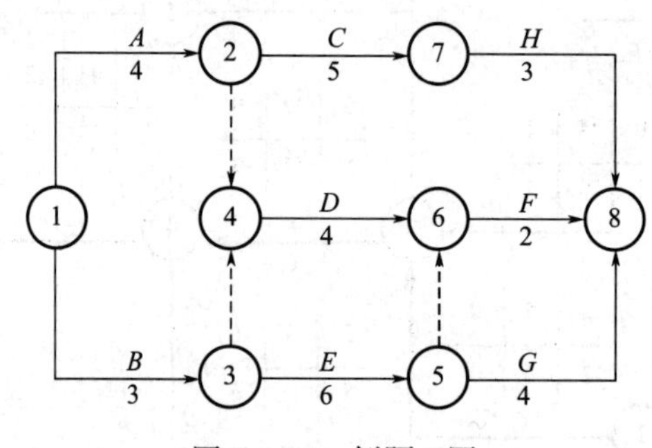

图 3-3-20　例题 2 图

A. 6 和 2　　B. 6 和 4　　C. 7 和 2　　D. 7 和 3

**【答案】** D

**【解析】** 工作 $D$ 的总时差为 3，最迟开始时间＝4＋3＝7。

**【例题 3】** 关于工程网络计划中关键工作的说法，正确的是（　　）。（2023 年真题）

A. 非关键线路上无关键工作

B. 关键工作的持续时间最长

C. 计划工期等于计算工期时，关键工作无机动时间

D. 计划工期大于计算工期时，关键工作自由时差大于零

**【答案】** C

**【解析】** 在网络计划中，总时差最小的工作为关键工作。当网络计划的计划工期等于计算工期时，总时差为零的工作就是关键工作。

**【例题 4】** 工程网络计划中，工作的最迟开始时间是指在不影响（　　）的前提下，必须开始的最迟时刻。（2020 年真题）

A. 紧后工作最早开始　　B. 紧前工作最迟开始

C. 整个任务按期完成　　D. 所有后续工作机动时间

**【答案】** C

**【解析】** 工作的最迟开始时间是指在不影响整个任务按期完成的前提下，本工作必须开始的最迟时刻。

6）二时标注法

工作上方标注的两个时间：工作的最早开始时间、工作的最迟开始时间。

示例如图 3-3-21 所示。

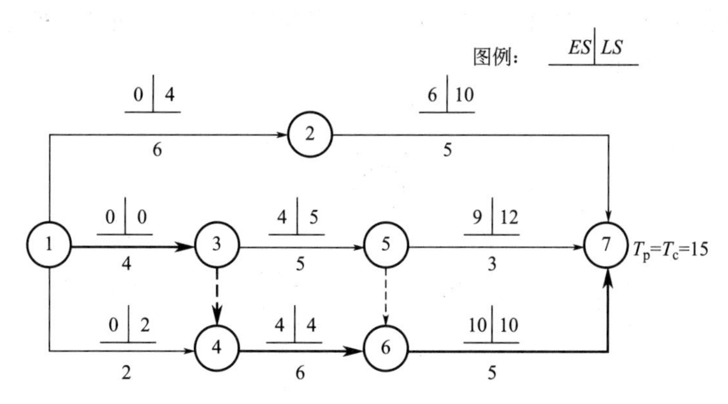


图 3-3-21　双代号网络计划（二时标注法）

假设计划工期＝计算工期，标注的两个时间相等，表明该工作为关键工作，自由时差＝总时差＝0。

**【例题 5】**某工程双代号网络计划如图 3-3-22 所示，图中表明的正确信息有（　　）。（2021 年真题）

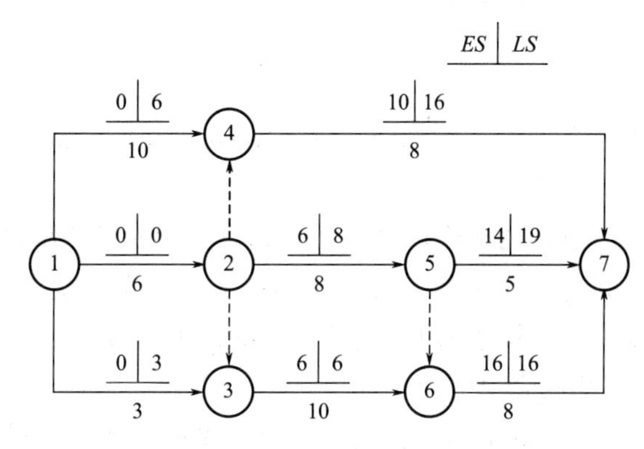


图 3-3-22　例题 5 图

A. 工作①→③的总时差等于自由时差

B. 工作①→④的总时差等于自由时差

C. 工作②→⑤的自由时差为零

D. 工作⑤→⑦为关键工作

E. 工作⑥→⑦为关键工作

**【答案】**ACE

**【解析】**关键线路为①→②→③→⑥→⑦。选项 A，③节点为关键节点，工作①→③的总时差＝自由时差＝3；选项 B，工作①→④的自由时差为 0，总时差为 6；选项 C，工作②→⑤的自由时差为 0；选项 D，工作⑤→⑦为非关键工作；选项 E，工作⑥→⑦为关键工作。

**2. 节点计算法**

节点的最早时间：以该节点为开始节点的各项工作的最早开始时间 $ET_i$；

节点的最迟时间：以该节点为完成节点的各项工作的最迟完成时间 $LT_j$。

当计划工期等于计算工期时，关键节点的最早时间与最迟时间必然相等。

示例如图 3-3-23 所示。

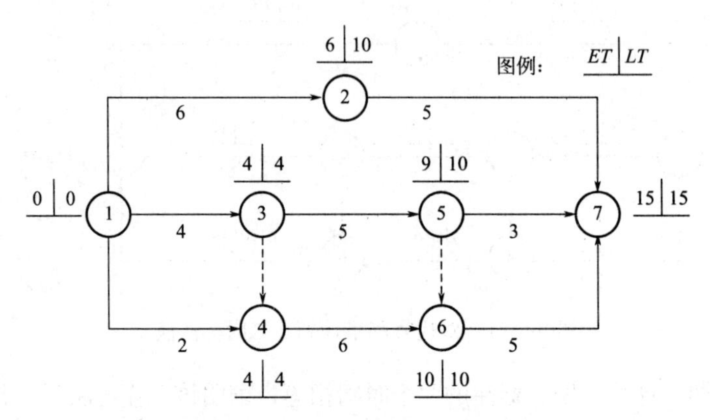


图 3-3-23　双代号网络计划（节点计算法）

（1）节点法关键工作的判定：$ET=LT$ 的节点，为关键节点。

关键工作：开始节点的最早时间＋持续时间＝完成节点的最早时间

（2）关键节点的特性：

前提：计划工期＝计算工期。

① 开始节点和完成节点均为关键节点的工作，不一定是关键工作。关键节点组成的线路不一定是关键线路。

② 以关键节点为完成节点的工作，其总时差和自由时差必然相等。

③ 当两个关键节点间有多项工作，且工作间的非关键节点无其他内向箭线和外向箭线时，两个关键节点间各项工作的总时差均相等。除以关键节点为完成节点的工作自由时差等于总时差外，其余工作的自由时差均为零。

**【例题 6】**双代号网络计划的计算工期等于计划工期时，关于关键节点和关键工作的说法正确的有（　　）。（2022 年真题）

A. 关键工作两端节点必为关键节点

B. 两端为关键节点的工作必为关键工作

C. 完成节点为关键节点的工作必为关键工作

D. 两端为关键节点的工作的总时差等于自由时差

E. 开始节点为关键节点的工作必为关键工作

**【答案】**AD

**【解析】**选项 A、B，关键工作两端的节点必为关键节点，但两端为关键节点的工作不一定是关键工作；选项 C，完成节点为关键节点的工作不一定为关键工作；选项 D，以关键节点为完成节点的工作，其总时差等于自由时差，因此两端为关键节点的工作的总时差等于自由时差；选项 E，开始节点为关键节点的工作不一定为关键工作。

【例题 7】某工程双代号网络计划中各个节点的最早时间和最迟时间如图 3-3-24 所示，图中表明（　　）。（2018 年真题）

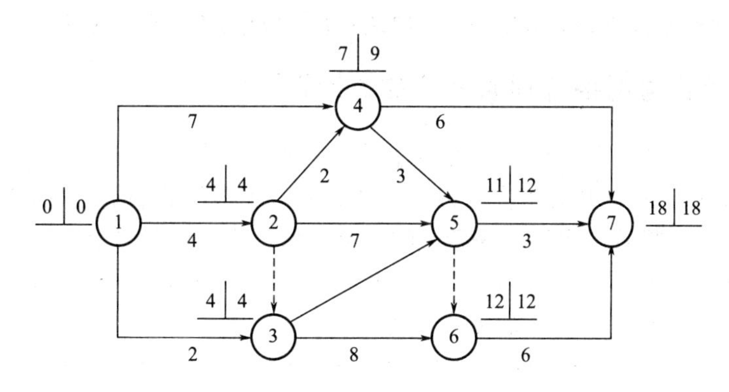


图 3-3-24　例题 7 图

A. 工作①→③为关键工作　　B. 工作②→④的总时差为 2

C. 工作②→⑤的总时差为 1　　D. 工作③→⑥为关键工作

E. 工作⑤→⑦的自由时差为 4

【答案】CDE

【解析】选项 A 错误，工作①→③为非关键工作（0+2≠4）；选项 B 错误，工作②→④的总时差=9−4−2=3。

### 3. 标号法

标号法是一种快速寻求网络计算工期和关键线路的方法。

对网络计划中每一个节点进行标号，利用标号值确定网络计划的计算工期和关键线路。

【例题 8】双代号网络计划中，用来快速寻求计算工期和关键线路的方法是（　　）。（2018 年真题）

A. 时间间隔法　　B. 节点计算法　　C. 标号法　　D. 工作计算法

【答案】C

【例题 9】某工程双代号网络计划如图 3-3-25 所示，该网络计划中有（　　）条关键线路。

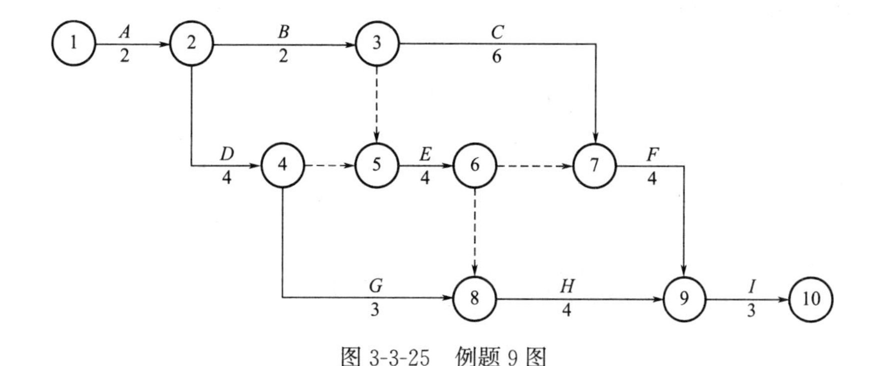


图 3-3-25　例题 9 图

A. 1　　　　　　B. 2　　　　　　C. 3　　　　　　D. 4

**【答案】**C

**【解析】**关键线路分别为：*ABCFI*、*ADEHI*、*ADEFI*，关键线路长度为17。

## 知识点三　单代号网络计划时间参数的计算

和双代号网络计划基本一样，但需再计算一个时间间隔。

（1）时间间隔 *LAG*＝紧后工作的最早开始时间－本工作的最早完成时间。

（2）自由时差＝紧后工作最早开始时间的最小值－本工作的最早完成时间。

**总结：**自由时差是时间间隔的最小值。

（3）总时差：

① 终点节点代表的工作，总时差＝计划工期－计算工期；当计划工期＝计算工期，该工作总时差为0。

② 其他工作的总时差＝min｛各紧后工作的总时差＋紧后工作与本工作的时间间隔｝。

（4）关键工作：总时差最小的工作是关键工作。

（5）关键线路：全部由关键工作组成的线路，且关键工作之间的时间间隔全部为零。

## 典型例题

**【例题1】**单代号网络计划中，工作总时差是指（　　）。（2023年真题）

A. 本工作与其紧后工作之间的时间间隔

B. 本工作与其紧后工作之间时间间隔的最小值

C. 本工作与其紧后工作之间时间间隔加该紧后工作总时差之和的最小值

D. 本工作与其紧后工作之间时间间隔加该紧后工作总时差之和的最大值

**【答案】**C

**【解析】**其他工作的总时差应等于本工作与其各紧后工作之间的时间间隔加该紧后工作的总时差所得之和的最小值。

**【例题2】**某工程单代号网络计划如图3-3-26所示，图中工作B的总时差是指在不影响（　　）的前提下所具有的机动时间。（2020年真题）

A. 工作 *D* 最迟开始时间　　　　　　B. 工作 *E* 最早开始时间

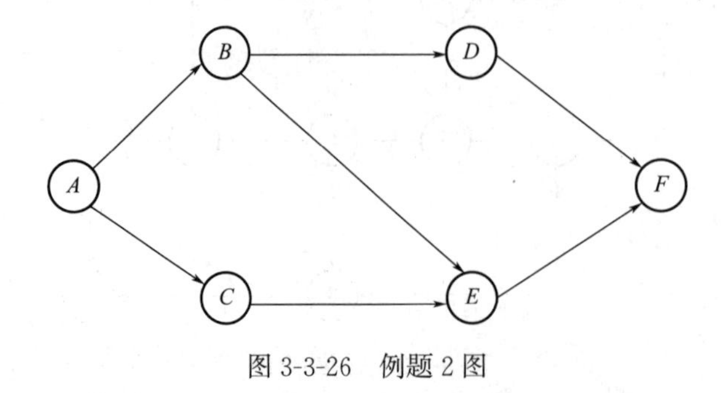


图3-3-26　例题2图

C. 工作 $D$、$E$ 最迟开始时间　　　　D. 工作 $D$、$E$ 最早开始时间

**【答案】** C

**【解析】** 工作的总时差是指在不影响总工期（紧后工作最迟开始时间）的前提下，本工作可以利用的机动时间。

**【例题 3】** 某工程单代号网络计划中，工作 $E$ 的最早完成时间和最迟完成时间分别是 6 和 8，紧后工作 $F$ 的最早开始时间和最迟开始时间分别是 7 和 10，工作 $E$ 和 $F$ 之间的时间间隔是（　　）（2021 年真题）。

A. 1　　B. 2　　C. 3　　D. 4

**【答案】** A

**【解析】** 相邻两项工作之间的时间间隔是指其紧后工作的最早开始时间与本工作最早完成时间的差值。工作 $E$ 和 $F$ 之间的时间间隔＝7－6＝1。

**【例题 4】** 工作 $A$ 有 $B$、$C$ 两项紧后工作，$A$、$B$ 之间的时间间隔为 3 天，$A$、$C$ 之间的时间间隔为 2 天，则工作 $A$ 的自由时差是（　　）天。（2020 年真题）

A. 1　　B. 2　　C. 3　　D. 5

**【答案】** B

**【解析】** 非终点节点的其他工作的自由时差等于本工作与其紧后工作之间时间间隔的最小值。

**【例题 5】** 已知工作 $F$ 有且仅有两项并行的紧后工作 $G$ 和 $H$，$G$ 工作的最迟开始时间为第 12 天，最早开始时间为第 8 天；$H$ 工作的最迟完成时间为第 14 天，最早完成时间为第 12 天；工作 $F$ 与 $G$、$H$ 的时间间隔分别为 4 天和 5 天，则 $F$ 工作的总时差为（　　）天。

A. 0　　B. 5　　C. 7　　D. 9

**【答案】** C

**【解析】** 总时差＝min｛紧后工作的总时差＋本工作与该紧后工作之间的时间间隔｝。工作 $G$ 的总时差＝最迟开始－最早开始＝12－8＝4 天；工作 $H$ 的总时差＝最迟完成－最早完成＝14－12＝2 天。工作 $F$ 的总时差＝min｛4＋4，5＋2｝＝7 天。

# 第四节　双代号时标网络计划

本节知识点如表 3-3-6 所示。

本节知识点　　表 3-3-6

| 知识点 | 2023 年 | | 2022 年 | | 2021 年 | | 2020 年 | | 2019 年 | |
|---|---|---|---|---|---|---|---|---|---|---|
| | 单选（道） | 多选（道） | 单选（道） | 多选（道） | 单选（道） | 多选（道） | 单选（道） | 多选（道） | 单选（道） | 多选（道） |
| 时标网络计划中时间参数的判定 | 1 | | 1 | | 2 | | | 1 | | 1 |

概念：以时间坐标为尺度编制的双代号网络计划（图 3-3-27）。

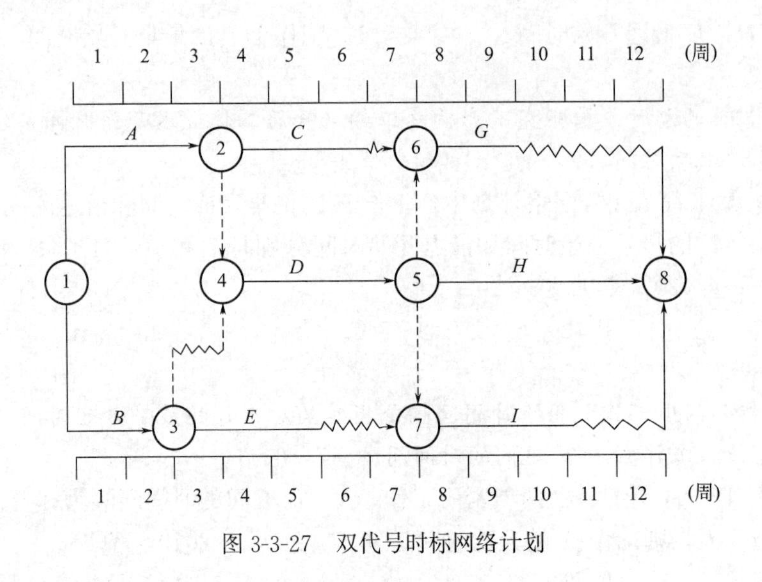


图 3-3-27 双代号时标网络计划

## 知识点一 时标网络计划中时间参数的判定

**1. 关键路线和计算工期的确定**

关键线路：自终点节点逆箭线方向朝起点节点逐次进行判定，从终点到起点不出现波形线的线路即为关键线路。

计算工期：应为终点节点与起点节点所在位置之差。

**2. 相邻两项工作之间时间间隔的判定**

除以终点节点为完成节点的工作外，工作箭线中波形线的水平投影长度表示工作与其紧后工作之间的时间间隔。

**3. 六个时间参数的判定**

具体内容如表 3-3-7 所示。

六个时间参数的判定　　表 3-3-7

| | |
|---|---|
| 最早开始时间 | 工作箭线左端节点中心所对应的时标值 |
| 最早完成时间 | ①当工作箭线中不存在波形线时，其右端节点中心所对应的时标值<br>②当工作箭线中存在波形线时，工作箭线实线部分右端点所对应的时标值 |
| 最迟完成时间 | 在不影响整个任务按期完成的前提下，本工作必须完成的最迟时刻 |
| 最迟开始时间 | 本工作的最迟完成时间与其持续时间之差 |
| 总时差 | ①以终点节点为完成节点的工作，总时差＝计划工期－本工作最早完成时间<br>②其他工作的总时差＝min{各紧后工作的总时差＋紧后工作与本工作的时间间隔} |
| 自由时差 | ①以终点节点为完成节点的工作，其自由时差＝计划工期－本工作最早完成时间<br>②其他工作的自由时差就是该工作箭线中波形线的水平投影长度 |

**4. 自由时差特例**

当工作之后只紧接虚工作时，该工作的自由时差为其紧接的虚箭线中波形线水平投影长度的最短者（图 3-3-28）。

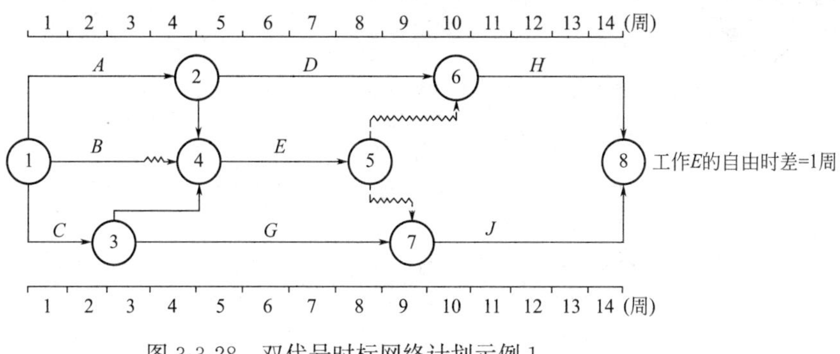


图 3-3-28　双代号时标网络计划示例 1

**5. 总时差的计算技巧**

计算波形线的长度和。

通过本工作的到达终点的各条线路，波形线长度和的最小值就是本工作的总时差。

图 3-3-29 中通过工作 $D$ 的线路有 $DG$、$DH$、$DI$，波形线长度和分别是 3 周、0 周、2 周。

工作 $D$ 的总时差＝0。

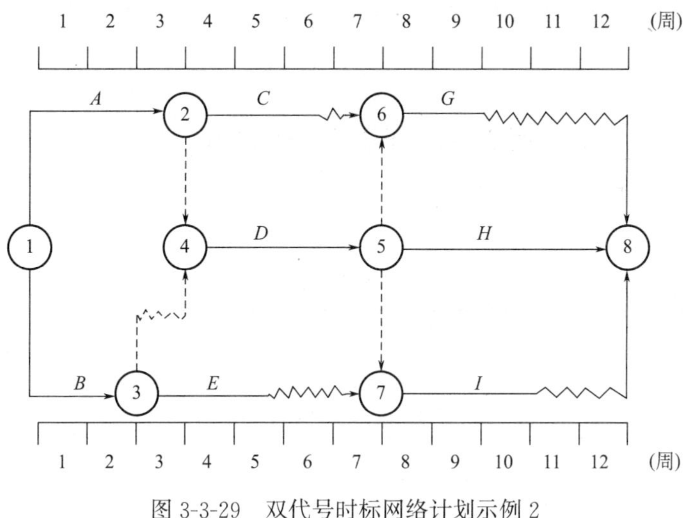


图 3-3-29　双代号时标网络计划示例 2

## 典型例题

**【例题 1】**双代号时标网络计划中，波形线表示（　　）。(2021 年真题)

A. 工作的总时差　　B. 工作与其紧后工作之间的时间间隔

C. 工作的自由时差　　D. 工作与其紧后工作之间的时距

**【答案】**B

**【解析】**双代号时标网络计划中，波形线表示工作与其紧后工作之间的时间间隔（以终点节点为完成节点的工作除外，当计划工期等于计算工期时，这些工作箭线中波形线的水平投影长度表示其自由时差）。

**【例题 2】** 某工程双代号时标网络计划如图 3-3-30 所示，由此可得正确的结论有（　　）。（2017 年真题）

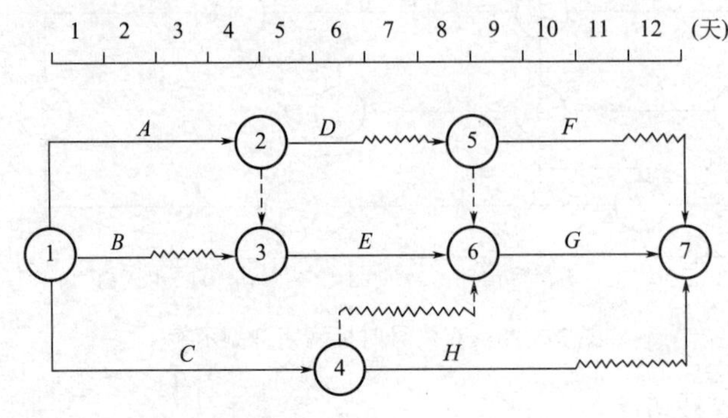


图 3-3-30　例题 1 图

A. 工作 $A$ 为关键工作

B. 工作 $B$ 的自由时差为 2 天

C. 工作 $C$ 的总时差为零

D. 工作 $D$ 的最迟完成时间为第 8 天

E. 工作 $E$ 的最早开始时间为第 2 天

**【答案】** ABD

**【解析】** 选项 C 错误，工作 $C$ 的总时差为 2 天；选项 E 错误，工作 $E$ 的最早开始时间为第 4 天。

# 第五节　网络计划的优化

本节知识点如表 3-3-8 所示。

**本节知识点**　　　　**表 3-3-8**

| 知识点 | 2023 年 | | 2022 年 | | 2021 年 | | 2020 年 | | 2019 年 | |
|---|---|---|---|---|---|---|---|---|---|---|
| | 单选（道） | 多选（道） | 单选（道） | 多选（道） | 单选（道） | 多选（道） | 单选（道） | 多选（道） | 单选（道） | 多选（道） |
| 工期优化 | | 1 | | 1 | 1 | | | | 1 | 1 |
| 费用优化 | | | 1 | | | 1 | | | 1 | |
| 资源优化 | 1 | | | | | | 1 | | | |

## 知识点一　工期优化

工期优化是指网络计划的计算工期不满足要求工期时，通过压缩关键工作的持续时间以满足要求工期目标的过程。

选择压缩对象时宜在关键工作中考虑下列因素：

（1）缩短持续时间对质量和安全影响不大的工作；

（2）有充足备用资源的工作；

（3）缩短持续时间所需增加的费用最少的工作。

工期优化方法：

（1）不改变网络计划中各项工作之间逻辑关系的前提下，通过压缩关键工作的持续时间来达到优化目标。

（2）按照经济合理的原则，不能将关键工作压缩成非关键工作。

（3）当工期优化过程中出现多条关键线路时，必须将各条关键线路的总持续时间压缩相同数值。

## 典型例题

**【例题 1】** 工程网络计划工期优化中，应选择（　　）的关键工作作为压缩对象。（2022 年真题）

A. 资源强度最小　　B. 所需资源种类最少

C. 有充足的备用资源　　D. 缩短持续时间所需增加费用最少

E. 缩短持续时间对质量和安全影响不大

**【答案】** CDE

**【例题 2】** 当网络计划的计算工期大于要求工期时，为满足工期要求，可采用的调整方法是压缩（　　）的工作的持续时间。（2019 年真题）

A. 持续时间最长　　B. 自由时差为零

C. 总时差为零　　D. 时间间隔最小

**【答案】** C

**【解析】** 网络计划工期优化的基本方法是在不改变网络计划中各项工作之间逻辑关系的前提下，通过压缩关键工作的持续时间来达到优化目标。当计算工期等于计划工期时，总时差为零的工作为关键工作。

**【例题 3】** 关于工程网络计划工期优化的说法，正确的有（　　）。（2017 年真题）

A. 应分析调整各项工作之间的逻辑关系

B. 应有步骤地将关键工作压缩成非关键工作

C. 应将各条关键线路的总持续时间压缩为相同数值

D. 应考虑质量、安全和资源等因素选择压缩对象

E. 应压缩非关键线路上自由时差大的工作

**【答案】** CD

**【解析】** 选项 B，不能将关键工作压缩成非关键工作；选项 E，不针对非关键工作进行压缩。

## 知识点二　费用优化

又称工期成本优化，是指寻求工程总成本最低时的工期安排，或按要求工期寻求最低成本的计划安排的过程。

直接费会随着工期的缩短而增加，间接费一般会随着工期的缩短而减少。

压缩对象：直接费用率最小的关键工作。

当有多条关键线路出现而需要同时压缩多个关键工作的持续时间时，应将其直接费用率之和（组合直接费用率）的最小者作为压缩对象。

## 典型例题

【例题 1】工程总费用由直接费和间接费组成，随着工期的缩短，直接费和间接费的变化规律是（　　）。（2019 年真题）

A. 直接费减少，间接费增加　　B. 直接费和间接费均增加

C. 直接费增加，间接费减少　　D. 直接费和间接费均减少

【答案】C

【解析】直接费会随着工期的缩短而增加；间接费一般会随着工期的缩短而减少。

【例题 2】工程网络计划费用优化的目标是（　　）。

A. 在工期延长最少的条件下使资源需用量尽可能均衡

B. 在满足资源限制的条件下使工期保持不变

C. 在工期最短的条件下使工程总成本最低

D. 寻求工程总成本最低时的工期安排

【答案】D

【解析】费用优化，又称工期成本优化，是指寻求工程总成本最低时的工期安排，或按要求工期寻求最低成本的计划安排的过程。

## 知识点三　资源优化

优化的目的：通过改变工作的开始时间和完成时间，使资源按照时间的分布符合优化目标。

资源有限，工期最短；工期固定，资源均衡。

“工期固定，资源均衡”的优化方法有多种，如方差值最小法、极差值最小法、削高峰法等。

前提条件：

（1）不改变网络计划中各项工作之间的逻辑关系；

（2）不改变网络计划中各项工作的持续时间；

（3）各项工作的资源强度（单位时间所需资源数量）为常数，而且是合理的；

（4）除规定可中断的工作外，一般不允许中断工作，应保持其连续性。

## 典型例题

【例题 1】对工程网络计划进行“工期固定，资源均衡”优化时，可采用的方法有（　　）。（2022 年真题）

A. 方差值最小法　B. 极差值最小法　C. 削高峰法　D. 逻辑关系法

E. 挣值分析法

【答案】ABC

【例题 2】工程网络计划优化的目的是寻求（　　）。（2022 年真题）

A. 最短工期条件下费用最少的计划安排

B. 工程总成本最低时的工期安排

C. 资源需用量最小时的工期安排

D. 工期固定前提下资源需用量最少的计划安排

**【答案】**B

**【例题 3】**工程网络计划优化中的资源优化是指（　　）的优化。（2020 年真题）

A. 资源有限，工期最短　　B. 资源均衡，费用最少

C. 资源有限，工期固定　　D. 资源均衡，资源需用量最少

**【答案】**A

**【解析】**在通常情况下，网络计划的资源优化分为两种，即“资源有限，工期最短”的优化和“工期固定，资源均衡”的优化。

**【例题 4】**工程网络计划资源优化的目的是（　　）。（2023 年真题）

A. 工期固定条件下寻求资源均衡　　B. 工期固定条件下寻求资源需求最小

C. 资源供应充足条件下寻求最短工期　　D. 寻求资源需求最小时的工期安排

**【答案】**A

**【解析】**资源优化的目的是通过改变工作的开始时间和完成时间，使资源按照时间的分布符合优化目标。网络计划的资源优化分为两种：①“资源有限，工期最短”的优化。通过调整计划安排，在满足资源限制条件下，使工期延长最少的过程。②“工期固定，资源均衡”的优化。通过调整计划安排，在工期保持不变的条件下，使资源需用量尽可能均衡的过程。

## 第六节　单代号搭接网络计划和多级网络计划系统

本节知识点如表 3-3-9 所示。

**本节知识点**　　　　**表 3-3-9**

| 知识点 | 2023 年 | | 2022 年 | | 2021 年 | | 2020 年 | | 2019 年 | |
|---|---|---|---|---|---|---|---|---|---|---|
| | 单选（道） | 多选（道） | 单选（道） | 多选（道） | 单选（道） | 多选（道） | 单选（道） | 多选（道） | 单选（道） | 多选（道） |
| 单代号搭接网络计划 | | | 1 | | | | 1 | | 1 | |
| 多级网络计划系统 | | | | | | | | | | |

### 知识点一　单代号搭接网络计划

单代号搭接网络计划如图 3-3-31 所示。

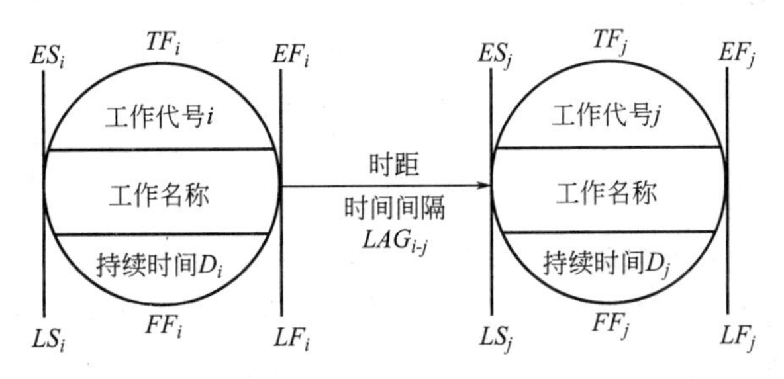


图 3-3-31　单代号搭接网络计划

在搭接网络计划中，工作之间的搭接关系是由相邻两项工作之间的不同时距决定的。所谓时距，就是在搭接网络计划中相邻两项工作之间的时间差值。

关键线路，即从搭接网络计划的终点节点开始，逆着箭线方向依次找出相邻两项工作之间时间间隔为零的线路就是关键线路。

### 典型例题

【例题 1】单代号搭接网络计划中，关键线路是指（　　）的路线。(2022 年真题)

A. 自始至终由关键节点组成　　B. 自始至终由关键工作组成

C. 相邻两项工作之间时间间隔为零　　D. 相邻两项工作之间时距为零

【答案】C

【例题 2】单代号搭接网络计划中，时距是指相邻两项工作之间的（　　）。(2020 年真题)

A. 时间间隔　　B. 时间差值　　C. 机动时间　　D. 搭接时间

【答案】B

## 知识点二　多级网络计划系统

**1. 多级网络计划系统的特点**

(1) 多级网络计划系统应分阶段逐步深化，其编制过程是一个由浅入深、从顶层到底层、由粗到细的过程，并且贯穿在该实施计划系统的始终；

(2) 多级网络计划系统中的层级与建设工程规模、复杂程度及进度控制的需要有关；

(3) 在多级网络计划系统中，总体网络计划由决策层编制；局部网络计划由管理层编制；细部网络计划由作业层编制；

(4) 多级网络计划系统可以随时进行分解和综合。

**2. 多级网络计划系统的编制原则和方法**

1) 编制原则

(1) 整体优化原则；

(2) 连续均衡原则；

(3) 简明适用原则。

2) 编制方法

多级网络计划必须采用自顶向下、分级编制的方法：

(1) 自顶向下：先总体、再局部、后细部；

(2) 分级的多少应视工程规模、复杂程度及组织管理需要而定；

(3) 网络计划应与科学编码结合，利用计算机绘制、计算、管理。

### 典型例题

【例题 1】建设工程多级网络计划系统的编制应采用（　　）的方法。(2018 年真题)

A. 自下向上、分级编制　　B. 自顶向下、分级编制

C. 自顶向下、整体编制　　D. 自下向上、整体编制

【答案】B

【解析】多级网络计划系统的编制必须采用自顶向下、分级编制的方法。

【例题 2】关于建设工程多级网络计划系统的说法，正确的有（　　）。(2016 年真题)

A. 计划系统由不同层次网络计划组成

B. 处于同一层级的网络计划相互关联和搭接

C. 能够使用一个网络图来表达工程的所有工作内容

D. 进度计划通常采用自顶向下、分级编制的方法

E. 能够保证建设工程所需资源的连续性

【答案】ADE

【解析】多级网络计划系统是指由处于不同层级且相互有关联的若干网络计划所组成的系统。在该系统中，处于不同层级的网络计划既可以进行分解，成为若干独立的网络计划；也可以进行综合，形成一个多级网络计划系统。

## 本章精选习题

### 一、单项选择题

1. 关于双代号网络计划中的虚箭线，下列说法中不正确的是（　　）。

A. 虚箭线主要用来表达相关工作的逻辑关系

B. 虚箭线所代表的工作不消耗时间

C. 虚箭线代表的可能是虚工作，也可能是实工作

D. 虚箭线所代表的工作不消耗资源

2. 生产性工作之间由工艺过程决定的、非生产性工作之间由工作程序决定的先后顺序关系称为（　　）。

A. 工艺关系　　B. 组织关系　　C. 施工关系　　D. 进度关系

3. 某工程有 3 个施工过程，依次为：钢筋→模板→混凝土，划分为Ⅰ和Ⅱ施工段编制工程网络进度计划。下列工作逻辑关系中，属于正确工艺关系的是（　　）。

A. 模板Ⅰ→混凝土Ⅰ　　B. 模板Ⅰ→钢筋Ⅰ

C. 钢筋Ⅰ→钢筋Ⅱ　　D. 模板Ⅰ→模板Ⅱ

4. 网络图 3-3-32 存在的绘图错误是（　　）。

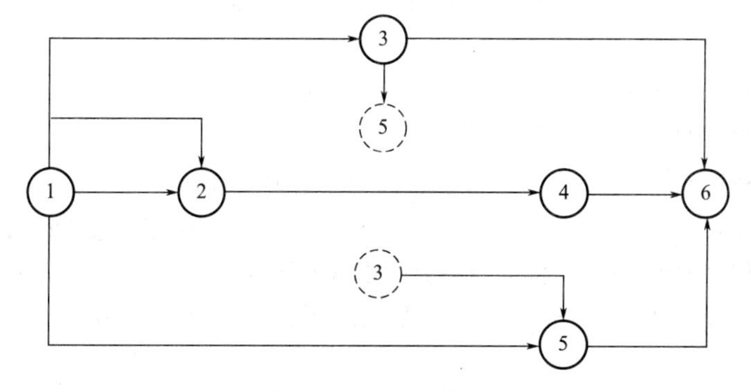


图 3-3-32　练习题 4 图

A. 编号相同的工作　　B. 多个起点节点

C. 相同的节点编号　　D. 无箭尾节点的箭线

5. 在工程网络计划中，工作的最早开始时间应为其所有紧前工作（　　）。

A. 最早开始时间的最大值　　B. 最早开始时间的最小值

C. 最早完成时间的最大值　　D. 最早完成时间的最小值

6. 在工程网络计划中，工作的最迟完成时间是指（　　）。

A. 在紧前工作的约束下，本工作有可能完成的最迟时刻

B. 在紧后工作的约束下，本工作有可能完成的最迟时刻

C. 在后续工作的约束下，本工作必须完成的最迟时刻

D. 在总工期的约束下，本工作必须完成的最迟时刻

7. 在工程网络计划中，工作的最迟开始时间等于本工作的（　　）。

A. 最迟完成时间与其时间间隔之差　　B. 最迟完成时间与其持续时间之差

C. 最早开始时间与其持续时间之和　　D. 最早开始时间与其时间间隔之和

8. 在工程网络计划中，某项工作的最迟开始时间与最早开始时间的差值为该工作的（　　）。

A. 时间间隔　　B. 搭接时距

C. 自由时差　　D. 总时差

9. 在工程网络计划中，某项工作的最早完成时间与其紧后工作的最早开始时间之间的差值称为这两项工作之间的（　　）。

A. 时间间隔　　B. 间歇时间

C. 自由时差　　D. 时距

10. 在不影响其紧后工作最早开始时间的前提下，本工作可利用的机动时间为（　　）。

A. 总时差　　B. 最迟开始时间

C. 自由时差　　D. 最迟完成时间

11. 在工程网络计划中，（　　）是指在不影响总工期的前提下，本工作可以利用的机动时间。

A. 时间间隔　　B. 总时差

C. 自由时差　　D. 时距

12. 在工程网络计划中，某项工作的自由时差不会超过该工作的（　　）。

A. 总时距　　B. 持续时间

C. 间歇时间　　D. 总时差

13. 工程网络计划中，关键工作是指（　　）的工作。

A. 自由时差为零　　B. 持续时间最长

C. 总时差最小　　D. 与后续工作的时间间隔为零

14. 在工程网络计划中，工作 $M$ 的持续时间为 4 天，工作 $M$ 的三项紧后工作的最迟开始时间分别为第 21 天、第 18 天和第 15 天，则工作 $M$ 的最迟开始时间是第（　　）天。

A. 11　　B. 14　　C. 15　　D. 17

15. 在工程网络图中，工作 $K$ 的最迟完成时间为第 22 天，其持续时间为 6 天，该工作有三项紧前工作，它们的最早完成时间分别为第 8 天、第 10 天、第 12 天，则工作 $K$ 的总时差为（　　）天。

A. 8　　B. 6　　C. 4　　D. 2

16. 工作 $A$ 的工作持续时间为 2 天，该工作有三项紧后工作，工作持续时间分别为 4 天、6 天、3 天；最迟完成时间分别为 16 天、12 天、11 天，则工作 $A$ 的最迟开始时间为第（　　）天。

A. 6　　B. 4　　C. 8　　D. 12

17. 某双代号网络计划中，工作 $M$ 的最早开始时间和最迟开始时间分别为第 12 天和第 17 天，其持续时间为 5 天。工作 $M$ 有 3 项紧后工作，它们的最早开始时间分别为第 21 天、第 24 天和第 28 天，则工作 $M$ 的自由时差和总时差分别为（　　）天。

A. 1；4　　B. 3；3　　C. 4；5　　D. 5；5

18. 某工程双代号网络计划如图 3-3-33 所示，其中工作 $I$ 的最早开始时间是（　　）。

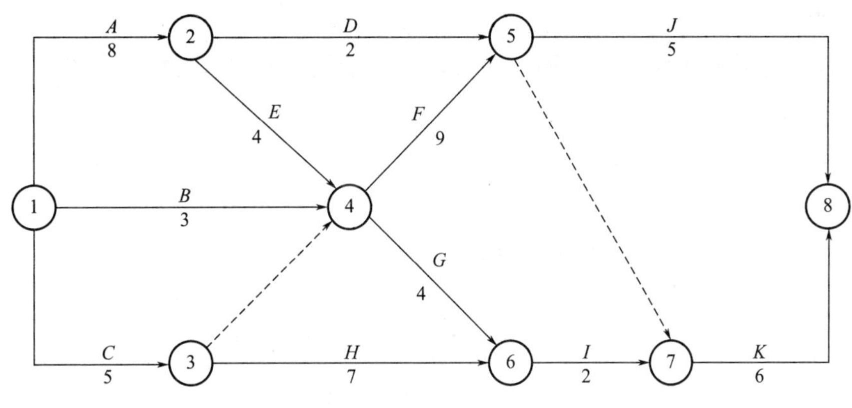


图 3-3-33　练习题 18 题

A. 7　　B. 12　　C. 14　　D. 16

19. 某工程双代号网络计划如图 3-3-34 所示，工作 $E$ 最早完成时间和最迟完成时间分别是（　　）。

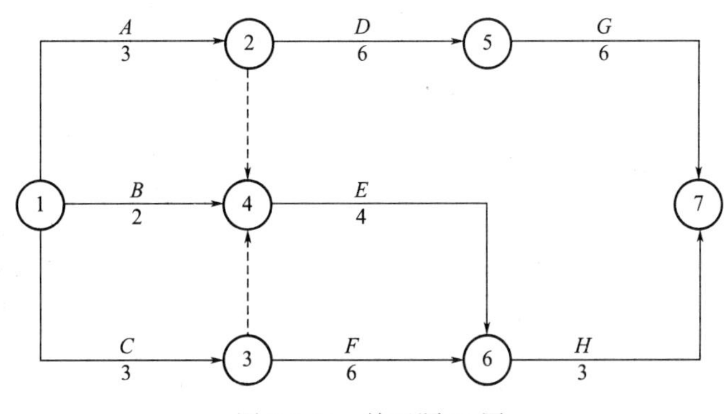


图 3-3-34　练习题 19 图

A. 6 和 8　　B. 6 和 12　　C. 7 和 8　　D. 7 和 12

20. 某工程双代号网络计划如图 3-3-35 所示，工作 $G$ 的自由时差和总时差分别是（　）。

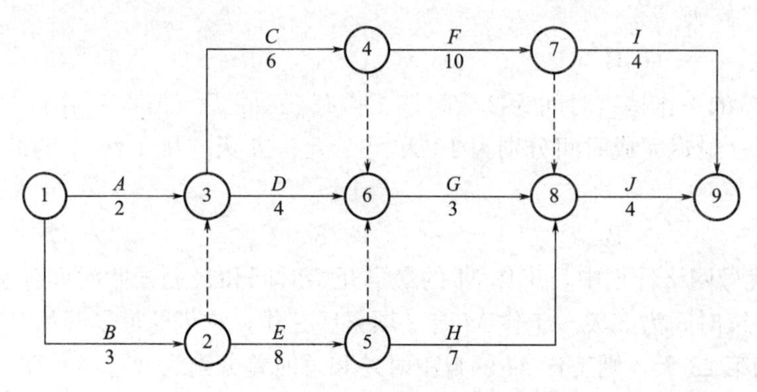


图 3-3-35　练习题 20 图

A. 0 和 4　　B. 4 和 4

C. 5 和 5　　D. 5 和 6

21. 某工程单代号网络计划如图 3-3-36 所示，箭线上的数值为相邻工作之间的时间间隔，则关键线路是（　　）。

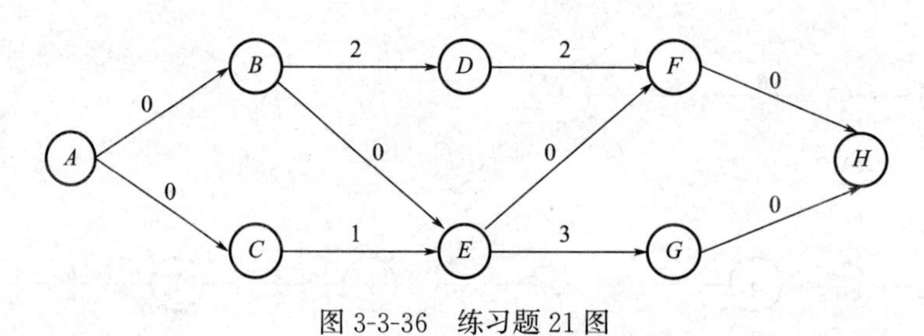


图 3-3-36　练习题 21 图

A. $ABDFH$　　B. $ACEFH$

C. $ABEFH$　　D. $ABEGH$

22. 某项目双代号网络计划如图 3-3-37 所示（时间单位为天），该网络计划的计算工期是（　　）天。

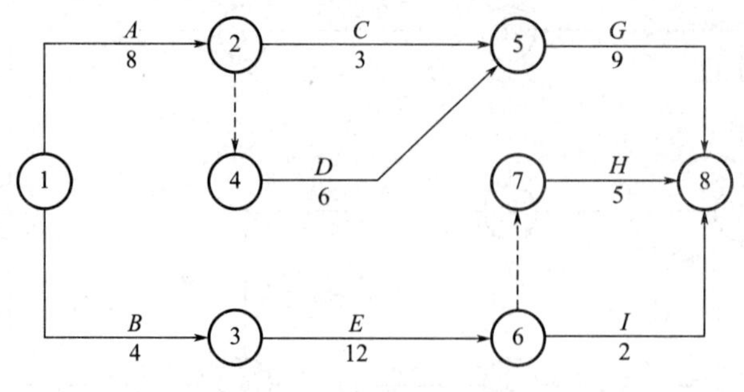


图 3-3-37　练习题 22 图

A. 23　　B. 18

C. 20　　D. 2

23. 某工程双代号网络计划如图 3-3-38 所示，其中关键线路有（　　）条。

A. 1　　B. 2

C. 3　　D. 4

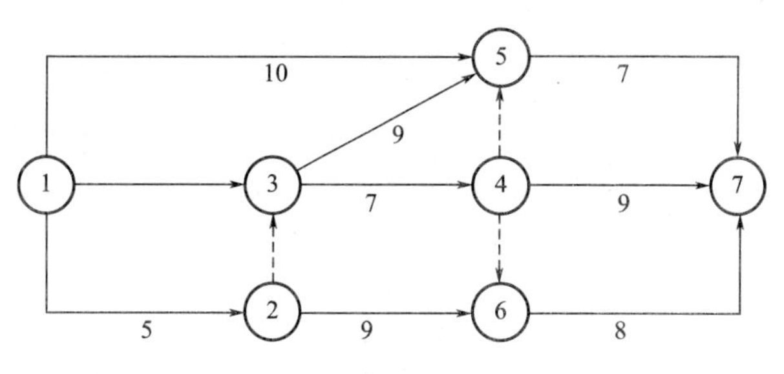


图 3-3-38　练习题 23 图

24. 某工程双代号网络计划中，工作 $M$ 的持续时间为 5 天，相关节点的最早时间和最迟时间如图 3-3-39 所示，则工作 $M$ 的总时差是（　　）天。

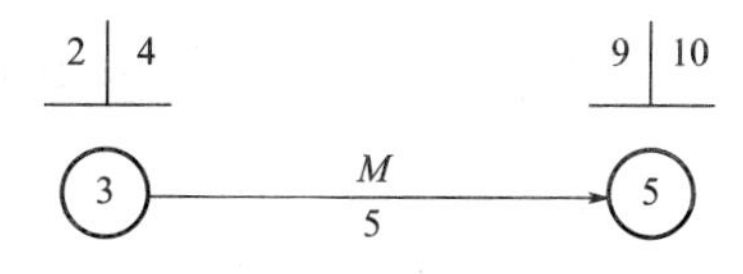


图 3-3-39　练习题 24 图

A. 1　　B. 2

C. 3　　D. 4

25. 某工程的网络计划如图 3-3-40 所示（时间单位为天），图中工作 $B$ 和 $E$ 之间、工作 $C$ 和 $E$ 之间的时间间隔分别是（　　）天。

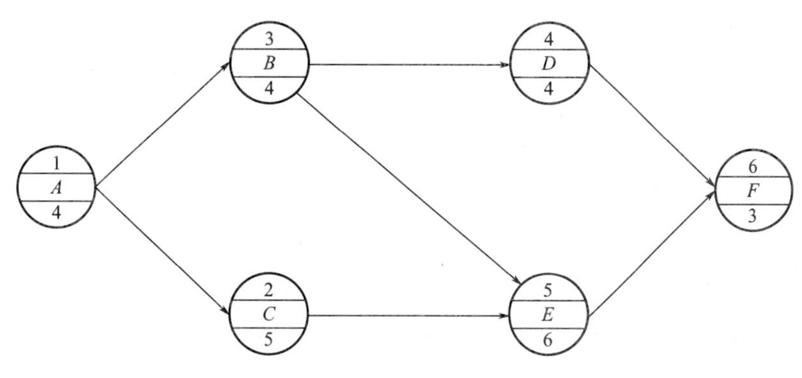


图 3-3-40　练习题 25 图

A. 1 和 0　　B. 5 和 4

C. 0 和 0　　D. 4 和 4

26. 某单代号网络计划如图 3-3-41 所示（时间单位为天），其计算工期为（　　）天。

A. 20　　B. 26

C. 22　　D. 24

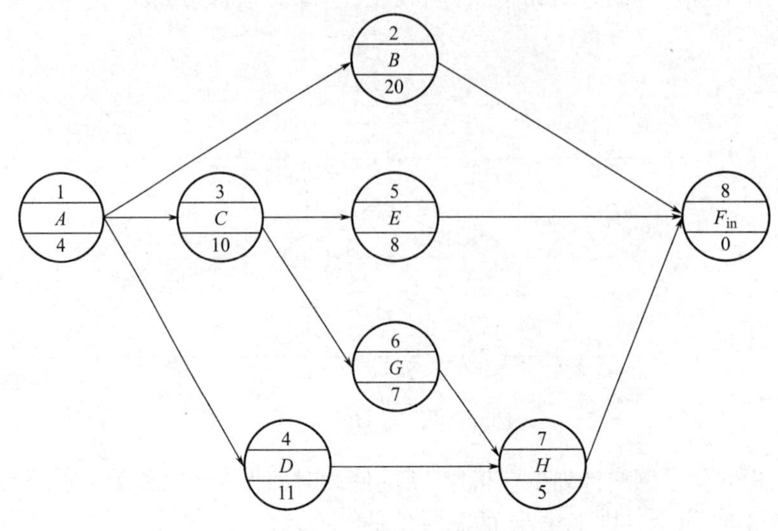


图 3-3-41　练习题 26 图

27. 某工程双代号时标网络计划如图 3-3-42 所示，图中表明的正确信息是（　　）。

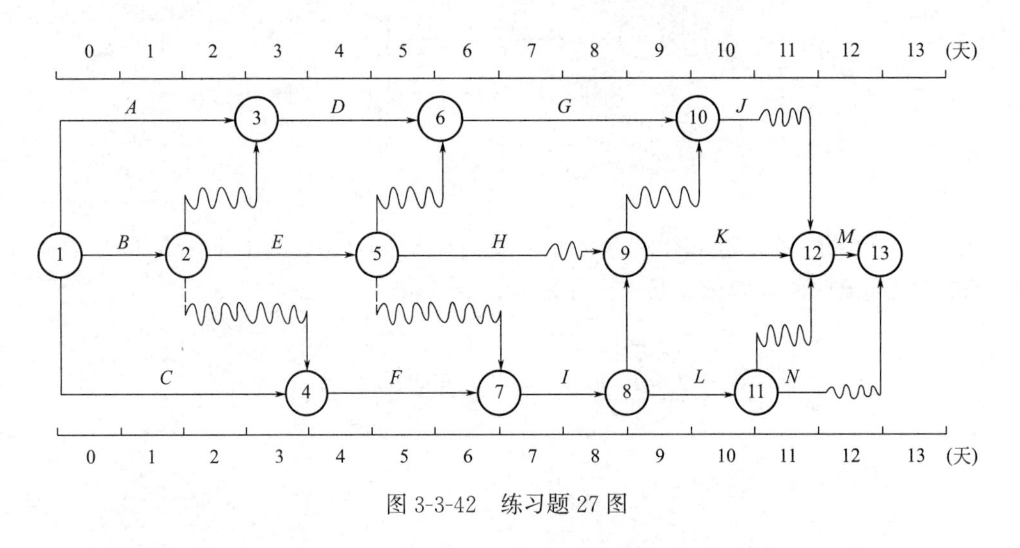


图 3-3-42　练习题 27 图

A. 工作 $D$ 的自由时差为 1 天　　B. 工作 $E$ 的总时差等于自由时差

C. 工作 $F$ 的总时差为 1 天　　D. 工作 $H$ 的总时差为 1 天

28. 在如图 3-3-43 所示的双代号时标网络计划中，如果 $A$、$E$、$G$ 三项工作共用一台施工机械而必须顺序施工，则该施工机械在现场的最小闲置时间为（　　）周。

A. 1　　B. 2

C. 3　　D. 4

29. 某双代号时标网络计划如图 3-3-44 所示，工作 $F$、工作 $H$ 的最迟完成时间分别为（　　）。

A. 第 8 天、第 11 天　　B. 第 8 天、第 9 天

C. 第 7 天、第 11 天　　D. 第 7 天、第 9 天

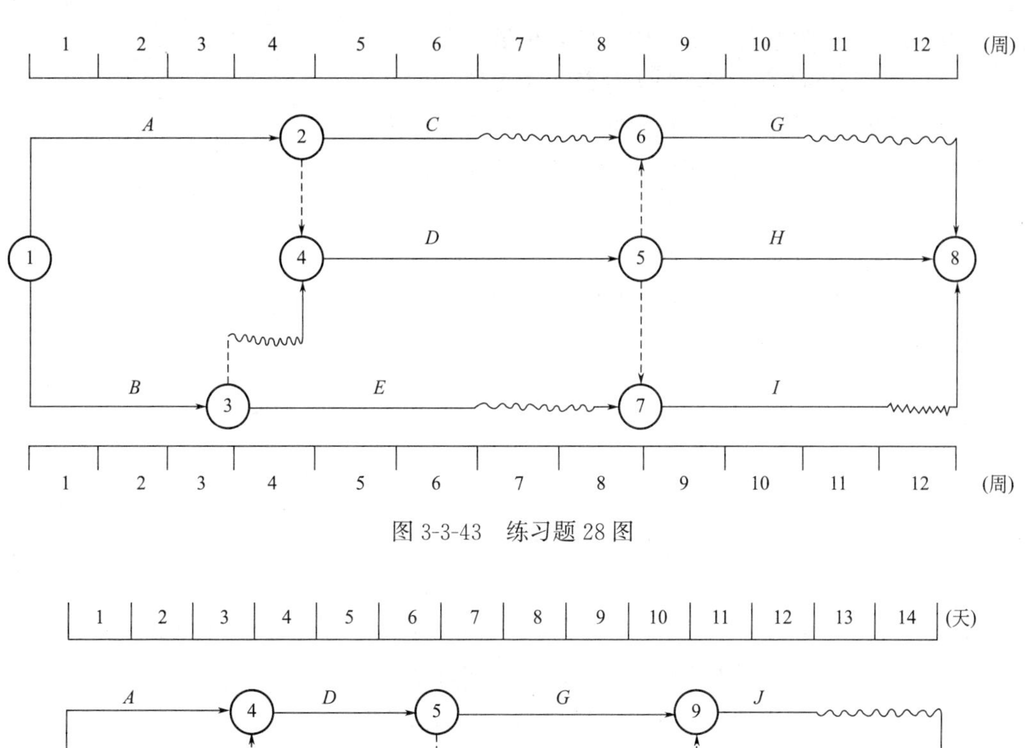


图 3-3-43　练习题 28 图

图 3-3-44　练习题 29 图

30. 当双代号网络计划的计算工期等于计划工期时，下列关于关键工作的说法错误的是（　　）。

A. 关键工作的自由时差为零

B. 相邻两项关键工作之间的时间间隔为零

C. 关键工作的持续时间最长

D. 关键工作的最早开始时间与最迟开始时间相等

31. 工程网络计划工期优化的基本方法是通过（　　）来达到优化目标。

A. 组织关键工作流水作业　　　　B. 组织关键工作平行作业

C. 压缩关键工作的持续时间　　　D. 压缩非关键工作的持续时间

32. 网络计划的资源优化分为两种，其中“工期固定、资源均衡”是指（　　）的优化。

A. 在工期不变的条件下，使资源投入最少

B. 在满足资源限制条件下，使工期延长最少

C. 在工期不变的条件下，使工程总费用最低

D. 在工期不变的条件下，使资源需用量尽可能均衡

33. 单代号搭接网络计划中，关键线路的特点是线路上的（　　）。

A. 关键工作总时差之和最大　　B. 工作时距之和最小

C. 相邻工作无混合搭接关系　　D. 相邻工作时间间隔为零

34. 某工程单代号搭接网络计划中工作 $B$、$D$、$E$ 之间的搭接关系和时间参数如图 3-3-45 所示。工作 $D$ 和工作 $E$ 的总时差分别为 6 天和 2 天，则工作 $B$ 的总时差为（　　）天。

A. 6　　B. 8

C. 9　　D. 13

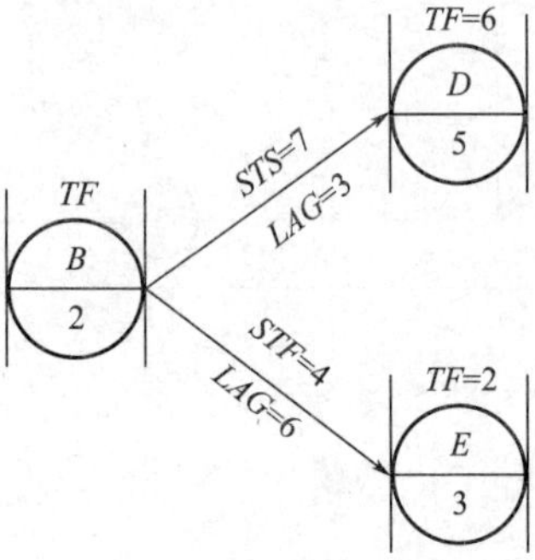

TF=6
D
5
STS=7
LAG=3
TF
B
2
STF=4
LAG=6
TF=2
E
3

图 3-3-45　练习题 34 图

35. 当工程网络计划的工期优化过程中出现多条关键线路时，必须（　　）。

A. 将持续时间最长的关键工作压缩为非关键工作

B. 压缩各条关键线路上直接费最小的工作的持续时间

C. 压缩各条关键线路上持续时间最长的工作的持续时间

D. 将各条关键线路的总持续时间压缩相同数值

## 二、多项选择题

1. 绘制双代号网络图时，符合节点编号的原则是（　　）。

A. 严禁重复编号　　B. 可以随机编号

C. 箭尾节点编号大于箭头节点编号　　D. 编号之间可以有间隔

E. 虚工作的节点可以不编号

2. 单代号网络图的基本符号中“节点”表示（　　）。

A. 一项工作　　B. 工作名称

C. 工作持续时间　　D. 紧邻工作之间的组织关系

E. 紧邻工作之间的工艺关系

3. 某工程双代号网络计划中各个节点的最早时间和最迟时间如图 3-3-46 所示。该计划表明（　　）。

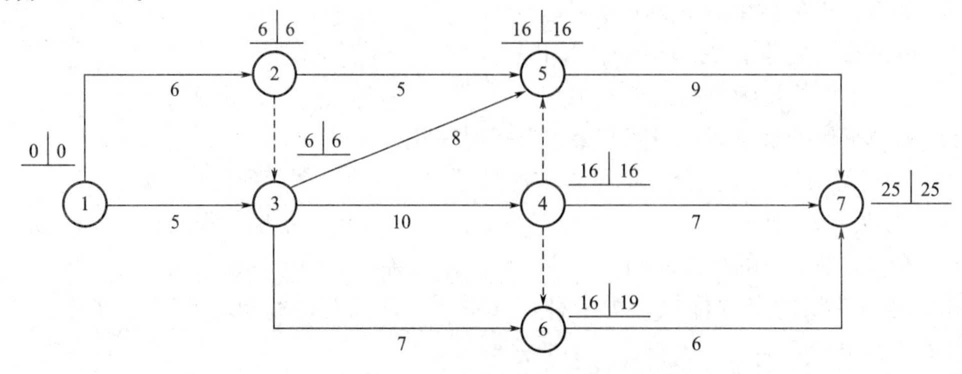


图 3-3-46　练习题 3 图

A. 工作①→②和工作①→③同为关键工作

B. 工作②→⑤的总时差与自由时差相等

C. 工作③→⑤与工作④→⑦的自由时差相等

D. 工作③→⑥的总时差与自由时差相等

E. 工作⑤→⑦和工作⑥→⑦同为非关键工作

4. 某工程双代号网络计划如图 3-3-47 所示，图中已标出每个节点的最早时间和最迟时间，该计划表明（　　）。

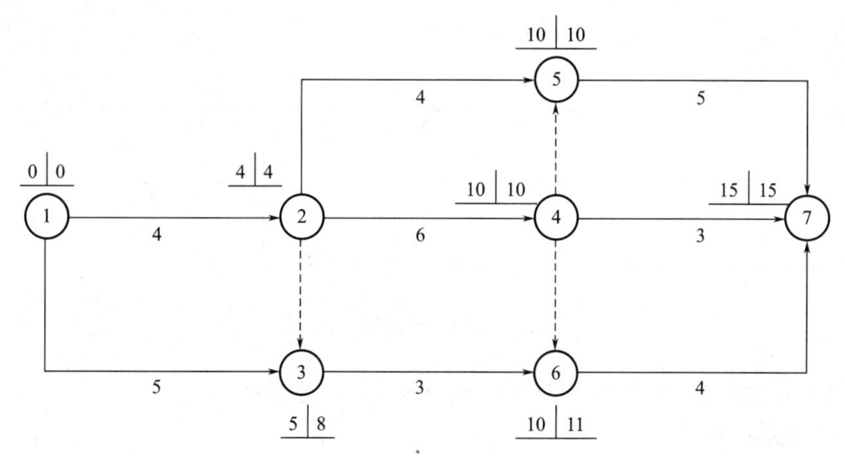


图 3-3-47　练习题 4 图

A. 工作①→③的最迟完成时间为 8

B. 工作④→⑦为关键工作

C. 工作②→⑤的总时差为零

D. 工作③→⑥的总时差为 1

E. 工作⑥→⑦的总时差为 1

5. 某工程双代号网络计划如图 3-3-48 所示，已标出各项工作的最早开始时间（$ES_{i\text{-}j}$）、最迟开始时间（$LS_{i\text{-}j}$）和持续时间（$D_{i\text{-}j}$）。该网络计划表明（　　）。

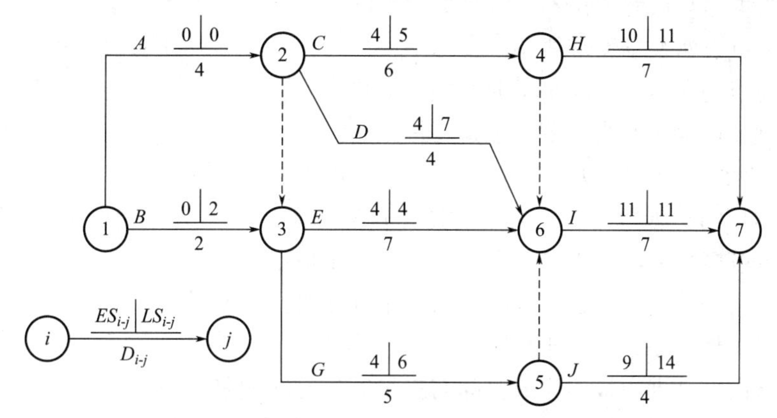


图 3-3-48　练习题 5 图

A. 工作 $C$ 和工作 $E$ 均为关键工作

B. 工作 $B$ 的总时差和自由时差相等

C. 工作 $D$ 的总时差和自由时差相等

D. 工作 $G$ 的总时差、自由时差分别为 2 天和 0 天

E. 工作 $J$ 的总时差和自由时差相等

6. 某工程进度计划如图 3-3-49 所示（时间单位为天），图中的正确信息有（　　）。

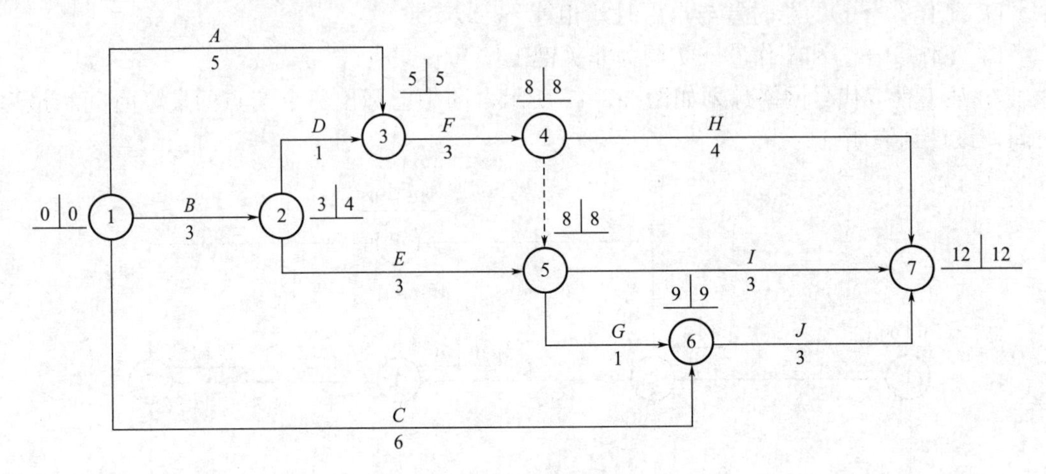


图 3-3-49　练习题 6 图

A. 关键节点组成的线路①→③→④→⑤→⑦为关键线路

B. 关键线路有两条

C. 工作 $E$ 的自由时差为 2 天

D. 工作 $E$ 的总时差为 2 天

E. 开始节点和结束节点为关键节点的工作 $A$、工作 $C$ 为关键工作

7. 双代号网络计划中，当计划工期等于计算工期时，关于关键节点的说法，正确的有（　　）。

A. 以关键节点为完成节点的工作必为关键工作

B. 两端为关键节点的工作不一定是关键工作

C. 关键节点必然处于关键线路上

D. 关键节点的最迟时间与最早时间的差值最小

E. 由关键节点组成的线路不一定是关键线路

8. 在工程网络计划中，关键工作是指（　　）的工作。

A. 双代号网络计划中两端节点均为关键节点

B. 单代号搭接网络计划中与紧后工作之间时距最小

C. 单代号网络计划中最迟开始时间与最早开始时间相差最小

D. 双代号时标网络计划中工作箭线上无波形线

E. 双代号网络计划中最迟完成时间与最早完成时间相差最小

9. 网络计划的工期优化过程中，压缩关键工作的持续时间应优先选择（　　）的关键工作。

A. 有充足备用资源　　B. 对质量影响较大

C. 所需增加费用最少　　D. 持续时间最长

E. 紧后工作最少

10. 工程网络计划优化的目的有（　　）。
A. 使计算工期满足要求工期
B. 按要求工期寻求资源需用量最小的计划安排
C. 工期不变条件下资源强度最小
D. 寻求工程总成本最低时的工期安排
E. 工期不变条件下资源需用量尽可能均衡
11. 多级网络计划的编制原则包括（　　）。
A. 整体优化原则
B. 连续均衡原则
C. 多项搭接原则
D. 简明适用原则
E. 顶层设计原则
12. 关于工程网络计划中关键线路的说法，正确的有（　　）。
A. 关键线路上相邻两项工作之间的时距均为零
B. 关键线路上的工作是关键工作
C. 关键节点组成的线路是关键线路
D. 双代号时标网络计划中无波形线的线路是关键线路
E. 单代号网络计划中时间间隔均为零的线路是关键线路
13. 工程网络计划资源优化的目的为（　　）。
A. 使该工程的资源需用量尽可能均衡
B. 使该工程的资源强度最低
C. 使该工程的资源需用量最少
D. 使该工程的资源需用量满足资源限制条件
E. 使该工程的资源需求符合正态分布

## 习题答案及解析

### 一、单项选择题

1. **【答案】** C

**【解析】** 虚箭线：表示实际工作中并不存在的一项虚设工作，不占用时间，也不消耗资源。

2. **【答案】** A

**【解析】** 生产性工作之间由工艺过程决定的、非生产性工作之间由工作程序决定的先后顺序关系称为工艺关系。

3. **【答案】** A

**【解析】** 生产性工作之间由工艺过程决定的、非生产性工作之间由工作程序决定的先后顺序关系称为工艺关系，故本题中钢筋Ⅰ→模板Ⅰ→混凝土Ⅰ为正确的工艺关系。

4. **【答案】** A

**【解析】** ①→②工作表示了两项工作。

5. **【答案】** C

【解析】工作的最早开始时间等于其紧前工作最早完成时间的最大值。

6.【答案】D

【解析】工作的最迟完成时间是指在不影响整个任务按期完成的前提下，本工作必须完成的最迟时刻。

7.【答案】B

【解析】工作的最迟开始时间等于本工作的最迟完成时间和其持续时间之差。

8.【答案】D

【解析】总时差＝最迟完成时间－最早完成时间；总时差＝最迟开始时间－最早开始时间。

9.【答案】A

【解析】相邻两项工作之间的时间间隔是指其紧后工作的最早开始时间与本工作最早完成时间的差值。

10.【答案】C

【解析】工作的自由时差是指在不影响其紧后工作最早开始时间的前提下，本工作可以利用的机动时间。

11.【答案】B

【解析】工作的总时差是指在不影响总工期的前提下，本工作可以利用的机动时间。

12.【答案】D

【解析】对于同一项工作而言，自由时差≤总时差。

13.【答案】C

【解析】在网络计划中，总时差最小的工作为关键工作。

14.【答案】A

【解析】工作$M$的最迟开始时间＝min｛21，18，15｝－4＝15－4＝11天。

15.【答案】C

【解析】工作$K$的最早开始时间＝12天，最迟开始时间＝22－6＝16天，总时差＝16－12＝4天。

16.【答案】B

【解析】工作的最迟完成时间＝所有紧后工作最迟开始时间的最小值，工作的最迟开始时间＝工作的最迟完成时间－工作持续时间，工作$A$的最迟开始时间＝min｛(16－4)，(12－6)，(11－3)｝－2＝4天。

17.【答案】C

【解析】自由时差＝21－（12＋5）＝4天，总时差＝17－12＝5天。

18.【答案】D

【解析】工作$I$的最早开始时间＝8＋4＋4＝16。

19.【答案】D

【解析】关键线路为①→②→⑤→⑦，最早开始时间＝max｛3＋4，2＋4，3＋4｝＝7，最迟完成时间为15－3＝12。

20.【答案】C

**【解析】** 关键线路是①→②→③→④→⑦→⑧→⑨和①→②→③→④→⑦→⑨，工作$G$的完成节点为关键节点，所以其自由时差＝总时差＝6＋10－8－3＝5。

21. **【答案】** C

**【解析】** 从网络计划的终点节点开始，逆着箭线方向依次找出相邻两项工作之间时间间隔为零的线路就是关键线路。

22. **【答案】** A

**【解析】** 关键线路为①→②→④→⑤→⑧，计算工期为 8＋6＋9＝23 天。

23. **【答案】** C

**【解析】** 本题的关键线路有①→③→⑤→⑦、①→③→④→⑦、①→②→⑥→⑦共 3 条。

24. **【答案】** C

**【解析】** 工作$M$的总时差＝10－5－2＝3 天。

25. **【答案】** A

**【解析】** 相邻两项工作之间的时间间隔是指其紧后工作的最早开始时间与本工作最早完成时间的差值，即：$LAG_{i,j}=ES_j-EF_i$。工作$E$的最早开始时间为 9 天，工作$B$的最早完成时间为 8 天，$LAG_{B,E}$＝9－8＝1 天；工作$C$的最早完成时间为 9 天，$LAG_{C,E}$＝9－9＝0 天。

26. **【答案】** B

**【解析】** 全部由关键工作组成的线路，且关键工作之间的时间间隔全部为零。关键线路是$A$→$C$→$G$→$H$，工期＝4＋10＋7＋5＋0＝26 天。

27. **【答案】** D

**【解析】** 选项 A，工作$D$的自由时差为 0；选项 B，工作$E$的自由时差为 0，总时差为 1 天；选项 C，工作$F$的总时差为 0。

28. **【答案】** A

**【解析】**（在场时间－工作时间）最小，此时闲置时间最小。不影响工作的前提下，让机械最迟开始时间入场，最早完成离场。机械第 0 周入场，第 10 周离开现场，在场时间最小。最小闲置时间＝min｛在场时间－工作时间｝＝10－（4＋3＋2）＝1 周。

29. **【答案】** C

**【解析】** 图中发现，工作$F$的最早完成时间为第 5 天，工作$F$的总时差为 2 天，所以工作$F$的最迟完成时间＝5＋2＝7 天。工作$H$的最早完成时间为第 9 天，工作$H$的总时差为 2 天，所以工作$H$的最迟完成时间＝9＋2＝11 天。

30. **【答案】** C

**【解析】** 当网络计划的计划工期等于计算工期时，总时差为零的工作就是关键工作。当工作的总时差为零时，其自由时差必然为零。工作的总时差等于该工作的最迟开始时间与最早开始时间之差。

31. **【答案】** C

**【解析】** 工程网络计划工期优化的基本方法是通过压缩关键工作的持续时间来达到优化目标。

32. **【答案】** D

【解析】“工期固定、资源均衡”是指在工期不变的条件下，使资源需用量尽可能均衡。

33.【答案】D

【解析】将这些关键工作相连，并保证相邻两项关键工作之间的时间间隔为零而构成的线路就是关键线路。

34.【答案】B

【解析】总时差=min{紧后工作的总时差+本工作与该紧后工作之间的时间间隔}=min{6+3，2+6}=8天。

35.【答案】D

【解析】当工期优化过程中出现多条关键线路时，必须将各条关键线路的总持续时间压缩相同数值。

二、多项选择题

1.【答案】AD

【解析】网络图中的节点都必须有编号，其编号严禁重复，并应使每一条箭线上箭尾节点编号小于箭头节点编号。

2.【答案】ABC

【解析】单代号网络图又称节点式网络图，其是以节点及其编号表示工作，箭线表示工作之间的逻辑关系。

3.【答案】BC

【解析】选项A，①→③不是关键工作；选项D，⑥节点不是关键节点。选项E，⑤→⑦是关键工作。

4.【答案】AE

【解析】关键线路为①→②→④→⑤→⑦，工作④→⑦不是关键工作。工作的总时差等于该工作完成节点的最迟时间减去该工作开始节点的最早时间所得差值再减其持续时间。工作②→⑤的总时差为10－4－4=2，工作③→⑥的总时差为11－5－3=3，工作⑥→⑦的总时差为15－10－4=1。

5.【答案】BCDE

【解析】选项A，工作$C$不是关键工作。

6.【答案】BCD

【解析】选项A，总时差为零的工作组成的线路为关键线路；选项E，工作$C$不是关键工作。

7.【答案】BCDE

【解析】在双代号网络计划中，关键线路上的节点称为关键节点。选项A，关键工作两端的节点必为关键节点，但两端为关键节点的工作不一定是关键工作。

8.【答案】CE

【解析】由关键节点组成的线路不一定是关键线路。单代号网络图中相邻两项关键工作之间时间间隔为零而构成的线路是关键线路。

9.【答案】AC

【解析】选择压缩对象时宜在关键工作中考虑下列因素：①缩短持续时间对质量和安全

影响不大的工作；②有充足备用资源的工作；③缩短持续时间所需增加的费用最少的工作。

10. **【答案】**ADE

**【解析】**选项A正确，工期优化，是指网络计划的计算工期不满足要求工期时，通过压缩关键工作的持续时间以满足要求工期目标的过程。选项D正确，费用优化又称工期成本优化，是指寻求工程总成本最低时的工期安排，或按要求工期寻求最低成本的计划安排的过程。选项E正确，网络计划的资源优化分为两种，即“资源有限，工期最短”的优化和“工期固定，资源均衡”的优化。前者是通过调整计划安排，在满足资源限制条件下，使工期延长最少的过程；而后者是通过调整计划安排，在工期保持不变的条件下，使资源需用量尽可能均衡的过程。

11. **【答案】**ABD

**【解析】**多级网络计划的编制原则包括整体优化原则、连续均衡原则、简明适用原则。

12. **【答案】**BDE

**【解析】**选项A错误，所谓时距，就是在搭接网络计划中相邻两项工作之间的时间差值，与关键线路并无直接联系；选项C错误，关键节点组成的线路不一定为关键线路。

13. **【答案】**AD

**【解析】**资源优化的目的是通过改变工作的开始时间和完成时间，使资源按照时间的分布符合优化目标。网络计划的资源优化分为两种，①“资源有限，工期最短”的优化。通过调整计划安排，在满足资源限制条件下，使工期延长最少的过程。②“工期固定、资源均衡”的优化。通过调整计划安排，在工期保持不变的条件下，使资源需用量尽可能均衡的过程。

# 第四章　建设工程进度计划实施中的监测与调整

**考纲要求**

1. 实际进度监测与调整的系统过程
2. 实际进度与计划进度的比较方法（横道图、S形曲线、香蕉曲线、前锋线）
3. 进度计划实施中的调整方法

## 第一节　实际进度监测与调整的系统过程

本节知识点如表 3-4-1 所示。

**本节知识点**　　　　**表 3-4-1**

| 知识点 | 2023 年 | | 2022 年 | | 2021 年 | | 2020 年 | | 2019 年 | |
|---|---|---|---|---|---|---|---|---|---|---|
| | 单选（道） | 多选（道） | 单选（道） | 多选（道） | 单选（道） | 多选（道） | 单选（道） | 多选（道） | 单选（道） | 多选（道） |
| 进度监测的系统过程 | | | | | 1 | | 1 | | | |
| 进度调整的系统过程 | 1 | | 1 | | | | | | | |

**本节知识点提示：**区分监测系统和调整系统包含的内容。

进度监测和调整的系统过程如表 3-4-2 所示。

**进度监测和调整的系统过程**　　　　**表 3-4-2**

| 进度监测的系统过程 | 进度调整的系统过程 |
|---|---|
| ①进度计划执行中的跟踪检查：<br>a. 定期收集进度报表资料<br>b. 现场实地检查工程进展情况<br>c. 定期召开现场会议<br>②实际进度数据的加工处理<br>形成与计划进度具有可比性的数据<br>③实际进度与计划进度的对比分析<br>确定建设工程实际执行状况与计划目标之间的差距 | ①分析进度偏差产生的原因<br>②分析进度偏差对后续工作和总工期的影响<br>以确定是否采取措施调整进度计划<br>③确定后续工作和总工期的限制条件<br>需要采取进度调整措施时，应当首先确定可调整进度的范围，主要指关键节点、后续工作的限制条件以及总工期允许变化的范围<br>④采取措施调整进度计划<br>应以后续工作和总工期的限制条件为依据，确保目标实现<br>⑤实施调整后的进度计划 |

## 典型例题

【例题 1】建设工程进度调整系统过程中，需要进行的工作是（　　）。（2023 年真题）

A. 建立进度数据采集系统　　B. 收集实际进度数据

C. 分析进度偏差产生的原因　　D. 实际进度与计划进度的对比分析

【答案】C

【例题 2】下列工作中，属于建设工程进度监测系统过程中工作内容的是（　　）。（2021 年真题）

A. 分析进度偏差产生的原因　　B. 分析进度偏差对工期的影响

C. 确定工期的限制条件　　D. 比较实际进度与计划进度

【答案】D

【例题 3】在建设工程进度调整的系统过程中，当工作实际进度偏差影响到后续工作及总工期而需要采取措施调整进度计划时，首先需要进行的工作是（　　）。（2017 年真题）

A. 确定可调整进度的范围　　B. 进行调整措施的技术经济分析

C. 进行调整方案的比选论证　　D. 分析进度偏差产生的原因

【答案】A

【解析】当出现的进度偏差影响到后续工作或总工期而需要采取进度调整措施时，应当首先确定可调整进度的范围，主要指关键节点、后续工作的限制条件以及总工期允许变化的范围。

# 第二节　实际进度与计划进度的比较方法

本节知识点如表 3-4-3 所示。

本节知识点　　表 3-4-3

| 知识点 | 2023 年 | | 2022 年 | | 2021 年 | | 2020 年 | | 2019 年 | |
|---|---|---|---|---|---|---|---|---|---|---|
| | 单选（道） | 多选（道） | 单选（道） | 多选（道） | 单选（道） | 多选（道） | 单选（道） | 多选（道） | 单选（道） | 多选（道） |
| 横道图比较法 | 1 | | 1 | | 1 | | 1 | | | 1 |
| S 形曲线比较法 | | | | | | 1 | | | 1 | |
| 香蕉曲线比较法 | | | | 2 | | | | | | |
| 前锋线比较法 | | 1 | | | | 1 | | 1 | | 1 |
| 列表比较法 | | | | | | | | | | |

## 知识点一　横道图比较法

特点：形象、直观地反映实际进度与计划进度的比较情况。

分类：匀速进展横道图比较法、非匀速进展横道图比较法。

**1. 匀速进展横道图比较法**

匀速进展是指在工程项目中，每项工作在单位时间内完成的任务量都是相等的，即工作的进展速度是均匀的。

将检查收集到的实际进度数据经加工整理后按比例用涂黑的粗线标于计划进度的下方。

对比分析实际进度与计划进度（图 3-4-1）：

（1）涂黑的粗线右端落在检查日期左侧，表明实际进度拖后；

（2）涂黑的粗线右端落在检查日期右侧，表明实际进度超前；

（3）涂黑的粗线右端与检查日期重合，表明实际进度与计划一致。

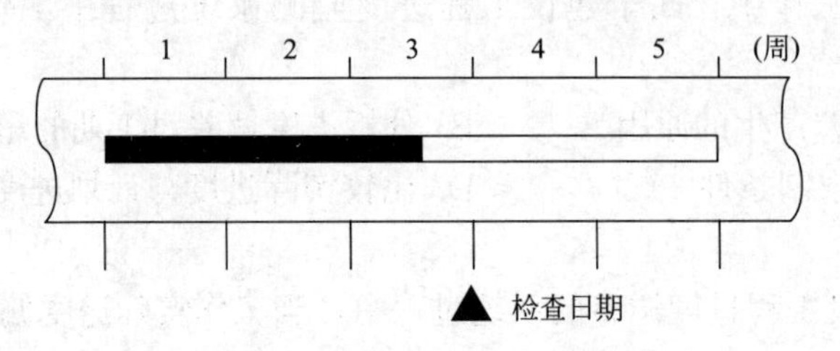


图 3-4-1　匀速进展横道图比较图

**2. 非匀速进展横道图比较法**

在不同单位时间里的进展速度不相等。

比较：某一时刻、某一时间段。

用涂黑粗线表示工作实际进度，同时标出其对应时刻完成任务量的累计百分比，并将该百分比与其同时刻计划完成任务量的累计百分比相比较，判断工作实际进度与计划进度之间的关系。

横道线只能表示工作的开始时间、完成时间和持续时间，并不能表示计划完成的任务量和实际完成的任务量。

（1）可以进行某一时刻实际进度与计划进度的比较，如图 3-4-2 所示。

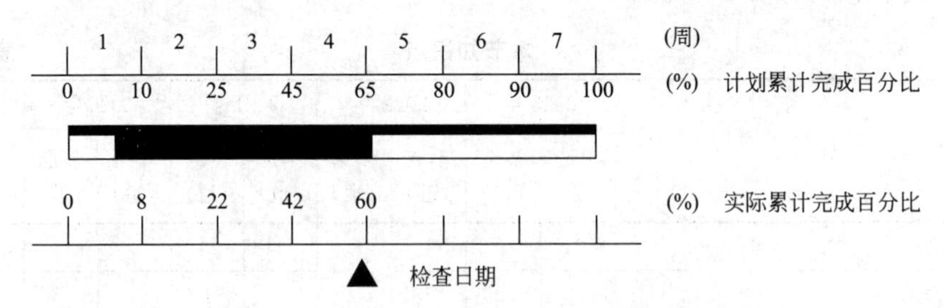


图 3-4-2　某一时刻实际进度与计划进度的比较

第四周末实际累计完成百分比小于计划累计完成百分比，表示实际进度拖后，截止检查日拖后量：65％－60％＝5％。

（2）可以进行某一时间段实际进度与计划进度的比较，如图 3-4-3 所示。

第四周内计划完成百分比：65％－45％＝20％；

第四周内实际完成百分比：60％－42％＝18％；

因此，第四周内实际进度延后，延后：20％－18％＝2％。

横道图比较法主要用于工程项目中某些工作的实际进度与计划进度的局部比较，难以预测对后续工作和工程总工期的影响。

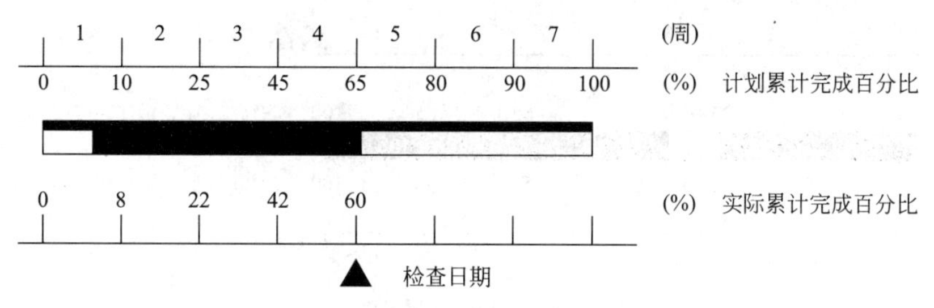


图 3-4-3　某一时间段实际进度与计划进度的比较

## 典型例题

【例题 1】某工程横道计划如图 3-4-4 所示，图中表明的正确信息是（　　）。(2022 年真题)

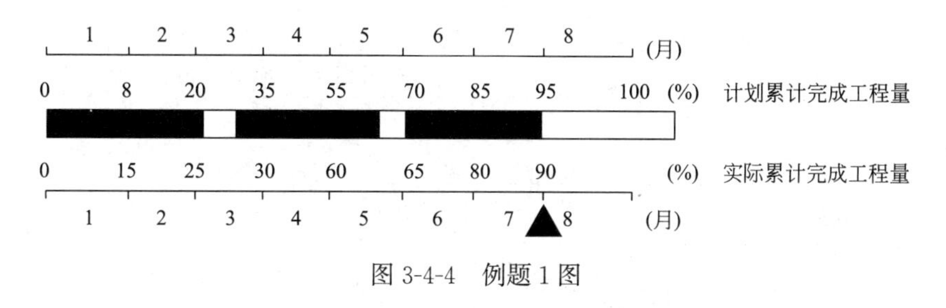


图 3-4-4　例题 1 图

A. 第 2 个月连续施工，进度超前　　B. 第 3 个月连续施工，进度拖后

C. 第 5 个月中断施工，进度超前　　D. 前 2 个月连续施工，进度超前

【答案】D

【解析】

选项 A 错误，第 2 个月连续施工，进度拖后。计划：20％－8％＝12％；实际：25％－15％＝10％。

选项 B 错误，第 3 个月中断施工，进度拖后。计划：35％－20％＝15％；实际：30％－25％＝5％。

选项 C 错误，第 5 个月中断施工，进度拖后。计划：70％－55％＝15％；实际：65％－60％＝5％。

选项 D 正确，前 2 个月连续施工，进度超前。计划：20％－0＝20％；实际：25％－0＝25％。

【例题 2】某分项工程的计划进度与 1～6 月检查的实际进度如图 3-4-5 所示，从图中获得的正确信息有（　　）。(2018 年真题)

A. 第 1 月实际进度拖后 5％　　B. 第 2 月实际进度超前 5％

C. 第 4 月实际进度拖后 5％　　D. 5 月底实际进度拖后 5％

E. 第 3 月实际进度与计划进度相同

【答案】CD

【解析】选项 A 错误，第 1 月实际进度提前 5％；选项 B 错误，第 2 月实际进度完成 15％，计划进度完成 15％，进度正常；选项 E 错误，第 3 月实际进度完成 10％，计划进

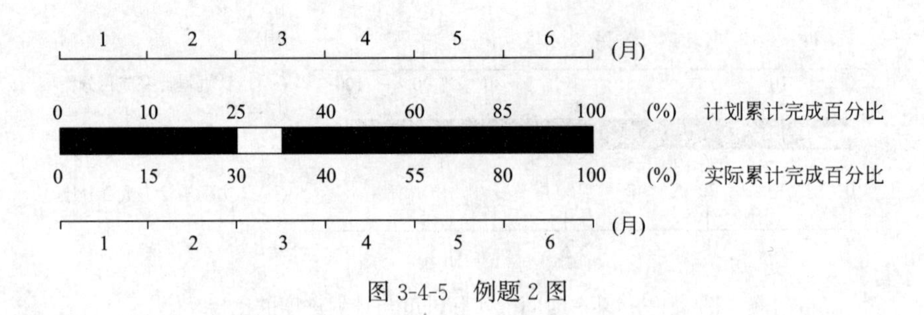


图 3-4-5 例题 2 图

度完成 15%，进度拖后 5%。

## 知识点二 S 形曲线比较法

用途：实际进度与计划进度的比较，如图 3-4-6 所示。

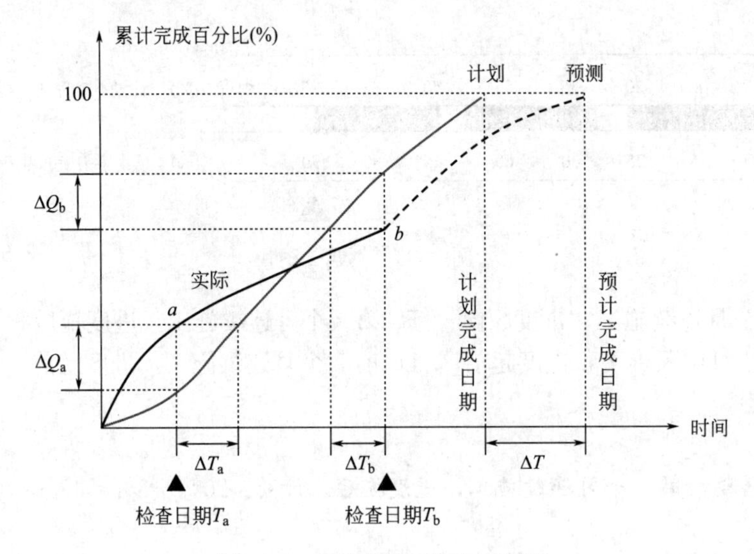


图 3-4-6 S 形曲线比较法示意图

口诀：左超右拖。水平方向的距离表示时间，垂直方向的距离表示任务量。

实际进展点落在 S 形曲线的左侧，表示超前；实际进展点落在 S 形曲线的右侧，表示拖后。

采用 S 形曲线比较法比较工程实际进度与计划进度时，可获得的信息：

（1）工程项目实际进展情况；

（2）实际进度超前或拖后的时间；

（3）实际超额或拖欠完成的任务量；

（4）后期工程进度预测。

## 典型例题

**【例题 1】**采用 S 形曲线比较法比较工程实际进度与计划进度时，可获得的信息有（　　）。（2021 年真题）

A. 工程实际拥有的总时差

B. 工程实际进展情况

C. 工程实际进度超前或拖后的时间

D. 工程实际超额或拖欠完成的任务量

E. 后期工程进度预测值

**【答案】**BCDE

**【例题 2】**当利用 S 形曲线比较工程项目的实际进度与计划进度时，如果检查日期实际进展点落在计划 S 形曲线的左侧，则该实际进展点与计划 S 形曲线在水平方向的距离表示工程项目（　　）。(2018 年真题)

A. 实际超额完成的任务量　　B. 实际拖欠的任务量

C. 实际进度拖后的时间　　D. 实际进度超前的时间

**【答案】**D

**【解析】**在 S 形曲线图中，如果工程实际进展点落在计划 S 形曲线左侧，表明此时实际进度比计划进度超前；如果工程实际进度点落在 S 形计划曲线右侧，表明实际进度拖后。水平方向的距离表示超前的时间。

**【例题 3】**某分项工程月计划工程量累计曲线如图 3-4-7 所示，该工程 1～4 月实际工程量分别为 6 万 $m^3$、7 万 $m^3$、8 万 $m^3$、15 万 $m^3$，通过比较获得的正确结论是（　　）。

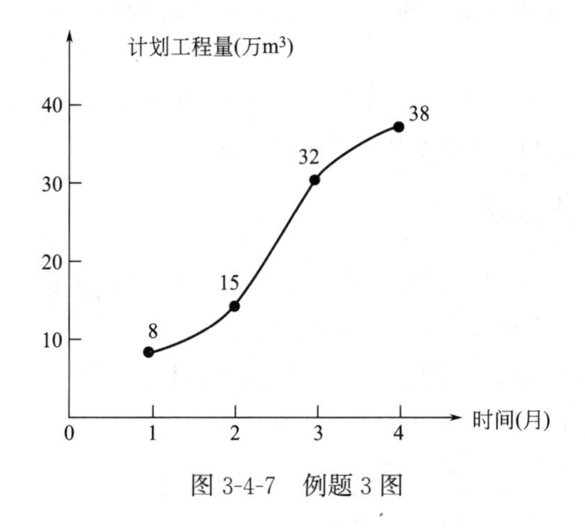


图 3-4-7　例题 3 图

A. 第 1 月实际工程量比计划工程量超额 2 万 $m^3$

B. 第 2 月实际工程量比计划工程量超额 2 万 $m^3$

C. 第 3 月实际工程量比计划工程量拖欠 2 万 $m^3$

D. 4 月底累计实际工程量比计划工程量拖欠 2 万 $m^3$

**【答案】**D

**【解析】**选项 A，第 1 月实际工程量比计划工程量拖欠 2 万 $m^3$；选项 B，第 2 月计划工程量为 15－8＝7 万 $m^3$，与实际工程量一致；选项 C，第 3 月计划工程量＝32－15＝17 万 $m^3$，实际工程量比计划工程量拖欠 $9m^3$；选项 D，4 月底累计实际工程量＝6＋7＋8＋15＝36 万 $m^3$，比计划工程量拖欠 2 万 $m^3$。

## 知识点三　香蕉曲线比较法

香蕉曲线是由两条 S 形曲线组合而成的闭合曲线（图 3-4-8）；

按最早开始时间安排进度，*ES* 曲线——投资加大；

按最迟开始时间安排进度，*LS* 曲线——进度风险加大。

一个科学合理的进度计划优化曲线应处于香蕉曲线所包络的区域之内：

(1) 如果工程实际进展点落在 *ES* 曲线的左侧，表明此刻实际进度比各项工作按其最早开始时间安排的计划进度超前；

(2) 如果工程实际进展点落在 *LS* 曲线的右侧，则表明此刻实际进度比各项工作按其最迟开始时间安排的计划进度拖后。

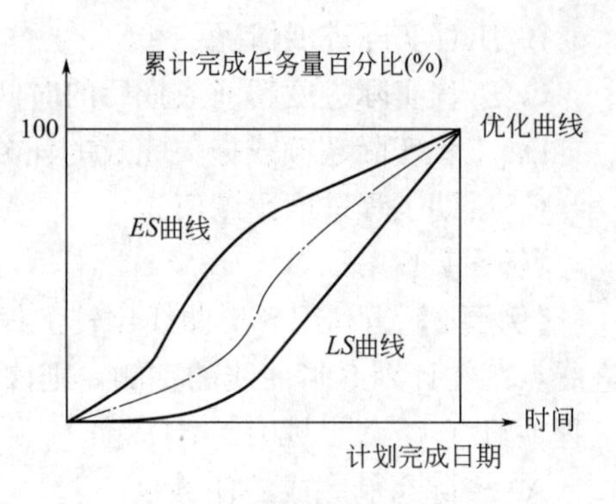


图 3-4-8　香蕉曲线示意图

## 典型例题

**【例题】** 用来比较实际进度与计划进度的香蕉曲线法中，组成香蕉曲线的两条线分别是按各工作的（　）安排绘制的。(2016 年真题)

A. 最早开始时间和最迟开始时间　　B. 最迟开始时间和最迟完成时间

C. 最早开始时间和最早完成时间　　D. 最早开始时间和最迟完成时间

**【答案】** A

**【解析】** 香蕉曲线是由两条 S 形曲线组合而成的闭合曲线：按最早开始时间安排进度的 *ES* 曲线和按最迟开始时间安排进度的 *LS* 曲线。

## 知识点四　前锋线比较法

通过绘制某检查时刻工程实际进度前锋线，进行工程实际进度与计划进度比较的方法。

主要适用于时标网络计划。

前锋线：指在原时标网络计划上，从检查时刻的时标点出发，用点划线依次将各项工作实际进展位置点连接而成的折线（图 3-4-9）。

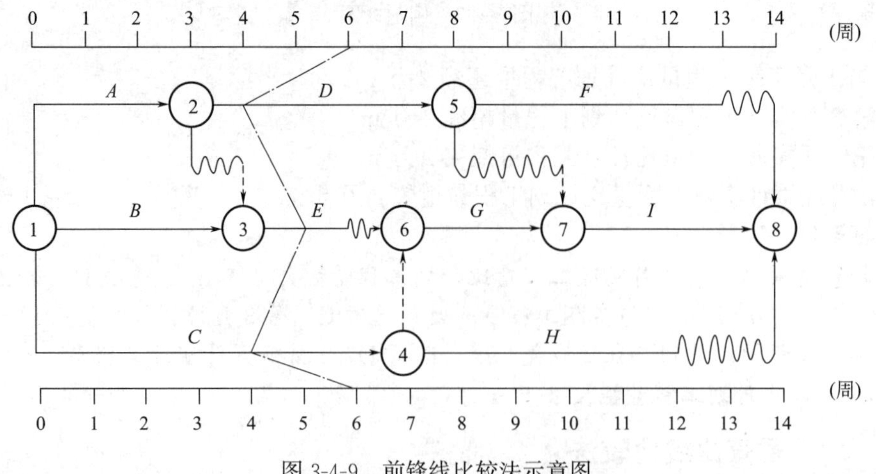


图 3-4-9　前锋线比较法示意图

工作实际进展位置点落在检查日期的左侧，表明该工作实际进度拖后，拖后的时间为二者之差；工作实际进展位置点落在检查日期的右侧，表明该工作实际进度超前，超前的时间为二者之差。

（1）进度偏差≤总时差，不影响总工期；

（2）进度偏差＞总时差，影响工期值＝偏差值－总时差；

（3）进度偏差≤自由时差，不影响紧后工作的最早开始时间；

（4）进度偏差＞自由时差，影响紧后工作最早开始时间值＝偏差值－自由时差。

## 典型例题

**【例题 1】**某工程进度计划执行到第 4 月底和第 8 月底的前锋线如图 3-4-10 所示，图中表明的正确信息有（　　）。（2022 年真题）

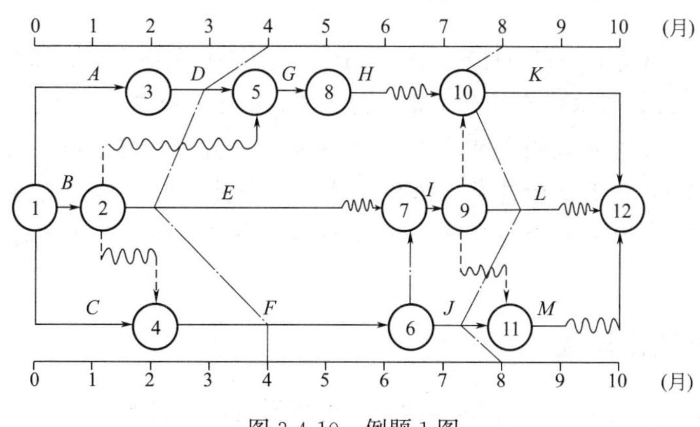


图 3-4-10　例题 1 图

A. 工作 $D$ 在第 4 月底检查时拖后 1 个月，影响工期 1 个月

B. 工作 $E$ 在第 4 月底检查时拖后 2 个月，不影响工期

C. 工作 $F$ 在第 4 月底检查时进度正常，不影响工期

D. 工作 $K$ 在第 8 月底检查时拖后 1 个月，影响工期 1 个月

E. 工作 $J$ 在第 8 月底检查时拖后 1 个月，影响工期 1 个月

**【答案】**CD

**【解析】**选项 A，工作 $D$ 在第 4 月底检查时拖后 1 个月，但是有 1 个月的总时差，不影响工期；选项 B，工作 $E$ 在第 4 月底检查时拖后 2 个月，总时差为 1 个月，影响工期 1 个月；选项 E，工作 $J$ 在第 8 月底检查时拖后 1 个月，总时差为 1 个月，不影响工期。

**【例题 2】**某工程进度计划执行到第 6 月底和第 9 月底绘制的实际进度前锋线如图 3-4-11 所示，图中表明的正确信息有（　　）。（2021 年真题）

A. 工作 $F$ 在第 6 月底检查时拖后 1 个月，不影响工期

B. 工作 $G$ 在第 6 月底检查时进度正常，不影响工期

C. 工作 $H$ 在第 6 月底检查时拖后 1 个月，不影响工期

D. 工作 $I$ 在第 9 月底检查时拖后 1 个月，不影响工期

E. 工作 $K$ 在第 9 月底检查时拖后 2 个月，影响工期 1 个月

**【答案】**ABDE

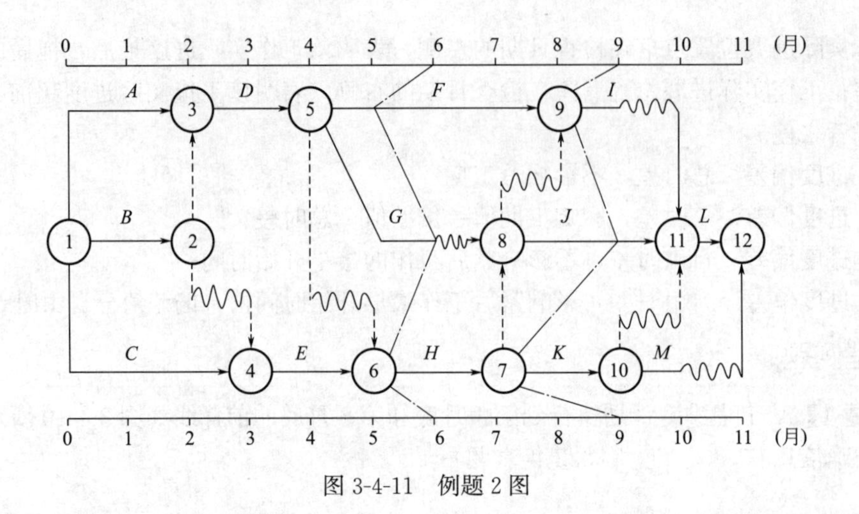


图 3-4-11　例题 2 图

**【解析】** 关键线路为 $C \to E \to H \to J \to L$。选项 A，6 月底检查时，工作 $F$ 拖延 1 个月，但其总时差为 1 个月，所以不影响总工期；选项 B，6 月底检查时，工作 $G$ 施工正常，不影响总工期；选项 C，6 月底检查时，工作 $H$ 拖延 1 个月，但其总时差为 0，所以影响总工期 1 个月；选项 D，9 月底检查时，工作 $I$ 拖延 1 个月，但其总时差为 1 个月，所以不影响总工期；选项 E，9 月底检查时，工作 $K$ 拖延 2 个月，但其总时差为 1 个月，所以影响总工期 1 个月。

## 知识点五　列表比较法

当工程进度计划用非时标网络图表示时，可用列表比较法进行实际进度和计划进度的比较。

通过记录检查日期应该进行的工作名称及其已经作业的时间，然后列表计算有关时间参数，并根据工作总时差进行实际进度与计划进度的比较。

### 典型例题

**【例题 1】** 某工程项目进度计划如图 3-4-12 所示。该计划执行到第 10 周末检查实际进度时，发现工作 $A$、$B$、$C$、$D$、$E$ 已经全部完成，工作 $F$ 已进行 1 周，工作 $G$ 和工作 $H$ 均已进行 2 周，试用列表比较法进行实际进度与计划进度的比较。

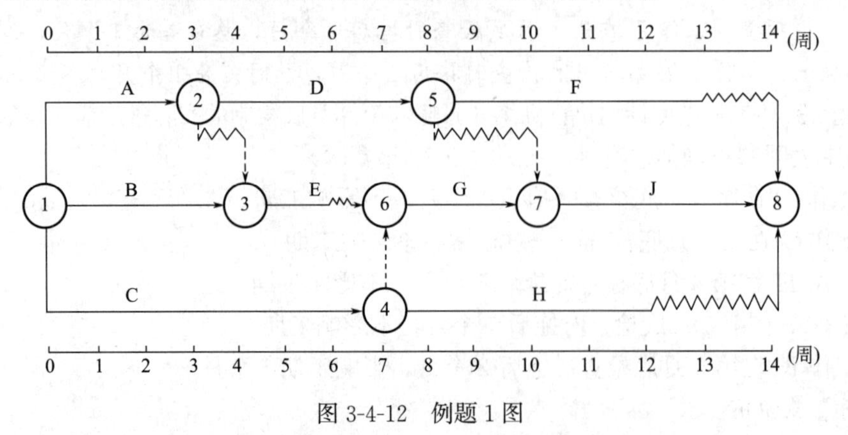


图 3-4-12　例题 1 图

【答案】工程进度检查比较表，如表 3-4-4 所示。

**工程进度检查比较表**　　　　**表 3-4-4**

| 工作代号 | 工作名称 | 检查计划时尚需作业周表 | 到计划最迟完成时尚余周数 | 原有总时差 | 尚有总时差 | 情况判断 |
|---|---|---|---|---|---|---|
| 5-8 | *F* | 4 | 4 | 1 | 0 | 拖后 1 周,但不影响工期 |
| 6-7 | *G* | 1 | 0 | 0 | −1 | 拖后 1 周,影响工期 1 周 |
| 4-8 | *H* | 3 | 4 | 2 | 1 | 拖后 1 周,但不影响工期 |

**【例题 2】**某网络计划执行情况的检查结果分析见表 3-4-5，对工作 *M* 的判断分析，正确的是（　　）。

A. 比计划延迟 4 天，影响紧后工作 2 天，不影响工期

B. 比计划提前 4 天，不影响工期

C. 比计划延迟 4 天，不影响紧后工作，不影响工期

D. 比计划延迟 4 天，影响工期 1 天

**例题 1 表**　　　　**表 3-4-5**

| 工作编号 | 工作名称 | 尚需工作天数（天） | 总时差(天) | | 自由时差(天) | |
|---|---|---|---|---|---|---|
| | | | 原有 | 目前尚有 | 原有 | 目前尚有 |
| … | | | | | | |
| *i-j* | *M* | 3 | 5 | 1 | 2 | 0 |
| … | | | | | | |

**【答案】**A

**【解析】**根据表格总时差的描述，得出工作 *M* 总时差为 5 天，检查结果现状已经用了 4 天；工作 *M* 自由时差为 2 天，检查结果现状已经用了 2 天。进而得到工作 *M* 的执行检查结果，延误未超过总时差，所以对工期不影响，但是对工作 *M* 计划完成时间延迟了 4 天，其有 2 天自由时差，所以对紧后工作影响 2 天。

**【例题 3】**下列方法中，既能比较工作的实际进度与计划进度，又能分析工作的进度偏差对工程总工期影响程度的是（　　）。

A. 匀速进度横道图比较法　　B. S 形曲线比较法

C. 非匀速进展横道图比较法　　D. 前锋线比较法

**【答案】**D

**【解析】**前锋线比较法既适用于工作实际进度与计划进度之间的局部比较，又可用来分析和预测工程项目整体进度状况。

## 第三节　进度计划实施中的调整方法

本节知识点如表 3-4-6 所示。

**本节知识点** **表 3-4-6**

| 知识点 | 2023 年 | | 2022 年 | | 2021 年 | | 2020 年 | | 2019 年 | |
|---|---|---|---|---|---|---|---|---|---|---|
| | 单选（道） | 多选（道） | 单选（道） | 多选（道） | 单选（道） | 多选（道） | 单选（道） | 多选（道） | 单选（道） | 多选（道） |
| 分析进度偏差对后续工作及总工期的影响 | 1 | | 1 | | 1 | | 1 | | 1 | |
| 进度计划的调整方法 | | 1 | 1 | | 1 | 1 | 1 | | 1 | |

## 知识点一 分析进度偏差对后续工作及总工期的影响

**1. 分析出现进度偏差的工作是否为关键工作**

关键工作：影响后续工作、总工期，必须采取相应的调整措施。

非关键工作：进一步分析进度偏差值与总时差和自由时差的关系。

**2. 分析进度偏差是否超过总时差**

进度偏差>该工作的总时差：影响其后续工作和总工期，必须采取调整措施。

进度偏差≤总时差：不影响总工期，至于对后续工作的影响程度，还需要根据偏差值与其自由时差的关系作进一步分析。

**3. 分析进度偏差是否超过自由时差**

进度偏差>自由时差：影响后续工作，此时应根据后续工作的限制条件确定调整方法。

进度偏差≤自由时差：不影响后续工作，原进度计划可以不作调整。

### 典型例题

**【例题 1】**工程进度计划实施中检查发现，某工作进度拖后 5 天，该工作总时差和自由时差分别是 6 天和 2 天，则该工作实际进度偏差对总工期及后续工作的影响是（　　）。（2022 年真题）

A. 影响总工期，但不影响后续工作

B. 不影响总工期，但影响后续工作

C. 既不影响总工期，也不影响后续工作

D. 影响总工期，也影响后续工作

**【答案】**B

**【解析】**工作的总时差是指在不影响总工期的前提下，本工作可以利用的机动时间。进度拖后 5 天，未超过总时差 6 天，因此不影响总工期。工作的自由时差是指在不影响其紧后工作最早开始时间的前提下，本工作可以利用的机动时间。进度拖后 5 天，超过自由时差 2 天，因此影响后续工作。

**【例题 2】**工程网络计划中，某工作实际进度拖后超过总时差，则该工作实际进度偏差对后续工作及总工期的影响是（　　）。（2023 年真题）

A. 影响后续工作，也影响总工期

B. 不影响后续工作，也不影响总工期

C. 影响后续工作，但不影响总工期

D. 不影响后续工作，但影响总工期

【答案】A

【解析】如果工作的进度偏差大于该工作的总时差，则此进度偏差必将影响其后续工作和总工期。

## 知识点二 进度计划的调整方法

**1. 改变某些工作间的逻辑关系**

当工程项目实施中产生的进度偏差影响到总工期，且有关工作的逻辑关系允许改变时，可以改变关键线路和超过计划工期的非关键线路上的有关工作之间的逻辑关系，达到缩短工期的目的。

如：将顺序进行的工作改为平行作业、搭接作业以及分段组织流水作业等。

**2. 缩短某些工作的持续时间**

不改变工程项目中各项工作之间的逻辑关系，而通过采取增加资源投入、提高劳动效率等措施来缩短某些工作的持续时间，使工程进度加快，以保证按计划工期完成该工程项目。

被压缩工作应满足的条件：

（1）位于关键线路和超过计划工期的非关键线路上的工作；

（2）持续时间可被压缩的工作。

### 典型例题

【例题 1】工程网络计划实施过程中，当某项工作实际进度拖后而影响工程总工期时，在不改变工作逻辑关系的前提下，可通过（　　）的方法有效缩短工期。(2022 年真题)

A. 缩短某些工作持续时间　　B. 组织搭接或平行作业

C. 减少某些工作机动时间　　D. 分段组织流水施工

【答案】A

【解析】缩短某些工作的持续时间：这种方法不改变工程项目中各项工作之间的逻辑关系，通过采取增加资源投入、提高劳动效率等措施来缩短某些工作的持续时间，使工程进度加快，以保证按计划工期完成该工程项目。

【例题 2】当工程实际进度偏差影响到后续工作、总工期而需要调整进度计划时，可采用（　　）等方法改变某些工作的逻辑关系。(2023 年真题)

A. 增加资源投入量

B. 提高劳动效率

C. 将顺序进行的工作改为平行作业

D. 将顺序进行的工作改为搭接作业

E. 分段组织流水作业

【答案】CDE

【解析】当工作的逻辑关系允许改变时，将顺序进行的工作改为平行作业、搭接作业以及分段组织流水作业等，都可以有效地缩短工期。选项 A、B 不改变逻辑关系采用的措施。

【例题 3】采用缩短某项工作持续时间的方法来调整建设项目进度计划，需要满足的要求有（　　）。(2015 年真题)

A. 改变非关键线路上有关工作的逻辑关系

B. 优先压缩自由时差大的工作持续时间

C. 有关工作的进度拖延时间不能超过总时差

D. 采用增加资源投入措施

E. 被压缩持续时间的工作位于超过计划工期的非关键线路上

**【答案】** DE

**【解析】** 缩短某些工作的持续时间：不改变工程项目中各项工作之间的逻辑关系，而通过采取增加资源投入、提高劳动效率等措施来缩短某些工作的持续时间，使工程进度加快，以保证按计划工期完成该工程项目。被压缩工作应满足的条件：①位于关键线路和超过计划工期的非关键线路上的工作；②持续时间可被压缩的工作。

## 本章精选习题

### 一、单项选择题

1. 在建设工程进度计划的实施过程中，监理工程师控制进度的关键步骤是（　　）。

A. 加工处理收集到的实际进度数据　B. 调查分析进度偏差产生的原因

C. 实际进度与计划进度的对比分析　D. 跟踪检查进度计划的执行情况

2. 不属于监理工程师全面、准确地掌握进度计划的执行情况，要做的工作是（　　）。

A. 定期收集进度报表资料　B. 现场实地检查工程进展情况

C. 实际进度数据的加工处理　D. 定期召开现场会议

3. 下列工程进度动态控制工作中，属于进度监测系统过程的是（　　）。

A. 分析进度偏差产生的原因　B. 分析实际进度与计划进度的偏差

C. 分析偏差对后续工作的影响　D. 分析后续工作的限制条件

4. 下列工作中，属于建设工程进度调整过程中实施内容的是（　　）。

A. 确定后续工作和总工期的限制条件

B. 加工处理实际进度数据

C. 现场实地检查工程进展情况

D. 定期召开现场会议

5. 在建设工程进度计划实施中，进度监测的系统过程包括以下工作内容：①实际进度与计划进度的比较；②收集实际进度数据；③数据整理、统计、分析；④建立进度数据采集系统；⑤进入进度调整系统。其正确的顺序是（　　）。

A. ①③④②⑤　B. ④③②①⑤

C. ④②③①⑤　D. ②④③①⑤

6. 某钢筋工程计划用 7 周完成，每周计划和实际累计完成情况如图 3-4-13 所示。关于该工程进度比较结果的说法，正确的是（　　）。

A. 实际开始时间晚于计划开始时间 1 周

B. 第 2 周末实际进度比计划进度提前 5%

C. 第 4 周内计划完成的任务量为 10%

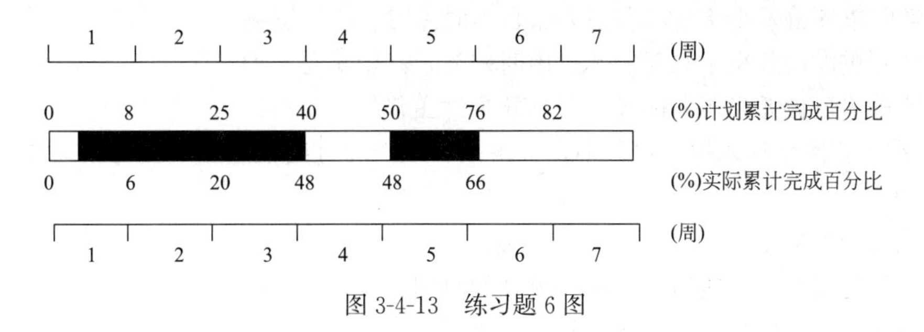


图 3-4-13　练习题 6 图

D. 第 5 周内实际任务量比计划任务量拖后 10%

7. 在利用 S 形曲线比较建设工程实际进度与计划进度时，如果检查日期实际进展点落在计划 S 形曲线的右侧，则该实际进展点与计划 S 形曲线在纵坐标方向的距离表示该工程（　　）。

A. 实际进度超前的时间　　B. 实际超额完成的任务量

C. 实际进度拖后的时间　　D. 实际拖欠的任务量

8. 某工作实施过程中的 S 形曲线如图 3-4-14 所示，图中 a 和 b 两点的进度偏差状态是（　　）。

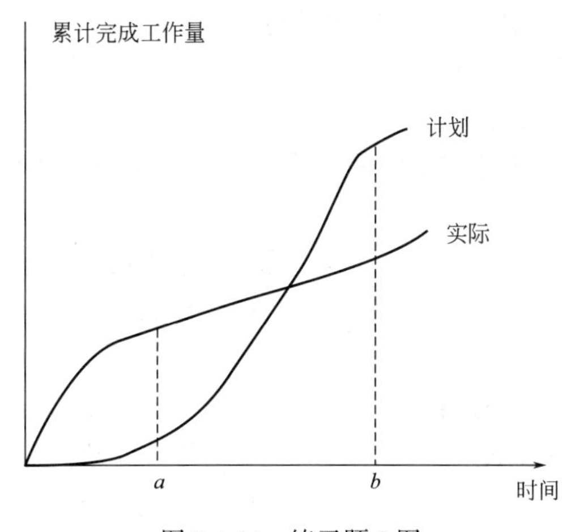


图 3-4-14　练习题 8 图

A. $a$ 点进度拖后和 $b$ 点进度拖后　　B. $a$ 点进度拖后和 $b$ 点进度超前

C. $a$ 点进度超前和 $b$ 点进度拖后　　D. $a$ 点进度超前和 $b$ 点进度超前

9. 工程网络计划中，某工作的总时差和自由时差均为 2 周。计划实施过程中经检查发现，该工作实际进度拖后 1 周。则该工作实际进度偏差对后续工作及总工期的影响是（　　）。

A. 对后续工作及总工期均有影响　　B. 对后续工作及总工期均无影响

C. 影响后续工作，但不影响总工期　D. 影响总工期，但不影响后续工作

10. 关于网络计划中工作实际进度偏差对后续工作及总工期影响的说法，正确的是（　　）。

A. 实际进度偏差大于总时差时，必然影响后续工作和总工期

B. 实际进度偏差小于总时差而大于自由时差时，必然影响后续工作和总工期

C. 实际进度偏差小于总时差和自由时差时，只影响总工期

D. 实际进度偏差大于总时差，只影响后续工作

11. 在工程网络计划执行过程中，如果某项工作的进度偏差超过其自由时差，则该工作（　　）。

A. 实际进度影响工程总工期

B. 实际进度影响其紧后工作的最早开始时间

C. 由非关键工作转变为关键工作

D. 总时差大于零

12. 工程网络计划实施中，因实际进度拖后而需要通过压缩某些工作的持续时间来调整计划时，应选择（　　）的工作压缩其持续时间。

A. 持续时间最长　　B. 自由时差最小

C. 总时差最小　　D. 时间间隔最大

13. 当实际进度偏差影响总工期时，通过改变某些工作的逻辑关系来调整进度计划的具体做法是（　　）。

A. 将顺序进行的工作改为搭接进行

B. 增加劳动量来缩短某些工作的持续时间

C. 提高某些工作的劳动效率

D. 组织有节奏的流水施工

14. 当某项工作实际进度拖延的时间超过其总时差而需要调整进度计划时，应考虑该工作的（　　）。

A. 资源需求量　　B. 后续工作的限制条件

C. 自由时差的大小　　D. 紧后工作的数量

**二、多项选择题**

1. 建设工程进度监测系统过程中的工作内容有（　　）。

A. 分析进度偏差产生的原因　　B. 收集实际进度数据

C. 实际进度与计划进度的比较　　D. 分析进度偏差对后续工作的影响

E. 实际进度数据的加工处理

2. 某工作计划进度与实际进度如图 3-4-15 所示，其中正确的结论有（　　）。

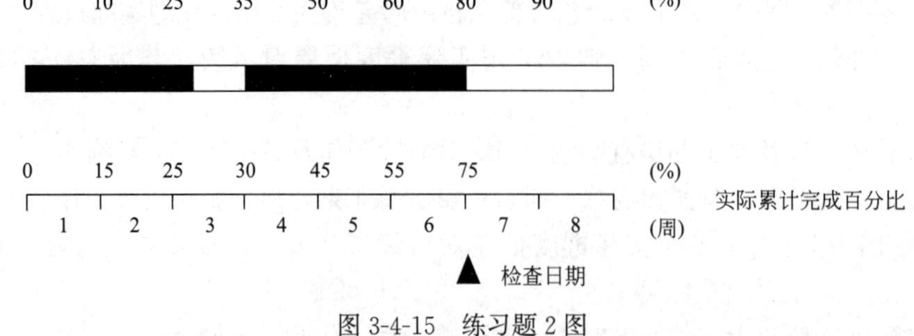


图 3-4-15　练习题 2 图

A. 第 1 周后连续工作没有中断

B. 在第 2 周内按计划正常进行

C. 在第 3 周后半周未按计划进行

D. 截至第 4 周末拖欠 5%的任务量

E. 截至检查日期实际进度拖后

3. 香蕉曲线比较法的主要作用有（　　）。

A. 合理安排工程项目进度计划

B. 定期比较工程项目的实际进度与计划进度

C. 预测后期工程进展趋势

D. 详细分析工程进度情况

E. 后期工程进度的确定

4. 某双代号时标网络计划执行过程中的实际进度前锋线如图 3-4-16 所示，计划工期为 12 周，图中正确的信息有（　　）。

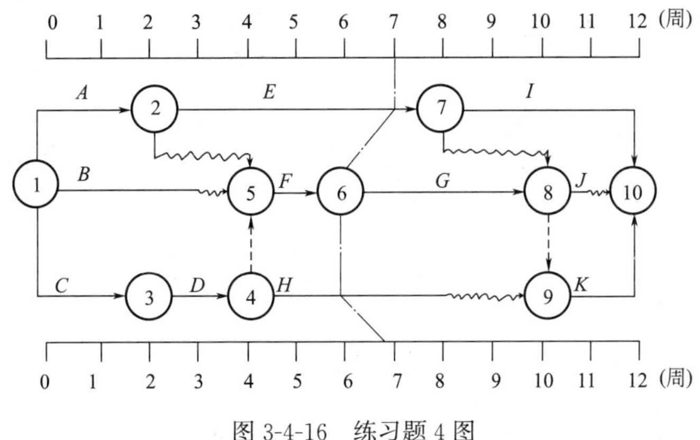


图 3-4-16　练习题 4 图

A. 工作 $E$ 进度正常，不影响总工期

B. 工作 $G$ 进度拖延 1 周，影响总工期 1 周

C. 工作 $H$ 进度拖延 1 周，影响总工期 1 周

D. 工作 $I$ 最早开始时间调后 1 周，计算工期不变

E. 根据第 7 周末的检查结果，压缩工作 $K$ 的持续时间 1 周，计划工期不变

5. 某工程双代号时标网络计划执行到第 30 天和第 70 天时，检查其实际进度绘制的前锋线如图 3-4-17 所示，由此可得到正确的结论有（　　）。

A. 第 30 天检查时，工作 $C$ 实际进度提前 10 天，不影响总工期

B. 第 30 天检查时，工作 $D$ 实际进度正常，不影响总工期

C. 第 70 天检查时，工作 $G$ 实际进度拖后 10 天，影响总工期

D. 第 70 天检查时，工作 $F$ 实际进度拖后 10 天，不影响总工期

E. 第 70 天检查时，工作 $H$ 实际进度正常，不影响总工期

6. 某工程双代号时标网络计划执行到第 5 周和第 11 周时，检查其实际进度如图 3-4-18 前锋线所示，由图可以得出的正确结论有（　　）。

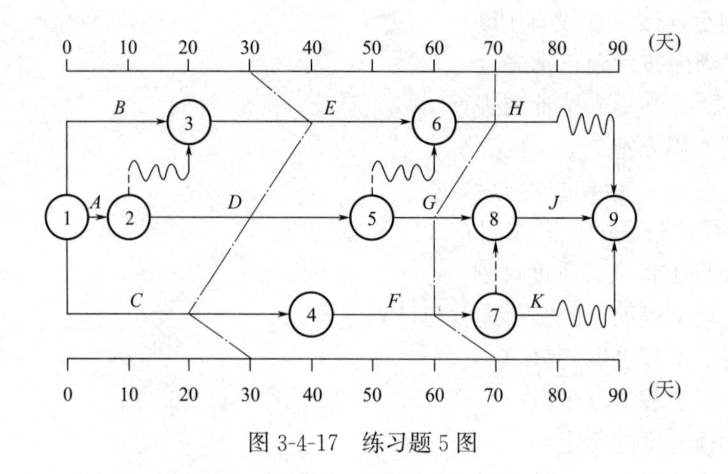


图 3-4-17　练习题 5 图

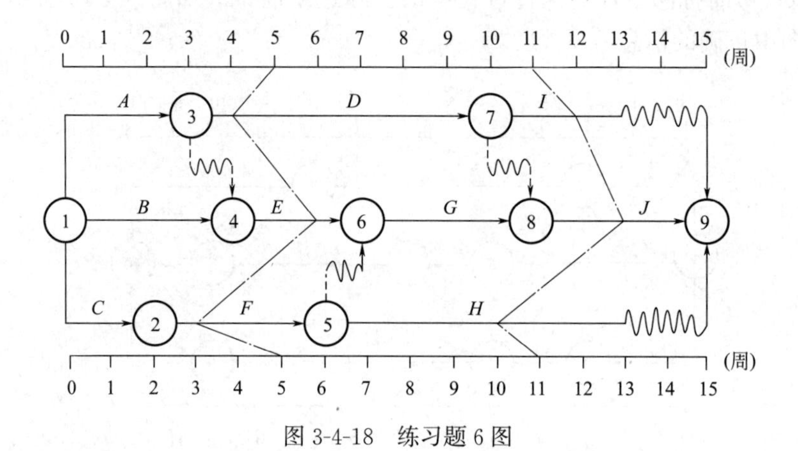


图 3-4-18　练习题 6 图

A. 第 5 周检查时，工作 $D$ 拖后 1 周，不影响总工期

B. 第 5 周检查时，工作 $E$ 提前 1 周，影响总工期

C. 第 5 周检查时，工作 $F$ 拖后 2 周，不影响总工期

D. 第 11 周检查时，工作 $J$ 提前 2 周，影响总工期

E. 第 11 周检查时，工作 $H$ 拖后 1 周，不影响总工期

7. 工程实际进度偏差影响到总工期时，可采用（　　）等方法调整进度计划。

A. 缩短某些关键工作的持续时间

B. 将顺序作业改为搭接作业

C. 增加劳动力，提高劳动效率

D. 保证资源的供应

E. 将顺序作业改为平行作业

8. 工程网络计划执行过程中，因工作实际进度拖后而需要调整工程进度计划时，可采用的调整方法有（　　）。

A. 调整某工作的工艺关系

B. 将某些顺序作业的工作改为平行作业

C. 将某些顺序作业的工作改为搭接作业

D. 将某些平行作业的工作改为搭接作业

E. 将某些平行作业的工作改为分段组织流水作业

## 习题答案及解析

**一、单项选择题**

1. **【答案】** D

**【解析】** 对进度计划的执行情况进行跟踪检查是计划执行信息的主要来源，是进度分析和调整的依据，也是进度控制的关键步骤。

2. **【答案】** C

**【解析】** 为了全面、准确地掌握进度计划的执行情况，监理工程师应认真做好以下三方面工作：定期收集进度报表资料；现场实地检查工程进展情况；定期召开现场会议。

3. **【答案】** B

**【解析】** 进度监测的系统过程包括：①进度计划执行中的跟踪检查；②实际进度数据的加工处理；③实际进度与计划进度的对比分析。选项 A、C、D 属于进度调整的系统过程内容。

4. **【答案】** A

**【解析】** 进度调整的系统过程包括：分析进度偏差产生的原因；分析进度偏差对后续工作和总工期的影响；确定后续工作和总工期的限制条件；采取措施调整进度计划；实施调整后的进度计划。选项 B、C、D 属于进度监测系统过程的内容。

5. **【答案】** C

**【解析】** 进度监测的系统过程：进度计划的实施→建立进度数据采集系统→收集实际进度数据→数据整理、统计、分析→实际进度与计划进度的比较→进入进度调整系统。

6. **【答案】** C

**【解析】** 选项 A 错误，实际开始时间晚于计划开始时间 0.5 周；选项 B 错误，第 2 周末实际进度比计划进度拖后 5%；选项 D 错误，第 5 周内实际任务量完成 18%，计划任务量完成 26%，实际任务量比计划任务量拖后 8%。

7. **【答案】** D

**【解析】** 纵坐标距离表示超额或拖欠的任务量。如果检查日期实际进展点落在计划 S 形曲线的右侧，则该实际进展点与计划 S 形曲线在纵坐标方向的距离表示该工程实际拖欠的任务量。

8. **【答案】** C

**【解析】** 如果工程实际进展点落在计划 S 形曲线左侧，表明此时实际进度比计划进度超前；如果工程实际进展点落在 S 形计划曲线右侧，表明此时实际进度拖后。

9. **【答案】** B

**【解析】** 实际进度拖后 1 周，小于总时差和自由时差，对后续工作及总工期均无影响。

10. **【答案】** A

**【解析】** 实际进度偏差大于总时差时，必然影响后续工作和总工期。

11. **【答案】** B

**【解析】** 如果工作的进度偏差大于该工作的自由时差，则此进度偏差将对后续工作产生影响，此时应根据后续工作的限制条件确定调整方法。

12. **【答案】** C

**【解析】** 工程网络计划实施中，因实际进度拖后而需要通过压缩某些工作的持续时间来调整计划时，应选择总时差最小的工作压缩其持续时间。

13. **【答案】** A

**【解析】** 逻辑关系：将顺序进行的工作改为平行作业、搭接作业以及分段组织流水作业等。选项B、C属于缩短工作持续时间。

14. **【答案】** B

**【解析】** 某项工作实际进度拖延的时间超过其总时差而需要对进度计划进行调整时，除需考虑总工期的限制条件外，还应考虑网络计划中后续工作的限制条件。

**二、多项选择题**

1. **【答案】** BCE

**【解析】** 进度监测系统过程中的工作内容有：进度计划执行中的跟踪检查；实际进度数据的加工处理；实际进度与计划进度的对比分析。

2. **【答案】** CDE

**【解析】** 选项A，在第3周有中断；选项B，在第2周内拖延进度5%。

3. **【答案】** ABC

**【解析】** 香蕉曲线比较法的主要作用有合理安排工程项目进度计划、定期比较工程项目的实际进度与计划进度、预测后期工程进展趋势。

4. **【答案】** ABE

**【解析】** 选项C错误，工作$H$进度拖延1周，但是其总时差为2周，不影响总工期；选项D错误，由于工作$E$的进度正常，所以工作$I$的最早开始时间不变。若调后1周，工作$I$为关键工作，则工期拖延1周。

5. **【答案】** BCE

**【解析】** 选项A，第30天检查时，工作$C$实际进度拖后10天；选项D，第70天检查时，工作$F$实际进度拖后10天，影响总工期。

6. **【答案】** ABDE

**【解析】** 选项A，第5周检查时，工作$D$拖后1周，因其有1周的总时差，不影响总工期；选项B，第5周检查时，工作$E$提前1周，因其在关键线路上，所以影响总工期；选项C，第5周检查时，工作$F$拖后2周，因其只有1周的总时差，影响总工期；选项D，第11周检查时，工作$J$提前2周，因其在关键线路上，所以影响总工期；选项E，第11周检查时，工作$H$拖后1周，因其有2周的总时差，不影响总工期。

7. **【答案】** ABCE

**【解析】** 选项A、C，不改变逻辑关系时，采用的措施；选项B、E，改变逻辑关系时，采用的措施。

8. **【答案】** BC

**【解析】** 当工程项目实施中产生的进度偏差影响到总工期，且有关工作的逻辑关系允许改变时，可以改变关键线路和超过计划工期的非关键线路上的有关工作之间的逻辑关系，达到缩短工期的目的。例如，将顺序进行的工作改为平行作业、搭接作业以及分段组织流水作业等，都可以有效地缩短工期。

# 第五章　建设工程设计阶段进度控制

考纲要求

1. 设计进度影响因素
2. 设计进度监控工作内容

## 第一节　设计进度控制措施

本节知识点如表 3-5-1 所示。

**本节知识点**　　**表 3-5-1**

| 知识点 | 2023 年 | | 2022 年 | | 2021 年 | | 2020 年 | | 2019 年 | |
|---|---|---|---|---|---|---|---|---|---|---|
| | 单选（道） | 多选（道） | 单选（道） | 多选（道） | 单选（道） | 多选（道） | 单选（道） | 多选（道） | 单选（道） | 多选（道） |
| 影响设计进度的因素 | | | | | | | | 1 | 1 | |
| 监理单位的进度监控 | 1 | | 1 | | | | | | | |
| 建筑工程管理(CM)方法 | | | | | 1 | | | | | |

### 知识点一　影响设计进度的因素

建设工程设计工作属于多专业协作配合的智力劳动，在工程设计过程中，影响其进度的因素有很多：

（1）建设意图及要求改变的影响；

（2）设计审批时间的影响；

（3）设计各专业之间协调配合的影响；

（4）工程变更的影响；

（5）材料代用、设备选用失误的影响。

#### 典型例题

**【例题】**在建设工程设计阶段，会对进度造成影响的因素之一是（　　）。（2019 年真题）

A. 可行性研究　　B. 建设意图及要求

C. 工程材料供货洽谈　　D. 设计合同洽谈

**【答案】**B

## 知识点二　监理单位的进度监控

监理单位受业主的委托进行工程设计监理时，应落实项目监理班子中专门负责设计进度控制的人员。

监理单位的进度监控的主要内容如下：

（1）对于设计进度的监控应实施动态控制。

（2）设计工作开始前，首先应由监理工程师审查设计单位所编制的进度计划的合理性和可行性。

（3）在进度计划实施过程中，监理工程师应定期检查设计工作的实际完成情况，并与计划进度进行比较分析。一旦发现偏差，就应在分析原因的基础上提出纠偏措施，以加快设计工作进度。

（4）在设计进度控制中，监理工程师对设计单位填写的设计图纸进度表进行核查分析，并提出自己的见解。

### 典型例题

**【例题 1】**监理工程师在设计阶段进度控制的工作内容是（　　）。（2022 年真题）

A. 确定规划设计条件　　B. 编制设计总进度计划

C. 审查设计单位提交的进度计划　　D. 填写设计进度表

**【答案】**C

**【例题 2】**项目监理机构控制设计进度时，在设计工作开始之前应审查设计单位编制的（　　）。（2018 年真题）

A. 进度计划的合理性和可行性　　B. 技术经济定额的合理性和可行性

C. 设计准备工作计划的完整性　　D. 材料设备供应计划的合理性

**【答案】**A

**【例题 3】**为有效控制工程设计进度，需要工程设计单位进行的工作是（　　）。（2023 年真题）

A. 编制设计出图计划　　B. 编制设计任务书

C. 编制设计进度控制工作细则　　D. 编制设计工作量清单

**【答案】**A

**【解析】**设计单位编制设计进度计划和各专业的出图计划，监理单位审核设计单位的进度计划和各专业的出图计划。

## 知识点三　建筑工程管理（CM）方法

将工程设计分阶段进行，每阶段设计好之后就进行招标施工，并在全部工程竣工前，将已完成的部分工程交付使用。这样，可以缩短工期，使工程分批投产，提前获得收益。

建筑工程管理（CM）的基本指导思想就是缩短建设周期。其采用快速路径的生产组织方式，特别适用于那些实施周期长、工期要求紧迫的大型复杂建设工程。

优势体现：

（1）采取分阶段发包，设计与施工能够充分地搭接，有利于缩短建设工期。

（2）监理工程师在建设工程设计早期即可参与项目的实施，并对设计提出合理化建议，使设计方案的施工可行性和合理性在设计阶段就得到考虑和证实，从而可以减少施工阶段因修改设计而造成实际进度拖后的情况发生。

（3）为了实现设计与施工以及施工与施工的合理搭接，建筑工程管理（CM）方法将项目的进度安排看作一个完整的系统工程，一般在项目实施早期即编制供货期长的设备采购计划，并提前安排设备招标、提前组织设备采购，从而可以避免因设备供应工作的组织和管理不当而造成的工程延期。

## 典型例题

**【例题】**建筑工程管理（CM）方法是指工程实施采用（　　）的生产组织方式。（2021年真题）

A. 敏捷作业　　B. 关键路径　　C. 精益作业　　D. 快速路径

**【答案】**D

## 本章精选习题

### 一、单项选择题

1. 下列设计进度控制工作中，属于监理单位进度监控工作的是（　　）。

A. 认真实施设计进度计划　　B. 编制切实可行的设计总进度计划

C. 编制阶段性设计进度计划　　D. 定期比较分析设计完成情况与计划进度

2. 监理单位受业主委托实施设计进度监控的工作内容是（　　）。

A. 建立健全设计技术经济定额　　B. 编制切实可行的设计进度计划

C. 推行限额设计管理模式　　D. 落实专门负责设计进度控制的人员

3. 监理单位监控设计进度的工作是（　　）。

A. 建立健全设计技术经济定额　　B. 编制设计总进度计划

C. 核查分析设计图纸进度　　D. 组织设计各专业之间的协调配合

4. 在工程设计过程中，影响进度的主要因素之一是（　　）。

A. 地下埋藏文物的处理　　B. 施工承发包模式的选择

C. 设计合同的计价方式　　D. 设计各专业之间的协调配合程度

## 习题答案及解析

### 一、单项选择题

1. **【答案】**D

**【解析】**选项A、B、C属于设计单位工作。

2. **【答案】**D

**【解析】**监理单位受业主的委托进行工程设计监理时，应落实项目监理班子中专门负责设计进度控制的人员。

3. **【答案】** C

**【解析】** 在设计进度控制中，监理工程师要对设计单位填写的设计图纸进度表进行核查分析，并提出自己的见解，将各设计阶段的每一张图纸的进度都纳入监控之中。

4. **【答案】** D

**【解析】** 在工程设计过程中，影响设计进度的主要因素之一是设计各专业之间的协调配合程度。

# 第六章　建设工程施工阶段进度控制

考纲要求

1. 施工阶段进度控制目标的确定
2. 施工进度计划编制和审查
3. 施工进度控制工作内容
4. 施工进度计划调整方法及相应措施
5. 工程延期事件处理程序、原则和方法
6. 物资供应计划及编制方法
7. 物资供应进度控制工作内容

## 第一节　施工阶段进度控制目标的确定

本节知识点如表 3-6-1 所示。

**本节知识点**　　**表 3-6-1**

| 知识点 | 2023 年 | | 2022 年 | | 2021 年 | | 2020 年 | | 2019 年 | |
|---|---|---|---|---|---|---|---|---|---|---|
| | 单选（道） | 多选（道） | 单选（道） | 多选（道） | 单选（道） | 多选（道） | 单选（道） | 多选（道） | 单选（道） | 多选（道） |
| 施工进度控制目标体系 | | 1 | | | | | 1 | | | |
| 施工进度控制目标的确定 | | | | | | 1 | | | | |

### 知识点一　施工进度控制目标体系

从建设工程施工进度目标分解图（图 3-6-1）可以看出，下级目标受上级目标的制约，下级目标保证上级目标，最终保证施工进度总目标的实现。

（1）按项目组成分解，确定各单位工程开工及动用日期。

（2）按承包单位分解，明确分工条件和承包责任。

（3）按施工阶段分解，划定进度控制分界点。

（4）按计划期分解，组织综合施工。

将工程项目的施工进度控制目标按年度、季度、月（或旬）进行分解，并用实物工程量、货币工作量及形象进度表示，将更有利于监理工程师明确对各承包单位的进度要求。

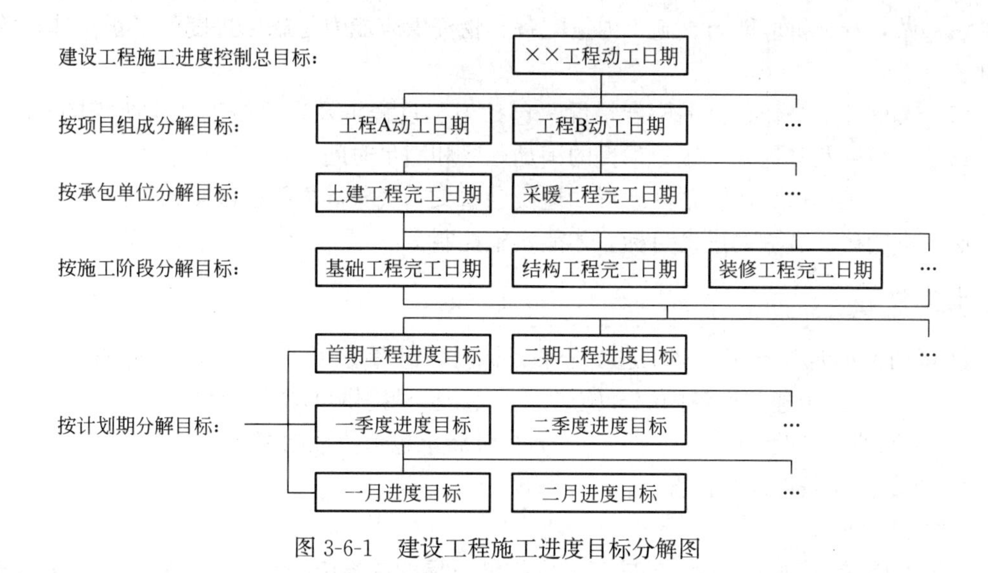


图 3-6-1　建设工程施工进度目标分解图

## 典型例题

**【例题 1】**施工阶段进度控制目标体系可按（　　）进行分解。

A. 计划期　　　　B. 年度投资计划

C. 施工阶段　　　　D. 项目组成

E. 设计图纸交付顺序

**【答案】**ACD

**【例题 2】**按计划期分解施工进度控制目标时，新分解的目标可用（　　）表示。（2023 年真题）

A. 实物工程量　　B. ××消耗量　　C. 货币工作量　　D. 形象进度

E. 里程碑事件

**【答案】**ACD

**【解析】**按计划期分解，组织综合施工，将工程项目的施工进度控制目标按年度、季度、月（或旬）进行分解，并用实物工程量、货币工作量及形象进度表示，将更有利于监理工程师明确对各承包单位的进度要求。

## 知识点二　施工进度控制目标的确定

**1. 主要依据**

（1）建设工程总进度目标对施工工期的要求；

（2）工期定额、类似工程项目的实际进度；

（3）工程难易程度和工程条件的落实情况等。

**2. 进度分解目标时，还应考虑的内容**

（1）对于大型建设工程项目，应遵循尽早提供可动用单元的原则。

（2）合理安排土建与设备的综合施工。

（3）结合本工程的特点，参考同类建设工程的经验。

（4）做好资金供应能力、施工力量配备、物资供应能力与施工进度的平衡工作，确保进度。

（5）考虑外部协作条件的配合情况。包括施工过程中及项目竣工动用所需的水、电、气、通信、道路及其他社会服务项目的满足程序和满足时间。

（6）考虑工程项目所在地区地形、地质、水文、气象等方面的限制条件。

必须有明确、合理的进度目标，才能实施控制。

### 典型例题

【例题 1】确定建设工程施工进度分解目标时，需考虑（　　）。（2021 年真题）

A. 合理安排土建与设备的综合施工
B. 尽早提供可动用单元
C. 同类工程建设经验
D. 承包单位控制能力
E. 外部协作条件配合情况

【答案】ABCE

【例题 2】制定科学、合理的施工进度控制目标的主要依据有（　　）。（2018 年真题）

A. 施工图设计工作时间
B. 类似工程项目实际进度
C. 工期定额
D. 工程难易程度
E. 工程条件的落实情况

【答案】BCDE

【例题 3】对于可分期分批建设并投入使用的大型建设项目，确定施工进度分解目标，安排各项工程进度计划时应遵循的原则是（　　）。（2013 年真题）

A. 尽早提供可动用单元
B. 尽早安排主体工程
C. 尽量推迟附属配套工程
D. 尽量推迟规模较大的主体工程

【答案】A

【解析】对于大型建设工程项目，应根据尽早提供可动用单元的原则，集中力量分期分批建设，以便尽早投入使用，尽快发挥投资效益。

## 第二节　施工阶段进度控制的内容

本节知识点如表 3-6-2 所示。

**本节知识点**　　　　**表 3-6-2**

| 知识点 | 2023 年 | | 2022 年 | | 2021 年 | | 2020 年 | | 2019 年 | |
|---|---|---|---|---|---|---|---|---|---|---|
| | 单选（道） | 多选（道） | 单选（道） | 多选（道） | 单选（道） | 多选（道） | 单选（道） | 多选（道） | 单选（道） | 多选（道） |
| 建设工程施工进度控制工作内容 | 2 | | 2 | 1 | 3 | | 1 | | 2 | 1 |

### 知识点一　建设工程施工进度控制工作内容

具体内容如表 3-6-3 所示。

建设工程施工进度控制工作内容　　表 3-6-3

| | |
|---|---|
| ①编制施工进度控制工作细则 | ⑧签发工程进度款支付凭证 |
| ②编制或审核施工进度计划 | ⑨审批工程延期 |
| ③按年、季、月编制工程综合计划 | ⑩向业主提供进度报告 |
| ④下达工程开工令 | ⑪督促承包单位整理技术资料 |
| ⑤协助承包单位实施进度计划 | ⑫签署工程竣工报验单，提交质量评估报告 |
| ⑥监督施工进度计划的实施 | ⑬整理工程进度资料 |
| ⑦组织现场协调会 | ⑭工程移交 |

## 典型例题

**【例题 1】** 监理工程师控制工程施工进度的工作内容有（　　）。(2022 年真题)

A. 监督施工进度计划的实施　　B. 编制单位工程施工进度计划

C. 向业主提供工程进度报告　　D. 编制施工索赔报告

E. 组织施工现场协调会

**【答案】** ACE

**1. 编制施工进度控制工作细则**

施工进度控制工作细则的主要内容：

(1) 施工进度控制目标分解图；

(2) 施工进度控制的主要工作内容和深度；

(3) 进度控制人员的职责分工；

(4) 与进度控制有关的各项工作的时间安排及工作流程；

(5) 进度控制的方法（进度检查周期、数据采集方式、进度报表格式、统计分析方法等）；

(6) 进度控制的具体措施（组织、技术、经济、合同）；

(7) 施工进度控制目标实现的风险分析；

(8) 尚待解决的有关问题。

**总结：** 目标、做什么、谁做、时间、流程、方法、措施、风险。

施工进度控制工作细则是对建设工程监理规划中有关进度控制内容的进一步深化和补充，对监理工程师的进度控制实务工作起着具体的指导作用。

建设工程监理规划可以比作是开展监理工作的“初步设计”，施工进度控制工作细则就可以看成是开展建设工程监理工作的“施工图设计”，其对监理工程师的进度控制实务工作起着具体的指导作用。

**【例题 2】** 监理工程师编制的施工进度控制工作细则应包含的内容是（　　）。(2023 年真题)

A. 工程延期审批工作程序　　B. 与进度控制有关的工作流程

C. 工期延误处置措施　　D. 工程材料设备检验计划

【答案】B

【例题 3】监理工程师编制的施工进度控制工作细则，可看作是开展工程监理工作的（　　）。(2021 年真题)

A. 施工图设计　　B. 初步设计

C. 总体性设计　　D. 方案设计

【答案】A

【例题 4】施工进度控制工作细则是对（　　）中有关进度控制内容的进一步深化和补充。(2018 年真题)

A. 施工总进度计划　　B. 单位工程施工进度计划

C. 建设工程监理规划　　D. 建设工程监理大纲

【答案】C

**2. 编制或审核施工进度计划**

1）情形 1：监理工程师需编制施工总进度计划的情形

(1) 大型建设工程，且采取分期分批发包，无工程总承包单位时；

(2) 当建设工程由若干个承包单位平行承包时。

施工总进度计划的确定：

(1) 确定分期分批的项目组成；

(2) 确定各批工程项目的开工、竣工顺序及时间安排；

(3) 确定全场性准备工程，特别是首批准备工程的内容与进度安排等。

2）情形 2：审核施工总进度计划

当建设工程有总承包单位时，监理工程师只需对总承包单位提交的施工总进度计划进行审核即可。

而对于单位工程施工进度计划，监理工程师只负责审核而不负责编制。

3）施工进度计划审核的内容

(1) 进度安排是否符合工程项目建设总进度计划中总目标和分目标的要求，是否符合施工合同中开工、竣工日期的规定；

(2) 施工总进度计划中的项目是否有遗漏，分期施工是否满足分批动用的需要和配套动用的要求；

(3) 施工顺序的安排是否符合施工工艺的要求；

(4) 劳动力、材料、构配件、设备及施工机具、水、电等生产要素的供应计划是否能保证施工进度计划的实现，供应是否均衡、需求高峰期是否有足够能力实现计划供应；

(5) 总包、分包单位分别编制的各项单位工程施工进度计划之间是否相协调，专业分工与计划衔接是否明确合理；

(6) 对于业主负责提供的施工条件，在施工进度计划中安排是否明确、合理，是否有造成因业主违约而导致工程延期和费用索赔的可能存在。

监理工程师在审查过程中发现问题，应及时向承包单位提出书面修改意见（也称整改通知书），并协助承包单位修改。其中重大问题应及时向业主汇报。

4）责任的归属

监理工程师对施工进度计划的审查或批准，并不解除承包单位对施工进度计划的任何责任和义务。

5）合同的效力

施工进度计划一经监理工程师确认，即应当视为合同文件的一部分，其是以后处理承包单位提出的工程延期或费用索赔的一个重要依据。

**【例题5】**监理工程师审查施工进度计划时发现有重大问题的，应进行的工作是（　　）。（2023年真题）

A. 口头通知施工单位确定整改方案　　B. 及时向建设单位汇报

C. 及时组织消除存在的问题　　D. 建立避免出现类似重大问题的相关制度

**【答案】**B

**【解析】**注意题干中“重大”两字。如果监理工程师在审查施工进度计划的过程中发现问题，应及时向承包单位提出书面修改意见（也称整改通知书），并协助承包单位修改。其中重大问题应及时向业主汇报。

**3. 按年、季、月编制工程综合计划**

**4. 下达工程开工令**

（1）依据：开工准备情况，要尽可能及时发布；

（2）从发布工程开工令之日算起，加上合同工期后，即为工程竣工日期。

**5. 协助承包单位实施进度计划**

**6. 监督施工进度计划的实施**

**7. 组织现场协调会**

（1）监理工程师应每月、每周定期组织召开不同层级的现场协调会议；在平行、交叉施工单位多，工序交接频繁且工期紧迫的情况下，现场协调会需要每日召开；

（2）对于某些未曾预料的突发变故或问题，监理工程师还可以通过发布紧急协调指令，督促有关单位采取应急措施。

**8. 签发工程进度款支付凭证**

监理工程师应对承包单位申报的已完分项工程量进行核实，在质量监理人员检查验收后，签发工程进度款支付凭证。

**【例题6】**项目监理机构发布工程开工令的依据是（　　）。（2019年真题）

A. 施工承包合同约定　　B. 工程开工的准备情况

C. 批准的施工总进度计划　　D. 施工图纸的准备情况

**【答案】**B

**【解析】**监理工程师应根据承包单位和业主双方关于工程开工的准备情况，选择合适的时机发布工程开工令。

**【例题7】**项目监理机构应对承包单位申报的已完分项工程量进行核实，在（　　）后签发工程进度款支付凭证。（2018年真题）

A. 与建设单位代表协商　　B. 监理员现场计量

C. 质量监理人员检查验收　　D. 与承包单位协商

**【答案】**C

**【解析】**监理工程师应对承包单位申报的已完分项工程量进行核实，在质量监理人员检查验收后，签发工程进度款支付凭证。

**9. 审批工程延期**

1）工期延误：由于承包单位自身原因造成进度拖延

（1）监理工程师有权要求承包单位采取有效措施加快进度；

（2）采取措施无明显改进，仍然影响工程按期竣工的，监理工程师应要求承包单位修改计划，并提交监理工程师重新确认；

（3）监理工程师对修改后的施工进度计划的确认，并不是对工程延期的批准，其只是要求承包单位在合理的状态下施工；

（4）监理工程师对进度计划的确认，并不能解除承包单位应负的责任，承包单位应承担赶工的全部额外开支和误期赔偿。

2）工期延期：由于非承包单位的原因造成进度延误

（1）承包单位有权提出延长工期的申请；

（2）监理工程师应根据合同规定，审批工程延期时间；

（3）经监理工程师核实批准的工程延期时间，应纳入合同工期，作为合同工期的一部分。

**10. 向业主提供进度报告**

监理工程师应随时整理进度资料，并做好记录，定期向业主提交工程进度报告。

**11. 督促承包单位整理技术资料**

**12. 签署工程竣工报验单，提交质量评估报告**

（1）当单位工程达到竣工验收条件后，承包单位在自行预验的基础上提交工程竣工报验单，申请竣工验收；

（2）验收合格后，监理工程师应签署工程竣工报验单，并向业主提出质量评估报告。

**13. 整理工程进度资料**

**14. 工程移交**

**【例题 8】**工程施工中，因施工承包单位原因造成实际进度拖后而需要调整施工进度计划时，监理工程师批准施工承包单位调整的施工进度计划，意味着监理工程师的行为是（　　）。（2022 年真题）

A. 解除了施工承包单位的责任　　B. 认可施工进度计划的合理性

C. 批准了工程延期　　D. 同意延长合同工期

**【答案】**B

**【解析】**监理工程师对修改后的施工进度计划的确认，并不是对工程延期的批准，其只是要求承包单位在合理的状态下施工。因此，监理工程师对进度计划的确认，并不能解除承包单位应负的一切责任，承包单位需要承担赶工的全部额外开支和误期损失赔偿。

**【例题 9】**监理工程师在审批工程延期时间时，应根据（　　）来确定是否批准。（2021 年真题）

A. 工程延误时间　　B. 合同规定

C. 承包单位赶工费用　　D. 建设单位要求

**【答案】**B

**【解析】**如果由于承包单位以外的原因造成工期拖延，承包单位有权提出延长工期的申请。监理工程师应根据合同规定，审批工程延期时间。

# 第三节　施工进度计划的编制与审查

本节知识点如表 3-6-4 所示。

本节知识点　　表 3-6-4

| 知识点 | 2023 年 | | 2022 年 | | 2021 年 | | 2020 年 | | 2019 年 | |
|---|---|---|---|---|---|---|---|---|---|---|
| | 单选（道） | 多选（道） | 单选（道） | 多选（道） | 单选（道） | 多选（道） | 单选（道） | 多选（道） | 单选（道） | 多选（道） |
| 施工总进度计划的编制 | 1 | | | | | | | | | |
| 单位工程施工进度计划的编制 | | | | 1 | | | | 1 | | |
| 项目监理机构对施工进度计划的审查 | | 1 | | | | | | | | |

## 知识点一　施工总进度计划的编制

编制施工总进度计划的依据：

（1）合同文件、施工总方案；

（2）工程项目建设总进度计划、工程动用时间目标、资源供应条件；

（3）各类定额资料；

（4）建设地区自然条件及有关技术经济资料等。

**1. 计算工程量**

根据批准的工程项目一览表，按单位工程分别计算主要实物工程量；

工程量的计算可按初步设计（或扩大初步设计）图纸和有关定额手册或资料进行。

**2. 确定各单位工程的施工期限**

**3. 确定各单位工程的开竣工时间和相互搭接关系**

（1）同一时期施工的项目不宜过多，避免人力、物力分散。

（2）尽量均衡施工，使劳动力、施工机械和主要材料的供应在整个工期范围内达到均衡。

（3）尽量提前建设可供工程施工使用的永久性工程，以节省临时工程费用。

（4）急需和关键的工程先施工，以保证工程项目如期交工；对于某些技术复杂、施工周期较长、施工困难较多的工程，应安排提前施工，以利于整个工程项目按期交付使用。

（5）施工顺序必须与主要生产系统投入生产的先后次序相吻合。同时还要安排好配套工程的施工时间，以保证建成的工程能迅速投入生产或交付使用。

（6）应注意季节对施工顺序的影响，使施工季节不导致工期拖延，不影响工程质量。

（7）安排一部分附属工程或零星项目作为后备项目，用以调整主要项目的施工进度。

（8）注意主要工种和主要施工机械能连续施工。

**4. 编制初步施工总进度计划**

施工总进度计划应安排全工地性的流水作业。全工地性的流水作业安排应以工程量大、工期长的单位工程为主导，组织若干条流水线，并以此带动其他工程。

**5. 编制正式施工总进度计划**

对初步施工总进度计划进行检查，主要检查的内容：

（1）总工期是否符合要求；

（2）资源使用是否均衡且其供应是否能得到保证。

当初步施工总进度计划经过调整符合要求后，即可编制正式的施工总进度计划。

## 典型例题

**【例题 1】** 编制施工总进度计划时，需要进行的工作是（　　）。（2023 年真题）

A. 按工艺确定分项工程之间的逻辑关系

B. 按组织确定分部工程之间的逻辑关系

C. 确定各单位工程的施工期限

D. 确定各分项工程的施工期限

**【答案】** C

**【例题 2】** 施工总进度计划编制过程中，确定各项单位工程开竣工时间和相互搭接关系应考虑的因素有（　　）。（2016 年真题）

A. 同一时间施工项目不宜过多，以免人力、物力过于分散

B. 尽量提前建设可供工程施工使用的永久性工程，以节省临时工程费用

C. 应注意季节对施工顺序的影响，以保证工期和质量

D. 尽量提高单位工程施工的机械化程度，以降低工程成本

E. 尽量做到劳动力、施工机械和主要材料的供应在工期内均衡

**【答案】** ABCE

## 知识点二　单位工程施工进度计划的编制

**1. 单位工程施工进度计划的编制程序**

具体流程如图 3-6-2 所示。

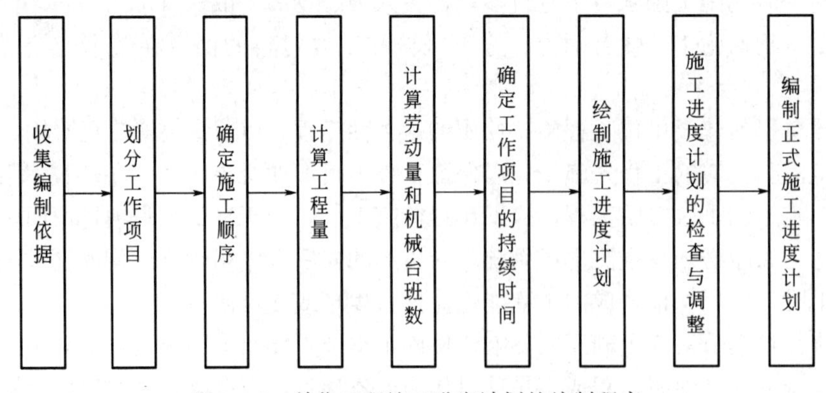


图 3-6-2　单位工程施工进度计划的编制程序

**2. 单位工程施工进度计划的编制方法**

1）计算工程量

根据施工图和工程量计算规则，针对所划分的每一个工作项目进行。

计算工程量应注意的问题：

（1）工程量的计算单位应与现行定额手册中所规定的计量单位相一致，以便计算劳动力、材料和机械数量时直接套用定额，而不必进行换算；

（2）要结合具体的施工方法和安全技术要求计算工程量；

（3）结合施工组织要求，按已划分的施工段分层分段计算。

2）施工进度计划的检查与调整

当施工进度计划初始方案编制好后，需要对其进行检查与调整，检查的主要内容如表 3-6-5 所示。

**施工进度计划检查的主要内容**　　**表 3-6-5**

| 检查内容 | 说明 |
| --- | --- |
| ①各工作项目的施工顺序、平行搭接和技术间歇是否合理 | 首要的是①、②的检查，如果不满足要求，必须进行调整。①、②是解决可行与否的问题 |
| ②总工期是否满足合同规定 | |
| ③主要工种的工人是否能满足连续、均衡施工的要求 | ③、④是优化的问题 |
| ④主要机具、材料等的利用是否均衡和充分 | |

## 典型例题

**【例题 1】**施工进度计划检查内容中，用来决定是否需要进行计划优化的因素有（　　）。（2022 年真题）

A. 主要工种的工人是否满足连续、均衡施工要求

B. 主要施工机具的使用是否均衡和充分

C. 主要材料的利用是否均衡和充分

D. 技术间歇是否科学合理

E. 施工顺序是否科学合理

**【答案】**ABC

**【例题 2】**施工进度计划初始方案编制完成后，需检查的内容有（　　）。（2017 年真题）

A. 各工作项目的施工顺序、平行搭接和技术间歇是否合理

B. 主要工种的工人是否满足连续、均衡施工的要求

C. 主要分部工程的工程量是否准确

D. 总工期是否满足合同约定

E. 主要机具、材料的利用是否均衡和充分

**【答案】**ABDE

**【例题 3】**编制单位工程施工进度计划的工作包括：①计算劳动量和机械台班数；②计算工程量；③划分工作项目；④确定施工顺序；⑤确定工作项目的持续时间。上述工作的正确顺序是（　　）。（2012 年真题）

A. ②①③④⑤　　B. ③④②①⑤

C. ③⑤④②①　　D. ②③④⑤①

**【答案】**B

## 知识点三 项目监理机构对施工进度计划的审查

开工前，项目监理机构应审查施工单位报审的施工总进度计划和阶段性施工进度计划，提出审查意见，并应由总监理工程师审核后报建设单位。

发现问题时，应以监理通知单的方式及时向施工单位提出书面修改意见，并对施工单位调整后的进度计划重新进行审查，发现重大问题时应及时向建设单位报告。

施工进度计划审查的基本内容：

(1) 施工进度计划应符合施工合同中工期的约定；

(2) 施工进度计划中主要工程项目无遗漏，应满足分批投入试运、分批动用的需要；阶段性施工进度计划应满足总进度控制目标的要求；

(3) 施工顺序的安排应符合施工工艺要求；

(4) 施工人员、工程材料、施工机械等资源供应计划应满足施工进度计划的需要；

(5) 施工进度计划应符合建设单位提供的资金、施工图纸、施工场地、物资等施工条件。

### 典型例题

**【例题 1】** 项目监理机构发现施工进度计划的执行严重滞后并影响合同工期时，可签发（ ）要求施工单位采取调整措施加快施工进度。(2017 年真题)

A. 施工进度计划报审表　　B. 工作联系单

C. 监理通知单　　D. 监理月报

**【答案】** C

**【例题 2】** 施工进度计划审查的主要内容有（ ）。(2023 年真题)

A. 应符合施工合同中工期的约定

B. 对施工进度计划执行情况的检查应符合要求

C. 施工顺序的安排应符合施工工艺要求

D. 施工进度计划应符合建设单位提供的资金施工条件

E. 施工进度计划应符合建设单位提供的施工场地、物资等施工条件

**【答案】** ACDE

**【解析】** 本题采用排除法作答。选项 B，“执行情况的检查”属于施工过程中的工作，本题考查的进度计划的审查，属于开工前监理的工作。

# 第四节 施工进度计划实施中的检查与调整

本节知识点如表 3-6-6 所示。

本节知识点　　表 3-6-6

| 知识点 | 2023 年 | | 2022 年 | | 2021 年 | | 2020 年 | | 2019 年 | |
|---|---|---|---|---|---|---|---|---|---|---|
| | 单选（道） | 多选（道） | 单选（道） | 多选（道） | 单选（道） | 多选（道） | 单选（道） | 多选（道） | 单选（道） | 多选（道） |
| 施工进度计划的调整 | | | 1 | | 1 | | 1 | | 2 | |

## 知识点一　施工进度计划的调整

| | |
|---|---|
| 缩短某些工作的持续时间（特点：不改变逻辑关系） | ①组织措施“增加”：<br>a. 增加工作面，组织更多的施工队伍<br>b. 增加每天的施工时间<br>c. 增加劳动力和施工机械的数量<br>②技术措施“改进”：<br>a. 改进施工工艺和施工技术，缩短工艺技术间歇时间<br>b. 采用更先进的施工方法，减少施工过程的数量<br>c. 采用更先进的施工机械 |
| 缩短某些工作的持续时间（特点：不改变逻辑关系） | ③经济措施“钱”：<br>a. 实行包干奖励<br>b. 提高奖金数额<br>c. 对采取的技术措施给予相应的经济补偿<br>④其他配套措施“强有力改善”：<br>a. 改善外部配合条件<br>b. 改善劳动条件<br>c. 实施强有力的调度 |
| 改变某些工作间的逻辑关系（特点：只改变工作的开始与完成时间，不改变工作的持续时间） | ①对于大型建设工程<br>容易采用平行作业的方法来调整施工进度计划<br>②对于单位工程项目<br>通常采用搭接作业的方法来调整施工进度计划 |

### 典型例题

**【例题 1】** 通过缩短某些工作的持续时间对施工进度计划进行调整的方法，其主要特点是（　　）。（2019 年真题）

A. 增加网络计划中的关键线路　　B. 不改变工作之间的先后顺序关系

C. 增加工作之间的时间间隔　　D. 不改变网络计划中的非关键线路

**【答案】** B

**【例题 2】** 调整施工进度计划可采取的组织措施是（　　）。（2022 年真题）

A. 增加工作面　　B. 改善劳动条件

C. 改进施工工艺　　D. 调整施工方法

**【答案】** A

**【例题 3】** 为了达到调整施工进度计划的目的，可采用的技术措施是（　　）。（2021 年真题）

A. 采用更先进的施工机械　　B. 增加工作面

C. 实施强有力的调度　　D. 增加施工队伍

**【答案】** A

# 第五节　工程延期

本节知识点如表 3-6-7 所示。

本节知识点　　表 3-6-7

| 知识点 | 2023 年 | | 2022 年 | | 2021 年 | | 2020 年 | | 2019 年 | |
|---|---|---|---|---|---|---|---|---|---|---|
| | 单选（道） | 多选（道） | 单选（道） | 多选（道） | 单选（道） | 多选（道） | 单选（道） | 多选（道） | 单选（道） | 多选（道） |
| 工程延期的申报与审批 | | | | | | | 1 | | | 1 |
| 工程延期的控制 | | | | | | | | | | |
| 工程延误的处理 | | | 1 | | | | | | 1 | |

## 知识点一　工程延期的申报与审批

工程延误：一切损失由承包单位承担，同时，业主有权对承包单位施行逾期违约罚款。

**1. 申报工程延期的条件**

（1）监理工程师发出工程变更指令而导致工程量增加；

（2）合同所涉及的任何可能造成工程延期的原因，如延期交图、工程暂停、对合格工程的剥离检查及不利的外界条件等；

（3）异常恶劣的气候条件；

（4）由业主造成的任何延误、干扰或障碍，如未及时提供施工场地、未及时付款等；

（5）除承包单位自身以外的其他任何原因。

**总结：** 非承包人自身原因。

**2. 工程延期的审批程序**

延期审批程序中应注意的事项：

（1）当工程延期事件发生后，承包单位应在合同规定的有效期内以书面形式（工程延期意向通知）通知监理工程师；

（2）承包单位应在合同规定的有效期内（或监理工程师可能同意的合理期限内）向监理工程师提交详细的申述报告（延期理由及依据）；

（3）监理工程师收到该报告后应及时进行调查核实，准确地确定出工程延期时间；

（4）当延期事件具有持续性，承包单位在合同规定的有效期内不能提交最终详细的申诉报告时，应先向监理工程师提交阶段性的详情报告；

（5）监理工程师应在调查核实阶段性报告的基础上，尽快做出延长工期的临时决定，临时决定的延期时间不宜太长，一般不超过最终批准的延期时间；

（6）监理工程师应复查详情报告的全部内容，然后确定该延期事件所需要的延期时间；

（7）如果遇到比较复杂的延期事件，先做出临时延期的决定，然后再做出最后决定的办法；

（8）监理工程师在做出临时工程延期批准或最终工程延期批准之前，均应与业主和承包单位进行协商。

## 典型例题

**【例题 1】**在工程延期审批过程中，项目监理机构应完成的工作内容有（　　）。（2014年真题）

A. 在合同规定的有效期内提交详细的申述报告

B. 在工程延期事件发生后立即展开调查核实

C. 在最短的时间范围内提交工程延期意向通知

D. 在做出工程延期批准前与相关方协商

E. 监理工程师应以承包单位提交的、经自己审核后的施工进度计划（不断调整后）为依据来决定是否批准工程延期

**【答案】**DE

**【解析】**选项 A，承包单位应在合同规定的有效期内向监理工程师提交详细的申述报告；选项 B，监理工程师收到申述报告后应及时进行调查核实；选项 C，承包单位应在合同规定的期限内向监理工程师提交工程延期意向通知。

**3. 工程延期的审批原则（合同、时差、实际）**

（1）监理工程师批准的工程延期必须符合合同条件；导致工期拖延的原因确实属于承包单位自身以外的。

（2）延长的时间必须超过其相应的总时差而影响工期；由于关键线路可能会改变，监理工程师应以承包单位提交的、经自己审核后的施工进度计划为依据来决定是否批准。

（3）批准的工程延期必须符合实际情况。

**【例题 2】**项目监理机构批准工程延期的基本原则是（　　）。（2014 年真题）

A. 项目监理机构对施工现场进行了详细考察和分析

B. 延期事件发生在非关键线路上，且延长时间未超过总时差

C. 工作延长的时间超过其总时差，且由承包单位自身引起

D. 延期事件是由承包单位自身以外的原因造成

**【答案】**D

**【解析】**监理工程师批准的工程延期必须符合合同条件。也就是说，导致工期拖延的原因确实属于承包单位自身以外的，否则不能批准为工程延期。这是监理工程师审批工程延期的根本原则。

**【例题 3】**下列导致工程拖期的原因或情形，监理工程师按合同规定可以批准工程延期的有（　　）。（2019 年真题）

A. 异常恶劣的气候条件

B. 属于承包单位自身以外的原因

C. 工程拖期事件发生在非关键线路上，且延长的时间未超过总时差

D. 工程拖期的时间超过其相应的总时差，且由分包单位原因引起

E. 监理工程师对已隐蔽的工程进行剥离检查，经检查合格而拖期的时间

**【答案】**ABE

## 知识点二　工程延期的控制

工程延期：承包单位有权要求延长工期，同时，有权向业主提出赔偿费用的要求以弥

补由此造成的额外损失。

监理工程师应做好以下工作，以减少或避免工程延期：

（1）选择合适的时机下达工程开工令；

（2）提醒业主履行施工承包合同中所规定的职责（提供场地、图纸，及时付款）；

（3）妥善处理工程延期事件。

### 典型例题

**【例题】**为了减少或避免出现工程延期，项目监理机构应做好的工作之一是（　　）。（2017 年真题）

A. 定期组织召开施工技术专题会议

B. 提醒业主履行施工承包合同中所规定的职责

C. 定期核查施工单位材料进场情况

D. 针对施工质量安全隐患及时发出监理通知单

**【答案】**B

## 知识点三　工程延误的处理

具体的处理方式与适用情形如表 3-6-8 所示。

**工程延误的处理方式与适用情形　　表 3-6-8**

| 处理方式 | 情形 |
| --- | --- |
| 拒绝签署付款凭证 | 当承包单位的施工进度拖后且又不采取积极措施时，监理工程师可以采取拒绝签署付款凭证的手段制约承包单位 |
| 误期损失赔偿 | 承包单位未能按合同规定的工期和条件完成整个工程 |
| 取消承包资格 | 承包单位严重违反合同，又不采取补救措施<br>承包单位接到监理工程师的开工通知后，无正当理由推迟开工时间，或在施工过程中无任何理由要求延长工期，施工进度缓慢，又无视监理工程师的书面警告等 |

### 典型例题

**【例题 1】**监理工程师对工程延误应采用的处理方式是（　　）。（2022 年真题）

A. 及时下达工程开工令　　B. 妥善处理工期索赔事件

C. 拒绝签署付款凭证　　D. 及时审批施工进度计划

**【答案】**C

**【例题 2】**承包单位严重违反合同，在施工过程中无任何理由要求延长工期，又无视项目监理机构的书面警告，则可能受到的处罚为（　　）。（2018 年真题）

A. 赔偿误期损失　　B. 被拒签付款凭证

C. 被取消承包资格　　D. 被追回工程预付款

**【答案】**C

# 第六节　物资供应进度控制

本节知识点如表 3-6-9 所示。

本节知识点　　表 3-6-9

| 知识点 | 2023 年 | | 2022 年 | | 2021 年 | | 2020 年 | | 2019 年 | |
|---|---|---|---|---|---|---|---|---|---|---|
| | 单选（道） | 多选（道） | 单选（道） | 多选（道） | 单选（道） | 多选（道） | 单选（道） | 多选（道） | 单选（道） | 多选（道） |
| 物资供应进度控制的工作内容 | 1 | | 1 | 1 | 1 | 1 | 1 | 1 | | |

## 知识点一　物资供应进度控制的工作内容

**1. 物资供应计划的编制**

物资供应计划是指对建设工程施工及安装所需物资的预测和安排，是指导和组织建设工程物资采购、加工、储备、供货和使用的依据。监理工程师除编制建设单位负责供应的物资计划外，还需对施工单位和专门物资采购部门提交的物资供应计划进行审核。负责物资供应的监理人员应具有编制供应计划的能力。

1）物资需求计划的编制

物资需求计划是反映完成建设工程所需物资情况的计划（表 3-6-10）。

物资需求计划的编制依据和主要作用　　表 3-6-10

| | |
|---|---|
| 编制依据 | 施工图纸、预算文件、工程合同、项目总进度计划和各分包工程提交的材料需求计划等 |
| 主要作用 | 确认需求，为组织备料、确定仓库与堆场面积和组织运输等提供依据 |

编制物资需求计划的关键是确定需求量的具体内容如表 3-6-11 所示。

需求量的确定方法和依据　　表 3-6-11

| 一次性需求量 | 各计划期需求量 |
|---|---|
| 一次性需求量反映整个工程项目及各分部、分项工程材料的需用量，亦称工程项目材料分析。计算程序分为三步：<br>①根据设计文件、施工方案和技术措施计算或直接套用施工预算中建设工程各分部、分项的工程量<br>②根据各分部、分项的施工方法套取相应的材料消耗定额，求得各分部、分项工程各种材料的需求量<br>③汇总各分部、分项工程的材料需求量，求得总需求量 | 各计划期需求量，是指年、季、月度物资需求计划，用于组织物资采购、订货和供应<br>编制主要依据：已分解的各年度施工进度计划，按季、月作业计划确定相应时段的需求量<br>其编制方式有两种：计算法和卡段法 |

计划期物资需求量一般是指年、季、月度物资需求计划，主要用于组织物资采购、订货和供应。其编制方式有两种：计算法和卡段法。

### 典型例题

【例题 1】编制工程项目物资需求计划的关键是（　　）。（2017 年真题）

A. 确定需求品种　　B. 确定需求时间
C. 确定需求规格　　D. 确定需求量

**【答案】** D

**【解析】** 物资需求计划一般包括一次性需求计划和各计划期需求计划。编制需求计划的关键是确定需求量。

**【例题 2】** 物资需求计划编制中，确定建设工程各计划期需求量的主要依据是（　　）。（2016 年真题）

A. 年度施工进度计划　　B. 分部分项工程作业计划
C. 物资储备计划　　D. 施工总进度计划

**【答案】** A

**【解析】** 建设工程各计划期需求量的确定主要依据已分解的各年度施工进度计划，按季、月作业计划确定相应时段的需求量。

2）物资储备计划的编制

物资储备计划是用来反映建设工程施工过程中所需各类材料储备时间及储备量的计划（表 3-6-12）。

**物资储备计划的编制依据和主要作用　　表 3-6-12**

| | |
|---|---|
| 编制依据 | 物资需求计划、储备定额、储备方式、供应方式和场地条件 |
| 主要作用 | 为保证施工所需材料的连续供应而确定的材料合理储备 |

**【例题 3】** 建设工程物资储备计划的编制依据是（　　）。

A. 物资供应方式　　B. 物资市场价格
C. 工程承发包模式　　D. 生产组织方式

**【答案】** A

**【解析】** 物资储备计划是用来反映建设工程施工过程中所需各类材料储备时间及储备量的计划，其编制依据主要有：物资需求计划、储备定额、储备方式、供应方式和场地条件等。

3）物资供应计划的编制

物资供应计划是反映物资的需要与供应的平衡，挖潜利库，安排供应的计划（表 3-6-13）。

**物资供应计划的编制依据和主要作用　　表 3-6-13**

| | |
|---|---|
| 编制依据 | 物资需求计划、储备计划和货源资料等 |
| 主要作用 | 组织指导物资供应工作 |

供应计划的编制过程也是一个平衡过程，包括数量、时间的平衡。在实际工作中，首先考虑的是数量的平衡。

4）申请、订货计划的编制

申请、订货计划是指向上级要求分配材料的计划和分配指标下达后组织订货的计划（表 3-6-14）。

物资供应计划确定后，确定主要物资申请计划。

申请、订货计划的编制依据和主要作用　　表 3-6-14

| 编制依据 | 有关材料供应政策法令、预测任务、概算定额、分配指标、材料规格比例和供应计划 |
|---|---|
| 主要作用 | 根据需求组织订货 |

**【例题 4】**物资供应计划完成后，确定主要物资申请、订货计划，物资申请计划的编制依据是（　　）。(2023 年)

A. 材料供应政策法令　　B. 市场供应信息

C. 储备计划和货源资料　　D. 加工能力及分布

**【答案】**A

**2. 监理工程师控制物资供应进度的工作内容**

具体内容如表 3-6-15 所示。

监理工程师控制物资供应进度的工作内容　　表 3-6-15

| 协助业主进行物资供应的决策 | ①根据设计图纸和进度计划确定物资供应要求<br>②提出物资供应分包方式及分包合同清单，并获得业主认可<br>③与业主协商提出对物资供应单位的要求以及在财务方面应负的责任 |
|---|---|
| 组织物资供应招标工作 | ①组织编制物资供应招标文件<br>②受理物资供应单位的投标文件<br>③推荐物资供应单位及进行有关工作：<br>a. 向业主推荐优选的物资供应单位<br>b. 主持召开物资供应单位的协商会议<br>c. 帮助业主拟定并认真履行物资供应合同 |
| 编制、审核和控制物资供应计划 | ①编制：由业主负责的计划，监理编制并控制其执行<br>②审核，物资供应单位或施工单位编制的，总监理工程师审核认可后执行：<br>a. 能否按进度计划的需要及时供应材料和设备<br>b. 库存量安排是否经济合理<br>c. 采购安排在时间和数量上是否经济合理<br>d. 物资不足使进度拖延的可能性<br>③监督检查订货情况，协助办理有关事宜：<br>a. 监督、检查物资订货情况 |
| 编制、审核和控制物资供应计划 | b. 协助办理物资的海运、陆运、空运以及进出口许可证等<br>④控制物资供应计划的实施：<br>a. 掌握物资供应全过程的情况<br>b. 采取有效措施保证急需物资的供应<br>c. 审查和签署物资供应情况分析报告<br>d. 协调各有关单位的关系 |

**【例题 5】**监理工程师控制物资供应进度的工作内容有（　　）。(2022 年真题)

A. 进行物资供应决策　　B. 参与投标文件的技术评价

C. 主持召开物资供应单位协商会议　　D. 签订物资供应合同

E. 审核和控制物资供应计划

**【答案】**BCE

**【例题 6】**监理工程师在协助业主进行物资供应决策时，应进行的工作是（　　）。(2021 年真题)

A. 编制物资供应招标文件　B. 提出物资供应分包方式
C. 确定物资供应单位　D. 签订物资供应合同

**【答案】** B

**【例题 7】** 监理工程师审核物资供应计划的内容有（　）。（2021 年真题）

A. 物资生产工人是否足额配置
B. 物资库存量安排是否经济合理
C. 物资采购时间安排是否经济合理
D. 物资供应计划与施工进度计划的匹配性
E. 物资供应紧张使施工进度拖后的可能性

**【答案】** BCE

**【解析】** 本题考查的是物资供应进度控制的工作内容。物资供应计划审核的主要内容包括：①供应计划是否能按建设工程施工进度计划的需要及时供应材料和设备；②物资的库存量安排是否经济、合理；③物资采购安排在时间上和数量上是否经济、合理；④由于物资供应紧张或不足而使施工进度拖延现象发生的可能性。

## 本章精选习题

### 一、单项选择题

1. 确定施工进度控制目标时，可将（　）作为主要依据。

A. 工程量清单　B. 工程难易程度
C. 已完工程实际进度　D. 单位工程施工组织设计

2. 可作为建设工程施工进度控制目标确定依据的是（　）。

A. 各专业施工进度控制时间分界点
B. 工程施工承发包模式及其合同结构
C. 施工进度计划的工作分解结构
D. 工期定额、类似工程项目的实际进度

3. 下列内容中，应列入施工进度控制工作细则的是（　）。

A. 进度控制的方法和措施　B. 进度计划协调性分析
C. 工程材料的进场安排　D. 保证工期的技术组织措施

4. 监理工程师控制工程施工进度需进行的工作是（　）。

A. 汇总整理工程技术资料　B. 及时支付工程进度款
C. 编制或审核施工进度计划　D. 编制工期索赔意向报告

5. 编制初步施工总进度计划时，应尽量安排以（　）的单位工程为主导的全工地性流水作业。

A. 工程技术复杂、工期长　B. 工程量大、工程技术相对简单
C. 工程造价大、工期长　D. 工程量大、工期长

6. 在单位工程施工进度计划编制过程中，需要在计算劳动量和机械台班数之前完

成的工作是（　　）。

A. 划分工作项目　　　　　　　　B. 落实项目开工日期

C. 确定工作项目的持续时间　　　D. 编制资源供应计划

7. 项目监理机构对施工进度计划审查的内容是（　　）。

A. 施工总工期目标是否留有余地

B. 主要工程项目能否保持连续施工

C. 施工资源供应计划是否满足施工进度需要

D. 施工顺序是否与建设单位提供的资金、施工图纸等条件相吻合

8. 调整施工进度计划时，为了缩短某些工作的持续时间，可采取的技术措施之一是（　　）。

A. 增加施工机械的数量　　　　　B. 实行包干加奖励

C. 改善外部配合条件　　　　　　D. 采用更先进的施工机械

9. 工程施工过程中为了缩短工期而采取的措施中，属于组织措施的是（　　）。

A. 改进施工工艺和施工技术　　　B. 实行包干奖励，提高奖金数额

C. 采用更先进的施工机械　　　　D. 增加劳动力和施工机械的数量

10. 施工进度检查的主要方法是将经过整理的实际进度数据与计划进度数据进行比较，其目的是（　　）。

A. 分析影响施工进度的原因　　　B. 掌握各项工作时差的利用情况

C. 提供计划调整和优化的依据　　D. 发现进度偏差及其大小

11. 施工进度计划执行过程中，只有当某项工作因非承包商原因造成持续时间延长超过该工作（　　）而影响工期时，项目监理机构才能批准工程延期。

A. 自由时差　　　　　　　　　　B. 总时差

C. 紧后工作的最早开始时间　　　D. 紧后工作的最早完成时间

12. 当承包单位的施工进度拖后而又不采取补救措施时，项目监理机构可采用的处理方法是（　　）。

A. 拒绝签署工程进度款支付凭证　B. 终止施工承包合同

C. 延长施工进度计划工期　　　　D. 提起误期损失赔偿诉讼

13. 关于物资需求计划的说法，正确的是（　　）。

A. 编制依据：概算文件、项目总进度计划

B. 组成内容：一次性需求计划和各计划期需求计划

C. 主要作用：确定材料的合理储备

D. 编制单位：各施工承包单位

14. 项目监理机构控制物资供应进度工作中，属于协助业主进行物资供应决策的工作内容是（　　）。

A. 组织编制物资供应招标文件　　B. 受理物资供应单位的投标文件

C. 组织编制物资供应计划　　　　D. 提出物资供应分包合同清单

15. 项目监理机构受建设单位委托控制物资供应进度时，其工作内容是（　　）。

A. 组织对投标文件的技术评价

B. 签订物资供应合同

C. 确定建设单位推荐的物资供应单位

D. 组织编制物资供应招标文件

16. 监理工程师控制物资供应进度活动的是（　　）。

A. 决定物资供应分包方式及分包合同清单

B. 审核物资供应合同

C. 审查和签署物资供应情况分析报告

D. 办理物资运输及进出口许可证等有关事宜

17. 监理工程师在审查施工进度计划时，发现问题后应采取的措施是（　　）。

A. 向承包单位发出整改通知书　　B. 向建设单位发出工作联系单

C. 向承包单位发出整改联系单　　D. 向承包单位发出停工令

18. 编制建设工程物资供应计划时，首先应考虑的是（　　）的平衡。

A. 数量　　B. 时间

C. 产销　　D. 供需

19. 确定建设工程各计划期物资需求量时，可采用的方法是（　　）。

A. 计算法和分步法　　B. 卡段法和计算法

C. 分步法和定额法　　D. 定额法和卡段法

## 二、多项选择题

1. 下列情况，监理工程师有必要编制进度计划的是（　　）。

A. 单位工程施工的进度计划

B. 大型建设项目的施工总进度计划

C. 分期分批发包又没有负责全部工程的总承包单位的施工总进度计划

D. 大型建设工程的工程项目进度计划

E. 采用若干个承包单位平行承包的

2. 监理工程师审核施工进度计划的内容有（　　）。

A. 进度安排是否符合施工合同中开工、竣工日期的约定

B. 劳动力、工程材料进场安排是否与工程量清单相一致

C. 分期施工是否满足分批动用或配套动用的要求

D. 施工管理及现场作业人员的职责分工是否明确

E. 在生产要素的需求高峰期是否有足够能力实现计划供应

3. 下列关于监理工程师对承包单位施工进度计划的审查或批准的说法，正确的有（　　）。

A. 不解除承包单位对施工进度计划的任何责任和义务

B. 承包单位不承担任何责任和义务

C. 监理工程师可以提出建设性意见

D. 监理工程师可以干预承包单位的进度安排

E. 监理工程师不可以支配施工中所需要的劳动力、设备和材料

4. 监理工程师根据承包单位和业主双方关于工程开工的准备情况，选择合适的时

机发布工程开工令，并参加由业主主持召开第一次工地会议，会议内容主要包括（　　）。

A. 业主应按照合同规定做好征地拆迁，及时提供施工用地

B. 业主应当完成法律及财务方面手续

C. 承包单位准备开工所需人力、材料及设备

D. 按合同规定为监理工程师提供各种条件

E. 工程师审阅图纸并做出相应决策

5. 编制单位工程施工进度计划的步骤包括（　　）。

A. 划分工作项目　　B. 确定关键工作和里程碑节点

C. 确定施工顺序　　D. 计算劳动量和机械台班数

E. 落实专业分包商和材料供应商的进场时间

6. 初步施工总进度计划编制完成后，监理工程师主要是检查（　　）。

A. 总工期是否符合要求　　B. 施工组织是否科学

C. 资源使用是否均衡　　D. 资源供应是否能得到保证

E. 施工顺序是否合理

7. 压缩关键工作的持续时间，来确保进度控制目标的实现，具体措施包括（　　）。

A. 组织措施　　B. 技术措施

C. 经济措施　　D. 其他配套措施

E. 组织搭接作业的措施

8. 在施工进度计划的调整过程中，压缩关键工作持续时间的经济措施有（　　）。

A. 增加劳动力和施工机械的数量　　B. 实行包干奖励

C. 采用更先进的施工机械　　D. 改善外部配合条件

E. 对所采取的技术措施给予相应的经济补偿

9. 某承包单位通过投标承接了一大型建设项目的施工任务，在施工过程中，该承包单位提出工程延期的条件允许的有（　　）。

A. 租赁的施工机械未按时到场　　B. 发现地下文物

C. 业主未及时付款　　D. 未按时提供设计图纸

E. 业主造成的障碍

10. 下列各项活动中，属于监理工程师控制物资供应进度活动的是（　　）。

A. 审查物资供应情况分析报告　　B. 确定物资供应分包方式

C. 办理物资运输手续　　D. 审核物资供应单位的投标文件

E. 采取有效措施保证急需物资的供应

11. 在建设工程实施阶段，监理工程师控制物资供应进度的工作内容包括（　　）。

A. 编制或审核物资供应计划

B. 确定物资供应分包合同清单

C. 选定物资供应单位

D. 监督检查订货情况，协助办理有关事宜

E. 监测物资到场情况

12. 为了控制物资供应进度，监理工程师协助业主进行物资供应决策的工作内容包括（　　）。

A. 根据设计图纸和进度计划确定物资供应要求

B. 推荐物资供应单位并签署物资供应合同

C. 组织编制物资供应招标文件

D. 提出对物资供应单位的要求及其在财务方面应负的责任

E. 提出物资供应分包方式及分包合同清单

13. 项目监理机构对施工进度计划审核的主要内容有（　　）。

A. 施工进度计划应符合施工合同中工期的约定

B. 对施工进度计划执行情况的检查应符合动态要求

C. 施工顺序的安排应符合施工工艺要求

D. 施工人员、工程材料、施工机械等资源供应计划应满足施工进度计划的需要

E. 施工进度计划应符合建设单位提供的资金、施工图纸等施工条件

## 习题答案及解析

### 一、单项选择题

1. **【答案】**B

**【解析】**确定施工进度控制目标的主要依据有：建设工程总进度目标对施工工期的要求；工期定额、类似工程项目的实际进度；工程难易程度和工程条件的落实情况等。

2. **【答案】**D

**【解析】**确定施工进度控制目标的主要依据有：建设工程总进度目标对施工工期的要求；工期定额、类似工程项目的实际进度；工程难易程度和工程条件的落实情况等。

3. **【答案】**A

**【解析】**施工进度控制工作细则的主要内容：①施工进度控制目标分解图；②施工进度控制的主要工作内容和深度；③进度控制人员的职责分工；④与进度控制有关各项工作的时间安排及工作流程；⑤进度控制的方法（进度检查周期、数据采集方式、进度报表格式、统计分析方法等）；⑥进度控制的具体措施（组织、技术、经济、合同）；⑦施工进度控制目标实现的风险分析；⑧尚待解决的有关问题。

4. **【答案】**C

**【解析】**选项A、D为承包人的工作，选项B为业主的工作。

5. **【答案】**D

**【解析】**施工总进度计划应安排全工地性的流水作业。全工地性的流水作业安排应以工程量大、工期长的单位工程为主导，组织若干条流水线，并以此带动其他

工程。

6.【答案】A

【解析】单位工程施工进度计划的编制程序：收集编制依据；划分工作项目；确定施工顺序；计算工程量；计算劳动量和机械台班数；确定工作项目的持续时间；绘制施工进度计划图；施工进度计划的检查与调整；编制正式施工进度计划。

7.【答案】C

【解析】施工进度计划审查的基本内容：①施工进度计划应符合施工合同中工期的约定；②施工进度计划中主要工程项目无遗漏，应满足分批投入试运、分批动用的需要；阶段性施工进度计划应满足总进度控制目标的要求；③施工顺序的安排应符合施工工艺要求；④施工人员、工程材料、施工机械等资源供应计划应满足施工进度计划的需要；⑤施工进度计划应符合建设单位提供的资金、施工图纸、施工场地、物资等施工条件。

8.【答案】D

【解析】技术措施：①改进施工工艺和施工技术，缩短工艺技术间歇时间；②采用更先进的施工方法，以减少施工过程的数量；③采用更先进的施工机械。

9.【答案】D

【解析】组织措施：①增加工作面，组织更多的施工队伍；②增加每天的施工时间；③增加劳动力和施工机械的数量。

10.【答案】D

【解析】施工进度检查的主要方法是对比法，将经过整理的实际进度数据与计划进度数据进行比较，从中发现是否出现进度偏差以及进度偏差的大小。

11.【答案】B

【解析】延期事件的工程部位，无论其是否处在施工进度计划的关键线路上，只有当所延长的时间超过其相应的总时差而影响到工期时，才能批准工程延期。

12.【答案】A

【解析】如果由于承包单位自身的原因造成工期拖延，而承包单位又未按照监理工程师的指令改变延期状态时，通常可以采用下列手段进行处理：①拒绝签署付款凭证；②误期损失赔偿；③取消承包资格。

13.【答案】B

【解析】物资需求计划一般包括一次性需求计划和各计划期需求计划。编制依据主要有：施工图纸、预算文件、工程合同、项目总进度计划和各分包工程提交的材料需求计划等。主要作用是确认需求。

14.【答案】D

【解析】协助业主进行物资供应的决策：①根据设计图纸和进度计划确定物资供应要求；②提出物资供应分包方式及分包合同清单，并获得业主认可；③与业主协商提出对物资供应单位的要求以及在财务方面应负的责任。

15.【答案】D

【解析】监理工程师控制物资供应进度的工作内容：协助业主进行物资供应的

决策，组织物资供应招标工作，编制、审核和控制物资供应计划。组织物资供应招标工作：①组织编制物资供应招标文件；②受理物资供应单位的投标文件：受业主委托，参与投标文件的技术评价、商务评价；③推荐物资供应单位及进行有关工作：向业主推荐优选的物资供应单位，主持召开物资供应单位的协商会议，帮助业主拟定并认真履行物资供应合同。

16. **【答案】** C

**【解析】** 控制物资供应计划的实施：①掌握物资供应全过程的情况；②采取有效措施保证急需物资的供应；③审查和签署物资供应情况分析报告；④协调各有关单位的关系。

17. **【答案】** A

**【解析】** 如果监理工程师在审查施工进度计划的过程中发现问题，应及时向承包单位提出书面修改意见（也称整改通知书），并协助承包单位修改。其中，重大问题应及时向业主汇报。

18. **【答案】** A

**【解析】** 供应计划的编制过程也是一个平衡过程，包括数量、时间的平衡。在实际工作中，首先考虑的是数量的平衡，因为计划期的需用量还不是申请量或采购量，也不是实际需用量，还必须扣除库存量，考虑为保证下一期施工所必需的储备量。

19. **【答案】** B

**【解析】** 计划期物资需求量一般是指年、季、月度物资需求计划，主要用于组织物资采购、订货和供应。主要依据已分解的各年度施工进度计划，按季、月作业计划确定相应时段的需求量。其编制方式有两种：计算法和卡段法。

## 二、多项选择题

1. **【答案】** CE

**【解析】** 对于大型建设工程，由于单位工程较多、施工工期长，且采用分期分批发包又没有一个负责全部工程的总承包单位时，就需要监理工程师编制施工总进度计划；或者当建设工程由若干个承包单位平行承包时，监理工程师也有必要编制施工总进度计划。当建设工程有总承包单位时，监理工程师只需对总承包单位提交的施工总进度计划进行审核即可。

2. **【答案】** ACE

**【解析】** 审核内容：①进度安排是否符合工程项目建设总进度计划中总目标和分目标的要求，是否符合施工合同中开工、竣工日期的规定；②施工总进度计划中的项目是否有遗漏，分期施工是否满足分批动用的需要和配套动用的要求；③施工顺序的安排是否符合施工工艺的要求；④劳动力、材料、构配件、设备及施工机具、水、电等生产要素的供应计划是否能保证施工进度计划的实现，供应是否均衡、需求高峰期是否有足够能力实现计划供应；⑤总包、分包单位分别编制的各项单位工程施工进度计划之间是否相协调，专业分工与计划衔接是否明确合理；⑥对于业主负责提供的施工条件（包括资金、施工图纸、施工场地、采购物资等），在施工进度计划中安排是否明确、合理，是否有造成因业主违约而导致工程延期和费用索赔的可能存在。

3.【答案】ACE

【解析】如果监理工程师在审查施工进度计划的过程中发现问题，应及时向承包单位提出书面修改意见（也称整改通知书），并协助承包单位修改。其中重大问题应及时向业主汇报。应当说明，编制和实施施工进度计划是承包单位的责任。承包单位之所以将施工进度计划提交给监理工程师审查，是为了听取监理工程师的建设性意见。因此，监理工程师对施工进度计划的审查或批准，并不解除承包单位对施工进度计划的任何责任和义务。

4.【答案】ABCD

【解析】监理工程师根据承包单位和业主双方关于工程开工的准备情况，选择合适的时机发布工程开工令。为了检查双方的准备情况，监理工程师应参加由业主主持召开的第一次工地会议。业主应按照合同规定，做好征地拆迁工作，及时提供施工用地。同时，还应当完成法律及财务方面的手续，以便能及时向承包单位支付工程预付款。承包单位应当将开工所需要的人力、材料及设备准备好，同时还要按合同规定为监理工程师提供各种条件。

5.【答案】ACD

【解析】单位工程施工进度计划的编制程序：收集编制依据；划分工作项目；确定施工顺序；计算工程量；计算劳动量和机械台班数；确定工作项目的持续时间；绘制施工进度计划图；施工进度计划的检查与调整；编制正式施工进度计划。

6.【答案】ACD

【解析】初步施工总进度计划编制完成后，要对其进行检查。主要是检查总工期是否符合要求，资源使用是否均衡及其供应是否能得到保证。

7.【答案】ABCD

【解析】压缩关键工作的持续时间的具体措施：组织措施、技术措施、经济措施、其他配套措施。

8.【答案】BE

【解析】缩短某些工作的持续时间，其中的经济措施包括：①实行包干奖励；②提高奖金数额；③对所采取的技术措施给予相应的经济补偿。

9.【答案】BCDE

【解析】由于以下原因导致工程拖期，承包单位有权提出延长工期的申请，监理工程师应按合同规定，批准工程延期时间：①监理工程师发出工程变更指令而导致工程量增加；②合同所涉及的任何可能造成工程延期的原因，如延期交图、工程暂停、对合格工程的剥离检查及不利的外界条件等；③异常恶劣的气候条件；④由业主造成的任何延误、干扰或障碍，如未及时提供施工场地、未及时付款等；⑤除承包单位自身以外的其他任何原因。

10.【答案】AE

【解析】选项B为提出物资供应分包方式及分包合同清单，并获得业主认可；选项C为监理工程师协助办理物资运输手续；选项D为受理物资供应单位的投标文件，对投标文件进行商务评价。

11.【答案】ADE

【解析】根据物资供应的方式不同，监理工程师的主要工作内容也有所不同，其基本内容包括：①协助业主进行物资供应的决策，主要包括根据设计图纸和进度计划确定物资供应要求；提出物资供应分包方式及分包合同清单，并获得业主认可；与业主协商提出对物资供应单位的要求以及在财务方面应负的责任。②组织物资供应招标工作，主要包括组织编制物资供应招标文件；受理物资供应单位的投标文件；推荐物资供应单位及进行有关工作。③编制、审核和控制物资供应计划，主要包括编制物资供应计划；审核物资供应计划；监督检查订货情况，协助办理有关事宜；控制物资供应计划的实施。

12.【答案】ADE

【解析】监理工程师协助业主进行物资供应决策的工作内容包括：根据设计图纸和进度计划确定物资供应要求；提出物资供应分包方式及分包合同清单，并获得业主认可；与业主协商提出对物资供应单位的要求以及在财务方面应负的责任。

13.【答案】ACDE

【解析】本题采用排除法作答。选项B，“执行情况的检查”属于施工过程中的工作，本题考查的进度计划的审查，属于开工前监理的工作。施工进度计划审查的基本内容：①施工进度计划应符合施工合同中工期的约定；②施工进度计划中主要工程项目无遗漏，应满足分批投入试运、分批动用的需要；阶段性施工进度计划应满足总进度控制目标的要求；③施工顺序的安排应符合施工工艺要求；④施工人员、工程材料、施工机械等资源供应计划应满足施工进度计划的需要；⑤施工进度计划应符合建设单位提供的资金、施工图纸、施工场地、物资等施工条件。